家　具
专题设计

李江晓　周　冰　主　编

杨亚峰　贾丽丽　副主编

中国建筑工业出版社

图书在版编目（CIP）数据

家具专题设计 / 李江晓，周冰主编；杨亚峰，贾丽
丽副主编. —北京：中国建筑工业出版社，2022.10
ISBN 978-7-112-27862-6

Ⅰ.①家… Ⅱ.①李… ②周… ③杨… ④贾… Ⅲ.
①家具—设计 Ⅳ.①TS664.01

中国版本图书馆CIP数据核字（2022）第161644号

责任编辑：费海玲
文字编辑：汪箫仪
责任校对：董　楠

家具专题设计
李江晓　周　冰　主　编
杨亚峰　贾丽丽　副主编
*
中国建筑工业出版社出版、发行（北京海淀三里河路9号）
各地新华书店、建筑书店经销
北京锋尚制版有限公司制版
北京中科印刷有限公司印刷
*
开本：787毫米×1092毫米　1/16　印张：22½　字数：569千字
2024年5月第一版　　2024年5月第一次印刷
定价：**68.00**元
ISBN 978-7-112-27862-6
（40015）

版权所有　翻印必究
如有内容及印装质量问题，请联系本社读者服务中心退换
电话：（010）58337283　QQ：2885381756
（地址：北京海淀三里河路9号中国建筑工业出版社604室　邮政编码：100037）

编　委

主　编　李江晓（河南农业大学）
　　　　周　冰（河南农业大学）
副主编　杨亚峰（河南农业大学）
　　　　贾丽丽（河南农业大学）
参　编　赵　伟（河南农业大学）
　　　　曲丽洁（浙江农林大学）
　　　　崔文丽（中北大学）

前言

　　家具是人们生活、工作、社会活动所不可缺少的用具，是一种以满足生活需要为目的，追求视觉表现与理想的产物。从诞生到现在，家具就一直和人类的生活发生密切的联系，被寄予了人们关于审美、关于生活的本质和意义等方面的精神情感。随着技术的进步，家具生产已完全摆脱了以往的手工业生产方式，而成为一种典型的工业生产过程，家具也成为一种典型的工业产品。但是与发达国家相比，我国家具产业仍存在差距，在家具专业人才教育培养方面也明显滞后于产业发展需求，落后于国际水平，这无疑阻碍了我国家具产业转型与国际化进程。

　　家具的发展融合科学、技术、艺术于一体，且随着科学的发展、技术的进步、材料的变化不断达到新的高度。现代家具设计重视利用先进的科学技术，主张将人类最新技术研究成果应用于家具设计和家具生产实践中，新材料、新工艺的使用成为家具创新的焦点和突破口。各种崭新的现代技术手段集数据优势、模块优势、互通优势和适应网络信息化优势于一体，缩短了产品设计周期，降低了设计师的劳动强度，使家具设计从概念向数据化转换的过程中更加便捷、标准、高效，设计方案更能满足消费者多样化需求。

　　当前，中国家具产业的飞跃发展令世界瞩目，无论是家具设计、家具制造还是家具营销，正面临从"中国制造"向"中国创造"转型的新挑战。同时，家具设计与制造专业教育的教材中有关家具专题设计的内容较为分散，部分书籍中新材料及新技术的内容也稍有滞后，亟待补充。

　　基于此，为提高我国家具产品设计、制造、加工、包装等方面的技术水平，从我国国情、行业特色和专业教育的要求出发，在充分发掘、整合当代新材料、新技术的基础上，我们编写了此书。本书既反映出当前家具产业各个环节的前沿理论、设计技术与实践，又将"材料、技术、工程、科学、艺术、文化"等紧密结合。适用于家具设计与制造、室内设计、工业设计、艺术设计等相关专业的教学，也可供家具企业、设计公司的专业工程技术与管理人员参考。

本书共分9章，内容包括家具专题设计概论、家具设计基础、家具设计理念、家具分类设计、家具生产工艺、家具结构设计、家具设计技术与技术创新、家具新产品的设计开发、家具专题设计课程实训。其中第一章、第三章由杨亚峰编写，第二章和第八章由贾丽丽编写，第四章和第七章由李江晓、周冰编写，第五章、第九章由赵伟编写，崔文丽给予了一定的指导，第六章由曲丽洁编写。全书最后由李江晓统稿和修改。此外，本书中部分设计案例来源于河南农业大学2018级产品设计专业的学生作品，秦文灏同学参与了全书大部分图形的绘制和编辑工作，2020级环境设计专业王文伟同学、2019级产品设计专业周可捷同学也参与了部分图形的绘制工作。

本书的编写得到了中国建筑工业出版社的大力支持和帮助，河南农业大学风景园林与艺术学院提供了教学质量工程基金支持，在此向他们表示衷心的感谢。

新材料、新工艺、新技术的发展更迭迅速，本书无法一一详述，难免存在疏漏及不当之处，敬请读者批评指正。

编　者

2022年3月14日

目录

第一章

家具专题
设计概论

图1-1 室内生活家具

家具（furniture）在表面字义上是指室内生活所应用的器具，它是使建筑物室内产生具体使用价值的必要设施（图1-1），是表现室内形式的主要角色，是在用途、经济、工艺、材料、生产制造等条件的制约下做成图样方案的总称。家具是人们生活、工作、社会活动所不可缺少的用具，是一种以满足生活需要为目的，追求视觉表现与理想的共同产物。家具设计首先要满足人们生活的使用要求，不仅需要考虑材料加工的技术条件，还要注意在不同的社会发展历史阶段中时代的、民族的文化特征。使用功能、物质技术条件和造型是构成家具设计的三个基本要素，它们共同构成家具设计的整体。

1.1 家具概述

家具是一种常见的物质形态，能满足人们生活需要的各种功能。家具被寄予了人们关于审美、关于生活的本质和意义等方面的精神情感。因此，家具不是一种简单的物品，而是一种文化形态。

1.1.1 家具的定义

家具是人类衣食住行活动中供人们坐、卧、作业或用于物品储存和展示的一类器具。家具在概念上有广义和狭义之分。从广义上讲，家具是指人类维持正常生活、从事生产实践和开展社会活动必不可少的一类器具。从狭义上讲，家具是日常生活、工作和社会交往活动中供人们坐、卧或支承与贮存物品的一类器具。以哲学角度来说，家具是建筑环境中人类生存状态和方式的体现。建筑环境包括室内环境和室外环境。人类生存方式的进化与转变促进了家具功能和形态的变化，而家具的存在形态又决定了人们的生活方式和工作方式。同时它又是建筑室内陈设的装饰物，与建筑室内环境融为一体。家具在当代已经被赋予了非常宽泛的现代定义，家具的英文为"furniture"，法文为"founiture"，拉丁文为"mobilis"，有"家具""设备""可移动的装置""陈设品"等含义。随着社会的进步和人类的发展，现代家具的设计几乎涵盖了生活的方方面面，从室内到室外，从建筑到环境，从家庭到城市。现代家具的设计与制造是为了满足人们不断变化的需求，创造更加美好、舒适、健康的生活、工作、娱乐和休闲方式。

1.1.2　家具的发展历史

1. 中国家具的发展历史

中国家具有着千年之久的古老历史，上可追溯到几千年前的石制家具与青铜家具，它随着我国古人的起居方式而发生变化，经历了由席地而坐（图1-2）到垂足而坐（图1-3）的漫长转变过程。商周至三国时期是席地跪坐的低型家具时期。两晋、南北朝至隋、唐、五代是中国家具由低型结构向高型结构发展的转变时期，约在晚唐至五代是高型家具初具规模时期。至宋、辽、金、元时期垂足而坐的生活习惯已成为社会的普遍方式，这种生活方式并向居住环境的纵深扩展使这个时期成为高型家具的发展期。至明、清时期，随着工业的发展高型家具进入鼎盛时期。

图1-2　席地而坐　　　　　　　　　　　　　　　图1-3　垂足而坐

1）商周时期

商、周是文化相当发达的奴隶制社会。从青铜文化中反映出家具已在人们生活中占有一定地位。从现存的青铜器中我们看到一种在祭祀时摆放屠宰牛羊的器具"俎"，置放酒器的"禁"及一种中部有箅子的炊具。从甲骨文字中推测当时室内铺席，人们跪坐于席上，家具则有床榻（图1-4）、案（图1-5）、俎（图1-6）和禁（图1-7）等。

2）春秋战国

春秋战国是从奴隶制社会转向封建社会的一个重要时期。生产力的提高不断推动着手工业的发展，这个时期的髹漆工艺已达到相当水平，其中反映在楚国家具中尤为突出，在河南信阳楚国墓葬和湖北、湖南战国墓葬中都曾出土大量精致的漆木家具，种类有案、俎、木几、木床等。装饰手法有彩

图1-4 床榻

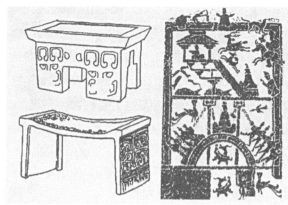

图1-5 案

图1-6 俎

图1-7 禁

绘、浮雕和阴刻，其中以彩绘为主，漆色以黑红为主，通常以黑漆为底，红漆或彩漆绘图案纹样（图1-8）。

3）西汉时期

西汉时期在低型家具大发展的条件下出现坐榻、坐凳与框架式柜等一些新的类型。几案合而为一，面板逐渐加宽，既能置放物品，又可供凭倚。床、榻用途扩大，出现了有围屏的榻，有的床前设几案，供日常起居与接见宾客，床的后面和侧面多设有屏风。同时逐渐出现了形似柜橱

图1-8 战国漆木家具

带矮足门向上开启的箱子，被视为垂足而坐出现前的中国家具的代表，而且其中有些样式为后世所沿袭，产生的影响亦较深远。

4）两晋、南北朝至隋、唐、五代

两晋、南北朝至隋、唐、五代（公元3—10世纪）是中国家具由低型向高型发展的转变时期，家

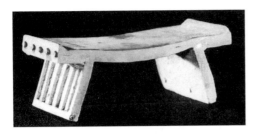

图1-9 张盛墓出土案

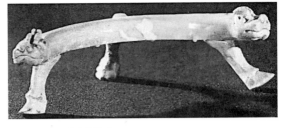

图1-10 张盛墓出土凭几

图1-11 《六尊者像》

图1-12 《勘书图》

具由矮向高发展，品种不断增加，结构也更趋丰富完善，用作睡眠的床已增高，上部加床顶设顶帐仰尘，周边加装可拆卸的矮屏。1959年河南安阳隋代张盛墓出土了一批陶器家具模型，有案、几、凭几、凳、椅、箱等类家具（图1-9、图1-10），反映了当时家具的一般面貌。从敦煌壁画、唐人所作《宫乐图》以及楞伽的《六尊者像》（图1-11）

图1-13 《韩熙载夜宴图》

中一些精美、华丽的壶门结构长桌、腰圆形机和扶手椅，都反映出崇尚华丽的盛唐风格。约在晚唐至五代，是高型家具初具规模的阶段，中国建筑木构架的结构形式已被家具设计所吸收采用，家具结构因此趋于合理与简化，从五代王齐翰的《勘书图》（图1-12）等作品中的桌、椅可看到框架式结构形式。顾闳中的《韩熙载夜宴图》（图1-13）再现了当时的家具造型，家具造型有绣墩、靠背椅、桌、榻等，靠背椅为四面平脚式，已无壶门，腿间有拉档连接，从造型的总倾向来看，是效仿大木作的结构形式。室内陈设布置也有所变化，不同家具的具体功能区别日趋明显，从而使家具的陈设方式由不固定转向固定。

5）宋、辽、金、元时期

宋、辽、金、元时期的家具（公元960—1368年）是中国高型家具大发展时期，垂足而坐的生活方式已成为社会的普遍，并向居住环境纵深扩展，结束了历时千年为适应跪坐习惯的矮型家具。两宋时期，坐卧用家具已多在室内使用，一人独居，一桌一椅比较流行。辽、金的家具基本上与宋相似，元代家具较宋代发展较慢，在类型上没有什么变化，多是在局部的构成上有所变化，表现在桌、案、

图1-14 面框、束腰和牙条

图1-15 元代杉木彩绘三弯腿榻

榻（图1-14、图1-15）侧面开始有牙条安装，桌面缩入的桌、案相当流行，高束腰型家具使用罗锅枨、霸王枨，罗汉床有进一步发展，行、箱、层、屉增加等。这些结构特征除缩入面板的桌案式样被后世淘汰外，其余均在明代进一步发展。

6）明代

明代时期的家具类型和式样除满足生活起居的需要外，也和建筑有了更紧密的联系，一般厅堂、卧室、书斋等都相应地有几种常用家具配置，出现了成套家具概念。各种家具门类众多，可分为5大类型：墩、凳、椅类；桌、几、案类；箱柜类；床榻类；台架、屏座类。明代对外贸易发达，东南亚各国出产的优质木材花梨、紫檀、红木、杞梓、楠木等输入中国，加上发达的工艺技术、先进的工具、手工艺的进步，使明代家具在造型艺术上有了不少新的创造。明代家具有很明显的特征：一是由结构而产生的式样，二是因配合肢体而出现的权衡。有束腰带马蹄（"马蹄"这一名称起于明初，是工匠用大块木料切削而成，形状分内翻马蹄和外翻马蹄），即台座式（图1-16）。万历年间常熟人戈高写了《蝶几谱》（图1-17），书中介绍了组合桌的设计，以形似蝶的直角等边三角形、直角梯形、等腰梯形平面为单元，可组合成8类150种各种形状和不同尺寸的组合桌及几案。

图1-16 明代内翻马蹄家具

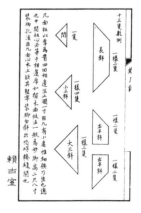

图1-17 《蝶几谱》中组合桌

7）清代时期

清代时期的家具（图1-18）继承和发扬了明代家具的传统，乾隆时期的家具制品最具代表并达到高峰。清代家具的类型和厅堂、卧室、书斋等室内都相应地有了常用的配套，成套组合，或是与建筑相结合的固定家具。清代家具式样特点表现为：一是构件断面大，整体造型稳重，有富丽堂皇、气势雄伟之感，与当时的民族特点、政治色彩、生活习俗、室内装饰和时代精神相呼应，其体量关系与气势同宫廷、府第、官邸的环境气氛相吻合；二是雕工繁复细腻，装饰手法多样，应用在家具制作方面有木雕、漆饰、镶嵌这三大类。木雕是清代家具应用较广泛的装饰手段，做法有线雕、浮雕、透雕、立体雕等。漆饰家具有雕漆、漆绘、填漆、描漆等做法。镶嵌是用一种或多种材料，对家具表面进行嵌饰的工艺。用于镶嵌的材料有十几种，依材料不同有木嵌、竹嵌、骨嵌、牙嵌、玉嵌、瓷嵌、螺钿嵌等。太师椅是清代的代表性家具，外形尺寸大于一般椅子，座面为方形或类似方形，有束腰，分上、下两部分，下部是一个独立的几凳，上面安装垂直于椅面、屏风式的靠背和扶手，靠背采用木雕嵌云石，扶手则施以雕刻、描绘、嵌螺钿等工艺，极精美富丽，亦具有陈列观赏的价值。

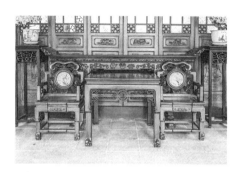

图1-18　清代家具

8）民国时期

民国时期的家具（1911—1949年）式样的演变，可分为三种类型：中国传统类型、中西结合类型、现代式样类型。民国初期仍以制作传统家具为主，除了国内需求外，还远销日本、东南亚和欧美国家。后期家具式样都是仿西方18世纪及19世纪初的古典家具（图1-19）。1919年德国包豪斯工艺学校成立并成为现代家具的发祥地，后影响到中国，一些文人开始自设工厂，改革家具结构，设计出具有民族特色的流线型新家具。同时，金属制家具开始普及，胶合板逐渐用于家具生产，使家具造型新颖美观，线条清晰流畅。出现了木床、床头柜、五斗柜、大衣柜、梳妆台、穿衣镜等，并逐渐向成套发展（图1-20）。

图1-19　民国时期仿西方古典家具

2. 西方家具的发展历史

西方早期的古典家具代表有古埃及、古希腊、古罗马家具等。古埃及的家具不论从数量上还是质量上都可

图1-20　民国时期家具

以称为西方古代家具的楷模，是欧洲家具的一大发源地。西方的中世纪时期，出现了追求豪华的拜占庭家具、伊斯兰风格的家具，以及中世纪的西欧古典家具。仿古典家具中又有仿罗马式家具、哥特式家具。文艺复兴时期的意大利、法国和英国都根据自己的条件，一方面吸收古典艺术的精华，另一方面因地制宜地发展适合自己的样式，西方古典风格进入了巴洛克（图1-21）、洛可可（图1-22）、新古典主义（图1-23）的灿烂发展时期。

西方古典家具分为三个历史阶段：奴隶社会时期的古代家具，封建社会时期的中世纪家具，文艺复兴时期的近世纪家具。

1）古代家具

古埃及家具。埃及人利用河边生长的枣椰树、马樱树、纸草莲花、石料，以及埃及和红海之间的沙漠里产的铜和金制成劳动工具和家具，造型多样。椅、床的腿常雕成兽腿牛蹄、狮爪、鸭嘴等形式，也有的帝王宝座的两边雕刻狮、鹰、眼镜蛇的形象，威严而庄重。靠背用窄薄板镶框，略呈斜曲状，座面多采用薄木板、绷皮革、编革或缠亚麻绳等。材料除木、石、金属外，尚有镶嵌的纺织物等（图1-24）。

希腊家具。一般家庭中也有椅、桌、床、箱等实用型家具。较早时期造型颇为严肃，多数采用动物和花叶等装饰，随着典型建筑风格的成熟，家具形式亦单纯优美。座椅的结构非常合乎自由坐姿的要求，座凳除四腿外，尚有X形折叠式。背部倾斜呈弯曲状，腿部向外张开、向上收缩，给人一种安

图1-21 巴洛克家具

图1-22 洛可可家具

图1-23 新古典主义家具

图1-24 镶嵌纺织物的家具

定感（图1-25）。背板或座面侧板、腿部采用雕刻、镶嵌等装饰。古希腊家具典雅优美的艺术风格，与古埃及家具形成强烈对比。

古罗马家具。罗马人在共和时期过着简朴的生活，帝政时期，由各地方集中而来的货物、奴隶带来了繁荣，建筑装饰风格与室内的家具、帷幔等陈设无不表现出奢侈和华丽的形式。古罗马时代的木质家具实物已经毁坏无遗，但从意大利庞贝等古城中发掘的铜质、石质家具，以及壁画上可以见到各种旋木腿座椅、躺椅、桌子、柜子等，造型极为丰富（图1-26）。

图1-25 "克里斯莫斯"椅　　　　图1-26 古罗马家具

2）中世纪家具

从罗马帝国衰亡到文艺复兴的大约一千年时间，史称中古时期或中世纪，是基督教文化的时代，也是封建社会产生的时代。中世纪时期的设计风格可划分为三个主要的时期（图1-27）：12世纪以前属于拜占庭风格和仿罗马风格，其后则为哥特风格。

拜占庭风格家具。公元4世纪，古罗马帝国分为东、西两部分，拜占庭风格又称东罗马风格，为公元5—10世纪装饰设计的代表。家具装饰采取了更为华美的方式，以雕刻和镶嵌最为多见，许多家具通身施以浅雕，装饰手法常模仿罗马建筑上的拱券形式。当时的旋木技术和象牙雕刻术较为发达，很自然地发展成为家具装饰的另一特色。家具类型有椅、扶手椅、休息椅、床等。装饰纹样以叶饰花与象征基督教的十字架、圆环、花冠以及狮、马等纹样结合为基本特征，其中也常使用几何纹样，有些丝织品以动物图案为主要装饰，明显地表露出拜占庭的特异风格（图1-28）。

仿罗马式风格家具。自罗马帝国衰亡后，意大利封建制国家将罗马文化与民间艺术融合在一起而形成的一种艺术形式称为仿罗马式。仿罗马式主要表现在建筑装饰艺术方面，其特征是严正、庄重。家具设计出现了檐帽、拱券、圆柱等仿建筑构件的做法。有些座椅以旋木方式处理，德国有全部采用旋木制作的扶手椅，形式非常简朴平实（图1-29）。高腿屋顶形斜盖柜子是当时最为出色的存储家具，正面常采用薄木雕刻的简横曲线图案或玫瑰花饰，有的表面附加铁皮和铆钉，其风格与木质椅子上面的怪兽和花饰一样，带有浓厚的拜占庭色彩。

图1-27 中世纪家具

图1-28 拜占庭风格家具

哥特式家具。哥特风格在13世纪时创始于德国东部地区，后盛行于法国，至14世纪中叶在整个欧洲大陆盛行。家具设计类似建筑设计，以哥特式尖拱和窗格花饰为主，玲珑华美，纤细之中带有高贵的气度，有亚麻装饰，尽显朴素、庄重，且严肃之中略呈单调的感觉。家具类型有凳、椅、餐具柜、箱柜、供桌、床等（图1-30）。

3）近世纪家具

近世纪装饰风格从15世纪文艺复兴风格起，经历了浪漫风格、新古典风格，至19世纪的混乱风格止，共产生了以下几种主要风格。

意大利风格。意大利14世纪开始文艺复兴运动，以古希腊、罗马风格为基础，加上东方和哥特式装饰部分形式，并采用新的表现手法而获得崭新的设计形式。家具多不露结构部件，而强调表面细密描绘的雕饰，不仅表现了庄重稳健的气势，同时也充分显示出丰裕华丽的效果。主要特征：一是模仿希腊、罗马古典建筑的式样，使其外观庄严厚重、线条粗犷，具有建筑的雄伟和永恒的美；二是人物形象作为一种主要装饰题材大量地出现在家具上（图1-31）。

法国风格。近世纪的法国风格有5种式样。

法国文艺复兴式（图1-32）家具装饰上出现了许多女像柱、古希腊柱式以及各种花饰和人物浮

图1-29 仿罗马式风格家具

图1-30 哥特式家具

图1-31 意大利风格家具

图1-32 法国文艺复兴式家具

雕，到了17世纪前半期（路易十三世）制造出法国文艺复兴的沙龙装饰及家具，被后世称为路易十三式，是法国形成巴洛克风格的伊始。

路易十四式（Louis XIV Style，1638—1715年）。路易十四风格的家具是高雅与威严的集合，它运用矩形、截角方形、椭圆形和圆形作为构图的基本手法，使家具外观以端庄的体形与含蓄的曲线相结合而成。造型的比例协调，有一种优美的平衡感，装饰气宇轩昂、阔大雄伟，各种雕花构件划分清楚，装饰纹样宽大雄厚（图1-33）。

图1-33 路易十四式

路易十五式（Louis XV Style，1710—1774年）开始从巴洛克风格蜕变为洛可可风格，所以路易十五风格也被称为法国洛可可风格。路易十五时期的家具强调舒适、豪华和美观，品种式样繁多，家具造型常以非对称的优美曲线作形体的结构，造型的基调是凸曲线，弯脚成了当时唯一形式，很少用交叉的横档。家具装饰豪华，雕刻精细纤巧，只要能装饰的部位，都加以装饰。装饰方法有绘、雕、镶，丰富多彩。装饰题材除海贝和卵形外，还有花草、果实、花篮、花瓶、天使等。色彩则以优美的淡色调加强温柔的效果，也以金色和黑色增加华丽的程度和对比的效果（图1-34）。

路易十六式（Louis XVI Style，1754—1793年），是流行于18世纪末期的庞贝式新古典风格的代表，它的主要特点是废弃曲线的结构和装饰，而将设计重点放在

图1-34 路易十五式

结构立体上面，直线为主的造型成为自然的趋向（图1-35）。

帝政式（Empire Style，1804—1815年）。1804年拿破仑称帝后，以浓厚罗马色彩著称的帝政式风格应运而生，帝政式家具采用了刻板的线条和粗笨的造型，给人的感觉是冰冷做作，极不亲切，使用起来也不舒适。这种风格基本是由拿破仑建筑师方丁和波希尔创立的家具设计以古典造型为蓝本，装饰图案以狮身人面兽和女体像柱等为主（图1-36）。

英国风格（图1-37）。近世纪英国风格家具又分为7种式样。分别是伊丽莎白式、嘉可比安式、威廉·玛丽式、安娜女王式、乔治式、摄政式和维多利亚式。

美国风格，家具式样都较简单而朴素，但其形式却十分丰富多彩。由于美国殖民式家具是一个总称，没有代表性作品。其式样均在英国洛可可式样基础上予以简化（图1-38）。邓肯·法夫是美国第一个家具设计师，早期的式样是模仿英国赫普怀特式、亚当式、谢拉顿式的家具，采用七弦琴图案是他的设计特征；晚期受到法国帝政式的强烈影响，他所设计的家具线条优美、结构简洁、比例恰当，充分体现出单纯而高雅的气度，成为美国帝政式新古典风格的杰出代表。

图1-35　路易十六式

图1-36　帝政式

图1-37　英国风格

图1-38　美国风格

3. 现代主义家具设计

现代家具的发展是和现代建筑以及现代技术并行的，从现代家具演进过程来看，可以分为三个阶段。第一阶段从1850年索尼特建立的世界上第一个大规模现代工业化的家具制造厂为起点，到第一次世界大战开始的1914年止（图1-39）。第二阶段是1918—1939年两次世界大战之间，为现代家具成长时期。例如1918年里特维尔德（Gerrit Thomas Rietveld，1888—1964）为阐明风格派的原则，设计了一件直木条和平板组成的"红蓝椅"（图1-40），代表包豪斯的马塞尔·布劳耶设计的瓦西里椅（图1-41），以及著名设计师勒·柯布西耶（Le Corbusier，1887—1965）（图1-42）。第三阶段是1945年第二次世界大战以后，为现代家具演变时期。现代家具最大特点是完全展现卓越的技术所塑造的精确美学，以新材料为基础和以简洁线条构成元素的表现方式，通过先进科技的发挥，一方面借助精确的结构处理和材料质感的应用，充分显现出现代家具造型的准确性、透明性；另一方面依靠严格的几何手法和冷静的构成态度，充分展露出现代美学的简洁性和完整性。第二次世界大战后，西欧经济遭到大规模破坏，现代新家具的创作就转移到了美国，先后出现了不少著名现代家具设计师。如，查尔斯·伊姆斯设计了三维薄壳式座椅；埃罗·沙里宁和哈里·贝尔托亚。意大利现代设计师，如吉奥·旁蒂、柴

图1-39　Hunzinger椅子

图1-40　红蓝椅

图1-41　马塞尔·布劳耶设计的瓦西里椅

图1-42　勒·柯布西耶

纽索·麦克、吉·帕斯等设计师组成的青年设计小组和琼·珂罗姆布。英国、法国现代设计师有霍德威·伯纳德的"汤莫特姆椅"、堪汀·勃纳德的充气式座椅、帕乌林·皮雷和莫尔果·奥利维尔。德国、瑞士现代设计师有依尔曼·埃根、格尔·卫利、艾森伯杰·汉斯和豪斯迈·罗伯特。丹麦、芬兰现代设计师有安恩·雅哥布森、汉斯·瓦格纳、维纳尔·潘顿等。

图1-43 包豪斯风格

西方现代家具的历史脉络可简要地概括为1870年开始的第二次工业革命使家具这种手工产品开始进行工业化生产。同时，新技术孕育着现代主义的诞生，但是现代主义的建立并不是一帆风顺的，经过工艺美术运动、新艺术运动和其他派别艰难的探索，最终由包豪斯引入了现代主义（图1-43）。相比西方，中国的明代家具在16—17世纪初达到了巅峰，在17世纪中叶的康乾时期以后就不断走下坡路，失去了在世界家具中的前沿地位。到20世纪90年代第二轮全球化，东西方家具开始出现融合（图1-44），西方现代家具在进一步发展中更多地表现出全球化的特点。

图1-44 家具历史节点图

4. 后现代主义家具设计

后现代主义作为一种艺术风格，对其定义尚有争议，风格本身褒贬兼有（图1-45）。20世纪末，后现代主义思想对中国当代艺术的渗透使得我国艺术界的创作思维及表现形式发生前所未有的变化，新中式风格产生了。新中式风格被应用到建筑设计、服装设计、室内设计、家具设计等各个领域。

纵观后现代风格的家具，其特点：一

图1-45 后现代主义家具

是现代与古典的糅和；二是手工艺外观的再现；三是过分夸张的造型和变异。这种大胆的构思、光怪离奇的造型在整个家具史上是空前的。而在色彩设计方面，后现代家具又以反色彩为配置规则，色调没有主次之分，喜欢用不同色调的色块并置，使其之间相互干扰，从而产生一种特有的新的视觉效果。

1.1.3 家具设计的基本要素

家具首先应满足人的物质生活需求。从一般意义而言，所有家具都必须具有直接的功能作用，满足人们某一方面的特定用途，如床用于睡觉、椅子用于坐、柜子用于存放物品等。家具在使用场所将不可避免地与人直面相对，强制着人们去审视、品评与触摸，因此不得不去考虑它的审美效果。因此，家具既非纯物质性的功能器具，又有别于纯粹的艺术鉴赏品。尽管物质功能与审美效果的相对比重可以因使用场合而不同，但两者无疑都是不可或缺的。家具设计的基本要素有功能要素、结构要素、材料要素及外形要素。其中功能是先导，是推动家具发展的动力；结构是主干，是实现功能的基础。这四种要素互相联系，又互相制约。

1. 功能要素

功能是家具的首要因素，没有功能就无从谈及家具，任何一件家具都是为了一定的功能目的而设计制作的。功能构成了家具的中心环节，是推动家具发展的动力。随着生活质量的提高，现代人们对家具功能的需求越来越广，要求越来越高。生活是功能设计的创作源泉，家具的功能设计体现了设计师对生活的理解程度。

2. 结构要素

结构是指家具所使用的材料和构件之间的一定组合和连接方式，它是依据一定的使用功能而组成的一种结构系统，包括家具的内在结构和外在结构。内在结构是指家具零部件间的某种结合方式，它取决于材料的变化和科学技术的发展。如金属家具、塑料家具、藤家具、木家具等都有自己的结构特点。外在结构是外观造型的直接反映，因此在尺度、比例和形状上都必须与使用者相适应。如座面的高度、深度、后背倾角恰当的椅子可缓解人的疲劳感，贮存类的家具在方便存取物品的前提下应与所放物品尺度相适应等。不同的材料性能要求与之相适应的结构，结构直接影响着家具的强度与外观形象，如框式家具、板式家具、弯曲木家具等。同时，结构也将直接影响制作的难易程度以及生产效率的高低。

3. 材料要素

材料是构成家具的物质基础，家具都是由各种材料经过一系列的技术加工制造而成的。不同的家具以及同一件家具中的不同部件承担着不同的功能，对材料的要求也就不尽相同。不同的材料具有不同的性质，设计时需要做出合理的选择。材料还可以反映出当时的生产力发展水平。并非所有材料都可以用于家具生产中，需要考虑加工工艺、质地和外观质量、经济性、强度、表面装饰性能和环保等因素综合选择。

4. 外形要素

家具的外观形式是功能、结构和材料的直观表现。外观形式决定着人的感受，除了味觉以外，家具对其他四种感觉均有直接的影响。且视觉占的比重最大，所以视觉特性历来都受到人们的普遍重视，美学造型法则就是建立在视觉基础上的。不过最新研究表明，其他感官特性也是不可忽视的，如家具材料的声学特性、散发物等对环境具有重要影响，而触觉对人的情绪影响也较大。

1.2　家具与环境

家具是一种看得见、摸得着的物质实体，家具产品由"点、线、面、体"等基本元素遵循一定的构成法则围合而成，形成家具本体空间。当家具存在于某一个环境中时，显现出家具所具有的空间效应。因此，家具的空间属性在于两个方面：一是家具本体所具有的空间属性，即占据一定空间和具有特殊的空间立体构成形式；二是家具在空间环境中所反映出来的空间特性。家具同建筑物一样都处于与周围环境形成的空间系统之中。所以，一方面它的空间造型受到使用者、使用环境等客观条件的约束，空间的形状、比例、大小、使用人群的不同及当前社会环境的状态对家具设计有着较大的影响。另一方面，在建筑室内空间的设计组织中，家具的运用起着很大的辅助作用，承担了一部分组织室内空间、营造氛围、充当空间装饰及陈设的任务，空间的开、合、通、断等，均可运用家具来达到。家具环境语言以家具的空间环境属性为出发点进行阐释，揭示了家具与空间环境的"对话"，家具与室内外空间、城市环境、生态环境以及人与人之间内在的相互关系密不可分。

1.2.1　家具与室外环境

随着城市化的进程加快和市场竞争的日益激烈，在繁华的商业区，滚动的车流、嘈杂的音响、闪烁的LED灯，使人目不暇接、眼花缭乱，给人的心理、生理均带来了不良影响。室外家具作为公共环境设计中的重要内容，应当尽量发挥其优势、亮点。家具从室内扩展到公共环境中，需要突出其室外的功能性与"亲人性"，室外家具在功能上不仅提供了传统家具的功能，而且可以体现人与公共空间的联系。室外家具作为基础公共服务设施的一部分，应用在公共空间设计中，为居住者提供了更多的休闲条件，并创造出更多的休闲空间，成为环境要素中的一个方面，也引起人们重视环境要素。当我们进行家具产品设计时，不仅要考虑人与自然环境的关系，还要充分考虑设计对象所处的社会环境、空间环境等因素。

环境因素作为公共户外家具与环境协调与否的载体，影响着公共户外家具在风格、体量、材料、色彩等方面的选择。人是公共户外家具产品进行其环境协调性能评价所不能缺少的感受者，而公共户外家具自身的影响因素则包括色彩、造型、材料、结构、工艺、后期保养和维修以及公共户外家具对环境的污染等。室外家具应该遵循基本的设计原则：健康环保、与整体环境相协调、地理位置、气候条件、节点以及体现景观环境的地域文化特征意象。如干寒地区气候寒冷，空气干燥，对家具色彩的选择多为深色与暖色，而温湿地区则偏爱浅色或木材本色。这也是华北与华南地区家具色彩的差异。另外，温湿地区生产的家具销往干寒地区时，必须注意木材含水率的变化。或者说我国南方生产的家具销往北方时，必须将木材的含水率干燥到北方的平衡含水率的标准，以防止产品北上时因空气含水率的变化而引起产品干缩变形甚至散架等严重质量问题。

图1-46 户外家具

图1-47 家具与户外环境结合

随着人类社会生活形态的不断演变，创造具有新的使用功能又有丰富的文化审美内涵、使人与环境愉快和谐相处的公共空间设施与家具是现代艺术设计中的新领域。家具正从室内和商业场所不断地扩展延伸到街道、广场、花园、林荫道、湖畔。随着人们休闲、旅游、购物等生活行为的增加，需要更多的舒适、稳固、美观的公共户外家具。好的户外家具要满足三个主要条件：稳固、舒适、与环境协调。它必须易于运输、加工，易于工业化、标准化生产和装配，可固定于地上，要符合人体工程学的尺度和造型，要有合适的朝向和方位布置，能抵御故意破坏者的暴力损毁，易于城市公共市政部门修理和更换，要能较好地适应和减轻日晒雨淋的影响。同时，应该便于清洁，能经受重压，能适应男女老幼的不同身形，特别是要从现代造型美学的角度去探究美。现代户外公共家具设计更加注重家具的造型、色彩、与周边环境的协调，优秀的户外家具就像一座精美的户外抽象雕塑，它对当地环境起着美化、烘托、点缀的作用，如图1-46所示。

此外，结合室外环境的具体情况，还需要根据选用的当地材料、公共户外家具尺度、摆放位置、摆放密度、产品的多样化设计、地域色彩设计、造型的地域仿生设计、整合设计、配套使用、配备正规的产品使用说明书等来设计，并考虑与水、鱼和植物相结合的措施（图1-47）。

1.2.2 家具与城市环境

家具设计和建筑环境设计在学科目录体系中虽然是两种不同的类别，但是随着社会经济的发展，人们在重视大环境规划的同时，也开始注重各种室外空间小环境的布置和细节元素的设计。"城市家具"（urban furniture）（图1-48），是指摆放在城市客厅里的各类家具——路灯、座椅、果皮箱、候车亭、道路指示牌、公共艺术品等。美国现代景观规划设计大师哈普林是首位提出"城市家具"概念的人。

图1-48 城市家具

在城市家具概念发展的过程中，不同国家对其称谓也不尽相同。城市家具在英国被称为"街道家具"（street furniture）；西班牙及欧洲其他国家大都称它为"城市元素"（urban elements），直译为"城市配件"；美国称它为"城市街道家具"（urban street furniture）；在日本通常被解释为"步行者道路的家具"，也叫"街具"；城市家具在中国发展过程中有各种不同的名称，通常被称为"公共设施"或"环境设施"。我们现在称之"城市家具"，是因为中国的城市家具衍生与发展区别于西方发达国家，在发展理念和特点方面有所不同，城市家具这一名称符合中国特色。现代中国社会城市家具在城市空间环境中扮演越来越重要的角色，这就使家具设计、建筑与环境设计相互融合的步伐不断加快。作为城市景观环境中的重要元素，城市的"道具"——户外家具的设计及其研究也越来越受到人们的重视。但因城市的建设发展速度，户外家具起步较晚，建立在整体环境系统背景下的新的"城市家具"设计观念尚处在初级阶段。"城市家具"和城市空间之间的关系是很值得探讨的话题。

1.2.3 家具与室内环境

1. 家具设计与室内环境的关系

室内环境是人类社会为自身的生存需要而创造的人为的生息环境。现代民居室内环境更是人们自由支配和享受工作外闲暇时间的场所（图1-49），也是充分发挥个人创造性设计，体现个人审美情趣的小天地。室内环境不仅是一个生息繁衍的物质功能环境，也是一个能折射出人的精神情感的心理环境。

家具是室内的主要陈设设计，选择以及布置家具是室内设计的重要内容，这是

图1-49　家具与室内环境

因为家具是室内的主要陈设物，也是室内的主要功能物品。目前条件下，在起居室、客厅、办公室等场所，家具占地面积约为室内面积的30%～40%。当房间面积较小时，家具占地率甚至高达50%以上，而在餐厅、剧场、食堂等公共场所，家具占地面积更大，室内环境的面貌被家具的造型、色彩、质感所左右。随着时代的发展，有些家具甚至演变成专门的陈设艺术品，使审美功能更为突出，使用功能退居其次。家具是室内环境的一个极其重要的组成部分，从建筑的基本要求来说，它是影响室内设计的主要因素，不论是住宅，还是公共建筑，都是在不同程度上通过家具对室内的平面布局和空间的有效利用（包括对色彩、装饰和照明等处理）来获得舒适、优美的室内环境。因此，家具的造型、配置和家具的尺度、数量均对室内环境具有举足轻重的影响。同时，家具又受室内环境的制约，不同的建筑内容和不同的室内开间、进深以及门窗位置等，又会反过来影响家具的陈设布局，而要求家具有不同的处理手法。如住宅的居室、旅馆的客房、饭店的餐厅或剧场的观众厅等不同的室内环境，都要依据其不同的使用功能和美学功能，按相地布局、依境置物的原则进行家具设计。由此可看出，家具与室内环境有着密切的关联性。因此，在家具设计中必须有一个整体的认识。

家具的华丽或浑朴、精致或粗犷、秀雅或雄奇、古典或摩登都必须与室内气氛相协调，而不能孤立地表现个体，置室内环境不顾。否则就会破坏室内气氛，违反设计的总体要求。同时还必须注重家具在室内多种功能的发挥。家具在室内可以作为灵活隔断来分隔空间，通过家具的布置，可以组织人们在室内的活动路线，划分不同性质或功能的区域。而家具的这些功能的发挥也都是由室内设计的总体要求决定的。

2. 家具设计在室内环境的应用功能

　　室内空间设计指的是在室内高效地应用某些特有的艺术手段，为居住者做出简洁舒适，同时能够满足其心理行为需求的室内空间。家具作为室内空间设计重要的组成部分，若不能完善其设计，那么室内空间便失去了存在的功能价值。设计师更应当用长远的目光看待家具的发展，深入研究家具和室内空间之间的关系，充分展现家具的魅力，使其呈现出丰富的功能和意义。

　　1）组织并划分室内空间

　　家具在室内环境中分隔空间的作用在现代框架结构的建筑中越来越普及。建筑的内部空间越来越大、越来越通透，无论是在现代的大空间办公室、公共建筑中，还是在家庭居住空间中，墙的空间隔断作用越来越多地被家具所替代，这样既满足了实用功能，又增加了使用面积。如整面墙的大衣柜、书架，或各种通透的隔断、屏风等。大空间办公室的现代办公家具组合屏风与围护（图1-50），组成互不干扰又互相连通的具有写字、电脑操作、文件贮藏、信息传递等多功能的办公单元。家具取代墙体在室内起到分隔空间的作用，大大提高了室内空间的利用率，同时丰富了建筑室内空间的造型。

　　2）限定作用

　　家具在室内环境中有组织空间、限定使用功能的作用。室内空间为家具的设计、陈设提供了一个限定的空间，家具就在这个有限的空间中，以人为本，合理地组织、安排室内空间。在室内空间中，人的工作、生活方式是多样的，不同的家具组合，可以组成不同的空间。如在家居空间中，沙发、茶几、视听柜等组成起居、会客、休闲娱乐的空间，餐桌、餐椅酒柜等组成餐饮空间，整体化、标准化的现代厨房家具组成备餐、烹调用的厨房空间，书桌、书柜、书架等组成书房空间。在宾馆中，用沙发、地毯、茶几等组成大堂休息区，床、床头柜、衣柜等组成卧室空间。随着信息时代的到来、智能化建筑的出现，要求现代家具设计师不断设计新的家具、组织新的空间。

　　3）调节色彩作用

　　家具在室内环境中还起到调节色彩的作用。在室内设计中，室内环境的色彩是由构成室内环境的各个元素的材料的固有颜色所共同组成的，其中包括家具本身的固有色彩。由于家具的陈设作用，家具的色彩在整个室内环境中具有举足轻重的作用。在室内色彩设计中，我们用得较多的设计原则是大调和、小对比。其中，小对比的色彩设计手法，往往就落在陈设和

图1-50　家具与室内环境结合

家具上。在一个色调沉稳的客厅中，一组色调明亮的沙发会令使用者精神振奋并能吸引他们的视线，从而起到形成视觉中心的作用。另外，室内设计中经常以家具织物的调配来构成室内色彩的调和或对比，如宾馆客房常将床上织物与座椅织物及窗帘等组成统一的色调甚至采用统一的图案纹样来取得整个房间的和谐氛围，创造出宁静、舒适的色彩环境。

4）填补空间的作用

在室内环境中，体量大的家具若布置不当或受空间的限制，易造成空间轻重不均的现象，如卧室内的双人床与大衣柜，一般占据了室内的大部分空间，我们可以借助一些小柜、几、架等辅助家具，使得室内整体空间布局取得均衡与稳定的效果。另外，对于一些空间的死角和不易使用的地方，也可通过家具的布置"变废为宝"，使室内空间得到充分利用（图1-51）。

5）心理调节功能

在室内空间设计过程中，家具能够陶冶人的情操、愉悦人的心情，在很大程度上满足了居住者精神层面的追求。所以在家具选择方面，要体现出居住者喜好的风格特点。家具的色彩对室内的氛围营造也起到重要的作用，色彩的选择时应首先对室内整体环境色彩进行总体控制与把握，即室内空间六个界面的色彩一般应统一、协调，但过分的统一又会使空间显得呆板、单调。

6）互动功能

家具空间造型与室内空间环境的互动构成也很重要。家具造型是将功能、材料和结构通过运用一定艺术造型法则构成家具形体，其风格特点是通过一定的造型语言来体现的，对于室内整体风格的形成有重要作用。它主要体现在家具的布局和搭配上。家具的布局和搭配还要考虑空间整体环境，一方面是平面空间的集中与疏散，在不同的室内空间环境中，平面布局家具时，要结合相应的使用要求，合理地选择位置，使室内采光、通道和观景呈现最佳状态，还要便于人的使用，并能最有效地利用空间和改善空间。一般有周边式布局（图1-52）、岛式布局、走道式布局、家具立体组合等形式。此外，家具与室内空间的互动构成还有其他室内陈设品的参与，比如，灯具、装饰工艺品、家用

图1-51 充分利用室内空间的家具

图1-52 周边式家具布局

电器、绿色植物以及室内织物等。

1.2.4 家具与生态环境

在很长一段时间内，设计为人类创造了现代生活方式和生活环境，同时也加速了资源、能源的消耗，并对地球的生态平衡造成了巨大的破坏。作为设计师不得不重新思考设计的职责与作用。于是，人们对现代技术所引起的环境及生态破坏进行了反思，在家具产品设计时开始考虑产品与生态环境的内在联系，而这种设计思维即为"生态设计"或者"绿色设计"，应用该思维设计出来的家具也被称为"生态家具"或者"绿色家具"。生态设计是在产品整个生命周期内，着重考虑产品环境属性，即可回收性、可拆卸性、可维修和维护性、低污染性、可重复利用性等，并将其作为设计目标，在满足环境目标要求的同时，保证产品应有的功能、质量、使用寿命等的一种设计思想。生态家具是否满足预期、减少生态环境负荷、实现生态环境与人类的可持续发展的目标，是生态家具整个过程中的关键问题。

依据涉及的范围、内容、结构和技术体系划分，生态家具主要包括生态设计、生态材料、生态制造、生态包装和生态营销等五大方面的技术内容。

1. 生态设计

生态家具设计是指在家具产品生命周期全过程中充分考虑生态家具的评价指标，按照生态设计的方法和原则，综合环境性、技术性、经济性、宜人性等设计准则，优化各有关设计因素，使家具产品整个生命周期中对环境的负面效应降到最低，资源利用率达到最高，功能价值比体现最佳。通过设计减少木材等自然资源的消耗，减少高能耗材料的使用，降低和避免生产和使用过程中所产生的废渣、废气、废水、有害及放射性物质以及噪声等对环境和人体的影响。生态设计包括产品方案设计、结构优化设计、材料选择设计、包装设计、工艺规划设计、产品回收方案设计、环境成本核算等内容。在生态设计观的指导下，生态家具从设计之初开始，在设计过程的每一个决策中都系统地考虑节约资源、避免或减少废弃物，采用生态可承受的生产方式，并利用生命周期评价对家具设计产品进行分析，使家具在整个生命周期中都符合生态环境保护要求。家具产品开发与使用的过程中，对人类生态环境与资源环境具有更好的亲和性。

2. 生态材料

材料是家具的物质基础。材料的生态特性对家具的生态性具有极其重要的影响。材料的"生态"在很大程度上决定了家具产品的生态程度。生态材料具有科技先进性、环境协调性、生产安全性、使用宜人性等特点。由于家具的材料种类繁多，进行生态家具材料选择时，应该依据国家相应的材料认证体系（FSC、LCA 等）对材料的环境属性进行分析，材料加工过程中对资源消耗和环境影响进行评价。另外，还要综合考虑家具产品功能、质量、成本等多方面的因素，选择可再生能力强的本地材料；选择低能耗、低污染材料，避免有害物质的添加；选用新型环保、再生能力强、废弃后能自然降解的材料或复合材料；选择易加工，加工过程无污染或污染最小的低碳材料。

3. 生态制造

用生态设计观指导家具的生产制造过程，采用先进的制造技术，规划和选取物料与能源消耗少、废弃物少、对环境污染小的工艺方案、工艺路线和制造设备，以保证节能降耗和清洁生产。同时创造出一个清洁、高效、舒适和优美的工作环境，保证人与产品的安全和健康。

4. 生态包装

生态包装是生态家具的细节保障，有利于提高人们的生态环保意识，促进生态消费。采用生态包装，既可以减少材料的使用，减少资源和能源的消耗，还有利于循环再利用，减少环境污染。

5. 生态营销

生态环境意识的增强、生态科技的发展和生态消费方式的产生，促使传统营销逐步向生态营销转变。生态营销可推动家具设计的生态化，保护生态环境不受污染和破坏，实现可持续发展的目标。

1.2.5 家具与人之间内在的相互关系

产品本身所具有的只是一些造型符号，但由于人类共同的心理经验的存在，产品与人能够形成一种潜在的心理交流，一种非语言的高级的心理对话。由于人的文化背景、知识层次、审美标准、生活习惯的不同，对于产品的期望目标、衡量标准、态度也不同，因此对于同一个产品有完全不一样的情感反应。"为谁设计，满足怎样的需求"是一切设计的出发点，因此，人的需求是家具设计的依据和基石。随着经济社会的不断进步，人的观念也在不断更新，设计观念的更新直接导致产品新形式的产生，新的观念往往源于对人的需求的分析，这种分析是基于人的情感世界，然后把这种情感植入所设计的产品中，这样人的情感就在某件产品中得到体现。

随着经济发展，室内家具与"城市家具"在室内与公共空间中扮演的角色越来越重要。室内家具的设计直接关乎人们的健康，"城市家具"设计也只有在充分尊重整体空间生态环境的基础上进行创作设计，才能与城市空间自成一体并富有个性，使城市家具更具有魅力。人们拥有在室内家居环境健康的生活和舒适自在的户外生活，才能使人类进入与自然和谐相处的新阶段。从传统思维走向生态思维，从工业文明走向生态文明，从物欲型社会走向节约型社会将是未来设计的必然选择。

1.3 家具与科技

家具与人们的生活息息相关，是一类既具有物质功能又具有精神功能的技术产品，是技术在实践中得以物化的载体，也是技术与艺术完美结合的统一体。家具的发展始终是融科学、技术、艺术于一体，科学技术的不断进步推动着家具的更新换代，新技术、新材料、新工艺、新发明带来了现代家具的新设计、新造型、新色彩、新结构、新功能。同时，人们的审美观念、生活方式也总是围绕科学技术的前进变化而不断提升的。

1.3.1 科学技术对现代家具发展的推动作用

自工业革命兴起，人类开始使用机械大批量地生产各种产品。机器的发明使家具不再是手工制作，而是由工厂机械化大批量生产。同时，各项科学技术的不断进步推动了家具的新设计、新结构及新功能。现代家具史上销售量超过4万件的第一件家具产品是奥地利的家具设计师迈克尔·索内特（Michael Thonet）发明的弯曲木椅（图1-53），19世纪中期最早的现代家具，采了现代机械弯曲硬木新技术和蒸气软化木材新工艺使弯曲木椅能够大批量标准化生产，而且价格低廉、设计精美，成为大众化现代家具的楷模。20世纪90年代兴起的以信息技术为代表的新技术革命，给现代家具设计带来了一系列的重大影响，引起了家具设计制造管理和销售模式划时代的变革和进步。家具生产方式从机械化进一步发展到自动化，家具部件生产进一步发展到标准化、系列化和拆装化。计算机技术在家具行业得到广泛应用，计算机数控机械加工技术开始在家具制造工艺中日益普及，并正进一步向计算机综合制造（Computer Integreted Manufactuing，简称为CIM）方向发展。计算机辅助设计（The Computer Aided Design，简称CAD）全面导入现代家具设计领域，数字化是智能制造的关键核

图1-53　迈克尔·索内特发明的弯曲木椅

心。吴智慧教授提出了智能制造概念，就是传统的信息技术和新一代数码技术（大数据、物联网、云计算、虚拟现实、人工智能等）在制造生命周期的应用，极大地提高了家具设计的质量，缩短了设计周期，降低了生产成本，成为提高现代家具设计的创造性和科学性，提高市场竞争力的一项关键技术和强大工具。

1.3.2　科技带动家具设计材料的发展

新材料的发展为家具造型设计提供了无限的可能，为设计师开拓了想象。工业革命后，现代冶金工业生产的优质钢材和轻金属被广泛应用于家具设计，使家具从传统的木器时代发展到金属时代。匈牙利马塞尔·布劳耶，采用抛光镀铬的现代钢管作基本骨架，柔软的牛皮和帆布作椅垫及靠背，设计了世界上第一把钢管椅，是为了纪念他的老师瓦西里·康定斯基，故而取名为"瓦西里椅"（图1-54）。

图1-54　瓦西里椅

第二次世界大战后，新的人造胶合板材料、新的弯曲技术和胶合技术，特别是塑料这种现代材料的发明为家具设计师提供了更大的创造空间。美国家具设计师埃罗·沙里宁（图1-55）和查尔斯·伊姆斯采用塑料注塑成型工艺、金属浇铸工艺、泡沫橡胶和铸模橡胶等新技术和新材料设计出了"现代有机家具"，这些新的具有圆形特点、雕塑形式的家具迅速成为现代家具设计的新潮流。芬兰的设计师阿尔瓦·阿尔托（图1-56）采用现代的热压胶合板技术，使家具从生硬角度的造型变得更加柔美和曲线化，扩展了现代家具设计的思路。

记忆材料的发明与应用也令家具产品的反馈行为变得更加丰富，家具会随时间、环境、使用者不同

图1-55　埃罗·沙里宁的塑料家具

图1-56　阿尔瓦·阿尔托的胶合板家具

而呈现差异化的形态和功能。例如杰伊·沃森（Jay Watson）设计的"多消遣一会儿"桌子与长凳使用感温材料，营造了光滑、温馨的家居氛围，在感知到马克杯、食物、人体的热量后，桌面会改变颜色，并在被清理干净的很长时间内保持接触的痕迹，促进人与物、人与人的行为互动与情感交流（图1-57）。

1.3.3　科技带动设计智能化

家具设计的智能化主要体现在智能家具产品的设计和研发上。设计的智能化要求设计过程中的无纸化，运用设计软件系统规范化设计，形成标准化的模块，避免传统图纸设计存

图1-57　杰伊·沃森"多消遣一会儿"桌子与长凳

在的误差等细节问题，最终将设计也带入整个智能化产业链中。三维参数化设计软件、揉单技术、标准化等是现代家具企业主要采用的方式。但目前国内家具企业运用最广泛的设计软件Auto CAD和3D MAX智能化程度并不高，无法将生产数据和设计参数进行直接对接。由此产生了数据化设计软件，如2020设计软件、Solidworks、IMOS 3D、Microvellum、TopSolid Wood等，具有专门的木制品三维工程设计模块，不仅解决了家具数字化设计与数字化生产之间的对接问题，而且通过三维模型的建立与系统自动二维一体化展现，可以将客户的定制要求即时反映在系统中，创建新的需求模型或者修改之前的模型，时刻满足客户的定制需求，实现客户参与设计。同时，三维可视化图纸可直接转换成

二维生产数据，初步实现设计与生产一体化。设计软件不断地被优化、添加新的模块，适应不同家具生产需要。其中，2020设计软件主要用于板式定制家具生产，而TopSolid不仅用于板式定制家具也用于框架式实木家具三维数字化生产设计。软件在推进，家具产业及时跟进应用，设计智能化已经成为企业迅速占领市场的必备工具。

1.3.4 科技带动制造、管理和服务智能化

  智能家居日益得到国家的重视和支持，已成为六大重点领域应用示范工程之一。大数据显示，我国智能家居市场将保持21.4%的年复合增长率，这样的生产值和庞大的市场需求，靠传统的工业化生产模式已经无法完成，需要全制造链协同和软硬一体的制造智能化。通过互联网，将家具各地工厂与协作企业部门之间的信息串联起来，通过云平台，形成局部信息共享，而又不影响各自厂家机密信息泄露。将原材料采购与全制造协同密切关联，材料供应信息及时共享。对整个过程进行监控，若发现问题，通过云平台及时处理。从原料采购、生产加工、外协加工、安装入库全制造链协同，保证家具产品按质、按量、按期满足客户要求。特别是家具涂饰工艺，采用智能化涂饰，既提高了生产效率，又可以解决涂饰环保问题。通过将设备、线控远程云端，无缝对接制造执行系统（MES）及企业资源计划（ERP）系统进行各工序涂装，如博硕公司提供的家具涂装智能化系统架构（图1-58），提供实时在线生产管控，达到高效、环保高质的生产目的。

图1-58 博硕自动化涂装设备

  目前大部分家具企业都实行ERP。虽然还不能完全适应家具企业，但它的供应链管理、流程优化、实时监控、工厂与设备管理等制度对于促进家具企业的数字化转型起到了推动作用。而制造企业生产过程执行MES是随着数字化转型升级而提出的，它强调的是对整个生产链的优化，绝不仅仅是某个生产环节的改善。它能确保数据的实时收集，并能实时做出分析。MES将原来的手工图纸的传递过程优化成了系统数据的传输，它对定制家具企业的作用主要体现在现场的实时监控和管理，设备运行的维护以及生产进度的追踪上。它能不断进行创新，包括商业模式创新、生产模式创新、运营模式创新、决策模式创新，并进行家具产品全方位智能化管理，这在很大程度上降低了生产成本，增加了企业收益，实现了企业智能化管理。除管理之外，服务智能化还体现为改变传统的家具服务模式，促进家具物流智能化追踪运用工业大数据，提供服务平台，将人工智能与智能制造应用于产业服务供应平台，将人工智能与智能制造应用于产业服务。

  以集成式家具为例。集成式家具是指家庭装修向系统化、规模化发展，家庭装修时除了设计和施工环节，家装公司还将家具纳入整个家装生产流程，包括后期装饰、家具、饰材、饰品、家电，并且形成以"工厂化"为主导的生产方式，避免了传统现场制作的手工操作污染大、工期长、易出错等弊端，是家装行业产业化的产物。集成家具是把居室家具纳入家居环境中统一设计的一种设计模式。传

统室内装饰业是服务性行业，从这个意义上说，集成家具设计也是一种对传统服务模式的深入与升华。家装公司整合与家具相关的所有产业资源，联盟上、下游家具企业，形成巨大的家居产业链，为消费者提供一体化家居全方位的服务模式。集成家具与传统家具相比更有优势，一方面，家具整体风格统一，个性化设计符合消费者使用习惯；另一方面，集成家具公司直接向供应商订货和联系安装，为消费者省时、省力。

未来集成家具向减少消耗、再循环、再利用发展，将家具功能集成化、用户使用易操作化、市场平民化，打造绿色、智能、集成式家具，营造人与家具融合，人与环境协调统一的家居环境。把绿色理念作为产品设计的理论基础，让智能家居体现出更大的灵活性和环保性，更能满足绿色节能要求。极简设计、节能设计、回收设计、结构设计、材料设计等均保证未来绿色集成式智能家居产品能够更加符合地域特点，更好地满足当地人们的需求。

1.3.5　科技带动智能家具的发展

随着大数据时代的到来，人类已进入智能时代，人工智能为社会带来了新兴技术。目前来看，除了高科技材料和众多的机械、电子技术运用到智能家具的开发中，互联网技术的运用也为智能家具设计带来了更多可能，比如蓝牙传输技术、无线网络技术、射频识别技术、人工智能技术、云数据交互平台技术等。互联网技术有助于提升家具的多功能开发，包括除湿防霉、消毒、照明、温度控制功能等，使得家具从单一的三维物体向一个更有生命力的角色转换，为使用者带来更丰富的使用体验。

广义上说，智能化家具不仅局限于可自动实现某些功能的层面上，还应该向网络化家具、信息化家具方向扩展，这样才能构成一个完整的智能化家具系统，如图1-59所示。

图1-59　智能化家具构成

未来的家具将是集科技与设计于一体的，无论是家具的生产企业还是家具产品设计师都将围绕着这两点设计和研究。将科技应用到家具设计并非单纯应用某个技术，涉及的跨学科技术相对较为复杂。现代家具与科技水平是同步发展的。客观上，新材料、新技术的发展为设计师提供了驰骋想象、施展才华、表现个性的庞大空间。现代先进的科学技术和加工工艺，使设计师的创造性设计得以充分实现。随着科学技术的不断发展和影响，智能化家具的发展是未来家具的发展趋势之一。多学科融合学习是对设计师提出的新要求，设计师积极主动参与现代家具材料、工艺、形式、结构的探索和革新，在利用新材料、新技术、新工艺、新信息技术的条件下，创造出丰富、前所未有的新形式，取得革命性的新成就。先进的技术与优秀的设计结合起来，将对现代家具的发展起到不可估量的作用。

参考
文献

[1]   孙亚峰. 家具与陈设[M]. 南京：东南大学出版社，2005.

[2]   李凯夫，彭文利. 现代家具设计[M]. 武汉：武汉理工大学出版社，2011.

[3]   李卓. 现代家具设计[M]. 北京：北京理工大学出版社，2019：8.

[4]   张恕，施君鹏. 试论述我国古代家具由席地而坐向垂足而坐发展的促进因素[J]. 建材与装饰，2017，（11）：181-182.

[5]   隋震，吕在利. 家具设计. 济南：黄河出版社，2008：27.

[6]   许美琪. 西方古典家具的历史脉络（上）[J]. 家具与室内装饰，2016，（2）：11-13.

[7]   许美琪. 西方古典家具史论[M]. 北京：清华大学出版社，2013.

[8]   许美琪. 西方古典家具的历史脉络（下）[J]. 家具与室内装饰，2016，（3）：11-13.

[9]   尹梓鉴，朱曼曼. 浅析后现代主义思潮下中式风格的复苏与再生[J]. 美眉，2020，（3）：140-142.

[10]   马小军. 评析现代与后现代家具[J]. 家具与室内装饰，2000，（2）：60-62.

[11]   王方，杨淘，王健. 中外室内设计史[M]. 武汉：华中科技大学出版社，2017.

[12]   林秀云. 家具设计中的"空间语言"研究[D]. 长沙：中南林业科技大学，2009.

[13]   江帆. 浅谈室外家具在室外环境中的设计[J]. 山西农业科学，2008，36（8）：79-80.

[14]   过伟敏，周方旻. 城市的"道具"：户外家具的设计思考[J]. 家具，2001，（3）：25-27.

[15]   肖丽. 公共户外家具环境协调性的设计研究[D]. 长沙：中南林业科技大学，2008.

[16]   周麒，朱力，邓晓姣. 家具设计[M]. 武汉：华中科技大学出版社，2016.

[17]   王丹. 模块化家具设计在小户型室内空间中的应用研究[J]. 家具与室内装饰，2017，（10）：36-37.

[18]   李莉. 探析家具在室内空间设计中的应用和发展[J]. 轻纺工业与技术，2021，50（8）：43-44.

[19]   吴叶红. 家具与室内环境[M]. 北京：科学出版社，2000.

[20]   向明. 家具布置的平衡与美观[J]. 家具与环境，1998，（6）：29-30.

[21]   胡海晓. 从构成的角度解读室内设计[D]. 成都：西南交通大学，2006.

[22]   卢晓梦. 家具与城市的融合：谈家具设计与城市公共空间的关系[J]. 艺术与设计（理论），2009，（5）：88-90.

[23]   肖丽，李敏秀. 我国户外家具的发展动力探析[J]. 家具与室内装饰，2008，（2）：60-61.

[24]   过伟敏，周方旻. 户外家具设计探微[J]. 无锡轻工大学学报：社会科学版，2001，（2）：183-185.

[25]   于正伦. 城市环境艺术：景观与设施[M]. 天津：天津科学技术出版社，1990.

[26]   杨红旗，武轲，李江晓，等. 生态家具评价指标体系研究[J]. 西北林学院学报，2012，27（6）：190-193.

[27]   焦文博. 模块化智能家具平台设计[J]. 科技创新与应用，2020，（29）：86-87.

[28]   王大凯，吕彦瑾. 浅谈智能家具设计现状及发展趋势[J]. 西部皮革，2020，42（10）：33，36.

[29]   陈晓艺，吴智慧. 智能交互医用家具研究现状与趋势分析[J]. 家具，2021，42（2）：5-9.

[30]   吴冰. 浅谈3D打印技术在家具产品设计中的应用[J]. 美与时代：创意（上），2022，（1）：11-14.

[31]   谭仁萍，戴向东. 室内设计中的集成家具研究[J]. 艺术与设计（理论），2009，（3）：98-100.

[32]   笑笑. 环保又时尚集成家具渐成新宠[J]. 福建质量信息，2006，（6）：32-34.

[33]   李治平. 智能家居的设计和集成控制的实现[J]. 数字通信世界，2017，（12）：118.

[34]   周姣. 未来绿色集成式智能家居产品设计研究[J]. 牡丹，2020.

[35]   田野. 未来绿色集成式智能家居产品设计探析[J]. 美术教育研究，2017，（2）：41.

[36]   谭皓. 智能家居的模式与未来发展方向浅析[J]. 居业，2019，（4）：66.

[37]   熊先青，吴智慧. 家居产业智能制造的现状与发展趋势[J]. 林业工程学报，2018，3（6）：11-18.

[38]   李兆益. 智能家居发展现状分析及未来设计趋势探讨[J]. 流行色，2019，（7）：139-140.

[39]   王子轩，吴智慧. 智能办公家具交互设计方法与用户需求理论研究[J]. 家具，2021，42（2）：28-32.

[40]   祁忆青，徐然，俞大飞. 家具产业数字化转型与智能制造[J]. 家具与室内装饰，2021，（8）：68-71.

[41]　唐蕾. 家具产品的互动设计研究[D]. 北京：北京林业大学，2016.

[42]　段海燕. 智能化家具的研究[M]. 西安：西北农林科技大学出版社，2012.

[43]　鲍诗度. 中国城市家具标准化研究[M]. 北京：中国建筑工业出版社，2019：12.

[44]　鲍诗度，史朦. 中国城市家具理论研究[J]. 装饰，2019，（7）：12-16.

第二章

家具设计
基础

2.1 家具分类

由于家具从材料到结构、从使用空间到使用功能上都具有多样化的特点，因此家具的分类方式也具有多样性。在这里我们从家具的使用功能、使用空间、使用材料、固定形式及家具结构这五个方面进行分类。

2.1.1 按照家具使用功能分类

按照家具的使用功能可以分为：

1. **坐卧类家具**：这是日常生活中最古老、最基本也是最常见的家具类型，主要是指以满足人们坐或卧此类基本行为要求的家具，如凳、椅、床、美人榻、沙发等。此类家具最大的特点是与人体接触面最多，使用时间最长，因此其造型样式也是丰富多彩（图2-1）。

图2-1　坐卧类家具

2. **凭倚类家具**：主要是指既能满足人们简单的载物功能，又能对人体局部起支承作用的家具，主要分为两类。一类是桌台类家具，如写字台、会议桌、餐台、电脑桌等。此类家具与人类的工作、学习等生活方式直接发生关系，所以对尺寸方面有一定的要求。另一类是几类家具，如茶几、条几等。此类家具在高度上较桌台类家具较低，并且伴随时代的发展，人们越来越重视其装饰功能，因此材质种类也呈现多样化（图2-2）。

图2-2　凭倚类家具

3. **存储类家具：**主要是指以满足人们储存或陈设物品所用的家具，如书架、大小衣柜、餐具柜、五斗柜等。此类家具主要是为了满足人们在使用时的便捷性，所以在尺寸上需要注意满足人体活动的范围。此类家具在造型上可分为封闭式、开放式和综合式，在固定形式上可分为固定式和移动式（图2-3）。

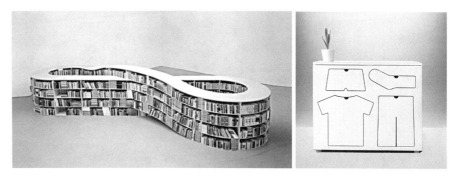

图2-3 存储类家具

4. **装饰类家具：**主要是指既具有装饰功能又具有间隔作用的家具，如屏风、隔断柜等。对于注重开敞性空间的现代建筑而言，此类家具有利于使室内空间变得更加丰富、通透，同时还兼具分隔空间和一定的装饰作用，因此其材质和工艺也越来越丰富，呈现出的视觉效果也越来越独特（图2-4）。

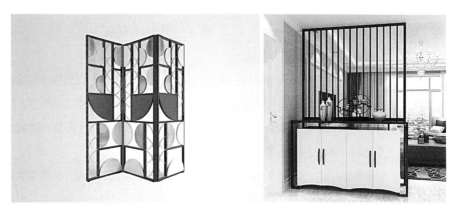

图2-4 装饰类家具

2.1.2 按照家具使用空间分类

现代家具的使用空间不再局限于"家居"环境中，而是被广泛地应用于各种公共场所，按照家具的使用空间可以分为：

1. **家居家具：**主要是指在家庭中使用的家具。根据家具在家庭中使用空间的不同，又可以分为客厅家具、餐厅家具、厨房家具、书房家具、卧室家具、儿童房家具等，此类家具具有品种复杂、样式丰富的特点（图2-5）。

2. **室内公共空间家具：**主要是指在室内公共环境中使用的家具，如办公空间、商场、学校、医院、影院等使用的家具。此类家具设计需根据建筑的功能和社会活动的内容而定，具有专业性强、类

图2-5　家居家具

图2-6　室内公共空间家具

型较少、数量较大的特点（图2-6）。

　　3.　**室外公共空间家具**：室外公共空间家具也就是户外家具，主要是指在户外环境中使用的家具，如公园、广场、花园等使用的家具（图2-7）。

2.1.3　按照家具使用材料分类

　　随着科技的发展，家具使用的材料种类也越来越丰富，按照家具使用材料的不同可以分为：

图2-7　室外公共空间家具

　　1.　**木质家具**：主要是指由实木或各种木质复合材料（如刨花板、纤维板、胶合板等人造板材）制成的家具。其中，实木家具主要是指通过对原木材料进行加工制成的家具，它具有质地优良、坚固耐用的特点，如红木家具、榆木家具等。而木质复合家具则是指通过对木材进行二次加工后制成的家具。相对于实木家具，现代木质复合家具在科技和工艺的支持下，其造型越来越丰富、独特（图2-8）。

　　2.　**竹藤家具**：主要是指由竹材或藤类材料为主要原料经过处理后制成的家具。竹藤类家具可单独使用竹藤材质也可与其他材质配合使用，并且常采用编织的手段制成，如藤椅。此类家具极具古朴、自然的特点（图2-9）。

　　3.　**金属家具**：主要是指由各种金属材料制成的家具。此类家具可分为两类：一类是完全用金属材料制成的家具，如铸铁家具；另一类则是将金属与其他材料相结合使用的家具，如金属与木质材料、塑料、玻璃、布艺、皮革、竹藤材料等搭配结合制作的家具。通过金属与其他材料相搭配，既能提高家具的性能，又能营造极具现代感的视觉感受（图2-10）。

　　4.　**塑料家具**：主要是指以塑料为主要基材加工而成的家具，如通过模压技术挤压成型的家具、由玻璃纤维或发泡塑料注塑而成的家具等。在现代家具中常使用的塑料有强化玻璃纤维塑料（FRP）、ABS树脂和亚克力树脂。塑料家具在设计上可使用全塑料制作，也可与其他材料配合使用。塑料作为对20世纪家具设计影响最大的材料，具有整体成型、色彩丰富、防水防锈、质地轻盈等优点，也正是这些优点促进了现代家具设计的多样化（图2-11）。

图2-8　木质家具

图2-9　竹藤家具

图2-10　金属家具

图2-11　塑料家具

图2-12　玻璃家具

图2-13　石材家具

5. **玻璃家具**：主要是指由玻璃为主要材料制成的家具。现代家具中经常使用的玻璃为钢化玻璃，它具有很强的耐冲击性，既坚固又耐用。家具设计中常将玻璃与木材、铝合金、不锈钢等多种材料相结合，以增加家具的装饰性（图2-12）。

6. **石材家具**：主要是指以大理石、花岗石等天然石材或各种人造石材为主要材料制成的家具。如天然大理石材因其天然的纹理和坚固耐磨的特点而常被用于桌、台案、几的面板。而人造石材由于其抗污力和耐久性强多用于厨房和卫生间的台板。由此可见，现代家具设计中很少使用全石材来制作家具，多将石材与其他材质相结合进行家具设计（图2-13）。

7. **软体家具**：主要是指以织物、海绵、弹簧等弹性材料和软质材料为主制作的家具，其中还包括利用泡沫塑料成型及充气成型的具有柔软性能的家具，如充气沙发、软质座椅等（图2-14）。

8. **其他材料家具**：除了上述几种家具材料外，还有一类是利用其他材料制成的家具，如纸板（突出环保理念）、陶瓷、纤维织物等制成的家具（图2-15）。

图2-14　软体家具

图2-15　其他材料家具

2.1.4　按照家具固定形式分类

根据家具在使用过程中的安放形式可以分为：

1. **移动式家具**：主要是指可以任意移动位置的家具。

2. **固定式家具**：主要是指固定或嵌在某个位置上，一旦安装后便不再拆卸或更换的家具，如壁柜。

3. **悬挂式家具**：主要是指悬挂于墙壁或顶棚的家具。

2.1.5　按照家具结构分类

家具各零部件具有多种连接方式，不同的连接方式构成了家具不同的结构特征，按照家具的不同结构可以分为：

1. **框架家具**：此类家具主要采用框架作为承重结构，且各零部件之间以榫接为主要形式进行连接，并一次性装配而成。这种家具具有结构稳定、受力好、不易再拆装的特点。我国传统家具绝大多数采用此结构。

2. **板式家具**：以人造板为主要材料，以板件为主体结构件，使用专用的连接件（五金件）或圆榫进行连接的拆装组合式家具。此类家具具有可拆卸、外观时尚、不易变形的特点。

3. **折叠家具**：能够满足折叠使用并能叠放的家具。此类家具因具有携带方便、使用轻便、便于存放和运输、节约空间的特点，而被广泛使用于需要经常变换使用场地的公共场所或以节约空间为目的的室内场所。如折叠椅、折叠床等。

4. **拆装家具**：零部件之间采用连接件接合并可反复拆卸和安装的家具。此类家具通常使用瓦楞纸箱进行包装出售，消费者按产品使用说明书进行装配。因此具有便于贮藏、运输、搬运和安装的特点。

5. **充气家具**：由具有一定形状的气囊组成家具的主体结构，通过充气使气囊变化成所需要的家具形态。此类家具具有造型新颖、重量轻盈、便于携带和贮藏、坐卧舒适的特点，但在贮藏和使用中需避免尖锐物体的刺碰。通常充气家具的使用寿命为5~10年。

6. **曲木家具**：由实木弯曲或多层单板胶合弯曲而制成的家具。此类家具可根据人体工程学的要求压制出独特的弯曲弧度，使其造型别致、坐卧舒适。

7. **壳体家具**：又称薄壁型家具，主要是指利用现代工艺和技术，将一些新兴材料，如塑料、玻璃、金属、复合材料等塑化，注入成型模具内，冷却并固定成型。此类家具具有强度高、重量轻、造型简洁、色彩丰富、工艺简便、便于运输等特点，适用于室内外各种环境，尤其适用于室外环境。

2.2　家具设计的基本原则

家具设计不仅要满足消费者的使用功能和精神功能需求，还要考虑到生产技术、市场规律、环境保护等方面的要求，同时还需在设计中综合材料、结构、造型、工艺、文化等方面的内容，才能使家具设计更好地为人类服务。因此，在家具设计中应遵循以下几个方面的原则。

2.2.1　实用性原则

实用性原则是对满足家具的使用功能而言的，这是家具设计的基本原则也是首要原则。家具必须具有一定的使用功能，例如沙发是用来休息的，床是用来睡觉的，餐桌是用来吃饭的，等等，家具如果失去了其基本的实用性，再惊艳的外观也是毫无意义的。家具的实用性与家具的材料、结构等因素有关，只有通过合理的设计才能制造出易于维护、耐用、使用性能优异的家具产品。

如图2-16所示的这套K桌和X椅。桌子因其造型如同字母K，所以被命名为K桌，而椅子造型如同字母X，所以被命名为X椅。其设计理念是为孩子们设计出好的家具产品。桌面是整个设计的巧妙之处：当盖子处于关闭状态时，呈现出来的是一张干净整洁的书桌形态；当盖子打开后，桌子的下层空间可以用来存放笔记本、iPad或其他一些小东西；而打开的盖子又可以用来粘贴图表、照片或一些重要的信息等。此外，书桌表面看不到任何螺钉或连接物，呈现出强烈的整体感。由此可见，这套桌椅在独特造型的基础上具有很强的实用功能，不仅考虑到了孩子们的安全要求和审美要求，还考虑到了他们的使用需求。

图2-16　K桌和X椅

2.2.2　舒适性的原则

舒适性原则是设计价值的重要体现。具有舒适性的家具在设计上必然是符合人体工程学原理的，这需要设计师通过对生活细致地观察分析，并根据人体尺寸、人体动作尺度及人的各种生理特征，在满足不同使用功能的基础上，尽可能地满足人的生理及心理需求。因此家具设计时需考虑采用恰当的尺寸、合理的结构、合适的材料更好地满足人们对家具舒适性的要求。如一把舒适的椅子，在设计时需要在考虑人体工程学原理的基础上，充分考虑人的使用状态、体压分布以及动态特征，同时采用适宜的材料和结构，才能达到放松身体、消除疲劳的目的。

如图2-17所示，这是一把扶手椅设计，恰当的倾斜角度构成的靠背，柔软的材质，简洁的造型，令人感受到强烈的舒适感。其设计者为日本著名的设计师深泽直人，他将这件产品命名为"ten"（日语为天空的意思）。与之相对应的还有一张低矮的桌子，被命名为"ci"（日语为大地的意思）。桌面采

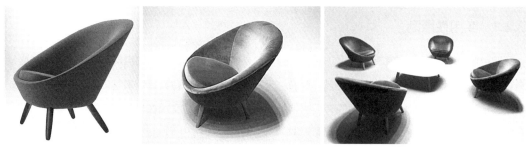

图2-17 "ten"椅与"ci"桌

用圆形白色大理石板，桌腿和椅腿采用黑檀色的欧洲白蜡木或天然桃花心木制成，为该系列增加了一抹暖色。整套家具产品适合任何室内环境，优雅的造型、温暖的材质、人体工程学的应用，使人沉浸在身心放松、舒适的氛围之中。

2.2.3 安全性的原则

安全性原则是家具设计的基本要求。缺乏安全性的家具带来的后果是不堪设想的，因此在家具设计中就必须从材料的选择与使用的适宜性、造型结构设计的合理性、力学研究的科学性考虑，同时要对人的使用操作便捷性等方面有足够的认识，才能更好地保障家具设计的安全性。如在木质家具设计中，不仅要考虑到材料选择的安全性，避免涂料、胶料等辅料中的有机挥发物对人体健康带来的隐患，也要考虑到木材的特性，如在横纹理方向的抗拉强度远远低于顺纹理方向，当它处于家具中的重要受力部位时，就有可能断裂。又如在家具设计中，一般都将边角处理得比较圆滑，从而避免尖角对人造成伤害。在家具设计中必须对家具的安全性给予足够的重视。

2.2.4 艺术性原则

家具的艺术性原则是从家具的造型方面而言的，是家具精神功能的体现。家具设计的艺术性原则与产品的材料、结构、工艺、造型等有关，因此家具的艺术性原则主要体现在三个方面：一是家具的外在形态美，主要体现在家具的外观造型、色彩、肌理、材质、装饰等方面的内容；二是家具的内在结构美，如中国传统家具的榫卯结构便具有很强的结构美；三是家具的文化性，不仅体现在家具的地域特性，地域、自然资源、文化底蕴的不同造就了各具特色的家具，如南北方的家具就具有很大的差异性，还体现在家具的时代特性，不同历史时期形成了不同风格的家具文化，如明清家具简洁凝重，路易时期的家具奢侈豪华等都具有典型的时代特征。

家具的外在形态美、内在结构美和文化性共同构成了家具的艺术性原则，这三个方面是一个有机的整体，相互影响，共同造就了家具的独特魅力。在进行家具设计时需要注意两点：一是不能为了产品的艺术性而损害产品的使用功能，产品的艺术性应是建立在有助于产品功能的完善和发挥的基础上的；二是忌盲目地为追求艺术性而设计，家具的艺术性是根植于文化基础之上的，单纯追求外在形态的艺术性而缺乏文化底蕴的设计必然是失败的设计。设计与文化是紧密相连的，作为设计者必须在结合市场需求的基础上把握设计思潮和文化内涵，才能设计出具有时代特征的优秀家具。如丹麦著名设计师雅各布森于1958年设计的天鹅椅（图2-18），因其外观宛如一只天鹅而得名。优雅的造型、简约的设计，不仅使其具有强烈的雕塑形态和艺术性，同时又具有很强的舒适性，因而至今人们仍旧对其情有独钟，它也被认为是北欧代表性的设计之一。

图2-18　天鹅椅

2.2.5　工艺性原则

家具的工艺性原则是从家具的生产制作方面考虑的。家具设计作为一种商业性设计，设计出来的产品必须满足生产要求，即在家具设计中需要考虑如何在保证产品质量的基础上，通过合理的设计提高生产效率，降低生产成本。如通过使用标准零部件，尽可能满足机械化批量生产的要求。同时家具的工艺性原则要求设计师必须随时关注科技发展动态。家具的发展一直与科技的发展紧密联系，科技的进步在不断地推动着家具产业的发展，新材料、新技术、新工艺、新发明带给人们的不仅是生活方式的改变，还有审美观念的改变，也为家具设计带来了更多的可能性。如计算机辅助设计不仅提升了设计效率，还有助于提高设计质量，降低生产成本。

2.2.6　经济性原则

家具设计的经济性原则主要包括两个方面：一是从消费者角度来讲，家具要物美价廉，物超所值；二是从企业角度来讲，家具要有利于企业利润最大化。经济性将直接影响产品在市场上的竞争力，这里面包括生产成本、能源消耗、机械化程度、生产效率、包装运输成本等方面的内容。只有适合的，才是最好的。家具设计过程中要根据不同消费需求，从经济和实用两者中寻找最恰当的点，避免功能过剩，更好地提升家具产品的市场竞争力。如中、低档家具多使用人造板材料，而高档家具则多使用实木材料。在家具设计过程中应对各种影响因素综合考量，制定设计方向。

如图2-19所示，这是一款户外椅子的设计，因其选材使用标准直径的铝管而简化了材料的采购和生产，从而节约了产品成本。

图2-19　户外椅子设计

2.2.7　创新性原则

　　设计的核心是创新，创新是促进社会发展、技术进步的重要手段，也是家具设计的重要原则之一。家具的创新性包括功能创新、形式创新、结构创新、材料创新、技术创新、交互创新等方面的内容。伴随着信息技术的快速发展，科技创新对家具设计起着越来越重要的作用。如伴随着物联网的飞速发展，智能家具的出现打破了传统的家具行业，改变了人们的生活方式，带给人们与众不同的家具体验，使人们的生活变得更舒适、方便和安全。如北京2022年冬奥会冬奥村使用的智能床可以说是火遍全网，看似普通的一张床，只需要通过遥控，就能设置到适合的角度，让运动员以最佳的姿势阅读、看电视或休息。这也是历届冬奥会首次装备上"智能床"，让世界不得不深陷在中国智造的魅力之中（图2-20）。

图2-20　智能床

2.2.8　环保性原则

　　家具是否环保关系到人的身体健康。环保家具设计要符合现代社会的发展，实现人与自然的和谐相处，既满足当代人的物质和精神需要，又不对后代生存与发展构成威胁。因此，环保家具设计即绿色家具设计具有积极的意义。环保家具应以绿色环保、新型材料技术与创新产品设计为出发点。环保在家具产业中已不仅是一个概念，而是更多地从设计、材料、生产到包装、营销、回收等多个方面渗入产业，是基于产业全生命周期理念所形成的，它针对产品质量、生态环境、健康安全等多方面提出了综合性指标要求。现代家具绿色环保设计首先体现在"绿色、环保"，真正达到低能耗、低污染、可回收、可循环的新要求。在设计、生产过程中，合理使用各种材料，以贴近自然、对人体无害为出发点，设计成减少多余功能、容易修护、可再次或重复使用、可以部分更替的产品，尽可能延长产品使用周期，让家具更耐用，从而减少再加工中的能源消耗。设计师还要注重家具产品的高品位、多功能的发展方向，从而提高家具产品的利用率，促使家具产业的进一步发展。环保型家具产品应综合质量、功能、效益等多方面因素来进行有效设计。这对于保护资源、节约能源都具有重大的现实意义和深远的历史意义，如美国设计师格雷格·克拉森（Greg Klassen）以废弃的木材为原料所设计的"桌上的河流"系列桌子（图2-21）。

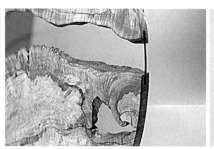

图2-21 桌上的河流

2.3 家具设计的程序与方法

2.3.1 家具设计程序

家具设计程序是一个从设计开始到设计结束的各阶段综合在内的工作步骤，是一种有目的、有计划的设计工作程序。科学、合理的设计程序是家具设计工作顺利进行的保证，也是家具设计取得成功的基本保证。

家具设计程序中各个阶段是层层递进的，但其划分不是绝对的，并且通常不是单向运行的，有时需要循环进行，有时会相互交错，如设计过程中的各种反思、修改、完善和验证的过程。从整体上来讲，家具设计程序一般可分为设计准备、设计构思、设计方案优化、模型制作、设计评估及设计完成这六个阶段。

1. 设计准备阶段

设计前期的准备阶段也就是接受项目、制定计划的阶段，这个阶段的主要内容就是进行设计调查，确定设计定位。

1）设计调查

设计调查是家具设计开展的基础和前提。由于家具设计需要在满足不同消费者需求的基础上考虑家具不同的使用空间、使用状态、物质功能和精神功能等方面的问题，所以家具设计师必须通过大量多角度、多方位的调研分析，更准确地把握市场与消费者需求，保证设计的成功。设计调查的根本目的是更好地确定设计定位。

（1）市场调查

市场调查是指运用科学的调查方法和手段，系统地收集、整理、分析调查资料，进而对家具产品设计提出方向的过程。市场调查的内容很多，主要包括：对现有同类产品的调查，对消费者的调查，对竞争对手的调查，对市场环境的调查，对材料技术的调查，尤其是对新材料、新技术、新工艺的调查。市场调查的方式有很多，主要有以下4种：

①文献资料的收集：在当今的信息化社会中，可以通过多种形式进行文献资料收集，如查阅有关专业书籍、期刊、设计年鉴、图集、专利信息、互联网等。文献资料的收集需要注意文献的时效性和真实性，尽可能地收集最新的资料，使其更具有参考价值。

②家具市场的调查研究：家具市场的调查研究主要是通过有目的地实地调查城市中的各大家具、家居、建材市场等专业市场或商场，掌握第一手资料，进而从不同角度、不同层面上获得专业信息，如对消费者心理和消费行为的调查、对市场行情的调查、对产品占有率的调查等。

③家具博览会、家具设计展的观摩与调研：每年国内外均会定期举办各类家具博览会，这是掌握家具最新资讯，了解市场发展和设计趋势的最佳机会，对促进家具行业的发展具有重要的作用。如国际上具有影响力的意大利米兰国际家具展、德国科隆国际家具展等，国内北京、上海、广州等城市每年也都会举办各种大型的家具展，均具有很高的参考价值。

④家具生产工艺的观摩与调研：在市场调查中还可以通过去家具工厂生产一线观摩与调研，熟悉家具生产工艺，从而保证设计的产品能够满足生产要求，同时也有助于利用最新的生产工艺创造新形态，降低生产成本。

需要特别说明的是，家具设计必须符合相关法律、法规及标准的要求。因此，家具设计师在进行市场调查时需要提前了解最新的国家标准与家具行业标准，对于出口家具则应该提前了解国外的法律、法规与出口产品的国家标准，满足设计的标准性和规范性。

（2）资料的整理分析

设计调查是一个非常重要的环节，它为家具设计提供最基本、最可靠的信息保证。因此，在进行初步的设计调查后，要对所收集的资料进行分类、整理、统计和分析，通过归纳和研究，做出正确选择和判断，得出相对科学的调研报告，准确把握消费者对家具的真实需求，才能为家具设计提供参考和立项依据，以便展开更进一步的产品设计。

2）设计定位

设计定位是家具设计程序中最为重要和关键的步骤之一，它是在前期资料收集整理分析的基础上，综合家具功能、结构、材料、造型、工艺等内容，并结合客户需求而形成的设计方向或目标。设计定位的准确性是家具设计顺利进行和成功的根本保障。从整体上讲，常见的家具设计定位可以分为三类：创新性设计、改良性设计和工程项目的配套性设计。

设计定位过程中，通常需要考虑以下几个方面的问题。

（1）设计什么（What）——明确设计的内容是什么：桌子？椅子？

（2）为谁设计（Who）——明确设计的使用者是谁：男女老少？社会层次？

（3）何地使用（Where）——明确设计的家具应用于什么环境中：室内或室外？家用或公共场所？

（4）何时使用（When）——明确家具的使用时间：临时或长久？白天或夜晚？

（5）为什么做（Why）——明确设计家具的原因，说明与众不同的原因：材料？结构？

（6）如何使用（How）——明确设计的家具如何使用：组合或拆分？便携或固定？

2. 设计构思阶段

设计构思是在设计定位后，根据提出的问题，做出多种解决问题的方案。这是一个反复、复杂的过程，是一个艰苦的思维劳动的过程，需要通过不断的构思、推敲，直到获得满意的结果。同时，设计构思也是一个设计思维发散的过程，是一个设计拓展思路的过程，在这个过程中设计灵感不断涌现，设计方案不断清晰，为下一步的设计方案优化打下扎实的基础。

在设计构思阶段常采用绘制草图的形式来记录设计思路。草图的形式多种多样，通过设计草图可以迅速地将设计师在设计过程中的设计灵感和思维路径记录下来，因此设计草图作为一种设计思维过程的再现，一般采用较为简洁的形态符号，不需过多的修饰与细节。草图的内容可以是整个家具的形态，也可以是家具的局部或家具的结构等。设计草图可采用的工具也多种多样，如铅笔、钢笔、圆珠笔、马克笔、绘图板、数位板等，设计师可根据习惯采用不同的工具和方法。

由于设计草图具有方便修改，易于保存，表达方式简便、迅速等特点，因此通过大量的设计构思草图，设计师的思维才能不断地拓展、归纳、提炼，进而形成初步的设计构思，为后期设计方案的筛选与优化提供基础（图2-22）。

图2-22 设计草图

3. 设计方案优化阶段

在经过草图阶段后，会有许多创意，这就需要对这些方案进行不断推敲，并利用视觉化的语言进行表达。通常在设计方案优化过程中，需要通过比较、提炼、综合各个设计方案，还要考虑市场、功能、技术、经济等硬性条件，并融入材质、结构、造型、色彩、肌理、成本等各方面的细节，经过多次调整、评议、反馈、完善，进而得到更加符合要求的设计方案。

同时，在这一阶段还需要解决家具的艺术效果和施工工艺等内容，因此需要设计制作设计效果图和施工图。设计效果图可通过手绘或计算机绘图等形式，采用不同的表现技法表现产品的视觉效果，例如材质表现、色彩搭配、装饰工艺等。施工图则一般包括产品的三视图、立体的透视图及分解图，并标注主要尺寸，同时需要结合相关文字，将家具设计的构思、技术表达等细节内容说明清楚，方便后期的生产。

设计方案优化阶段是深入设计和注重细节设计的阶段，因此在这个阶段中应注意以下几个问题：①对人体工学的推敲分析；②基于美学意义上的形态分析；③家具各部分的结构及比例关系——具体尺寸的进一步确定；④关键部位的节点设计；⑤对家具设计制造工艺的分析比较；⑥材质、肌理、色彩的不同组合效果分析（图2-23）。

4. 模型制作阶段

方案确定后便要进行家具模型制作。家具设计单靠平面的图纸无法准确推测设计中存在的问题，

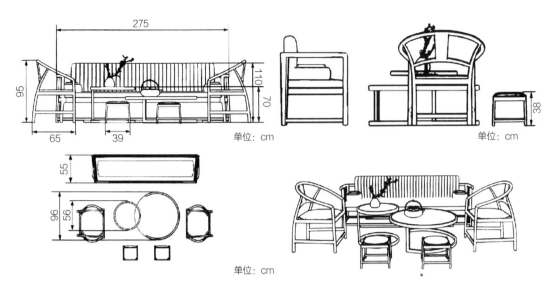

图2-23 方案优化

因此需要通过立体的物质实体来更好地进行设计方案的推敲和修改，这是家具由设计向生产转换阶段的重要环节。通过模型制作可以进一步深化设计，推敲造型比例、结构细节、材料肌理、色彩搭配、材质搭配等，从而对平面图进行最终的检测，解决设计图中不完善的地方，同时也可以更加直观地展现产品最终形象和品质。

目前常用的模型有草图模型、模拟模型、外观模型和结构模型。在模型材料上常使用的材料有木材、黏土、石膏、塑料、金属、皮革、布艺、软木、木纹纸等。3D打印机技术的不断完善，也为家具模型制作提供了更加简便、快捷的制作方式。一般模型制作采用1∶2、1∶5、1∶8等比例进行制作。通过模型制作，可以进一步完善设计、优化设计，便于评估审定（图2-24）。

5. 设计评估阶段

设计评估是对设计方案的检验，一般可通过调查、会议、问卷等形式进行，同时可采用不同的评价方法和评价要素对不同的设计方案进行评价。通过科学评估发现设计方案上的不足之处，为设计改进提供依据。一般评价的主要内容包括设计的功能性、工艺性、经济性、美观性、需求性、使用维护性、质量性、环保性等。同时，通过设计评估能够有效地保证设计质量，提高设计效率，降低成本，最终获得一个较为理想的设计方案。

图2-24 模型制作

6. 设计完成阶段

当设计方案确定后就要进入设计完成阶段。这个阶段主要包括绘制生产图纸即施工图和完成设计技术文件两部分。生产施工图是家具生产前期重要的技术文件，是和工人师傅直接沟通的语言，因此在制图过程中必须严格按照国家制图标准进行绘制。家具生产图纸主要包括结构装配图、零部件图、局部详图、大样图和拆装示意图等，再结合前期的三视图和设计效果图就构成了完整的图纸文件，用于指导生产。设计技术文件主要包括零部件明细表、材料明细表、包装设计及零部件包装清单、产品装配说明书、产品使用说明书、成品检验表等内容。

家具设计是一项复杂的综合性很强的设计活动，需要设计师与企业中的各个部门密切联系，才能更好地完成设计，达到预期效果。

2.3.2 家具设计方法

设计离不开创新，因此在设计过程中设计师常常使用创新思维来解决设计中存在的问题。在家具设计中，常见的设计方法有以下几种：

1. 移植设计法

移植设计法，顾名思义即移花接木，将已有的技术成果或科学原理移植到新的设计中。移植设计法可以是原理移植、功能移植、结构移植、材料移植、工艺移植等。需要注意的是，移植的根本目的在于创新而不是简单的模仿，要善于联想，善于从其他事物中获取设计灵感，因此在设计过程中需要选择有价值的部分进行移植。如图2-25所示，这款名为"Merlot"的椅子设计便采用了移植设计法，设计师将日常生活中常见的葡萄酒杯移植到家具设计中。该椅子采用热塑性聚碳酸酯制成，由不锈钢框架支撑，形成了葡萄酒杯的形式。这款椅子有两种形式：椅子和凳子。有三种颜色：红色、玫瑰色和白色，分别象征着不同的葡萄酒。独特、优雅的造型营造出"葡萄美酒夜光杯"的视觉感受。

图2-25 Merlot

2. 发散思维

发散思维又称辐射思维、扩散思维、放射思维，是指针对存在的问题，从不同角度和侧面探索尽可能多的解决问题的方法，从而寻求最佳的设计方案的思维过程。在具体的实施过程中需要多尝试，诸如"要是……会怎么样"或者"如何能够……"之类的思维方式。

3. 头脑风暴法

头脑风暴法又叫智力激励法，由美国创造学家A.F.奥斯本提出，该方法强调激发群体智慧，从而获得较多、较好的设想和方案。头脑风暴法通常采用小型会议的形式，针对某个问题进行讨论，与会人员不需要考虑任何可行性，畅所欲言、异想天开，进而产生连锁反应，激发联想。这种设计方法适合用于设计初期，能够最大限度地集思广益，拓展思路，提升创意。

4. 列举法

在家具设计中，还可以采用列举法进行有针对性的设计。常用的列举法有优缺点列举法和希望点列举法。优缺点列举法是指针对某一事物，逐一列出它的优点和缺点，进而探求解决问题和改善对策的方法。这种设计方法的局限性在于，设计师必须对设计对象有深入的了解后才能有效应用。而希望点列举法则是通过不断地提出各种所期望达到的某种愿望，进而探求解决问题和改善对策的方法。这两种设计方法都离不开设计师对生活细致入微的观察，同时对市场又有较深入的了解。

5. 功能设计法

功能设计法，是指家具设计在满足人们常规功能的基础上进行功能拓展的一种设计方法，从而实现"一物多用"的现实需求。功能设计法能够在节约空间资源的基础上，将多种功能集于一体，既具有实用性又具有多样性的特点。使用功能设计法时需要注意的是，并不是所有产品都是功能越多越好，也不是简单的功能的堆砌、叠加，而应该根据实际使用对象需求入手，功能上主次分明，才能让消费者使用更舒适、更便捷，实现集成功能的最优化。同时还需要注意的是不同地域、生活习惯、文化习俗都有一定的差异性，应根据实际市场需求进行设计。如图2-26所示，这款名为"iQseat"的椅子设计，将椅子与电脑桌相结合，通过旋转靠背，将原本的座椅转变为符合人体工学的工作台，在节约空间的基础上实现功能的多样化，同时椅腿上装有脚轮，便于移动。

图2-26 iQseat椅子设计

6. 模拟与仿生设计法

模拟是指较为直接地模仿自然形象或通过具象的事物形象来寄寓、暗示、折射某种思想情感，这种情感的形成需要通过联想这一心理过程，来获得由一种事物到另一种事物的思维的推移与呼应。

利用模仿的手法具有再现自然的意义，在家具设计实践中，具有这种特征的家具造型，往往会引发人们美好的回忆与联想，丰富家具的艺术特色与思想寓意。如西班牙著名画家萨尔瓦多·达利采用仿生设计法设计的梅·韦斯特红唇沙发（图2-27），其设计灵感便源自美国著名女演员梅·韦斯特的性感嘴唇。

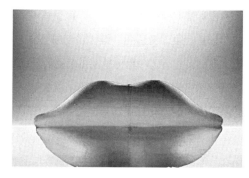

图2-27　梅·韦斯特红唇沙发

在家具造型设计中，常见的模拟与联想的造型手法有以下三种：

一是局部造型的模拟。主要出现在家具造型的某些功能构件上，如脚架、扶手、靠板等。

二是整体造型的模拟。把家具的外形模拟塑造为某一自然形象，有写实模拟、抽象模拟和介于两者之间的模拟三种方法。如丹麦著名设计师汉斯·瓦格纳设计的孔雀椅（图2-28），其椅背部分便参考了孔雀开屏时的形态，通过简化形态元素，提炼设计语言而设计出的一款独特造型的家具产品，营造出优雅、舒适、清新的使用氛围。这种设计方法更加追求"神似"而不是"形似"。一般来说，由于受到家具功能、材料、工艺的制约，抽象模拟是家具设计中常采用的设计手法。抽象模拟重神似，不求形似，耐人寻味。图2-29所示为系列蝉椅设计，其椅背部分是在蝉翼图案的基础上通过人工智能算法，而生成的无穷无尽造型的家具设计。

三是在家具的表面装饰图案中以自然形象做装饰。这种形式多用于儿童家具。

仿生设计是通过研究自然界生物系统的优异形态、功能、结构、色彩等特征，并有选择性地在设计过程中应用这些原理和特征，同时结合仿生学的研究成果，为设计提供新的思想、新的原理、新的方法和新的途径。仿生设计作为人类社会生产活动与自然界的契合点，正逐渐成为设计发展过程中的新亮点，使人类社会与自然达到高度统一。

仿生设计的主要过程是：生物体—仿生创造思维—新产品、新设计。如菲律宾设计师肯尼斯·科

图2-28　孔雀椅

图2-29　系列蝉椅

邦普设计的花朵椅（图2-30），其整体造型宛如一朵绽放的鲜花，通过将超细纤维材料制成类似干花纹理般的柔软褶皱，营造出独具特色视觉感受。再如图2-31所示的是一款名叫斯潘迪（SPYNDI）的变形椅。该设计灵感来源于人的脊柱，灵活且坚固。它没有固定的形状，而是通过一根根的木条连接而成。每一根木条有 A 与 B 两端，两端尾部长短、角度不同，连接时，A+A 的循环组合可以形成弧线，A+B 的循环组合则可以形成直线。通过将两种基本的方式组合搭配，消费者便可以发挥想象，创造出任意形状的家具，满足大多数家居环境。

仿生设计法是通过人们对大自然不断地探索而获得的一种设计方法，因此在进行仿生设计时需要注意找到设计对象和仿生对象之间的契合点，慎重地处理好两者

图2-30　花朵椅

之间的关系，同时兼顾人的差异性。此外，还可以将多种仿生设计法综合利用，进而提高产品性能。

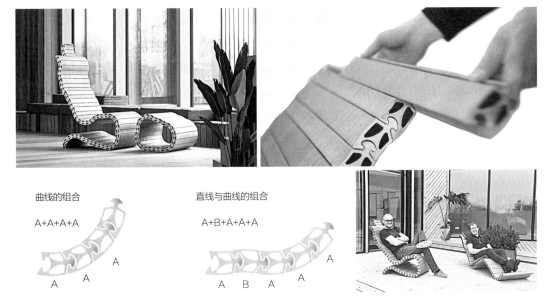

曲线的组合

A+A+A+A

直线与曲线的组合

A+B+A+A

图2-31　斯潘迪变形椅

7. 逆向设计法

逆向设计也叫反向设计，是指在设计过程中打破常规的思维定式，从相反的方向探求解决问题的方法。这种"反其道而行"的设计方法可以突破常规束缚，激发设计者的设计灵感，设计出具有很强独创性的设计作品。如图2-32所示为法国设计师设计的"Living Stones"，通过采用逆向设计法，一改原有石头带给人坚硬、冰冷的视觉感受。圆润的鹅卵石造型、温暖的纺织布料、柔暖的填充物、素净的色彩，共同打造出了自然、舒适的沙发形态，让人一见就感觉十分惬意。

图2-32 Living Stones

图2-33 猴尾巴椅

8. 趣味化设计

在满足家具产品基本功能的基础上，增强趣味化设计，能够很好地提升产品的娱乐性，给人新奇的体验。如图2-33所示的"猴尾巴椅"设计，该椅子由不锈钢、木材及皮革三种材料制成，并有适用于儿童和成人的尺寸。椅背部分弯曲的尾巴造型可以说是该椅子最大的特点了。尾巴对于多数动物来说是不可或缺的有用器官，用来感知平衡、吸引异性以及表达情感。这把椅子通过椅背部分模仿猴子尾巴的趣味性设计，使人坐上之后获得了额外的乐趣。

9. 情感化设计

随着社会的不断发展，生活水平的不断提高，人们对家具的追求不再是简单地满足其使用功能，而是更注重家具所赋予的精神功能。在家具设计中，应在充分了解用户心理特点和情感需求的基础上根据造型、色彩、肌理等构成要素进行设计，使用户对家具产品产生共鸣，从而带给使用者亲切、舒适、愉悦的心理感受，提高产品的综合体验感，增进消费者对产品的认同感，体现高度的人文关怀。如图2-34所示，这是一系列休闲办公两用的座椅设计，椅子采用鲸鱼造型，鲸鱼翘起的尾部可以当作一个迷你工作台使用，具有强烈的个性化和趣味感，并能满足使用者的多场景用途。

图2-34 系列鲸鱼造型椅子设计

10. 生态型设计

生态环境的恶化、环境资源的浪费，使人们越来越认识到保护环境的重要性。在此背景下，生态型设计或环保型设计成为评价优秀设计的重要标准，也成为现代设计师不可忽视的设计方法。在家具设计中，通常需要从选材、造型、结构、色彩、肌理、生产实施，到产品废弃处理等各个环节

图2-35　沙滩椅设计

注重生态型设计。目前，在生态型设计中，通常遵循3R原则，即减少用量（Reduce），可重复使用（Reuse），可回收再生（Recycle）。此外，在设计过程中尽可能使用可再生材料，家具零部件设计采用标准化设计及增加家具的可拆卸性，从而提高废旧家具的回收再利用率。

如何循环使用废弃物一直是当代设计师们感兴趣的课题，如设计师将废旧报纸重新组织，设计出生态环保并富有生活情趣的家具产品。再如图2-35所示是一款公共沙滩椅的设计，椅子由回收的工业陶瓷废料制成，体现了环保的设计理念。

11. 联想设计

联想既是审美过程中的一种心理活动，也是美学、心理学研究的范畴。同时联想这种心理活动又是一种扩展性的创造性思维活动，是创造美的活动中的一种科学思维方法。因此，联想同样可作为家具设计的方法之一。具象形态联想设计是最常见的一种联想方法，通过形态的相似性产生的联想设计更容易被大众接受并产生较强的共鸣。

2.4　家具设计创意表达

在家具设计过程中，常通过设计表现图的形式来记录设计构思，拓展设计思路，阐述设计概念，这也是设计师进行沟通和交流的重要方式。因此，设计表现能力也是家具设计人员必备的专业技能之一。伴随着科技的日益发展，常用的设计表达方式除了传统的手绘草图、设计模型外，还可以利用计算机辅助设计及目前比较流行的VR虚拟现实技术等方式进行表达。

2.4.1　设计创意表现图的特点

1. 真实性

家具设计表现图能够通过艺术的刻画，从造型、色彩、结构、工艺等方面达到产品的真实效果，客观表达出设计者的创意，建立起设计者与观者之间最直接的媒介。

2. 快速性

家具设计表现图是设计师快速记录设计构思，修改设计方案的重要手段。

3. 说明性

图形比文字更具直观性、说明性，因此家具表现图可以直观地说明产品的形态、结构、色彩、质量、量感等方面的内容。

4. 艺术性

家具设计效果图虽然不是一件艺术品，但却具有一定的艺术魅力。效果图通过形状、色彩、质感、比例、光影等表现手段，常给人以简洁有力、心情愉悦的视觉感受。很多设计大师的手绘稿都被艺术馆所收藏。

2.4.2 家具设计创意表达方式

1. 手绘草图

手绘草图一般应用于设计初期，用来记录设计师最初的设计构思。由于设计灵感转瞬即逝，所以设计师必须用最快、最准确的形式记录设计构想，手绘草图是设计师将头脑中的抽象想法转变为具象形态的重要创作过程。根据设计草图，设计师可以不断地推敲、完善，有助于设计方案的优化。因为设计草图要快速记录构思，所以一般看似比较随意灵活，有时也会配有简洁的文字、尺寸等进行说明。

图2-36 线描草图

1）从表现形式上来讲，设计草图可分为两种：线描草图和明暗草图。

（1）线描草图

以线的形式勾勒出物体的内、外轮廓和结构的表现形式为线描草图，是一种最为简练、快捷的表达方式，常常徒手画线完成，较为自由。线描草图常用的工具是钢笔和铅笔。通过不同的用线方式、力度、流畅与顿挫、轻盈与厚重可以画出不同的质量、量感和物体的空间形状特征，如图2-36所示。

（2）明暗草图

在线描草图的基础上，加上光影明暗关系就构成了明暗草图。明暗草图通过明暗关系的表现，可以清晰地表明产品的转折关系、质感、体积感和空间感。在使用工具方面，常用铅笔和炭笔进行表现，也可使用淡彩的形式表现明暗关系，如图2-37所示。

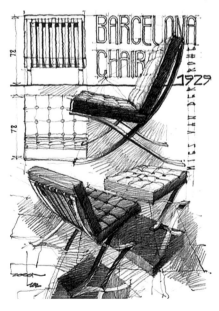

图2-37 密斯·凡·德·罗的巴塞罗那椅设计手稿

2）从表现内容上来讲，设计草图还可以分为概念草图和细节草图。

（1）概念草图

概念草图主要是记录设计最初始阶段，用线描的形式记录构思过程和大概意念，主要表现家具的形态、结构、色彩、材料等整体形态，其缺点是不能对家具的细节进行深入刻画（图2-38）。

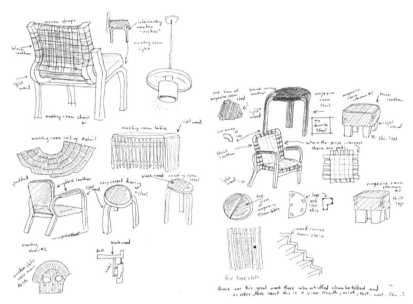

图2-38　阿尔瓦·阿尔托的家具设计手绘草图

（2）细节草图

细节草图以表现家具局部为主，如局部装饰、连接方式等内容，是对家具细节的初步探索，是概念草图的补充说明，常通过注释文字和尺寸说明对细节进一步说明（图2-39）。

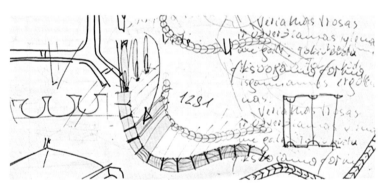

图2-39　细节草图

2. 设计效果图

设计效果图是在设计草图阶段结束后，采用各种技法来表现家具造型、结构、色彩、材质、光影效果等内容（图2-40）。设计效果图是更加直观、真实地展现产品形态而进行的一种创意表达方式。

设计效果图在表现内容上同样可以分为家具整体形态效果图和家具局部形态效果图。在表现形式上可分为手绘效果图和电脑效果图。伴随着科技的进步，电脑硬件的不断升级和大量制图软件的研发，极大地扩展了设计者的创作空间，提升了设计制图效率，使设计交流沟通更加直观。目前计算机辅助设计常使用的设计软件有Photoshop、AutoCAD、3D Max、Sketchup等。虽然通过电脑辅助设计可以更加逼真、准确地展现产品效果，更好地表达设计者的设计意图，但需要注意的是计算机只是表达工具，好的电脑制图有助于好的设计创意的表现，但代替不了优秀的设计构思。

在进行设计效果图绘制过程中需要注意处理好以下几个方面的内容：

1）构图。所谓的构图指的是效果图在画面上的组织与安排。效果图在版面中的构图不能过于拥挤，也不能过于空旷，应注意处理好画面中的比例关系，营造舒适的版面效果。

2）透视。透视关系是准确表达设计者构思的重要手段之一。通过透视关系，可以将产品更加真实、形象地展现给大家，因此透视关系的处理直接影响了效果图的视觉效果。

3）结构尺寸。结构尺寸同透视一样，直接影响着产品的真实性。结构尺寸能够很好地体现产品结构关系、比例尺寸、体量关系、连接方式等内容，因此效果图的绘制需要注意结构尺寸的准确性。

4）材质表现。不同材质表现出来的视觉效果是不一样的，影响着产品的真实性。因此需要设计者熟练掌握各种材质的表现技法，灵活运用，才能更好地体现产品效果。

5）色彩搭配。相对其他元素，色彩是最先映入观者眼帘的，是给人的第一印象。同时，不同色彩带给人的生理和心理上的感受也是不同的。因此，设计者必须掌握色彩搭配规律，关注流行色趋势，力求营造更加宜人的视觉效果。

3. 设计模型

设计效果图只是平面上的一种表达方式，无法让人更加直观地感受到实体，也无法准确地感知设计中存在的问题，因此需要借助设计模型来感受家具设计的形态、结构、材质、比例等方面的合理性。可以说设计模型是检验设计构思、表达设计思想、完善设计方案的重要手段。家具设计模型一般采用1：2、1：5或1：8的比例制作。模型的材质多种多样，常见的有石膏、黏土等，此外，3D打印技术的发展也为模型制作提供了更加方便、快捷的制作方式（图2-41）。

图2-40 家具设计效果图

图2-41 家具设计模型

4. 其他表达方式

除了传统的表达方式外，近些年流行的VR技术，即虚拟现实技术被广泛应用于各个领域。它通过三维场景的构建，带给人以视觉、听觉、触觉，甚至是嗅觉的感官体验，进而更好地实现人机信息交互。在家具设计中，通过VR技术为客户提供一个接近实际的模拟体验场景，借助这个虚拟场景，使人和产品进行互动，从而体验图纸上无法准确表达的内容。目前已开发的类似软件有酷家乐软件等（图2-42）。

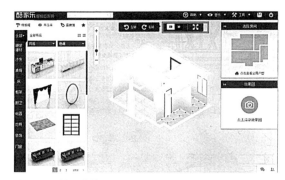

图2-42　酷家乐软件

2.4.3　家具设计手绘表现技法

家具设计手绘表现技法有很多种，在这里介绍两种常用的表现技法：马克笔表现技法和彩铅表现技法。

1. 马克笔表现技法

马克笔表现技法是目前使用最广泛的一种表现技法，常用来快速表达设计构思及设计效果图。由于目前市面上马克笔色号多而全（不同品牌的马克笔色号不同），在使用过程中可以不必频繁调色，并且利用笔触特点及重叠后产生的色彩变化同样可以表现丰富的层次感。马克笔的快捷、简便使其成为当前最主要的绘图工具之一。

1）马克笔的种类

从种类上来讲，马克笔可以分为水性马克笔和油性马克笔两种。水性马克笔的优点是颜色比较通透、鲜亮，笔触界限比较鲜明，与水彩笔结合又有淡彩的效果；缺点是遇水易溶化，色彩覆盖力较弱，笔触多次叠加后会造成画面脏乱的视觉效果，而且容易伤纸，因而不宜多次修改、叠加。油性马克笔的优点是耐水性较好，快干，颜色具有一定的光泽性，笔触衔接自然，可反复描绘而不伤纸张；缺点是新手难以驾驭，需多练习才行，并且使用时会有刺鼻的气味。

2）马克笔笔头形式

马克笔的笔头形式多样，不同的笔头可以勾画出不同的线条（图2-43）。

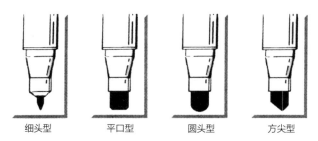

| 细头型 | 平口型 | 圆头型 | 方尖型 |

图2-43　马克笔头

图2-44　马克笔运笔方式（一）　　　　　　　　图2-45　马克笔运笔方式（二）

3）马克笔运笔方式

马克笔表现图的关键是运笔方式的使用，当需借助辅助工具绘图时，如需要尺子时，应使用带有凹槽的尺子，且凹槽面与纸面接触，可避免笔头色彩晕开。运笔时，笔头与纸面呈45°（图2-44）。当需绘制圆或转角时，笔头应随着曲线方向运转或分段衔接（图2-45）。此外需注意的是马克笔的运笔方向一定要随物体的结构走，才能更好地体现物体的结构感。

马克笔常见的运笔方式有：点笔、线笔、排笔、斜推、扫笔、叠笔等（图2-46）。

点笔：主要使用马克笔的笔头部分完成，根据笔头与纸面接触角度不同，点的形状也多变。点笔多用来处理植物、花草等，也可以起到过渡、活跃画面的作用。画面中点的使用不宜过多，否则会令画面过于跳跃。

线笔：主要使用马克笔宽头笔尖或细头笔尖画图。宽头笔尖较硬，画出的线会更细，多用于每层颜色过渡的收尾使用，且不可过多使用。

排笔：马克笔以平移直线的方式进行排列用笔，多用于大面积色彩的平铺。排笔时要下笔果断，运笔快速，力度均匀，收笔迅速。

斜推：与排笔的基本方式一样，只是在起笔和落笔时形成三角形的笔触，主要用于处理斜面和菱形的位置。

扫笔：是在排笔的基础上形成的，在运笔过程中，快速抬笔，从而形成一段类似书法中的"飞白"效果，多用于处理画面边缘和需要过渡的地方，同时扫笔时多使用浅色，从而更好地达到过渡的效果。

叠笔：是指通过笔触的叠加，体现色彩明度上的层次变化。

马克笔的运笔方式还有很多，可根据需要灵活运用。

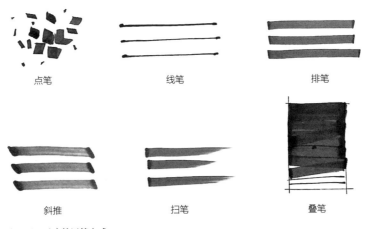

点笔　　　　　　　　线笔　　　　　　　　排笔

斜推　　　　　　　　扫笔　　　　　　　　叠笔

图2-46　马克笔运笔方式

4）马克笔上色方法

（1）同类色叠加。当处理物体亮面颜色时，可先使用同类色中的浅色，在物体受光边缘处留白，然后使用同类色中较深的颜色叠加在浅色上，从而绘制出物体受光面的三个层次。

（2）物体亮部及高光处理。物体亮部可使用留白的方式，高光部分可使用点高光或留白的方式强化物体结构关系。

（3）物体暗部及投影处理。物体的暗部和投影在色彩上尽可能统一，投影再稍重些。需要注意的是暗部不要有太强的冷暖对比。

（4）高纯度颜色的应用。画面中需慎用高纯度色彩，可少用，且所占面积不能太大，用好可丰富画面层次，反之则易造成画面混乱。

（5）马克笔叠色。马克笔上色时如需色彩叠加，则应在第一层颜色干后2~3min再上第二层颜色。不同颜色叠加时会产生新的色彩，如红色和蓝色叠加会产生紫色。

5）马克笔表现技法步骤（图2-47）

第一步，先用铅笔轻轻勾勒出家具的大概轮廓，注意形态、结构、比例、透视等问题。

第二步，钢笔描绘。因家具具有体量感，所以在表现时应注意线条要有轻重缓急的变化和虚实的变化，同时暗部和投影也可稍微表现下。在勾勒线条时下笔要流畅、大气，否则易使家具形态显得小气，缺乏张力。

第三步，马克笔上色。马克笔上色的原则是先浅后深、先大面积再小面积，先整体再局部。下笔时既要有速度，又要有力度，同时注意用笔方向，要顺着家具的结构用笔。颜色方面要注意色彩过渡自然，画面层次明确，高光部分留白。

第四步，根据画面整体效果，进行局部刻画、调整。

第五步，产品投影部分概括地表现出来。

图2-47 马克笔表现技法步骤

马克笔表现技法作为一种快捷有效的表现手段，很大程度上取决于速写功底，但因其不易修改，所以只有多加练习，功底扎实，才能得心应手，落笔准确到位，笔触肯定。

2. 彩色铅笔表现技法

彩色铅笔（彩铅）表现技法具有工具方便携带、使用简单快捷、呈现效果较好等特点，相对于马克笔，它更加方便修改，因而也成为一种比较常用的产品表现技法（图2-48）。常见的彩铅分为油性彩铅和水溶性彩铅两种。油性彩铅绘制出来的画面效果有油亮的感觉，而水溶性彩铅可在手绘后，与水融合产生类似于水彩的晕染效果，细腻、柔和。

彩铅是一种将素描和色彩结合起来的绘画形式，其绘制的步骤与素描近似。通过线条的多角度叠加可呈现出色彩层次丰富、通透的视觉效果，同时适合表现木纹、织物、皮革等一些特殊肌理效果。

图2-48　彩色铅笔

1）彩铅用笔方式

常用的彩铅用笔方式有平涂排线法、叠彩排线法和水溶退晕法三种（图2-49）。

平涂排线法：运用彩铅均匀排列出铅笔线条。平涂排线需注意排线方向要有规律性且轻重适度。

叠彩排线法：运用不同色彩的彩铅排列出颜色不一的铅笔线条，通过各种色彩的叠加，营造出色彩层次丰富的画面感。

水溶退晕法：这种方法需使用水溶性彩铅，利用其易溶于水的特点，将彩铅线条与水融合，产生退晕的效果。

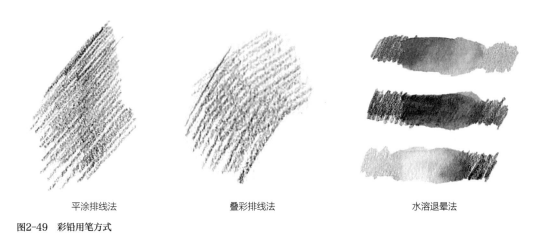

平涂排线法　　　　　　　　叠彩排线法　　　　　　　　水溶退晕法

图2-49　彩铅用笔方式

2）彩铅上色方法

（1）着色力度。运用彩铅进行效果图表达时，其着色力度会影响色彩的深浅，着色力度大，颜色深，着色力度小，颜色浅，同时还可形成一定的渐变效果。但需注意的是，彩铅上色时线条不宜叠加次数过多，否则会产生画面起蜡的问题，导致难以再覆盖线条。

（2）色彩搭配。彩铅上色时尽量选用深浅不一的近似色和同类色搭配表现，颜色种类不易太多，否则画面会显得非常凌乱。

（3）着色顺序。彩铅的上色方式与马克笔的上色方式一样，都是先浅后深，逐层上色，颜色重的地方可以利用颜色叠加的方式，千万不能图省事而用很大力去排线以达到一次性完成上色的目的，这样的画面是缺乏层次感的。此外，上色时同样需要注意先整体再局部。

（4）颜色的渐层。彩铅在需表现颜色的渐层时，可使用较柔软的纸张，如卫生纸或棉棒将图纸上的笔触抹平，呈现晕染渐层的效果。如使用的是水溶性彩铅的话，可先用彩铅绘制，然后用毛笔沾水晕染，以达到渐层的效果。并且，在使用水溶性彩铅时同样需要逐层上色，同时可尝试使用不同颜色搭配出来的效果。

（5）纸张的选用。不同质感的纸张影响着彩铅的表现效果。在肌理较粗糙的纸面上使用彩铅，能营造出一种粗犷、豪爽的感觉，在肌理较细腻的纸张上使用彩铅，则能营造出一种细腻、柔和的感觉。同时可选用厚一点的纸张，后期需要表现小面积的亮部细节时，可使用砂纸和小刀进行处理。

彩铅在进行效果图绘制过程中，一般情况下很少单独使用彩铅，常与钢笔、马克笔、水彩等结合使用，使画面效果更加丰富，需要注意的是利用彩铅表现技法时，因彩铅无法上色太深，所以在使用过程中注意拉开黑白灰关系层次的对比，避免画面灰暗（图2-50）。

图2-50　彩铅表现技法步骤

2.5　家具设计图纸规范

在家具结构制作的过程中，为了使图纸正确无误地表达出设计者的意图，制图过程中就要遵循一定的图纸表达规则，这就是制图规范。这里主要介绍家具制图标准中有关家具结构制图的规范和常用图纸表达。

2.5.1 家具结构图制图规范

1. 图幅与图标

根据国家标准，图纸应优先采用表2-1所规定的基本幅面。在特殊情况下，也允许使用加长幅面。

基本幅面   表2-1

单位：mm

幅面代号	A0	A1	A2	A3	A4
尺寸B×L	841×1189	594×841	420×594	297×420	210×294

2. 图框格式

在图纸上，必须用各种粗实线画出图框，一般情况下采用的格式如图2-51、表2-2所示。

图纸以短边作垂直边成为横式，以短边作为水平边称为立式。一般A0~A3图纸宜采用横式，必要时也可用立式。

3. 标题栏

每张图纸上都必须有标题栏。图2-52、图2-53为国家标准推荐的家具制图简化标题栏参考格式。

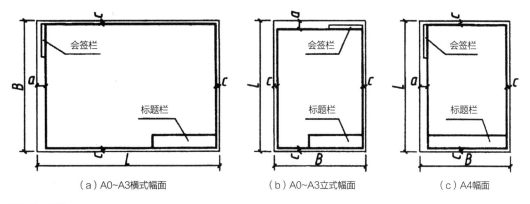

（a）A0~A3横式幅面　　　　（b）A0~A3立式幅面　　　　（c）A4幅面

图2-51　图框

幅面及图框尺寸   表2-2

单位：mm

尺寸代号	幅面代号				
	A0	A1	A2	A3	A4
B×L	841×1189	594×841	420×594	297×420	210×294
c	10			5	
a	25				

图2-52 零部件图标题栏（单位：mm）

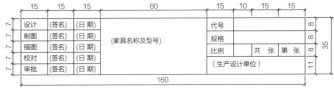
图2-53 结构装配图标题栏（单位：mm）

4. 图线

图线在家具设计制图中的应用如下：

1）实线（宽b）：①基本视图中可见轮廓线；②局部详图索引标志。

2）粗实线（$1.5b$~$2b$）：①剖切符号；②局部详图可见轮廓线；③局部详图标志；④局部详图中连接件简化画法；⑤图框线及标题栏外框线。

3）虚线（$b/3$或更细）：不可见轮廓线，包括玻璃等透明材料后面的轮廓线。

4）粗虚线（$1.5b$~$2b$）：局部详图中，连接件外螺纹的简化画法。

5）细实线（$b/3$或更细）：①尺寸线及尺寸界限；②引出线；③剖面线；④各种人造板、成型空心板的内轮廓线；⑤小圆中心线，简化画法表示连接位置线；⑥圆滑过渡交线；⑦重合剖面轮廓线；⑧表格分格线。

6）点划线（$b/3$或更细）：①对称中心线；②回转体轴线；③半剖视分界线；④可动零部件的外轨迹线。

7）双点划线（$b/3$或更细）：①假想轮廓线；②表示可动部分在极限或中间位置时的轮廓线。

8）双折线（$b/3$或更细）：①假想断开线；②阶梯剖视分界线。

9）波浪线（$b/3$或更细）：①假想断开线；②回转体断开线；③局部剖视的分界线。

家具制图标准中规定的图线种类和粗细度如表2-3所示。

家具制图标准规定图线的种类和粗细   表2-3

图线名称	图线型式	图线宽度
实线	————————————	b（0.25~1mm）
粗实线	————————————	$1.5b$~$2b$
虚线	– – – – – – – –	$b/3$或更细
粗虚线	▬ ▬ ▬ ▬ ▬ ▬	$1.5b$~$2b$
细实线	————————————	$b/3$或更细
点划线	—·—·—·—·—·—	$b/3$或更细
双点划线	—··—··—··—··	$b/3$或更细
双折线	——⌐—⌐——	$b/3$或更细
波浪线	～～～～～～	$b/3$或更细（徒手绘制）

5. 字体

家具制图中大量地使用汉字、数字、拉丁字母和一些符号，它们是图纸的重要组成部分，在国家标准中给予了严格的要求，如：汉字采用简化字的长仿宋体，高度不小于3.5mm；拉丁字母写成斜体和直体，与水平基准线成75°；在同一图样上，只允许用一种形式的字体等，如图2-54所示。

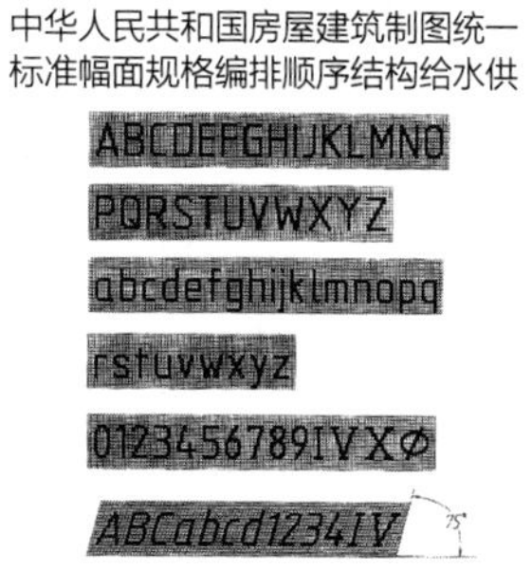

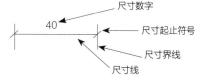

图2-54 文字示例

6. 绘图比例

比例即图纸中图形与其所表达的实物相应要素的线性尺寸之比。国家标准对家具图样的制图比例和标注方法做了规定，用"："表示比例符号。家具制图中常用的标准比例系数如表2-4所示。

标准规定比例系列 表2-4

种 类	比 例
原值比例	1:1
放大比例	5:1，2:1
缩小比例	1:2，1:5，1:10

在图样中，无论图形大小，标注尺寸总是按实际大小标出的。在同一张图纸上，各个基本视图应取同一比例，在标题栏中比例一项写明。图中其他视图采取不同比例时要单独在该视图图名中注明，局部详图则要单独标注比例。对于一些家具中的异形构件，则需要用1:1原值比例在另一张图纸中单独画出。

7. 尺寸标注

家具制图标准中规定图样上尺寸标注一律以毫米为单位。一个完整的尺寸一般由尺寸线、尺寸界线、尺寸起止符号及尺寸数字等要素组成。

图2-55 尺寸组成

1）尺寸组成要素（图2-55）

（1）尺寸界线

一般从被标注图形轮廓线两端引出，并垂直所标注轮廓线，用细实线画出。尺寸界限有时也可用轮廓线代替。尺寸界线应用细实线绘制，其一端应当离开图样轮廓线不小于2mm，另一端宜超出尺寸线2~3mm。

（2）尺寸线

尺寸线一般平行于所注写对象的度量方向，用细实线画在尺寸界限之间并与尺寸界线垂直相交为止。

（3）尺寸起止符号

一般在尺寸线与尺寸界线的相交处画一条长2～3mm的细实线，其倾斜方向与尺寸线顺时针成45°。家具制图标准中起止符号也可以用小圆点表示。

对于直径、半径及角度在反应圆弧形状的视图上，其尺寸起止符号则改用箭头表示。

（4）尺寸数字

尺寸数字一律用阿拉伯数字注写，用于标示形体实际大小而与图形比例无关。尺寸数字一般标注于尺寸线中部的上方，也可将尺寸线断开，中间注写尺寸数字。当尺寸线处于不同方向时，尺寸数字的注写方法如图2-56所示。

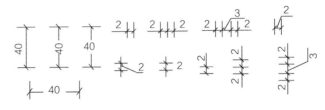

图2-56 尺寸注写方法

2）互相平行的尺寸线

应从被注的图形轮廓线由近向远整齐排列，小尺寸应离轮廓线较近，大尺寸应离轮廓线较远。而平行排列的尺寸线的间距，宜为7~10mm，并应保持一致。

3）图形轮廓线以外的尺寸线

图形轮廓线以外的尺寸线距离图样最外轮廓线之间的距离，不宜小于10mm。

4）总尺寸的尺寸界限

应靠近所指部位，中间的分尺寸的尺寸界线可稍短，但其长度应相等。

5）半径、直径等的尺寸标注

半径的尺寸线应当一端从圆心开始，另一端画箭头指向圆弧，半径数字前应加注半径符号"R"；标注直径尺寸时，直径数字前应加直径符号"ϕ"，在圆内标注的直径尺寸线应通过圆心，两端画箭头指向圆弧。半径、直径等的尺寸标注方法如图2-57所示。

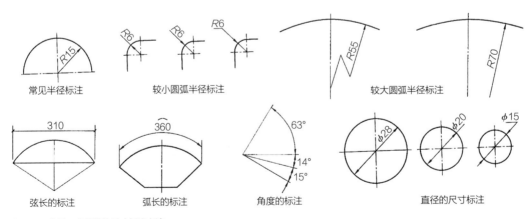

图2-57 半径、直径等的尺寸标注方法

6）角度的标注

角度尺寸线是圆弧线，尺寸数字一律水平书写，起止符号用箭头表示。如果没有足够位置画箭头，可用圆点代替（图2-58）。

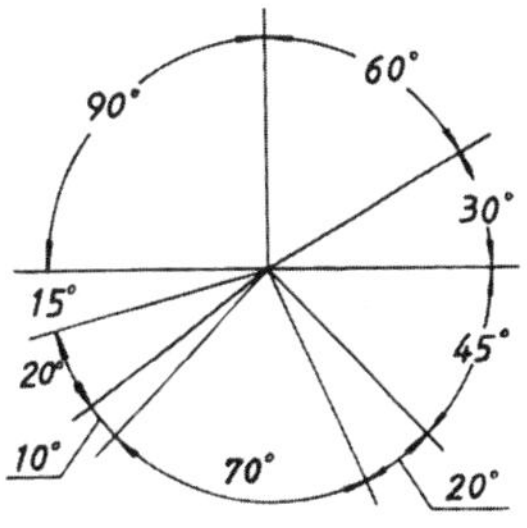

7）零件断面的尺寸标注方法

零件断面尺寸可用一次引出方法标注，应当注意的是需将引出一边的尺寸写在前面（图2-59）。

8）材料及规格的标注方法

表示多层材料及规格，可用一次引出分格标注，文字说明的次序应与层次一致（图2-60）。

图2-58　角度尺寸注写方法

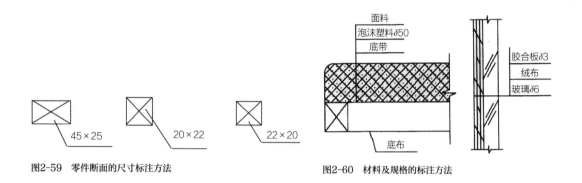

图2-59　零件断面的尺寸标注方法

图2-60　材料及规格的标注方法

2.5.2　家具结构图样表达

现代家具设计中，家具产品内、外结构设计过程中的每一个阶段，都需要有相应的图形来记录与传递信息，并作为设计、加工的指导和依据，从而保证产品零部件的精确性。本节将以制图规范和标准为依据，介绍能够精确表达家具产品内、外结构的各种方法。

1. 视图

用正投影法绘制出的图形为视图。视图一般用来表达家具零部件的外部结构形态。分为基本视图、斜视图与局部视图。

1）基本视图

国家标注规定，用正六面体的6个平面作为基本投影面，从物体的前、后、左、右、上、下6个方向向6个基本投影面投射，得到的6个视图称为基本视图。各投影面的展开视图如图2-61所示。

6个基本视图之间仍然应遵循长对正、高平齐、宽相等的投影规律。在同一张图纸内，各视图一律不注示视图名称。但若确因需要基本视图位置有变动，或不在同一张图纸上时，除主视图外，均要在图形上方写明视图名称。

2）家具图形主视图及视图数量

6个基本视图中主视图是最重要的。在各个基本视图中，主视图要求最能反映所画对象的主要形状特征。主视图的选择要考虑最有效地令使用者清楚需要表达的产品对象的形状特点，其次还要便于加工，避免加工时为使图形与工件的方向一致而颠倒图纸。反映形体特征是主视图最重要的选择原则。

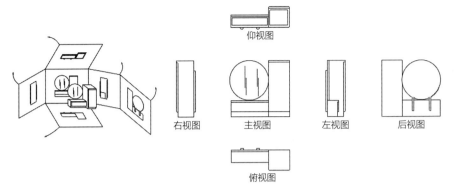

仰视图

右视图　　主视图　　左视图　　后视图

俯视图

图2-61　基本视图

对于家具来说，一般都是以家具的正面作为主视图投影方向。但也有一些家具例外，如椅子、沙发等最为典型，常把侧面作为主视图投影方向。因为侧面反映了椅子、沙发的主要结构内容，尤其涉及功能的一些角度、曲线，是其他方向不能代替的，因此把侧面作为主视图方向，再配以其他视图以便全面完整地表达各部分结构及形状（图2-62）。

表达一件家具或其中某一部件、结构，视图数量的确定取决于家具本身的复杂程度。原则上需要尽可能全面精确地表达形体和结构特征，其次要便于制图和识图，避免重复表述。

3）斜视图

将零件向不平行于任何基本投影面的平面投射所得的视图称为斜视图。一般只表达该零件倾斜部分的实形，其余部分不必全部画出，其断裂边界用波浪线表示。

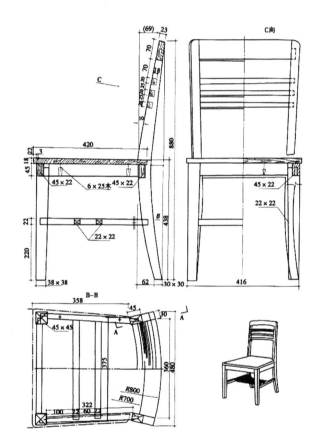

图2-62　椅子视图示例（单位：mm）

斜视图一般在向视图的上方有所标注，在相应的视图附近用箭头指明投射方向，并注上相同的字母，或者旋转该视图绘制（图2-63）。

4）局部视图

在制图过程中，有时仅需表达家具零部件局部形状的视图，这种视图称局部视图。其投射方向根据绘图需要进行选择（图2-64）。如果局部视图或斜视图图形为封闭图形，可只画出封闭的要表达的图形；如果和整体不能分割，就需用折断线（双折线或波浪线）画出表达的局部视图范围。

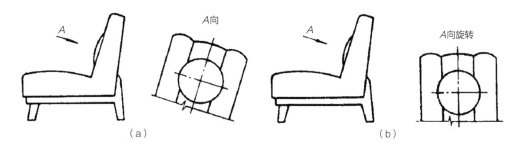

图2-63　斜视图

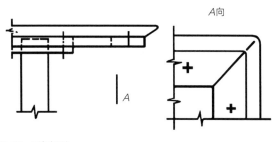

图2-64　局部视图

2. 剖视图

为了表达家具或其零部件的内部结构、形状，假想用剖切面将其剖开，将处在观察者与剖切面之间的部分移开，而将其余部分向投影面进行投影所得的图形称为剖视图。在剖视图中，剖切到的断面部分称为剖面，剖切面剖到的实体部分，应画上剖面符号，以表示剖到与剖不到的后面部分的区别，同时也应说明材料的类别。

剖视图中剖切面的选择，绝大部分是平行面，以使剖视图中的剖面形状反映实形。此外，还可采用全剖、半剖、阶梯剖、局部剖、旋转剖等方式表达。

为了表达家具内部结构，显示装配关系，同样需要采用剖视画法。家具装配图尤其是结构装配图，常采用剖视、剖面来表达家具结构。

1）全剖视图

用一个剖切面完全地剖开家具后所得的剖视图称全剖视图。剖切面一般用正平面、水平面和侧平面表达。

剖视图的标注方法是用两段粗实线表示剖切符号，标明剖切面位置，剖切符号尽量不与轮廓线相交。当剖视图不是画在相应的基本视图位置时，还要在剖切符号两端作一垂直短粗实线以示投影方向。剖切符号两端和相应的剖视图图名用相同的字母标注。当剖切平面的位置处于对称平面或清楚明确，不致引起误解时，允许省略剖切符号（图2-65）。

2）半剖视图

当家具或其零部件对称（或基本上对称）时，在垂直于对称平面的投影面上的投影，可以用对称中心线作为分界线，一半画成剖视，另一半仍画视图（图2-66）。半剖视图的标注方法同全剖视。剖

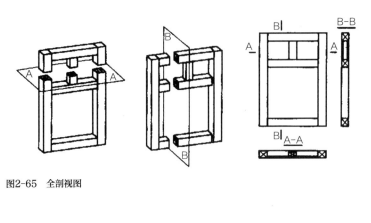

图2-65　全剖视图

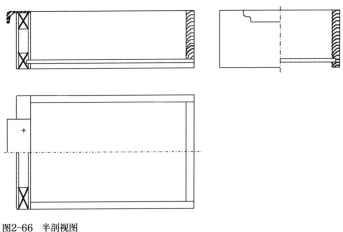

图2-66　半剖视图

切符号与全剖视图一样横贯图形，以表示剖切面位置。标注的省略条件同全剖视图。剖切面位置的选择要注意，一般切在对称面上或靠近中部，不要贴近两个不同形状结构交界处。

3）阶梯剖视图

由两个或两个以上互相平行的剖切平面，剖开家具或其零部件所得到的剖视图是阶梯剖视图（图2-67）。

4）局部剖视图

用剖切平面局部地剖开家具或其零部件所得的剖视图就是局部剖视图。局部剖视图用波浪线与未剖部分分界。局部剖视图一般不加标注（图2-68）。

5）旋转剖视图

当两个剖切平面呈相交位置时，需要通过旋转使之处于同一平面内，这样得到的剖视图称为旋转剖视图。视图中在剖切符号转折处也要标上字母（图2-69）。

6）剖面符号

当家具或其零部件画成剖视图或剖面图时，假想被切到的部分一般要画出剖面符号，以表示剖面的形状范围以及零件的材料类别。家具制图标准规定了各种材料的剖面符号画法（表2-5）。剖面符号所用线型基本上是细实线。

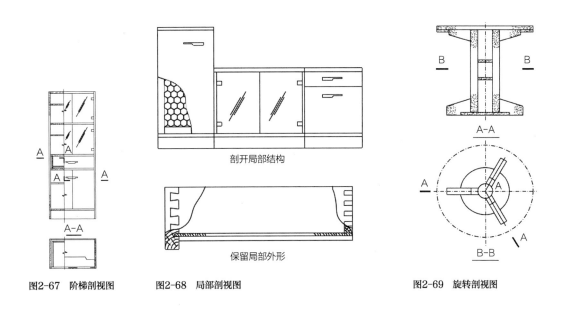

剖开局部结构

保留局部外形

图2-67 阶梯剖视图　　　图2-68 局部剖视图　　　　　　　　　图2-69 旋转剖视图

剖面符号表　　　　　　　　　　　　表2-5

木材	横剖（断面）	方材		纤维板	
		板材		薄木（薄皮）	
	纵剖			金属	
胶合板（不分层数）					
覆面刨花板				塑料有机玻璃橡胶	
细工木板	横剖			软质填充料	
	纵剖			砖石料	

　　在家具图样中，有时为了便于表达材料的种类，对于个别零件表面不被剖到时，也画上一些符号以示材料种类（表2-6）。

3. 局部详图

局部详图主要用来详细表达结构。如零部件之间的接合方式，连接件或榫接合的类别、形状以及它们相对位置和大小。再如某些装饰性镶边线脚的断面形状，基本视图中无法画清楚，更无法标注局部结构的尺寸，为解决这一矛盾，就采用画局部详图的方法表达。把基本视图中要详细表达的某些局部用比基本视图大的比例，如采用1：2或1：1的比例画出，其余不必要详细表达的部分用折断线断开，这就是局部详图（图2-70）。

必要时，局部详图还可采用多种形式出现，如基本视图某局部处可以画成剖视。此外，如果基本视图上没有，也可以画出其局部详图，这就是以局部剖视的形式出现的详图。

局部详图边缘断开部分的折断线，一般应画成水平和垂直方向，并略超出轮廓线外。空隙处则不要画折断线。

名称	图例	剖面符号
玻璃		
编竹		
网纱		
镜子		
藤织		
弹簧		
空心板		

特殊剖面符号表　　　　表2-6

4. 榫接合和连接件接合表达方法

家具是由一定数量的零部件连接装配而成的。连接方式有固定的，也有可拆卸的。例如胶接合、榫接合、铆接、圆钉接合，金属零件的焊接、咬接等，这些是固定式接合；可拆卸的连接则大量应用螺纹连接件，还有如木螺钉、倒刺、膨胀管等介于这两者之间的连接。连接的方式和所采用的连接件，对于家具的造型、功能、结构、生产率等有着十分重要的意义。家具制图标准对一些常用的连接

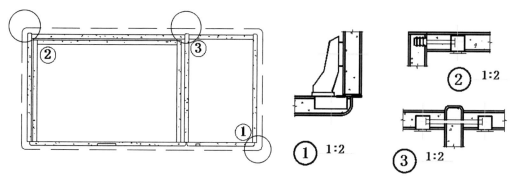

图2-70　局部详图

方式，如榫接合、螺钉、圆钉、螺栓等连接的画法都作了规定。

1）家具榫接合表达方法

榫接合是指榫头嵌入榫眼的一种连接方式。其中的榫头可以是零件本身的一部分，也可以单独制作，单独制作时相连接的两个零件都只打眼，即打榫孔（图2-71）。

榫接合的形式多种多样，基本有三种类型，即直角榫、燕尾榫和圆榫。家具制图标准规定，当画榫接合时，表示榫头横断面的视图上，榫端要涂以中间色，以显示榫头的形状类型和大小（图2-72）。

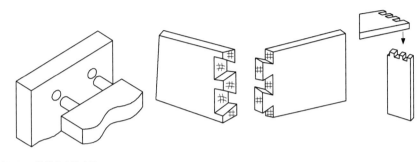

图2-71　榫接合表达方法

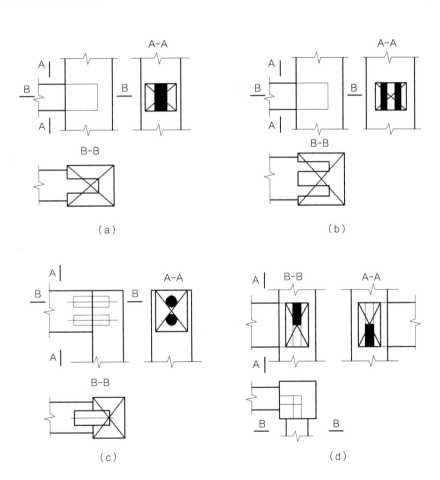

（a）　　　　　　　　　　　　　（b）

（c）　　　　　　　　　　　　　（d）

图2-72　榫头横断面表达方法

2）家具常用连接件连接的画法

家具制图标准规定，在基本视图中，圆钉、木螺钉等连接件可用细实线表示其位置。必要时加注连接件名称、数量、规格，不需要画出连接件（图2-73）。

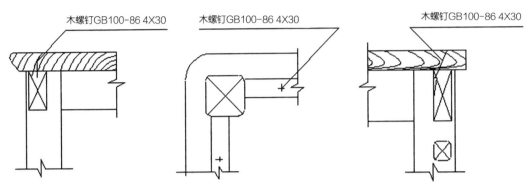

图2-73　木螺钉画法（单位：mm）

3）家具专用连接件的规定画法

目前各种家具用连接件有很多种，有的已经广泛使用，但如果要按实际投影画仍然十分烦琐。因此，对已经广为使用、成批生产的规格化连接件，只要指明型号种类就可方便外购，无需详细画出其各部结构。

连接件的简化画法，实际上是一种示意画法，仅表示是什么连接件。原则是以最简单的线条画出外形，带螺纹的杆件仍如前所述画成粗虚线。有些连接件形式较多，安装位置较为复杂，不是一个尺寸就可以确定。如暗铰链，若用示意画法，往往会因过于简单不能一眼辨别是何种形式，有关安装需要的尺寸也不便注出。遇到这种情况就要用简化画法来代替示意画法（图2-74）。

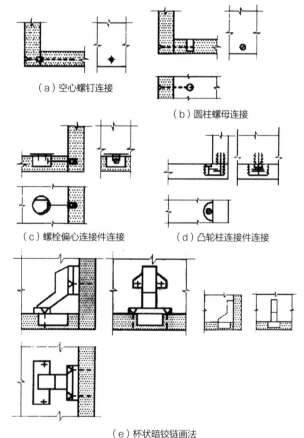

（a）空心螺钉连接

（b）圆柱螺母连接

（c）螺栓偏心连接件连接

（d）凸轮柱连接件连接

（e）杯状暗铰链画法

图2-74　连接件简化画法

2.5.3　家具结构图样及实例阐述

1.　家具结构图样

家具设计制造过程中，从设计构思到最终产品生产完成，每一个阶段所需要的图样是不同的，常见家具结构图样包括：设计图、零件图、部件图、装配图及大样图，各图样的特点及功能如表2-7所示。

家具结构图样种类表

表2-7

名称	图形	特点	主要用途
结构装配图	正投影图	全面表达整体家具的结构，包括每个零件的形状、尺寸及它们的相互装配关系、制品的技术要求	施工用图的形式之一
部件装配图	正投影图	表达家具各个部件之间的装配关系、技术要求	与部件图联用构成施工用图的形式之二
部件图	正投影图	表达一个部件的结构，包括各零件的形状、尺寸、装配关系和部件的技术要求	与部件装配图联用
零件图	正投影图	表达一个零件的形状、尺寸、技术要求	仅用于形状复杂的零件与金属配件
大样图	正投影图	以1：1比例绘制的零件图、部件图或结构装配图	仅用于有复杂曲线的制件，供加工时可直接量比
外形图	透视图	表达家具的外观形状	供设计方案研讨用，并作结构装配图的附图
效果图	透视图	表达家具在环境中的效果，包括家具在环境中的布置、配景、光影以色彩效果	提供家具使用时的直观境况
安装示意图	透视图	表达家具处于待装配位置下的家具总体及所使用的简单工具	指导用户自行装配时用的直观图

1）设计图

家具设计图是在设计草图基础上整理而成的。设计图要用详尽的三视图（图2-75）表达家具的外观形状及结构要求，如家具的外部轮廓、大小、造型，各零部件的形状、位置和组合关系，家具的表面分割、内部划分等。在三视图中无法表达清楚的地方，需用局部视图和向视图等表示，适当配以文字描述家具材料、技术要求等。

2）零部件图

零件图是表示不可再分的家具构件的图样。主要作用是表达零件各部分的形状结构以及加工装配所必需的尺寸数据等，目的是为生产符合设计要求的零件提供指导和依据，既要准确，又要便于看图下料，进行各道工序的加工。

部件图是表达两个或两个以上零件组装成配件的图样。一般是指由几个零件装配成的一个家具的

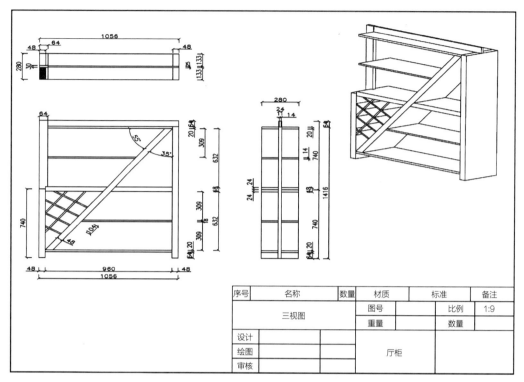

序号	名称		数量	材质		标准		备注	
	三视图				图号		比例		1:9
					重量		数量		
设计									
绘图				厅柜					
审核									

图2-75　家具设计图（单位：mm）

构成部分，如抽屉、底座（架）、空心板旁板、小门等。它要求表达零件之间的装配关系、零件的形状和尺寸以及必要的技术要求。如果有较复杂形状的零件也往往可以在结构装配图中加画该零件的单独视图，用以表达清楚。图2-76展示了抽屉结构的画法。

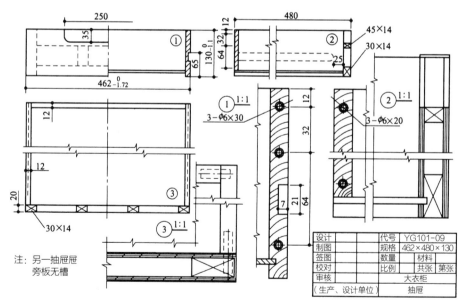

设计		代号	YG101-09	
制图		规格	462×480×130	
签图		数量		材料
校对		比例		共张　第张
审核			大衣柜	
（生产、设计单位）			抽屉	

注：另一抽屉屉
旁板无槽

图2-76　零部件图（单位：mm）

家具按部件分工生产，一般要画出零件图、部件图，尤其是板式家具。独立的零件图、部件图需详细注明其技术要求，即部件图的主要作用是指导零部件的加工和装配，因此在部件图纸上就要有完整的视图以表达清楚各部分的形状结构，以及加工装配所需的尺寸数据等，目的是要求用正确的加工工艺生产出符合设计要求的零部件。

3）装配图

家具装配图是全面表达产品内、外结构和装配关系的图纸。

（1）结构装配图

家具结构装配图是表达家具内、外详细结构的图样，要求在全面表达整个家具中各个零部件之间结构关系的基础上，还应表达零部件的形状及相互装配关系；要标注家具的基本外形尺寸、装配尺寸、主要零部件的尺寸和零件编号；标注比较详细的技术要求，如材质、接合形式、边部处理方法及加工精度等。当它替代设计图时，还应画有透视图。

家具结构装配图中的视图部分包括一组基本视图、一定数量的结构局部详图和某些零件的局部视图。

（2）部件装配图

部件装配图的作用是在家具零部件都已加工完毕和配齐的条件下，按图要求装配成产品，指明其在整个家具中的位置以及与其他零部件之间装配关系，并注出家具装配后要达到的尺寸，如总体尺寸宽、深、高，容腿空间尺寸等。

另外，部件装配图一般都要标注主要零部件编号（连接件除外）。应注意零部件编号的要求，要按顺序围绕视图外围转，顺时针或逆时针方向均可，目的是容易对号查找（图2-77）。当然，零件、部件的编号应和零件图、部件图上的编号完全一致。很明显，生产家具仅有部件装配图是不够的，必须有配套的全部零件图、部件图。反过来说，若有了零部件图，最后只要部件装配图就可以了，无需结构装配图，因为各细部结构都画得很详细了。

家具图中也有以立体图形式表示家具各零部件之间装配关系的，主要是"自装配家具"销售时，为方便顾客自行装配家具，将家具各零部件的立体图形式画出，更多的是画成拆卸状（图2-78）。这种立体图一般以轴测图居多，因画图方便。但尺寸大小往往并不严格，只要表示清楚零部件之间如何装配，

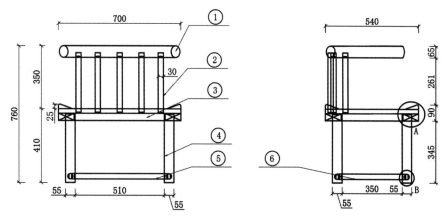

图2-77　零部件装配图（单位：mm）

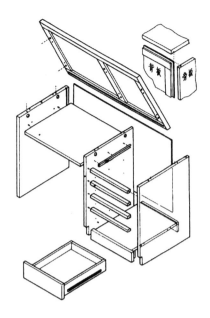

图2-78 立体装配图

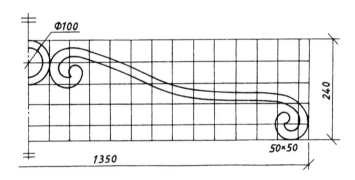

图2-79 大样图（单位：mm）

装配的相对位置就可以了。除了销售用图外，也有生产厂家装配图用这种形式的。

4）大样图

家具大样图是指1：1比例的结构装配图或1：1比例的零部件图。家具中某些零件有特殊的造型形状要求，在加工这些零件时常要根据样板或模板划线，最常见的如曲线形零件，就要根据图纸进行放大，画成1：1原值比例，制作样板，这种图就是大样图（图2-79）。大样图也常先画成原值比例大小，以此图为准划线制样板，然后为保存资料存档，再据此画成缩小比例的图。对于平面曲线，一般用坐标方格网线控制较简单方便，只要按网格尺寸画好网格线，在格线上取相应位置的点，由一系列点光滑连接成曲线，就可画出所需要的曲线了，无论放大或缩小都一样。假如曲线中有圆弧，则也可注出圆弧直径或半径尺寸则更为方便准确。

2. 家具结构图实例

1）实木家具结构图（图2-80~图2-82）

2）板式家具结构图示例（图2-83~图2-89）

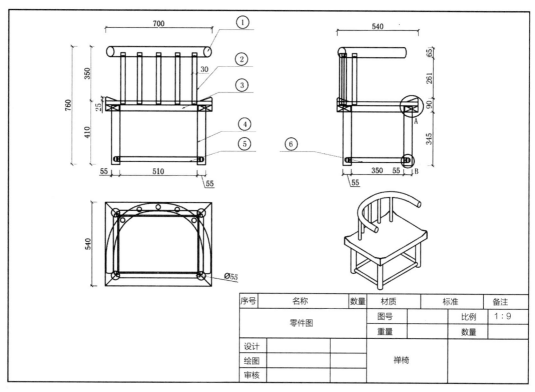

序号	名称	数量	材质		标准	备注
			图号		比例	1:9
	零件图		重量		数量	
设计						
绘图			禅椅			
审核						

图2-80　实木椅装配图（单位：mm）

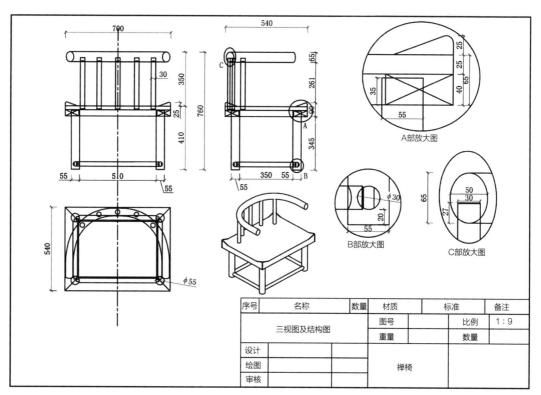

A部放大图

B部放大图

C部放大图

序号	名称	数量	材质		标准	备注
			图号		比例	1:9
	三视图及结构图		重量		数量	
设计						
绘图			禅椅			
审核						

图2-81　实木椅三视图及结构详图（单位：mm）

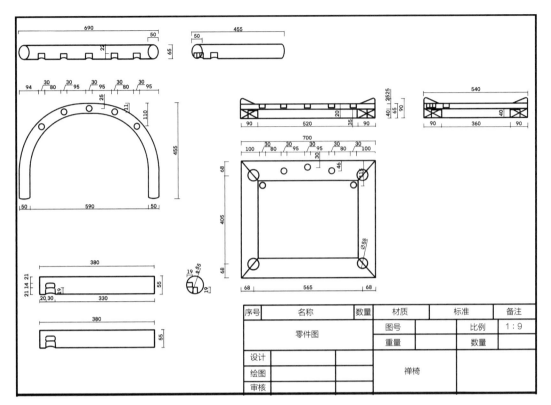

图2-82　实木零件图（单位：mm）

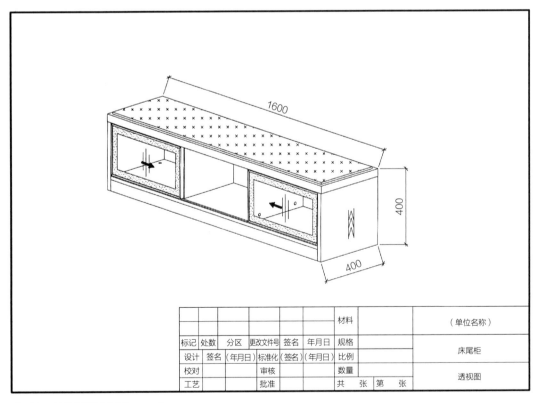

图2-83　床尾柜透视图（单位：mm）

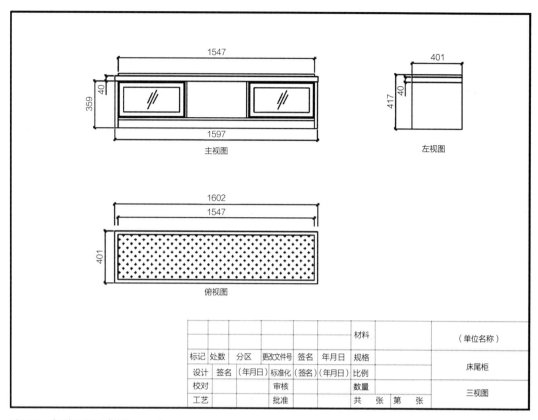

主视图   左视图

俯视图

标记	处数	分区	更改文件号	签名	年月日	材料规格			（单位名称）
设计	签名	(年月日)	标准化	(签名)	(年月日)	比例			床尾柜
校对			审核			数量			三视图
工艺			批准			共　张　第　张			

图2-84　床尾柜三视图（单位：mm）

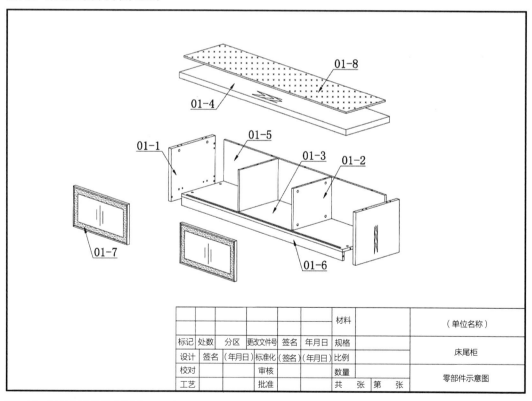

标记	处数	分区	更改文件号	签名	年月日	材料规格			（单位名称）
设计	签名	(年月日)	标准化	(签名)	(年月日)	比例			床尾柜
校对			审核			数量			零部件示意图
工艺			批准			共　张　第　张			

图2-85　床尾柜结构装配图（单位：mm）

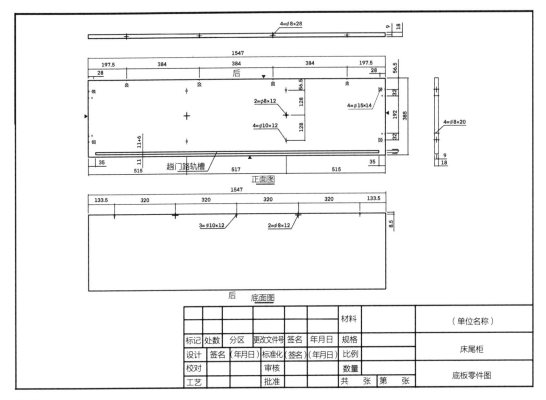

图2-86　底板零件图（单位：mm）

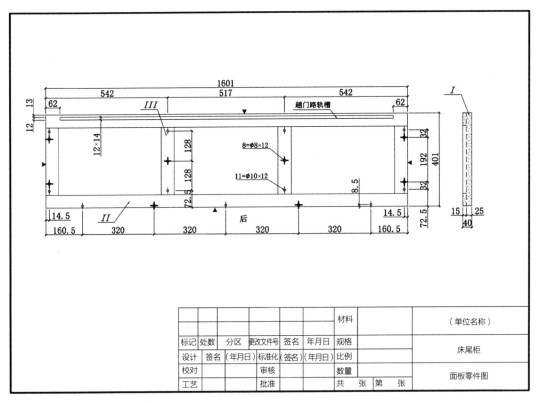

图2-87　面板零件图（单位：mm）

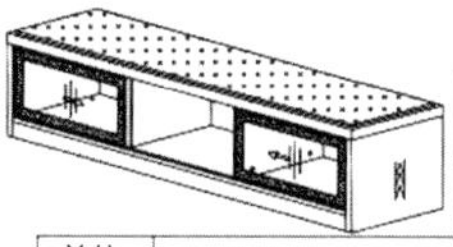

开 料 明 细 表

	制表	
	校对	

产品名称	床尾柜		产品型号		审批	
产品规格	1600×400×100		产品颜色	金柚色	版制	

单位	mm

序号	零部件名称	零部件代号	开料尺寸	数量	材料名称	封边	备注
1	侧板	01-1	358×400×25	2	金柚色刨花板	4	
2	中侧板	01-2	280×354×15	2	金柚色刨花板	4	
3	底板	01-3	1546×384×18	1	金柚色刨花板	4	
4	背板	01-4	1600×400×40	1	金柚色刨花板	4	成型开料
5		加厚	1615×415×25	1	金柚色刨花板		
6		加厚	1615×60×15	2	金柚色刨花板	封1长边	加厚板
7		加厚	295×60×15	4	金柚色刨花板	封1长边	
8	背板	01-5	1546×358×15	1	金柚色刨花板	4	
9	前脚条	01-6	1546×59×15	1	金柚色刨花板	4	
10	软包板	01-8	1560×360×9	1	中纤板		
11							
12							
13							
14							
15							
16							
17							
18							
19							
20							
21							
22							
23							

图2-88 床尾柜开料明细表（单位：mm）

五 金 配 件 明 细 表

产品名称：床尾柜

分类名称	材料名称	规 格	数 量	备 注	分类名称	材料名称	规 格	数 量	备 注
封袋配件	三合一	Φ15×11/Φ7×28	32套		安装配件	趟门玻	518×270×5	1块	
	木榫	Φ8×30	20个						
	自功螺钉	Φ4×30	4粒						

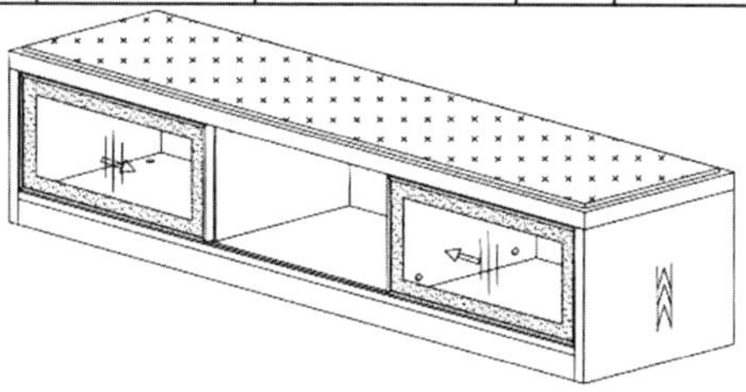

分类名称	材料名称	规 格	数 量	备 注
发包装配件	普通路轨	350	2付	
	趟门上下槽	L1462	各1条	单槽
	铝框	522×274×22	2件	
	软包	1560×360×80	1件	

图2-89 床尾柜五金配件明细表（单位：mm）

参考
文献

[1] 陈根. 家具设计看这本就够了[M]. 北京：化学工业出版社，2019：10.

[2] 门爽，蔡婉云，卜开智. 家具设计[M]. 镇江：江苏大学出版社，2019：1.

[3] 李卓. 家具设计[M]. 北京：北京理工大学出版社，2019.

[4] 胡爱萍，闫永详. 家具设计[M]. 北京：中国轻工业出版社，2017.

[5] 李禹. 家具设计与实训[M]. 辽宁：北方联合出版传媒（集团）股份有限公司，辽宁美术出版社，2009.

[6] 杨凌云，郭颖艳. 家具设计与陈设[M]. 重庆：重庆大学出版社，2016.

[7] 董石羽. 家具创新设计[M]. 成都：西南交通大学出版社，2016.

[8] 倪晓静. 家具与陈设设计[M]. 石家庄：河北美术出版社，2016.

[9] 潘速圆，陈卓. 家具设计手绘表现技法[M]. 北京：中国轻工业出版社，2019.

[10] 唐彩云. 家具结构设计[M]. 北京：中国水利水电出版社，2018.

第三章

家具设计
理念

家具是为生活提供便利而配备于家庭生活的器具。设计是使作品具有实用功能和美观造型的过程。产业革命后形成以功能主义为前提的家具设计理念，这意味着以实用功能为中心的家具设计开始了。20世纪60年代以后，随着个人价值观念的成长，家具设计概念"以实用功能为中心的设计"从"感性功能"扩展到"自我价值"，并在2000年进入人们的生活中，这意味着"以艺术功能进行设计"的概念在家具设计领域形成。在纯艺术领域，艺术家们试图将生活和艺术放到一起，形成各种作品。

家具是将日常生活变成艺术的手段之一。从感性功能到艺术功能的家具设计概念的扩展，是将艺术的概念从欣赏扩展到体验的过程。家具设计史中的各种实例表明，家具作为人类的众多人工物品中处于最模糊的位置之一，与建筑、工业设计、工艺美术等多个造型艺术领域相衔接。家具因其制作和使用脉络的多样性，比当今的任何艺术创作对象都更丰富。特别是家具的本质属性，从实用性和造型性、技术性和情绪性两个方面反映生活文化的主要价值。鉴于此，现代生活环境中的家具多样性、多功能观点下展示了多种家具设计理念。家具设计理念受到社会的发展、科技的进步和审美观念的影响而变化。因此，在当代社会，家具设计理念主要表现实用性的多功能理念，造型性中的拟人化、雕塑性、写实性和有机性的超现实理念，技术性中的超轻（轻量化）、绿色、可持续和智能化理念，情绪性中的人性化、启示概念、时间性和慢设计等设计理念。其他设计理念还包括模糊、单身和通用设计理念等。

3.1 实用性设计理念

3.1.1 实用性设计理念概述

家具承载着艺术与技术的属性，是人们生活中的必需品，因此实用性是评价一款面向市场的家具产品是否成功的重要因素。家具的出现是从满足人们的生活需求开始的，家具设计在满足安全适用的同时，更重要的是其使用功能。按照人体工程学的原理，遵循美的基本法则，并且满足人的心理、生理需求，设计出尺寸合理、舒适方便、功能多样、富有美感的家具，最终的目的还是要回归到家具的实用性上。各种家具的实用性是在人们反复使用中，通过不同的接触和鉴别加以验证的，因此所有家具设计所遵循的原则都要建立在实用性的基础上。

合理的家具设计不仅可以起到家具应有的作用，还能增添轻松的生活情趣。我们可以从智能办公家具的案例中得到一些启示（图3-1）。新的家具设计以新的工作形式和空间变化的概念呈现。将智能家具与移动设备等一些高科技终端设备连接成为一种新的模式，家具作为这种模式的承载体，在设计时必须充分考虑其形态和使用特征，以最大程度满足消费者的使用需求。在居家办公空间中，还要考虑到如打印机、传真机和扫描仪等辅助设备以及数码产品和通信产品的合理放置和使用情况。可移动或上墙的方式可以节省宝贵的空间，在使用的时候以使用者和电脑两个不变量为变量，来适应不同的工作内容的变换。自由灵活移动和办公家具配置的系统化，可达到家具设计合理满足新技术发展的要求。

随着现代化的家具走进我们的家庭，家具所处的室内空间有限。灵活组合的方式可以更好地体现人们对实用设计的偏好。如墨菲床（图3-2），又称为"折叠成壁橱或靠墙的床"或"镶嵌在墙壁上的

图3-1　智能办公家具

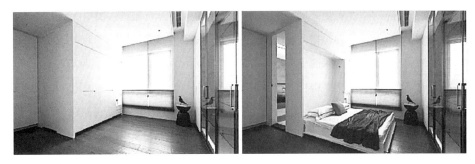

图3-2　墨菲床

床"，其最大的优点就是节省空间，此外就是方便打扫的多功能实用性设计。1979年丹麦的老牌家具设计品牌MENU的沙发（图3-3）系列，在设计上并不花哨，反而简单到极致。简单的几何造型，搭配窄扶手和厚坐垫，营造最大化的舒适感并节省空间。

　　家具实用性具有经济性、物理性、审美性的特点。经济实用性有两个目标个体，一个是制造商，一个是用户。对于制造商而言，主要是产品成本管理，而对于用户则是产品成本绩效，即通过将合理

图3-3　MENU的沙发

的产品功能与合理的产品定价相结合成为满足消费者需求的产品。物理实用性原则是指产品功能可以满足消费者的需求，易于使用。物理实用性原则包括两部分：一是该产品符合人体工程学，二是产品质量和安全性。家具的审美实用性体现在形状、颜色、质地和功能的追求方面。家具已从"工具"变为"特征化"物体，与人和环境之间建立了更多的互动。对于家具产品，可以使用现代材料和技术结合物理特性，以进一步创新造型，从而为市场提供更多的家具。传统美学对于家具的审美有着重要影响。传统的美学元素经常反映在木家具产品的形状、颜色和技术上。它们的形状和颜色是传统美学取向的扩展。

3.1.2 传统中式实用性设计理念

纵观中式家具的发展历程可以看出，中式家具在国际家具市场上以器型优美和实用性较强著称。不同历史时期的传统中式家具器型结构特点存在较大差异，当这种差异特点增加时，可供当时家具设计人员选择的空间就越多。为能更好地发挥家具的实用性特点，家具设计人员在传承的基础上继续创新。这不仅迎合了使用者的审美需求，同时又提升了家具的实用效果。以简洁、大方且实用性强而著称的传统中式家具在家具市场越来越受消费者青睐。例如明代家具，家具设计整体思路讲求务实的效果，且对于"对称性"的设计相对重视。大多明代家具设计者以对称美为原则，巧妙地利用了木材天生的色泽和纹理之美，不进行过多雕琢设计，在不影响整体效果的前提下，只在局部进行小面积雕饰。这与现代人返璞归真的审美要求相契合，也与当时使用者强调在实用性的基础上提升其艺术性价值的初衷一致。

3.1.3 现代实用性设计理念

随着时代的发展，尤其是当快节奏逐步成为都市人的主流生活方式后，过于讲求细节的传统中式家具已经不能迎合消费者相对普遍的需求。满足实用性功能的基础上，现代人更注重审美。在悠久的家具设计历史中，设计师从未放弃对产品外形美感的追求。由于人们对那些浮华且装饰性强的家具需求不高，设计师们就一直致力于对传统质朴的家具进行进一步升华和创新。现代人不再单纯地注重家具的物质功能，现代家具设计的实用性和表现形式的多样性趋势日趋明显。随着技术的发展，家具设计材质的多样性、颜色的多样化、功能的多样化加快了家具设计的多样化趋势。近代家具设计的发展更趋人性化与个性化、实用与安全、简单与时尚的完美结合。

传统中式家具继承了我国传统家具的审美特色，表达了我国传统家具的艺术美感。现代家具以其组合灵活、功能多样、设计个性化等特色获得了消费者的普遍认可。传统中式家具与现代化家具以其各自优势可满足不同消费群体的需求。近年来，现代家具与中式传统家具在设计与生产方面出现了相互借鉴、相互融合的现象。这是将传统文化元素同现代设计与生产技术相互融合的尝试，在一定程度上丰富了家具产品种类，为消费者带来了更多选择。

3.2　造型性超现实家具设计理念

　　家具演变过程中受到了社会变化和艺术概念变化的影响。从古至今家具设计的诸多变化中，艺术概念对家具形态变化产生了巨大的影响。特别是在影响家具的众多艺术倾向中，超现实主义通过概念变化实现了家具的许多形态变化。1917年法国诗人阿波利奈尔最初使用"超现实主义"一词，20世纪出现的立体主义为超现实的产生提供了契机。1924年12月《超现实主义革命》新期刊标题通过《纽约时报》向社会表明了自己的超现实主义立场，随着绘画或雕塑的纯艺术家们参与设计，以意识和无意识的和谐形态表现的超现实主义形成了多种形态，表现在视觉语言上是精细的、时尚的艺术造型。他们的艺术理念局限于纯粹的艺术，没有商业化和产品化。为了表达自己的超现实主义理想，利用家具这一媒介，在功能作用最为重要的家具设计中，超现实主义超越功能和非功能的区分，制作的家具侧重于将日常事务转换为超现实，使其具有模棱两可的用途。

　　超现实主义者表现的虽然是家具的具体形态，但比起功能更注重概念，表现的是其内在意义和欲望。超现实主义家具造型表现主要有四种类型，包括拟人、雕塑、写实和有机家具设计理念。而且这种理念的表现形式改变了匠人技术或实用功能是家具必备属性这一根本概念。把艺术概念表现为家具这一媒介的超现实主义，打破了艺术和设计、家具和用户之间的界限，使家具的艺术价值意义更强。

3.2.1　拟人化设计理念

　　在超现实主义家具中，拟人化的表现在萨尔瓦多·达利的家具中表现突出。从本质上讲家具是三维的产品，达利创造了"象征功能"家具，通过拟人化表达了家具具有诗意变形的含蓄和可能性的性感和神秘。这样的表现还有梅·韦斯特唇形沙发（图3-4），他将自己想要表现的女演员梅·韦斯特性感的嘴唇形象表现为一个功能性事物；达利的绘画作品《玫瑰花头的女人》（图3-5）也采用了同样的手法。《莱达扶手椅》（图3-6）可以说是拟人化家具的起点，是将自己绘画中的概念延伸到设计中的极好例子。通过家具这一媒介，表现了超现实主义作家们敏锐观察人类情感交叉的主题。

图3-4　唇形沙发

图3-5　玫瑰花头的女人

图3-6　莱达扶手椅

3.2.2　雕塑性设计理念

　　家具中超现实主义的雕塑表现，是超现实主义作家们在自己的纯艺术作品中表达的概念，以家具为媒介表现出来。雕塑性家具在逐渐打破雕塑与家具之间的界限，家具的功能性因素被雕塑家们所重视，雕塑艺术不再囿于传统雕塑仅供观赏的视觉局限性，而是尝试在艺术性的基础上，增加雕塑的实用性功能。雕塑表现家具代表有伊萨姆·诺古奇（Isamu Noguchi）、迭戈·贾科梅蒂（Diego Giacometti）、梅雷·奥本海姆（Meret Oppenheim）、罗伯托·塞巴斯蒂安·马塔（Roberto Sebastian Matta）。他们认为形态超越功能的限制范畴，功能的发明等同于创造性艺术行为。伊萨姆用"雕刻的家具"制作了自己的雕塑作品和一些类似的家具（图3-7）。迭戈作品中金属的陈旧腐蚀感或空着眼睛的白色石膏脸像给人一种古罗马建筑风格的感觉，图3-8所示是家具在不合理的现实外表下的雕塑性表现。梅雷的《鸟的腿上的桌子》（图3-9）利用鸟的自然形态制作了家具。塞巴斯蒂安·马塔的家具使用大量生产的油桶，以玉座的形式出现（图3-10），这种表达是提高家具艺术价值、探索家具在人类生活环境中可以扩大范围可能性的重要表达手段，具有新的意义。

图3-7　伊萨姆·诺古奇的家具作品

图3-8　迭戈·贾科梅蒂的家具作品

图3-9　梅雷的作品

图3-10　塞巴斯蒂安·马塔的作品

图3-11　索尼娅作品

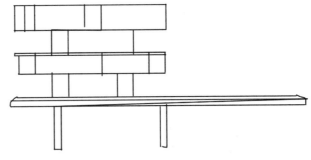

图3-12　夏洛特书架

　　除此之外，1952年作为纯粹艺术家参与奥菲斯主义第一运动的索尼娅·德劳内（Sonia Delaunay），将自己纯艺术作品（图3-11）中表现的色彩和概念，应用到夏洛特·佩里安（Charlotte Perriand）设计、让·普鲁威（Jean Prouve）工坊制作的突尼斯豪宅的作品——夏洛特书架（图3-12）的制作中。

　　雕塑性家具虽然拥有雕塑感和艺术美感，但其设计和结构仍要在满足使用要求的基础之上。值得探讨的是，在与大众没有任何互动的情况下，雕塑性家具只是一件静谧、具有设计美感的艺术品。但优秀的雕塑性家具在与人互动的过程中，能呈现出人与雕塑性家具和谐统一的协调美感。当代雕塑艺术与家具设计的共融是顺应大众审美要求而产生的现象。随着大众审美能力的逐渐提高，雕塑性家具的成长空间是无限的。二者共融对雕塑艺术的创新也具有促进作用。

3.2.3　写实性设计理念

　　在超现实主义中，写实性家具表现进一步发展了达达主义者的错觉表现手法，特朗普·勒伊通过写实描写表现视觉错觉的艺术。家具小屋书柜（图3-13）上，通过绘画极好地表现了立体错觉效果。这种表现方式与其说通过立体错觉表现，还不如说是通过具有实际面貌和形态造型表现，真实描述作者想要表达的另一个形象世界，让作为接受者的观众陷入错觉。温德尔的作品中也有家具的功能和形态（图3-14），但描绘得就像城市的形象在室内空间中一样。这种概念除了超现实主义家具之外，还有事物的写实雕塑表现，使接受者产生错觉引发想象，给用户带来另一种乐趣。

　　当下观念性艺术处于强势的语境中，写实性艺术在一定程度上似乎被其所覆盖。然而，写实性艺术依然以它顽强的生命力和新的理念彰显自身的艺术魅力。写实性艺术的要点在于，在反映客观事物外部真实的前提下揭示出对象的精神内质，是立足于写实的"可辨认"性中深层的艺术表达。因此，就此方面而言，写实性艺术有着其他艺术表现形式所难以相比的特征和艺术功能。这需要设计者对所表现的对象深入的了解，通过理性分析和感性的"觉察"，进行主观"重组"。如此，才能提取出表达精神内涵的感人的艺术形象。

图3-13　小屋书柜　　　　　图3-14　丁香和钥匙表

3.2.4　有机性设计理念

1. 超现实主义有机性设计理念

对于超现实主义者来说，"自然"就像原始主义或隐喻模式等艺术思维的提供者，20世纪30年代很多艺术家和设计师借用有机表现主义的外形开发有机造型语言。有机性表现形态就像卡洛·莫利诺（Carlo Mollino）的家具一样（图3-15、图3-16）。有机表现家具细分为以自然为素材的表现形态和以抽象曲线为主题的表现形式。以自然为素材的表现主要以动物

图3-15　面具游戏

为主题，通过造型表现或利用有机曲线形态表现，是通过公共艺术项目发展起来的。如20世纪40～50年代伊萨姆·诺古奇的纪念花园（图3-17）。

图3-16　阿拉伯桌

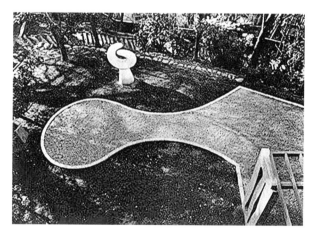

图3-17　纪念花园

2. 弗兰克·劳埃德·赖特的有机设计理念

1）有机概念

有机的词典释义是有机的动植物遵循某种特定的自然规律，组成整体且各部分之间形成密切的联系。有机家具与建筑相关，美国建筑师弗兰克·劳埃德·赖特是确立有机建筑概念的代表人物，赖特的有机建筑在现代的建筑和家具设计中具有重要意义。住宅和工业建筑中出现的建筑和家具设计的有机要素包括形态、功能、环境、材料、色彩、装饰等，形态要素以各种几何形状为主题，与功能融为一体；环境要素通过与建筑周边的光、自然环境的渗入相协调，使用相同的材料、装饰、协调的色彩，建筑、室内与家具设计实现有机融合。

2）赖特的有机家具设计特点

（1）自然主义——垂直和水平造型

赖特为了使建筑中的家具成为有机建筑的一部分，将其设计成简单的结构，这种简单性以直线和几何的形式出现。他对自然的看法与材料也有联系，在使用自然材料的同时，尽可能使用少数材料，简化各种材料使用出现的复杂结合和结构。大部分家具是用木材制作的，与用自然材料收尾的室内相协调，用织物收尾的家具使用了黄褐色、红褐色等自然色（图3-18）。

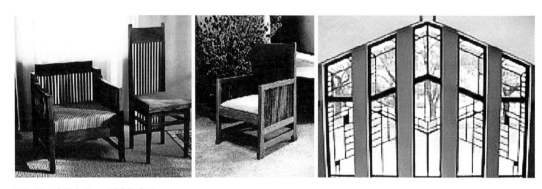

图3-18　自然主义——垂直和水平

（2）几何造型和立方影响

家具中出现的基本形状模块包括三角形、正方形、六角形、圆形等，经过反复扩张、变化、相交等过程。这是对自然物的纯粹造型表达，具有类似于追求几何形状的神秘主义的哲学。直线和斜角比例的家具、采用六角形模块的家具、采用帆船形状的几何形状的椅子，来自自然的斜线等与建筑一起如实反映在家具上。灯光也适用于家具设计中与建筑组成的模块，成为家具与建筑的有机联系（图3-19）。

（3）限定空间的家具

在开放的空间中，家具可形成室内空间的动线和新空间。靠背高的椅子在房间里有限定空间的概念，空间不是靠墙来分区，而是靠家具形成餐厅这一新功能的空间和空间造型（图3-20）。用户独立于空间，感受安全感，提高集中力。

赖特家具设计的有机性中，除了形态因素之外，共同要素还有材料。他的建筑设计中使用了砖、

图3-19 赖特的几何造型

石、玻璃和木头等自然材料，家具材料使用的大部分
材料是原木。

　　当今很多人使用的工业家具给人类带来的巨大利
益是不可否认的事实，但有时这也确实会让个人的创
意表现能力黯然失色。就像超现实主义者表达的家具
一样，表现自由思考或社会问题意识，才是家具向大
众传达新感性的作用，这也成为当今家具站在艺术中
心的原动力。

图3-20 限定空间的家具

3.3 技术性家具设计理念

　　现代科技的发展带动了现代家具设计的进步。人
类的发展史上，家具这一人类生活必需品是随着科学技术的进步而不断演化的，科学技术对现代家具
设计语言的影响往往是任何技术都无法比拟的，现代家具的产生与发展都离不开技术的进步与革新。
可以说技术要素是影响现代家具功能实现和造型表现的最关键因素，它对家具设计的影响主要有四个
方面，包括选材、结构工艺、设计观念和加工工艺，表现为新材料的发展、结构工艺的改变、加工技
术的进步和设计观念的转变对现代家具设计语言的影响。科学技术的发展带动了设计观念的变更，人
体工程学、心理学和生理学等学科应运而生，为设计符合人体生理舒适要求的家具提供了依据，而现
代家具材料和加工工艺又为这种设计提供了物质保障。

3.3.1 超轻设计理念

　　超轻设计是在给定的边界条件下，实现家具结构自重的最小化，同时满足一定的寿命和可靠性要
求的设计理念。为了实现这个目标，需要选择适当的构造、轻质材料、连接技术、尽可能准确的设计
以及可实现的制造工艺。利用超轻材料设计开发的超轻环保家具，摆脱了现有的沉重家具，通过连接
件尽可能多的规格、颜色、形态、收纳功能基本模块单元和各种功能部件的组合，实现轻便、便于移
动的优点。在空间设计中利用各种元素无限扩展和变更造型设计与用途的超轻创意概念，可使家具产

业适应新的时代潮流（图3-21）。

超轻设计中常用的材料为环保塑料类材料。中密度纤维板（MDF）、刨花板（PB）、胶合板等是人造板中的常用材料，其优点是材料供应顺畅，具有产品坚固耐用的优点，缺点是加工过程中使用的黏合剂，会产生甲醛、苯、甲苯等对人体有害的挥发性有机化合物（VOC）物质。与人造板材料相比，环保塑料类材料不使用化学发泡剂，而是采用物理发泡剂，可以最小化焚烧时引发公害的环境污染物质排放，在超轻设计中更具优势。其中发泡聚丙烯（EPP）材料重量轻，质地柔软，不用担心使用者受伤。另外，在移动物品时，因为材料本身就很轻，所以无论是大的还是小的物品，都很易于移动。再加上材质本身隔热性强，无论什么季节，都可以在很大的温度范围内使用（图3-22）。目前EPP被广泛用作塑料材料的替代品，在欧洲早已作为生活用品使用，在环保方面证明了它的优越性（图3-23）。

然而，家具重量通常在购买决策中不起决定性作用。轻质材料和轻量家具设计在很大程度上不是基于实际的经验，沉重等于结实的这种根深蒂固的想法难以消除。要改变原有的态度和观念，确保轻质家具的功能特性非常重要。

3.3.2 绿色设计理念

随着生态革命和绿色革命的到来，能减少环境污染并有益于健康、舒适和安全的绿色家具产品已经逐渐成为人们生活的必需品。绿色设计和制造受到世界范围内越来越多的关注，绿色家具产业已成为未

图3-21 超轻墙面家具案例

图3-22 塑料超轻家具

图3-23 EPP超轻家具设计形态

来家具行业的必然趋势，绿色家具制造（Green Furniture Manufacture，简称GFM）已经成为家具未来发展中的重要方向。

1. 绿色设计理念概述

绿色设计也被称为环境设计、环保意识设计、生命周期设计、生态设计等节约资源和强调绿色发展的产品设计。绿色设计理念是一种先进的设计方法，它综合考虑设计对环境和资源效率的影响。我国的GFM始于20世纪90年代初，政府开始将传统产业转变为绿色产业。1999年12月，在国内绿色政策的影响下，由中国家具协会举办的促进和发展绿色产品研讨会在北京举行，研讨会主要关注环境保护问题，以及有机溶剂中含有的有害物质。2002年1月，质量监督检验检疫局颁布了室内装修中有害物质的限量参数。2015年12月限定了家具中的有机化合物参数。绿色设计贯穿于家具产品及其制品的整个生命周期设计。基本思想是在产品设计阶段纳入环境因素和污染预防措施，采取环保措施作为产品设计的目标和起点，并应考虑由家具材料、结构、生产过程和回收引起的环境直接损害和潜在威胁。GFM技术路线如图3-24所示。

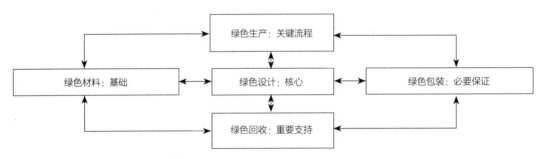

图3-24　GFM技术路线

2. 绿色设计理念特征

家具的绿色设计理念框架体系主要包括五个部分，分别是绿色设计、绿色材料、绿色工艺、绿色包装和绿色回收。绿色设计是绿色家具产品的核心，而绿色材料是基础，绿色生产是关键流程，绿色包装是绿色家具产品的必要保证，绿色回收是重要支持，并且每个系统相互影响和支持。

1）绿色设计

首先，设计应注重功能效果，基于人体工程学理论和"以人为本"的理念，不仅要重视人的生理功能，也要注重心理感受。其次应理性考虑使用天然、无害和节能材料，并满足功能要求。最后，产品的设计应该具有高质量的、丰富的文化内涵和技术内容。目前，中国家具的绿色设计已经逐渐从减少、再利用和再循环（3R）到减少、再利用、再循环、可再生、再设计和再制造（Reduce，Reuse，Recycle，Resource，Redesign and Remake，简称"6R"），从专注于产品本身到专注于物质产品和非物质服务综合的系统设计。

2）绿色材料

绿色材料的使用是绿色家具行业的前提。绿色材料，也被称为环保材料、生态材料，不仅指那些具有优异功能的材料，也指整个生命周期与生态环境协调共存的材料。它包括传统的经过改革的和新开发的环保材料。绿色家具材料的选择必须先进、舒适、环保，需要有必要的工程性能（物理和化学性能、机械性能、加工性能），可靠性高、经济、合理、寿命长、低成本。在整个材料的生命周期，它可以为用户提供物理和心理健康及安全感，用户愿意接受和使用它。此外，在使用过程中环境影响最小，产生的废物容易回收、处理、再循环或安全处理和丢弃。中国家具中的绿色材料主要包括：

（1）天然材料：未经加工或基本上来自自然界的材料。例如，木材、竹子、藤条、农作物秸秆等。

（2）回收材料：可重复回收的材料，其废物可以用作可再生资源。例如，金属、瓦楞纸、蜂窝纸等。

（3）低环境负荷材料：在废物处理或处置过程消耗很少能源的材料。例如，聚合物和无机材料、光敏涂层和碳纤维复合材料等。

（4）环境功能材料：具有净化、处理和修复环境，在使用过程中不造成二次污染。例如，抗菌涂料、纳米界面材料、活性碳纤维、泡沫陶瓷等。

绿色材料的选择过程，通常包括设计需求选择、制造工艺选择、成本选择和材料选择步骤。

3）绿色生产

也称为绿色技术或生态生产，涉及环境科学、材料科学、能源科学、表面处理技术和控制技术。它基于传统技术，并考虑到资源消耗、污染控制和家具产品全生命周期中的人类健康与安全。除了满足传统家具产品的"高质量、高产量、低成本"，它还需要满足新的要求，例如"低消耗、清洁和健康"。以"节能、降耗、减少污染、改进效率"为核心，采用更少能源消耗、更少浪费和更少环境污染的流程计划和路线。此外，高科技也应用在新材料、新设备中，用以改进结构、生产工艺、装饰和管理，诸如计算机辅助设计技术、计算机数控、计算机集成制造系统、制造资源计划和企业资源规划等。

4）绿色包装

家具产品包装是生命周期中的重要环节。绿色包装是指节约资源、减少成本的包装，废物对生态环境无污染，很容易回收、再利用和自然分解，可以促进可持续发展。绿色包装要求企业使用环保原材料提高资源利用率，采用可折叠包装减少空间使用率的设计。家具产品绿色包装技术体系主要包括绿色包装材料的选择、绿色包装设计与绿色包装的回收利用。绿色包装材料主要包括：轻、薄、无毒、无氟包装材料，可重复使用和可回收包装材料（例如，瓦楞纸箱、蜂窝纸板等、纸制品、金属材料、玻璃材料、线性聚合物材料等），可降解包装材料（例如，纸制品、可光降解材料、可生物降解材料、热氧化可降解材料、水可降解材料等）和天然生物包装材料（例如，纸制品、木材、竹子、锯末、棉麻、柳条、芦苇、作物秸秆等）。如菌丝体取代塑料成为包装制品的新方向（图3-25）。

5）绿色回收

绿色回收是指家具可回收或再利用，能减少环境污染，提高资源利用率。家具生命周期结束时产品如果不能回收，将导致资源和环境污染。绿色回收技术可以减少环境压力，实现循环经济，更重要的是，绿色回收是家具产品在生命周期

图3-25　菌丝体包装

中实现可持续发展的新理念C2C的发展的关键环节。家具绿色回收技术主要包括：废品收集、选择、拆卸、检测、清洁、修理、再利用、再制造和回收。首先，收集的废弃家具产品应进行分类和选择。就实木家具、藤制家具、金属家具和玻璃家具而言，它们可以很好地保存和重复使用，清洁、拆除和修理。实木家具、面板不能重复使用的家具、沙发、床垫等可分解成几个类别，例如板材、金属、玻璃、织物，并分类用于再利用或再循环。废弃实木家具可以加工成层压材料，去除表面油漆和装饰材料后，还可以分解成木纤维、木材生产用颗粒、单板和条带面板等。家具回收是一个系统的过程，需要消费者、家具制造商和销售企业和各级政府共同努力。

3.3.3　可持续设计理念

1．可持续设计概述

科学技术的快速进步使人类在获得高速发展的同时，也带来了生态环境的日益恶化，危害人类的生存和发展。针对这一问题，1987年联合国世界环境和发展委员会提出了"可持续发展战略"，并将其定义为既满足当代人的需求，又不损害后代人满足其需求能力的发展。这就意味着，既要促进经济的快速增长以符合现代生活的方式，又要积极维护好整个地球及其生态系统的平衡发展。"可持续设计"是在"可持续发展观"的基础上提出的一种设计理念，即通过设计来演绎可持续发展的内涵，实现环境资源的高效利用。因此，可持续设计的本质是一种构建及开发可持续发展解决方案的策略设计活动，需均衡考虑经济、环境、道德、社会等问题，以设计引导和持续满足消费需求。它一方面关注环境与资源能源的可持续；另一方面提倡通过改变"消费观念"和"商业模式"以及相关"解决方案"的实施来提高环境、经济和社会之间的全面可持续性，是提倡兼顾使用者需求、环境利益、社会效应与企业发展的一种系统创新策略。可持续设计的最终目标是达到充分利用材料资源、节约能源，同时保护环境的生态健康（图3-26、图3-27）。

随着时代的发展，可持续性设计的概念成为热点。可持续设计包括生态设计、环保设计或绿色设计。以公平贸易为中心的生产性超越环保设计的概念，更广义的概念包括：为解决社会文化的、经济

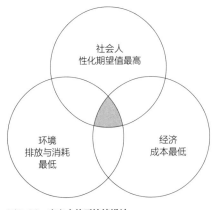

图3-26　广义上的可持续设计

图3-27　狭义上的可持续设计

的和环境的问题而设计，可以理解为为任何复杂、通用的问题提出合理解决方式。从可持续性的角度来看，它是企业经营的核心，也是新产品开发过程和延续设计。

2. 可持续的设计要素

在人类发展和环境管理的背景下，可持续性一词具有意识形态、政治、生态和经济背景。随着社会环境意识认识度的提高，可持续设计理念成为当下设计师创新设计时的基本准则，因此在进行可持续设计时需遵守以下六个原则，即"6R"原则：减量化原则（Reduce）、再循环原则（Recycle）、再利用原则（Reuse）、可再生资源原则（Resource）、再制造原则（Remake）和再设计原则（Redesign）（图3-28）。

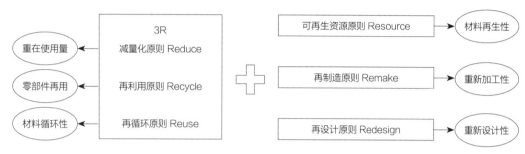

图3-28　可持续设计"6R"原则及其注重要点

3. 可持续设计案例分析

1）天然材料家具设计

Caravan系列婴儿床设计（图3-29）的设计师高度关注材料，因此这款婴儿床设计的材料是选用从本地可持续经营的森林中采购的木材，以及高质量的可持续装饰面料。设计师认为天然材料具有内在的温暖感，并且能够优雅地老化。这款婴儿床设计采用了经典的造型和多功能的结合，体现了产品的美感与实用。天然材料制成的每张婴儿床也均是用自家生产的优质有机植物油和蜡进行手工擦拭。这种无毒的蜡油可生物降解，对所有年龄段的孩子都是安全的。婴儿床也可以转换成两种不同的学步床样式，以供不同年龄使用，延长了它的使用寿命。这款产品从选材到设计均体现了可持续设计的理念。

拒绝使用化学材料，使用天然可再生资源是可持续性设计理念的要点之一，可再生资源制作的家具废弃后，作为物质的生态系统内可在4~5年进行生命周期的轮换。如2012年维多利亚·萨维尔利用较短藤蔓制作的家具（图3-30）利用藤蔓易弯曲的特性，既支持荷载，又具有弹性。从材料来看，除原木底座，完全不使用藤蔓以外的其他材料。2004年杰斯珀·莫里森

图3-29　系列婴儿床设计

图3-30 藤凳

图3-31 库克家族凳子

（Jasper Morrison）的库克家族（Cook Family）（图3-31）也是使用单一的自然材料。这些家具是以亲自然为追求价值，负责任地消费和减少浪费为目标，基于循环系统特性的家具设计类型，是与有机循环体系相结合的生态设计。

2）寻找替代材料——竹子

在家具行业，随着木材资源的短缺，家具设计理念追求可持续的设计理念，采用标准化的设计和低环境影响的合成板材成为家具中可持续设计理念的一种实现方法。竹子是可再生资源，作为一种重要的非木材资源，竹子的成本远低于人造板，是全球公认的绿色材料，并越来越受到人们的关注。竹集成材代替木材或木材板材被广泛应用在家具设计中（图3-32）。

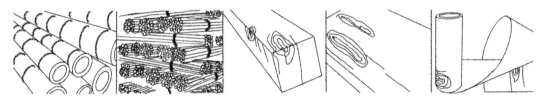

图3-32 竹子作为家具材料

3）再制造——秸秆家具设计

中国农村农作物秸秆通常在露天焚烧，产生大量烟雾并造成空气污染。在生态可持续设计和用户感知需求的基础上，可有效地利用废弃秸秆，并从绿色的角度解释秸秆的优良特性，发掘秸秆在家具设计中的应用。

在元素主体的设计中使用单一植物的茎，能够用线条呈现家具产品的复杂性。如图3-33所示，家具的外框采用了菱形、圆柱形、方形和环形，将高粱秆与立方体形状相结合，提取出的情感因素是"平静和稳定"，这更符合感性因素中的"整体和谐"。这也证明了秸秆材料可以作为家具设计的基材和表面材料，具有良好的效果和独特的美。在秸秆家具产品的循环完成后，废弃秸秆可以被替换并可生物降解，从而实现可持续回收，而不会污染自然环境。

4）再设计——回收材料家具

回收材料再设计又称为循环系统特性的家具设计，是可持续设计观念的友好收尾，这些家具的终极目标是通过资源使用和副产品最小化，减轻对生态系统的负担，从而实现自然环保。在制作一把椅子的过程中50%～60%的原材料胶合板被丢弃，为高效地使用材料，该设计使用一张废旧胶合板没有扔掉的部分，设计和制作出椅子的形态和结构（图3-34）。德乔·雷米用废旧的布制作的破布椅是同样的设计理念（图3-35）。这样的尝试打破了对成熟型高级家具的偏见，同时利用废旧材料解决副产品的浪费，被评价为可持续设计的革新事例。

4. 可持续模块化家具设计理念

1）模块化设计由来

对于当代的产品而言，用户和使用过程发生了多样化和迅速的变化，通过模块化的可持续设计可以提供基于设计和使用的各种解决方案，而不依赖于新材料或创新技术。除此之外，模块化与大规模定制高度兼容，这是在商业化过程中满足用户不断变化的需求的有效方式。

模块指的是某个基本度量单位，具有与几个单位的某种组合结构，而不是单独存在的。勒·柯布西耶首次在建筑领域建立了模块概念、标准化测量和比率的计划。从那时起，这一概念已经被积极地扩展到设计、计算机工程甚至人类社会生活的方方面面。特别是在设计中，模块不是指基本单元，而是指构建基础或各种组合的系统。关于家具模块化的研究中，存在

巴基斯坦的秸秆建筑　　　　中国万科城市馆

秸秆家具外观设计　　　　　　　组合图

图3-33　秸秆家具外观设计组合图

图3-34　椅子

图3-35　破布椅

不同的术语，如模块化家具、模块式家具和可变模块化家具，它们的固有概念是相同的。

模块化家具设计（图3-36）通过组合不同的功能和结构模块来实现低成本和高层次的定制，以满足用户的个性化需求。当市场发生变化时，不需要重新启动所有设计，可以使用模块库中的模块重新组织。模块化设计改变了市场，延长了产品的生命周期。在产品开发阶段，设计师

图3-36　模块化家具设计

可以使用系统中的大量通用模块，通过标准模块和非标准模块的组合来创新产品，从而缩短产品开发时间。

2）模块化家具的设计特点

模块化家具是一种可以根据客户的不同需求组合模块化可拆卸的家具。其特点包括可变性、多样化、成本效益、互联性和灵活性。可变性是通过将规则化和标准化的单个结构和部件结合起来，并伴随着形成性的变化而完成的。这种可变性是通过组合重复和基本单元的扩展而出现的，并且可以根据用户的需求、空间和环境而变化。多样化是一种具有简单基本单位，但可以结合成不同形状、不同规模、密度、形状和图案的特征。多样化通过兼容的机制来扩展家具的使用，并通过扩展家具项目反映人体测量和选择使用方法。成本效益则显现于大规模生产、分配、库存管理和储存过程中成本降低的过程中，模块的重复组合会无限扩大家具的尺寸和形状，它简化了制造设施，从而节省了人力和时间，也可以通过拆卸法进行组装和完全拆卸，允许在一条生产线上生产许多家具，从而提高成本效益。互联性意味着通过模块的有机组合来实现完整的功能，即单模块家具具有独立的功能，但在组合时会变成更高级的完整家具，这是模块化设计的最重要特征，也是提高可持续性的一个因素。灵活性是一种可灵活调整以适应条件的特性，可以改变组合类型和调整尺寸，允许自由配置，符合大规模定制的概念，打破成品家具根据物理规模、结构和形式在使用和配置方面的限制。

3）模块化家具设计理念案例

埃尔文·布鲁克（Erwan Bouroullec）和罗南·布鲁克（Ronan Bourullec）兄弟建议通过模块化进行可持续设计，并朝着物体与空间之间的边界方向进行重新设计。布鲁克兄弟家具设计积极利用模块化实现自由移动和配置。同时，他们希望用户定义空间并确定其设计，摆脱家具和建筑的界限。其模块化设计根据形成和划分区域的方式分为四种类型，即物理边界的形成、认知区域的形成、相同模块的重复和功能的多样化。

（1）空间在形式上具有消极特征，需要积极的形式来识别它，因此物理边界对创造的空间至关重要。布鲁克将家具的结构模块化，构建墙壁、顶棚或地板等空间，通过模块组合形成物理边界。高靠背壁龛"Alcove"沙发（图3-37）是为开放式办公室设计的，在繁忙的工作环境中为使用者提供庇护的私人空间。

（2）通过组织的空间不仅是空白或无限的容器，它还通过可感知物体之间的关系形成一个空间识别的框架。像这样通过识别符号对象和周围区域来定义空间的方法，在布鲁克的家具设计中被用作形成认知区域的构建。布鲁克努力组织空间，这意味着象征性的分割而不是物理的分割；选择植物图像作为该符号，因为它与建筑的严格几何图像形成对比。强烈的颜色组合也被用作另一种象征它的装置。在2015年特拉维夫美术馆的"17个屏幕"（图3-38）展览中，布鲁克兄弟通过屏幕设计组织了一个简单的模块与强大的色彩相结合的案例。

图3-37　壁龛"Alcove"沙发

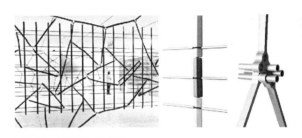

图3-38　"17个屏幕"设计

（3）相同模块的重复是布鲁克兄弟模块化家具代表作《算法》使用的设计手法。单个单元作为一个完整的独立实体形象，可以通过重复组合相同类型的单元来扩展形式和规模，从而完全实现原来的功能。云朵壁饰（图3-39）采用了两种羊毛质料编织出双色的表面，每一面都有个三角形立面，用一根橡皮筋就可以轻易地将这些单元连接。形式简单，却有强烈的层次感，大面积铺陈时更具震撼效果。同一模块的组合方法多种多样，根据不同的方法呈现出不同形式的完整模块。

（4）模块化家具通过分析具有不同功能和标准的产品来设计一系列功能模块，从而结合并构成用户所需的形式。这是以每个模块的独立性、标准化和兼容性为前提的，而布鲁克的模块化家具也通过组合具有不同功能的模块来改变功能。例如，当相同的腿与顶部模块组合在一起时，"网格"就变成了一张桌子，当座椅模块和座垫组合在一起后，它就变成了沙发。像这样（图3-40）的模块化家具可根据组合的模块扩展功能和角色。

与常规家具相比，除了丰富多样的使用功能和灵活的造型外，模块化理念还可以更加积极地促进

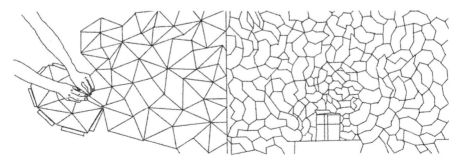

图3-39　云朵壁饰

家具和人的情感交流，是人与物之间良好的互动体验。此外，标准化生产，使所有零部件和模块均可以分开购买，减少了家具因为某部分损坏而无法使用并遭到废弃的可能，赋予产品更加持久的生命力。通过基于客户需求的模块划分，从人机和环境的角度去考虑家具模块设计，使模块化家具符合用户舒适性要求以及可持续发展的思想。

图3-40 沙发

3.3.4 智能化设计理念

1. 智能设计理念概述

智能家居的概念最早出现于美国，它利用先进的计算机、嵌入式、网络通信和综合布线技术，将与家居生活有关的各种子系统有机地结合在一起。由家庭自动化协会（Home Automation Association，简称HAA）所定义的智能家居是通过多种机器和产品发生联系，以提升人类生活技能，使居住环境越来越温馨、节能、高效。基于物联网的智能家居涵盖了远程操控、医疗监控、信息联络、网络教育，以及联合智慧社区、智慧城市的各项拓展业务（图3-41）。

智能家居的定义更侧重于具有输入命令界面的家具，而不是具有主动转换家具的界面的家具。智能家居基于其战略特点，正在与IT设备融合。大体上，智能家居具有以下三个特点：首先，智能家居为用户提供了关于家庭管理、健康管理、教育和时尚的信息，而不仅仅是作为存储空间；其次，智能

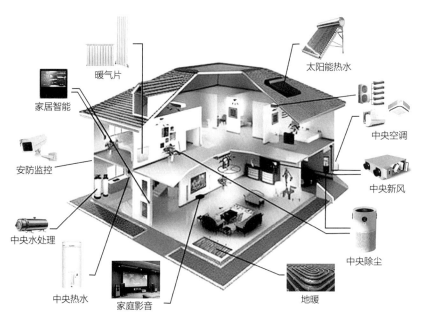

图3-41 智能型家居

家居是一种新的生活方式，它将提出一种基于不规则形状和创新结构的新美学标准；最后，智能家居可智能地为用户提供便利。也就是说，智能家居或"智能信息家具"正在从独立家具转变为内置式家具，然后转变为家具和电器集成的生活系统工具。

图3-42　提醒功能办公桌

2. 智能设计案例分析

智能家居概念的出现，技术上的支持以及部分具体应用的案例都在告诉我们，现代家具正在密切地随着时代的变化而变化。科学技术的发展、社会的进步以及商品经济的成熟都将对传统的家具行业造成影响，现代家具的功能不再仅满足室内的摆放或是储藏物品，而将更多的代表着现代人的生活方式。

图3-43　用户使用示例图

1）帝王洁具所研发的一款可提醒用户久坐起身运动的办公桌（图3-42），运用了压力传感器、温度传感器和电子显示技术，当用户双臂放在桌上时，屏幕根据不同压力与温度呈现出不同的颜色和显示效果，当桌上显示屏长时间处于受压状态时，桌面会通过显示效果的变化提醒用户起身活动。

2）智能化公共家具。如一个由三个智能组件组成的网络系统（图3-43），旨在智能地支持直接环境的物理组织（床头板、头顶显示器和侧桌）。侧桌可以升高、降低和旋转，也可以在房屋内的三个指定位置之间移动。它是一款现代设计的通用悬臂桌（图3-44），能够在室内环境中自行移动或在用户控制下移动。可满足用户更好地在床上或椅子上工作和吃饭等活动。

智能家居的特点因个人需求和要求而

图3-44　智能桌外观图

异，其风格设计可根据个人需求进行调整，可以是新颖的、传统的或奢侈的。智能家居空间要求包括充足的开放空间、一些空间或受限空间，功能性方面高度依赖于功能，因此，可以设计成节省空间或具有多功能的智能家具。

设计具有智能效果的家具，可使其更符合现代用户的需求，扩大受众范围。把科技与家具融为一体，用科技的手段带来更好的使用体验，同时用设计软性的一面来平衡技术硬性的一面。

3.4 情绪性家具设计理念

3.4.1 人性化设计理念

现代家具的设计理念越来越趋人性化，设计越来越注重以人为本的设计原则。所谓人性化设计是指设计的中心始终围绕使用者的需求而展开，根据人体工程学、环境心理学、审美心理学等学科，了解人们的生理、行为、心理和视觉感受等方面的特点，设计出充满人性，具有亲和力的产品。家具作为一种生活用品，首先应当具备最基本的功能，没有功能就无从谈及家具，更无从谈起人性化家具设计。功能包括三个层次：一是基本的使用功能；二是细微功能的延展性，比如外形更具亲和力；三是舒适性设计。

1. 人性化设计理念的概述

1）人性化设计理念的内涵

人性化设计，顾名思义是指以人为本，从人的本性出发进行的设计理念。通过设计表现出对人的尊重、对生活的重视。因此，家具设计中的人性化设计理念需要充分考虑消费者的实际需求，了解人们的生理、行为、视觉感受等方面的特点，在满足基本的实用性功能的基础上，结合人体工程学、环境心理学和美学等内容，为人们提供人性化的家具产品。

2）人性化设计理念的作用

人性化设计理念不仅强调重视家具的外在形态美，更加重视家的舒适性、功能性和环保性，体现了对人们生理和心理的关怀。

生理方面，人性化设计理念通过对人体尺寸及行为特点等人体工程学相关内容的深入了解，结合地域性和生活习惯，通过科学的分析，设计出更加舒适的家具产品；心理方面，人性化设计理念可以为消费者提供外形优美、色彩舒适、选材环保的家具产品。同时，家具产品功能的不断细分，也有助于为消费者提供更加丰富的选择。

2. 家具设计的人性化设计策略

人性化家具设计的核心是人，因此其设计的主要内容便是围绕着人的不同需求而进行有关设计。

1）人体工程学

人体工程学是在实测统计、分析研究的基础上探究人、机和环境三者之间的内在关联。在家具设计中应用人体工程学，有助于设计和制造出的产品更加符合人的生理和心理方面的需求。如为人们提供休息的家具，应有助于身体各部分肌肉的完全放松，在静态使用时使人的疲劳程度降到最低。办公类家具则需要注重家具与人之间的合理尺度，减轻工作疲劳的同时提高工作效率。

2）个性化设计

现代家具设计是为整个社会的大多数人服务的，其生产也多是大批量、标准化的工业化生产，这就产生了个人需求的多样性和家具产品单一性之间的矛盾。为解决这一问题，家具设计师应在家具设计过程中具有一定的灵活性，让家具在整体框架不变的前提下，根据使用者的需求做出相应的调节，从而更好地满足使用者的个体需求，体现设计对人性的关怀。如在设计中采用模块化设计，消费者可根据自己的实际需求任意选择，拼合出自己满意的家具产品，或是通过定制家具的形式来满足其个性化的设计需求。一款采用模块化设计的书架（图3-45），通过旋转和不同组合，实现了家具功能和尺寸上的灵活性，满足了个性化的需求。

图3-45　书架设计

3）心理要素

家具设计的人性化设计需要关注家具带给人的心理感受，因此需要设计师通过对视觉元素进行提炼加工，形成特定的视觉信息传递给消费者，使消费者在使用过程中获得一定的精神享受。如独特的材质、美观的造型、精湛的工艺、温馨的色彩等都能带给消费者以美的感受。同时家具设计中文化元素的融入也能

图3-46　沙发

够更好地满足人们的审美需求，提升家具的社会影响力。如图3-46所示为云朵沙发设计，洁白无瑕的云朵总是能给人无限的美好想象，设计师卢博·马耶尔（Lubo Majer）打造的是一款云朵形状的沙发组合，完全随机的造型让每个沙发单元看上去都各具特点、形状各异，仿佛天空中的白云一般变幻莫测。这款设计除了具备沙发舒适的功能以外，还能带给人心灵上的愉悦，从而让人的身体和心情都得到充分的放松。

4）环保设计

家具设计中注重健康、环保也是人性化设计理念的一种体现。设计师在进行家具设计时，材料要选择健康、无害的环保材料，如选用具备良好的物理学性能、隔声隔热、阻燃性能较强的零甲醛生态板材，或是利用废旧木材进行再加工、再利用，从而形成具有独特风格的家具产品。如图3-47所示，这款凳子采用环保的竹子制成。利用竹材特有的弹性，通过十字编织形成自然弯曲，不仅增强其自然强度，创造了一种精致的雕塑美学，且因采用天然材料而具有很强的环保性。

图3-47 竹凳

3. 不同群体对人性化家具设计的要求

1）儿童

儿童不同于成年人，其身体、心智等方面均未发育成熟，并极易受周围环境的影响，因此在儿童的家具设计中，应考虑不同阶段儿童的特点进行有针对性地设计，使家具与儿童之间形成良好的互动关系，促进儿童的健康成长。需要注意的是，儿童天性活泼好动，因此儿童家具的设计应以安全为第一要务。

2）成年人

成年人是目前家具设计主要面对的消费群体。相对于儿童人，成年人的身体发育成熟，有自己的观念，并且活动范围较大。因此，面对成年人的人性化家具设计需要从办公家具和居家家具两个方面考虑，并且注重时尚性、舒适性、私密性、个性化等方面，统筹考虑，积极探索，为成年人提供上班高效、下班舒适的家具产品。

3）老年人

老年人是目前家具设计关注相对较少的人群。由于老年人身体各方面机能的减弱，所以针对老年人的人性化家具设计需要更多地从生理和心理角度去考虑。如家具设计中注重家具的稳固性，避免老年人摔伤；在色彩上使用暖色调，给人以温馨的视觉感受；在材料上则选择天然材料，不仅健康，而且其独特的色彩和肌理，能带给老年人以舒适、自然之感。同时，伴随着科技的进步，将有更多的智能家具来到老年人身边，帮助提高老年人的生活质量。需要注意的是智能家具的操作要简单易懂，方便老年人理解和使用。

时代的发展、科技的进步使人们对家具设计提出了更高的要求，"人性化设计理念"不应只流于表面，而要真正满足使用者更深层次的要求，与自然相协调，与人的需求相协调，始终坚持以人为设计的根本。

3.4.2 启示概念设计理念

当代设计要求诱导事物之间的互动行为，家具设计不考虑用户的使用可能会导致动作错误，"启示"概念即从启示的认知心理学角度出发，提出一种对家具施加无意识启示的设计方法。其发展历程如表3-1所示。

时间	代表人物或机构	潮流
1919—1933年	包豪斯	包豪斯以哲学为基础，正式发展和重视从用户立场出发，并从功能中寻找形态
1979年	詹姆斯·吉布森	定义了启示术语和概念
1988年	唐纳德·诺曼	在工业设计领域，扩展了启示概念
2003年	雷克斯·哈森	概念细化并扩展为四个
20世纪末—21世纪	迪特·拉姆斯、胡卡萨、纳奥托	在多个设计领域接受以人为中心的另类哲学

1. 启示设计理念概述

设计师的作用不只是追求功能，而是要站在用户的立场上思考，使事物和人之间的互动顺畅。这是以人为中心的设计，以"互动""迷你""以用户为中心"为特点，以人无意识的习惯为基础，把焦点放在认知心理学观点上的设计理念，避免了由于用户自然的使用行为引发的错误。它将观察人的行为作为家具设计的起点，通过最低限度的设计，减少因为用户使用习惯而导致的产品使用不当，从而影响产品的功能性、便利性等，甚至避免由此引发灾难性的后果，提前消除用户在使用家具时可能遇到的困难。

目前，市场上有很多使用方法模糊的产品，用户在经历多次试错后才能了解该产品。也就是说，在不向用户提供产品使用方法的明确信息时，让用户感到使用不便的产品比比皆是。如果将"启示"的前卫概念嫁接到家具上，将彻底为用户解除使用的后顾之忧。如通过各种示例表达方式说明在各功能家具上应用无意识语言的方法、可能出现的问题点和解决方法，以及根据情况适用的方法。如休息用椅子——在靠背或扶手上有堆放衣服的习惯，可在靠背或坐板下面增加挂衣服空间，诱导使用者放在休息椅上；用户在书桌上放置平板电脑或手机——可在书桌边缘部分设置一个长长的小凹槽，引导放置平板电脑或手机；砧板——将使用过的刀放在砧板上，可在砧板的边缘部分留下可以插刀的凹槽，降低危险情况和受伤概率。

2. 启示设计理念案例

1）"启示"作为以用户为中心的现代语言设计，一直被众多学者修改和完善，在各个领域广泛使用。日本设计集团"Nendo"的创始人佐藤奥基（Sato Oki）在他的著作中提到了在事物和人之间创造对话和互动行为的想法。

如图3-48所示，是从习惯行为入手的设计实例。允许在普通台灯上放置随身物品，为用户提供多种使用功能。该案例将人们的无意识行为与现有产品结合，凸显了便利性。

2）1999年福泽直藤（Fukasawa Naoto）设计的壁挂式CD播放器（图3-49）是以风扇的形态和拉线习惯为主

图3-48　台灯

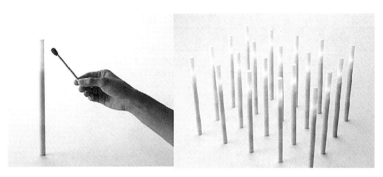

图3-49 壁挂式CD播放器　　　　图3-50 村田智明电子蜡烛

题制作的产品。用户无需阅读任何说明，即可拉线启动产品。可以看出，该案例是将没有关联性的事物设计成完全不同的新产品，特别是在视觉部分，引导人们过去记忆下的无意识行为。

3）村田智明设计的是以蜡烛为主题制作的照明器具（图3-50），靠近火柴或打火机灯就会亮，哈气灯就会熄灭，就像吹灭蜡烛一样。这个案例是将"A"这个元素设计成另一个元素"B"，通过引导用户自然地做出像点蜡烛和吹灭蜡烛一样的行为，就可以从视觉上回忆起习惯性的过往经验。

4）原木大埔（Daisuke Motogi）设计的《丢失的沙发》是从人们在日常生活中经常在沙发缝隙中发现遥控器、手机、铅笔等物品的经验入手的设计（图3-51），引导用户无意识地插入不想丢失的东西。可以认为，该实例结合了反语的形态，引导人们弥补和阻断因不良习惯而产生的不适经验。

5）迪特·拉姆斯设计的计算器复刻版是只留下本质因素（图3-52），消除不必要因素的计算器。按颜色分类的按键使用户可以轻松地了解哪些颜色有什么功能。该示例还可以在使用计算器的过程中起到减少错误发生的作用，从视觉上引导用户的自然行为。

6）韩国设计师李炯涵（Joonghan Lee）设计的桶形凳子（图3-53），是从人们在街头打篮球短暂休息时坐在篮球上的无意识行为中获得灵感的。凳子反过来可以用作桌面支撑，也可以起到保管球的收纳作用。该案例以篮球这一要素为重点，通过添加附加要素，提高了实用性，无需任何说明即可用于多种场景。

图3-51 丢失的沙发　　　　图3-52 迪特·拉姆斯计算器复刻版　　　　图3-53 桶形凳子

7）2012年云巢设计（Designest）设计的《水滴》是从读书或杂志时人的行为入手的水滴状杂志架（图3-54）。这个案例引导用户无意识地将阅读过的杂志放在边上，以起到书签的作用。另外，利用尖锐的边可以从视觉上刺激人的心理，这种视觉感比其他感觉在艺术设计中被利用得更多。

图3-54　水滴状杂志架

3.4.3　时间性设计理念

自2000年初以来，家具与时间性之间的关系得到了新的理解，这是超越家具实用功能的更高美学功能的家具概念。在这场运动中，海德格尔关于时间和时间的变化过程"时间性"成为家具设计中的一个重要元素。基于时间概念的家具设计使人们能够在日常生活空间中通过家具这一媒介体验时间，让人们以陌生的方式体验日常生活。

1. 时间性设计理念概述

受20世纪60年代出现的后现代主义的影响，社会出现了脱物质化、脱领域化的倾向，这削弱了绝对时空的概念。这一时期个人的自由伸张和空间里的个人经历开始成为设计的要素。在设计领域，出现了过去从未有过的服务设计、交互设计、通信设计等无形东西的集成概念设计。

家具是人们日常生活中长时间接触的产品之一，最能反映一个人的生活经历。如此长时间使用的家具理所当然的对人们的日常生活产生极大的影响。14世纪初期机械钟的发明成为个人的日常用品，人类有了自己将时间系统化，控制时间的意识（图3-55）。

图3-55　1914年钟表

随着20世纪60年代对以实用功能为主的现代主义的反对，设计转向追求多种感性功能而不是实用功能。这对整个社会产生了巨大影响，个人自由和个性化表现凸显出重要价值。伴随着这种趋势，时间设计也开始从工业社会回到个人并开展各种尝试。在家具设计领域，以自我反省的空间体验为主题的作品崭露头角。人类将个人的存在本身和时间等同起来。时间可唤醒根源性存在的体验，通过根源性时间设计找寻"存在于当下的我自己"。艺术作品通过与日常的"保持距离"，起到让参观者体验本"我"的作用。因此，如果日常生活中的家具与艺术作品起到同样的作用，人类就可以体验到在日常生活中作为本"我"存在的时间。

2. 家具设计中的时间性问题

1）家具设计领域的扩展

工业革命后，设计与现实相联系，以合理的实用美为目标。但受当时后现代主义的影响，纯美术界开始出现将生活和艺术等同起来，在日常和现实中寻找艺术价值的动向，以20世纪80—90年代孟菲斯集团和德鲁克设计的活动为契机，设计领域开始扩散有用性的认识。另外，随着社会的发展和个人价值的伸张，每个人都开始在产品中要求更高层次的审美价值——艺术价值。因此，产品被赋予意义，设计师们从满足实用功能性的产品重新认识家具产品，尝试通过家具设计体验艺术。设计诞生100多年后，具备了象征性、稀缺性等特点，摆脱了实用主义立场，扩展为作为艺术的设计，即艺术和设计相结合的概念。因此，21世纪设计的概念从实用的设计物品转到关注个人经验、提高生活质量的无形上来。

2）作为经验对象的家具

设计概念的扩展首先出现在家具设计领域，表现为整合日常的美感经验植入设计中。这种脱离实用功能性的新概念家具，为日常生活提供新的艺术体验融入实际设计的可能性。除了客观价值外，个人文化和经验的内容成为主观价值评价标准。意大利孟菲斯集团成立于20世纪80年代初，在赋予家具设计艺术价值方面发挥了巨大作用。20世纪90年代初在荷兰成立的德鲁克设计，在将家具设计领域从情绪功能提升到经验设计领域方面起到了重要作用。德鲁克设计集团特乔·雷米的"抽屉柜"是为了收纳的抽屉（图3-56），用"记忆抽屉"将用户的感性体验包含在设计中。另外，德鲁克策划的"创造吧"项目提出了让用户主动设计方案，自己完成设计。如图3-57所示是由钢箱子和锤子组成的椅子，提供的锤子用于制作。

图3-56　抽屉柜　　　　　图3-57　"创造吧"椅子

2000年以后的家具设计中，这种个人经验和时间性开始成为设计的重要因素。在传统视觉艺术绘画中引入场所性、时间性的决定性契机是巴尼特·纽曼（Barnett Newman）和马克·罗斯科（Mark Rothko）创造的。纽曼在他的作品《成为一体》中（图3-58），摆脱了在形象和背景的关系中看画的现有观点，通过在美术馆内设置的大画布前设定观众的欣赏位置，试图通过提供一个围绕欣赏者的环境，为观众提供新的体验。

3. 时间性家具设计案例

1）家具时间性表现

家具这一媒介是以用户在一段时间内"被使用"为前提的，

图3-58　成为一体

图3-59　"数米"一体式桌椅　　　　　　　　　　　　　　　　　　　图3-60　椅子

作为独立存在的家具，家具本身就具有时间的象征性。用户离开的椅子会让人联想到人停留了一段时间，长椅会让人联想到短暂的休息，象征着用户使用的时间量。家具这一媒介已经包含象征性、时间性，并被运用在很多艺术作品中。

　　艺术家玛丽娜·阿布拉莫维奇（Marina Abramovic）的表演中经常出现家具。图3-59展示的是"数米"一体式桌椅，在这个表演中，参与者坐在桌前，区分混合的黑米和白米的个数。通过与建筑师丹尼尔·利贝斯凯恩（Daniel Libeskend）和意大利家具公司摩洛索的合作提出新的方案，重新诞生为限量版家具。通过这种过程制作的家具，在没有表演的情况下，家具摆放时，桌子上的大米和用来数的线索象征着"一段时间的停留"。

　　家具设计师崔炳勋通过简洁地表达椅子典型形态的一部分，使"坐下"的行为功能直观地展现出来，并在连接地面的支架末端放置石头，让视线可以接触到，象征性地体现了"坐下"的休息功能。这个作品实际上是坐之前的形象（图3-60）。

　　以上两个作品都脱离了实际使用，像放在家里的雕塑一样，用以引导家具隐喻的时间性欣赏。此时，象征性时间起到了让用户摆脱日常时间，置身于陌生时空的作用。

　　2）家具设计中物理时间的表现

　　所有具有质量属性的使用都有不同程度的差异，随着时间的推移而变化。2014年金素贤的"约定场所"设计（图3-61），对过去涂过豆油的木家具，在使用过程中反复上油，其颜色自然变深，即根据用户管理木制家具状态发生变化。与其形成鲜明对比的是现代家具采用厚涂方式，致力于最小变化。在这里，设计中有意表现用户使用期间随时间变化的家具。

　　比利时的家具公司埃森尼·克拉夫特主要生产简单形态的原木家具，如图3-62所示中的"切片收藏品"。不使用涂层剂或蜡的原木，在没有任何涂层的情况下销售，在销售这些家具时在质量保证书上注明，并告知用户通过打蜡和管理，状态可能会发生不同的变化，将其视为一个自然的变化过程，定期给用户上蜡，将时

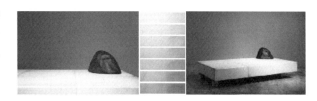

图3-61　金素贤的"约定场所"

图3-62　切片收藏品

间性凸显为设计的审美功能。

"以时间性为基础的家具设计"是在日常生活空间中，通过家具这一媒介体验时间，是为了在家具设计中形成新的视角和方向性而提出的一种方法。希望通过这一点，让设计师以独立的视角认知日常和时间的关系，并将家具视为概念性工具成为未来的家具设计。

3.4.4 慢设计家具理念

在社会经济飞速发展的背景下，人们生活水平快速提升，逐步进入了快速消费时代，致使大量资源和能源被无故浪费，在市场竞争和利益的影响下，家具设计也逐步失去了原有节奏。社会压力、环境问题扑面而来，迫使人们不得不反思自己的行为，在家具设计之余也开始注重设计的本质，在绿色设计、可持续设计理念基础上，诞生了慢设计理念，被广泛应用在各大设计领域。慢设计理念应用于室内家具设计中，有助于人们对生活重新思考。

1. 慢设计理念的概述

慢设计理念是一种全新的设计理念，是在绿色设计、可持续发展设计理念下发展而来的新型设计理念。它的兴起受到全球慢运动的影响，慢运动最初起源于意大利，当时卡罗·佩屈尼提出反对麦当劳等快餐，提倡慢食运动。慢运动是慢设计理念的基础，也是慢设计的灵感来源，在以慢食为开端的慢运动中，各种以慢为目的的活动渐渐展开，慢设计理念成为慢运动在设计领域的体现。"慢设计"这个概念是瑞士建筑设计师阿特利·彼特在他的著作《一切顺利，但很慢》（*Anything Goes, But Slow*）中提出的。经过多年的发展，目前全球对慢设计理念公认的定义是，针对目前人类文明进化速度过快所带来的一系列生态、心理、能源等全社会危机和问题所产生的一种对现有设计模式的重新思考。慢设计理念不但能够很好地响应慢生活精神理念，而且崇尚绿色、自然环保，是追求舒适和高品质生活的体现，强调人与自然和谐相处，追求的是一种人、自然、社会之间的平衡关系，注重设计产品的附加价值，满足快速消费时代人们对精神和文化层面的追求。慢设计与现代一些设计理论最大的差异在于，寄托了更多的人文关怀的设计价值体系。

慢设计希望设计师和使用者都能意识到这一点，要与周围环境、与物更好交流，追求更多精神层面的体会，而不是跟着消费经济主义和物质主义随波逐流，造成物质的迅速消耗和浪费；提醒人们不要忘记一些传统的工艺；进行可持续的设计；提倡人们能慢下来关注心灵、环境、传统，掌握自己的生活节奏，掌握自己的品位，以慢速度深层次体验生活和世界，懂得欣赏，关怀失落的社会和人文精神。虽然"慢设计"理念属于一个新的设计理念，且在西方发源，但是其中所蕴含的哲理却是来源于东方哲学。"慢设计"是一种经过深思熟虑创作出来的设计作品，它的样式或许让人惊奇，但它的内涵却意味深长。

2. 慢设计的原则

慢设计作为当代西方流行的一种新的设计理念，它的出现是基于人们对精神生活的追求，在满足设计产品功能性的同时，更强调人和身边世界之间的情感交流，并且要求设计师在设计过程中要具备耐心、谨慎、深思熟虑的态度，从而真正体现作品的精神文化内涵。

在芬兰阿尔托大学的新兴设计教授阿拉斯泰尔·福德（Alastair Fuad）的观念中，将"慢设计"的核心思想简单归纳为平衡人与物之间的关系，即将人类的需求与产品的功能高度匹配。随后，他对

"慢设计"的原则进行了细致地分类，总结出了"慢设计"方法下产品设计应遵循的十条原则：

1）为人们的真实需要而设计，不受经济利益和潮流影响。

2）通过减少零部件的数量及材料对环境污染的可能性，提高资源利用率和环保性。

3）增加对可再生资源（风能、太阳能、生物能等）的利用。

4）将生命终结的产品进行拆分再利用，分类回收后再设计。

5）降低产品在使用过程中为人类和环境带来的伤害。

6）最大限度地满足用户的舒适性，增强其幸福感。

7）倡导模块化设计，用户根据自身需要而合理选择，产品要便于维修与再利用。

8）产品需注重文化的传承，有利于社会的发展。

9）将可持续观念传播给消费者。

10）将慢设计引入公益事业等公共领域。

"慢设计"试图应用理性的手段处理人类与自然之间的关系，使人类与自然和谐共生，共同发展，它是"慢生活"在设计领域的体现，其目的就是人与自然、社会之间的关系达到和谐。它将人的身体、心理、深层情感的需求考虑到产品设计过程中，关注多元文化与全球化的长久利益。

此外，由阿拉斯泰尔与卡罗琳两人共同发表的《慢设计原则》（*The Slow Design Principles*）论文里概括出"慢设计"的六项原则：反思、揭示、融入、参与、拓展和进化。这是对设计思维的逐渐向上的引领，经历了时间的考验逐步总结的经验。任何一位设计师与消费者，都应该全方位地审视生活的小细节，踊跃地参与到生活中，对各种事物都要有自己的思考，并成为这种理念的传播者。

慢设计理念在设计领域中应用时有三个基本设计附则，其一是立足环保角度，合理利用资源，实现人与自然和谐相处；其二是提升设计内涵，促使产品拥有更多的附加价值，保证使用者能够获得更多的情感内涵和精确追求；其三是设计者对传统文化的追求和继承，并在设计中能够提取相应的传统文化元素，将其融入设计中去。

3. 慢设计理念的特点及和快设计的区别

1）慢设计理念的特点主要有以下三个方面：

（1）从社会环境与经济角度分析。慢设计在设计的初始阶段就将产品的生命周期考虑在内，重视环境与资源，在产品的整个设计与制造过程都要对人的健康负责，尽可能地节约资源、降低污染。反观经济全球化下的快设计对社会造成的伤害，我们不得不引以为鉴。慢设计看重的不是利益最大化，而是以一种长远的思维对待现状，用有限的资源解决现存问题并充分体现它的永恒价值。慢设计将产品的持久效益摆在重要位置，肩负着对整个社会的责任感。

（2）从生活需求与文化角度分析。在追求高效、高速的今天，人们将时间看得越来越宝贵，却忽略眼下的生活质量，对生活的本真需求视而不见。慢设计关注人与产品的交互过程，它重视理性的同时也注入感性因素，希望还给现代人一个完美的生活体验。慢设计提倡对传统文化进行创新，将传统文化中的精髓部分与现代技艺结合，追求以人为本的民主设计，它试图重新点燃人类对生活的激情，而并非快设计模式那样纯粹追求产品的功能和造型。生活需要快节奏带来日新月异的新鲜感，更需要时间的停顿感，让我们能够真实地感受到生活的存在，重获健康的生活。

（3）从人的情感角度去分析。慢设计希望更多的人参与设计，至少做到让使用者了解产品设计的内涵，设计师以开放的态度接纳合作者，使设计更好地向前发展。使用者的参与有利于发掘出自身潜在的需求，避免设计师闭门造车。这与快设计所带来的效果形成强烈的反差，不再一味地追求差异化，反而加深了人与产品的情感，使得人们对注入自己创意的产品倍加珍惜。这种富有情感的产品能够丰富用户的体验，并在产品的使用、环境的变化以及时间的流逝过程中，渐渐地呈现出一种体会："好的"物品会加深人们的情感体验，让使用者身与心都能体会到愉快。慢设计希望通过产品的实用性带给人们慢生活的感受，从材质、结构、造型元素等一些小的细节上打动人们，将人们从麻木的意识中唤醒。

2）快设计的模式为社会的发展带来了质的飞跃，这也是人类进步的一大表现。尤其对于我们这个人口大国来说，是快设计助长我们奋力前行，才有今日之辉煌。但是任何事物都有它的两面性，我们应该学会用辩证的思维看待问题，一种行为如果被有利所图的人肆意利用，就会给社会造成严重影响。快设计的弊端分析如下（表3-2）：

（1）从商家角度分析。商家在追求利益最大化的时候，不会顾及资源、环境、人类健康以及社会的整体局势，产品的实用性逐渐被弱化，寿命逐渐被缩短。快设计催生出了"消费主义"——只为满足一时的快意而消费。设计的本质因此而改变，它成了提供带有多样化、刺激性、个性化等特征产品的手段，不再为人们的真实需求服务。商家为了迎合快速发展的经济潮流，一味地向他国学习，反而丢弃自己国家的精髓。

（2）从购买者角度分析。在工业化、全球化、信息化的加速带动下，商家盯着经济上的利益与财富值，他们进行着快节奏的设计，利用产品的快速更新换代带来消费者的购买力。外界的刺激导致人们盲目地追求物质享受，不再考虑产品的实用性与耐久性，这也就造成社会宝贵资源的大量浪费，是在背离中国人以往节俭的生活观念。人们过度地追求个性化的产品，影响了设计的发展，在造成产品浮于过度设计的同时，也为人们带来生活压力。

（3）从使用者感情角度分析。在"消费主义"的刺激下，资源、环境、人类之间的平衡性逐渐被打破，由此引发的一系列社会问题逐渐显现在我们生活的方方面面。对高新技术的应用以迫不及待的姿态出现，不做过多的权衡，带来的后果不容乐观。快设计模式下的快产品、快时尚、快消费的观念影响着人类生存观念。人是有情感与思想的高级动物，人与人、人与物有了感情交流才使人有存在的意义，这种感情是一种美好、温馨的回忆。而目前大量的一次性产品的出现、事物的匆匆而过，给人的这种感情蒙上了纱，造成现代人对待事物无所谓的观念与态度，同时也丢失了往日人与人之间的感情纽带。

<table>
<tr><td colspan="2" align="center">慢设计与快设计的比较</td><td align="right">表3-2</td></tr>
</table>

快设计的弊端	慢设计的优势
为刺激消费而设计	为生活的本质需求设计
过度设计、浪费资源	设计适度、资源合理利用
追求纯粹的利益而忽视实用性	平衡功能、技术和利益
更新换代快、漠视情感因素	注重耐久性与情感体验
肤浅、无内涵	尊重传统、重视创新

4. 东西方文化中"慢设计"理念对比

东方的古典哲学以及传统文化与"慢"的精髓有异曲同工之妙。尤其是在中国悠久的历史文化中，"慢"已被认为是中国人行为处事的准则，研究宗教、哲学、艺术等学科的人士，都将"顺其自然"看作一种规律，事物都在此规律下循序渐进。比如，我国古人言"慢步当车，慢食当肉"，体现古人对现实生活的知足、安贫乐道、与世无争的崇高人生境界；中国传统武术太极拳则更是以慢为主线的运动，轻柔慢道，如行云流水般张弛摆动，蕴含着深厚的哲学内涵。"慢工出细活"是中国古人师父教导徒弟手工制造中习得的经验，精工巧匠，手手相传，日积月累，方可制作出精美绝伦的产品。不难发现，古老东方哲学中蕴含的诸多哲理便是今日西方所提倡的"慢设计"理念根源（表3-3）。

道家强调道法自然，容纳万物，无为而治，与自然为伴。老子言："少则多，多则惑。""有之以为利，无之以为用"。而"慢设计"体现了一种对产品质朴和真实的回归，没有浮华的外表，不繁复，不随潮流，将产品功能最简化，追随产品的设计的本质，这与道家的"无为之美"相契合，是对简单、真实的本源的回归。"中庸"作为中国传统文化中极具代表性的思想，早已渗透进国人的思维方式以及日常习惯中了。从中国古代的建筑、器具、家具的造型中所传达的"正中、和谐"的特点，可以看出是在中庸思想的影响下形成的审美形体，这恰好与慢设计理念所倡导的回归自然、追求简约的思想相统一。这些其实都是"慢"真正的内涵体现，这也正是"慢设计"所要带给人们的感悟。

慢设计虽然是由西方人提出，但其理念中所包含的哲理却源于东方古典哲学。福德也提到过慢设计所罗列的哲理来源广阔，是对中国、印度等东方古老哲学的引进。因此，只有对中国古代圣贤的思想深入理解，才能对慢设计理念有更好的把握，尤其要深入思考和理解审美方面和人生态度方面的思想。

东西方文化中"慢设计"理念比较　　　　　　　　　　　表3-3

东方古典哲学的特点	西方慢设计的对应特点
天人合一、道法自然、无为之美	追求自然、简约；注重人与产品的情感交流
过犹不及、致中和、执两用中	反思；调节人的生活节奏
悟；净化内心；重视生命	静心体会；精神享受；生态平衡

综上所述，西方的思维模式是理性的，而融入东方思想后的慢设计，就是针对当前不健康的快节奏所带来的问题而提出。慢设计理念倡导将产品的功能淡化，提倡以"缓慢接触，缓慢进入"的谦和方式行为处事，实现人与周遭的畅快交流。东方的传统哲学、宗教和艺术都体现着"慢"的中心思想，一切以尊重自然规律、尊重生命本质为重点；尤其是中国的哲学思想，提倡豁达包容、虚怀若谷、清静素朴的精神，正是"慢"的根基所在。东方文化中流传的"天人合一"的设计思想是哲学与美学共同追求的境界，强调的是宇宙间生命的自然之态（图3-63）。

图3-63　慢设计的室内效果

"慢设计"理念希望人们减少对物质世界的无止境追求，剔除只注重物质的量而忽视生活的质的思想。以自在的速度去体验生活和感知世界，学会欣赏，寻回遗失的精神世界。慢设计是集体意识中的理性选择，强调为减轻生活的压力而设计，是关注"人"本身与注重环保的设计。设计师在社会大环境中要以教育者的身份出席，逐步将"慢设计"理念贯穿于人们的日常意识中。

3.5 其他家具设计理念

3.5.1 模糊设计理念

当今，社会文化中成为话题的模糊现象对家具设计领域也产生了影响，导致了家具设计概念的变化和扩展。区域或角色之间的边界模糊化是21世纪设计的一个重要概念，在家具设计中体现为家具和空间、空间和家具的物理界限被打破，表现出意义重叠的倾向。这个说法并非现代才出现，在1968—1970年科隆国际家具博览会上，领先时代的家具设计师举行了划时代的未来生活家具展，该展览发表的作品，至今为止仍然是提出前卫生活概念的进步性作品，且与当今模糊现象带来的空间概念的家具设计一脉相承。由于家具和空间之间的领域性被破坏，一种称为家具的产品或编织物不再停留在一个产品上，可以自己形成一定的空间，这就是模糊概念的实现。此外，通过这些概念，现有的家具设计可以与使用空间的人进行有趣的交流关系（图3-64）。

图3-64 Campana Brothers设计的椅子

1. 模糊概念家具设计产生的背景

1）物质层面——材料和加工方法多样化

1960年，以战争后迅速的经济复兴和由此形成的富饶的产业社会为背景，青少年及女性的消费文化开始成为中心，这导致了多种多样、时尚敏感的设计的出现。在家具设计领域，最重要的事件就是塑料这种材料的开发及加工方法的发展，克服了以往主要使用的原木及金属材质在家具设计中的限制性因素，实现了家具设计领域的创新发展。设计师追求自由造型，不受空间限制进行设计，用户根据需要自由变化，适用空间概念的家具设计得以诞生。

2）精神层面——感性工学方法

在不受材料及加工方法限制的情况下，设计师并不急于从功能的角度将技术的发展与家具接轨，反而从本质和精神的角度看待家具。因为家具所需的人体工程学标准与其他产品所要求的不同，人类感到舒适的标准不能单纯从数学上计算。设计师们探究相关问题：如对于人类来说家具是什么或者家具对于空间来说是什么意义，以及家具对于各国固有的传统概念来说是什么等。在设计师们的深入考察中，家具的概念得到了扩展。潘顿早在1970年就预测，21世纪家具设计的主要功能将是帮助人类健康、休息、恢复。他强调了在家具设计上感性工学方法的重要性，并根据这种精神背景诞生了适用空间概念的家具设计案例（图3-65）。

2. 模糊概念家具的类型

模糊概念的家具大致分为两种类型。第一种是家具和家具放置的空间之间发生的区域之间的重叠现象（图3-66），使家具本身形成相当于地板、墙壁、顶棚的结构，形成一种小的室内三维空间。第二种是设计师和用户之间发生的角色之间的模糊现象（图3-67），是两个以上的单元通过实际使用用户的积极参与，自由地或有一定规则地组合在一起，形成新的、多样的空间构成类型。

图3-65　潘顿椅

图3-66　重叠

图3-67　角色模糊

3. 模糊概念家具特征

以1968年德国科隆家具博览会上发表的进步展示和作品为起点，模糊空间概念在家具设计中的运用主要表现在形态方面，有机的、几何的以及这两种组合的混合型均出现了，在结构方面则表现为单元型和组合型。在功能方面，出现了流动性、移动性、多功能性等特征。

1）在形态方面，几何造型和混合型分别以4个或5个相似的形式出现。混合型主要是与家具外壳框架相对应的部分为几何造型，与内部框架相对应的部分为有机造型。与外壳框架相对应的部分是为了摆脱家具在室内空间中被简单放置的概念，进行更加多样化的布局而采取的结构性解决方法。潘顿移动塔式机通过垂直布置家具（图3-68），不仅节省了空间，还使用户之间的关系更加动态。就内部而言，自然地表现出了有机的形态，这是为了引导用户自由，让用户更加积极、外向地建立相互关系。

Art. 1270 orange

Art. 1271 red

Art. 1272 dark blue

图3-68　移动塔式机

2）在结构方面，潘顿的控制盘（图3-69）或右田的茶室（图3-70），是在室内空间中构成独立结构的另一个空间类型，罗朗的缝纫室（图3-71）则是用户可以自由组装和拆卸的类型。形成独立结构的类型才是最能体现模糊现象概念的。在组合和分解单元的过程中，家具使用中用户的作用非常重要，家具的最终形态及构成方法由使用者而不是设计师决定。

3）在功能方面，出现了可以自由配置和拆卸的流动性、用塑料这种轻巧的材料带来的便捷的移动性、可以根据用户的不同用途进行变形和创造的多功能性等特征。这是模糊空间概念家具设计所表现的最重要的特性。

图3-69　控制盘

图3-70　茶室

图3-71　缝纫室

4. 模糊概念家具案例

1）潘顿

他通过大胆的色彩使用和实验，留下了很多领先时代的家具名牌，他主张家具成为空间，空间重新成为家具，提出了前所未有的美学标准。潘顿椅外观时尚大方，有种流畅大气的曲线美，舒适典雅的造型符合人体的曲线。潘顿椅成功地成为现代家具史上革命性的突破（图3-72）。

2）乔·科隆博

乔·科隆博在攻读建筑专业之前，为了成为画家而接受了艺术教育，20多岁时作为雕塑家出现于艺术领域。这样的背景不仅给他带来了艺术和设计的才能，还让他自由地跨越了建筑、室内设计、家具、产品设计之间的界限。他预测，未来将不再需要像今天这样功能强大的家具，一种具有流动性、

变化无常、就像空间一样概念的系统将在
各种空间和情况下得到应用。从概念上
讲，这是对人类生活和承载生活器皿的未
来想法，在造型上追求雕塑式、自由形态
的设计（图3-73）。

3）罗南&埃尔文·布鲁克

法国兄弟设计师，他们的主要工作是
以家具为中心的工业设计，包括用户在内
的空间问题是贯穿他们整个作品的主题，
实际上在他们的工作中，工业设计和室内
设计的界限变得模糊。他们试图创造既有
诗意又实用的空间和家具，喜欢使用塑
料，追求高效、可变、易于安装和拆除的
设计（图3-74）。

（1）闭合床

这个作品创造了一个相当于床和卧室
中间的建筑规模的空间。为获得舒适的休
息和适当的亲密感，箱体采用了封闭的空
间，但同时也是充分开放的空间，不会诱
发封闭恐惧症。作为组合式家具任何人都
可以轻松组装和制作。这可能比造床过程
更复杂，但可能比造一间卧室简单。这个
作品让我们从卧室倾向繁杂的构成要素中
解放出来，简单地思考人类睡眠所需的最
小因素以及与它们的关系（图3-75）。

（2）小屋

从视觉上表现得恰到好处的作品。柔
化作品的边界，以细腻的方法设定空间中
的内部和外部（图3-76）。

（3）乔恩小屋

办公空间通常是固定的、结构化的、
由家具组成的环境。这个作品实现了与这
种办公环境截然相反的概念，基本上是完
全公开的，结构简单，用户可以根据各自的倾向，无需特别的硬件，继续添加必要的元素等自由构成
所需空间（图3-77）。

图3-72　潘顿椅

图3-73　乔·科隆博椅

图3-74　罗南&埃尔文·布鲁克设计的可拆卸椅子

图3-75 闭合床

图3-76 小屋

图3-77 乔恩小屋

图3-78 组件

（4）组件

在大框架中，由金属灯箱、灯，背景中由塑料单元组成的屏幕组成的组件，就像作品的标题一样，可以由用户以各种形态和方法进行组织和组装。巴黎克雷奥画廊收藏的这个作品只量产8件。该作品的客户端与其说是典型的家具卖场，不如说是经营进步现代艺术品的空间（图3-78）。

在设计界备受关注的模糊概念设计尝试跨领域、跨角色的设计改变，对未来、对家具设计的概念提出了更高的要求。人类不断追求需要的功能——冥想、休息、隐居、再充电，感受亲密、安心、舒适等，都将成为未来家具应具备的重要功能。

3.5.2 单身设计理念

随着社会的发展，人们的思想和生活方式正在发生变化。快速发展的工业化和城市化影响了家庭的构成类型和结构，传统价值观和婚姻观的改变导致了现代社会"单身"群体的增加。随着大量"单身汉"的出现，传统家具已经不能满足个性人群需求。结合未婚者的消费心理、家具需求、生活方式等特征，形成了多功能家具设计理念及单身家具设计理念。作为一个新的家具设计理念，目的是为单身人群选择更合适的家具，以符合"单身"群体的特点和要求。

1. "单身族"的消费心理

产品的设计比起"事物"本身，更应该突出产品中的"人性因素"。通过设计，使产品更加人性化，使"人"不再适应"事物"，而是"事物"根据"人与人"进行优化，这是未来产品设计应该前进的方向。消费者接触到新产品，有了购买的冲动，同时也获得设计"这个产品真好"的感动。消费心理对家具设计属性的影响如下：

1）"单身族"没有太大的限制，作为思维开放、想象力丰富、喜欢追求新事物、变化的群体，他们对家具的要求重点在于是否是新的、符合流行的。他们更加注重时尚个性特征，强调个人属性的表现。

2）在数码商品大行其道的当下，家具不再以单一的功能吸引消费者的视线，而是以尖端材料的应用及智能化为重心。设计更注重尖端技术的自动化、专业化和环保的概念。

3）单身青年正处于从不成熟少年到成熟中年的过渡时期，家具消费心理受情感、情绪左右或自我意识控制。

2. "单身族"家具特性分析

家具在考虑"单身族"的居住环境和生活方式时，除了一般家具所具有的固有功能外，还要求其具有其他特性。对此，设计时应考虑的事项包括：单人家具、居住空间的规模和形态、空间的高效利用、喜好和功能、价格、使用的便利性、移动及保管等。单身家庭要求的形态和功能特性重新定义为缩小、扩展、积层、变形、结合、移动、折叠、收纳、粘贴等9种。

1）要求功能得到保障的最小规格，是高效空间利用的最基本要素。小型家具不仅易于处理，购买时价格负担也相对较小（图3-79）。

2）扩展是指增加长度或面积等规格，通常采用长短或大小不一样的规格，但也有根据用户标准可调整的情况（图3-80）。

3）积层是指将多个相同单元或相同模块的单元水平或垂直地叠放在一起，根据用户的目的进行积层或以最小化保管空间为目的进行积层（图3-81）。

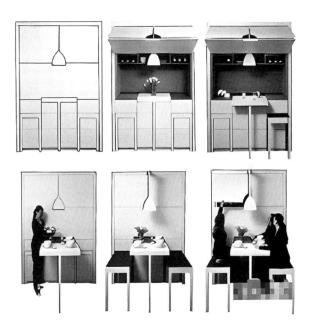

4）变形是指根据使用目的适当配置具有复数功能的家具（图3-82）。

5）结合是除品种固有的功能外，还包括其他功能，体现的是不同品种之间或其他功能之间的复合或融合的概念（图3-83）。

6）移动是根据需要有选择地移动家具的位置，是最近在全国家具领域广泛应用的功能（图3-84）。

7）折叠功能是以旋转轴为中心的角度调节功能，将其设计成一种功能形态的

图3-79 小型家具

图3-80 扩展家具   图3-81 积层家具

家具即折叠家具（图3-85）。

8）收纳不是指一般家具的收纳形态，而是利用隐藏空间或零碎空间作为收纳空间，提高空间利用率（图3-86）。

9）粘贴就是将整个或部分贴身的主体家具固定、安装在建筑墙体上的家具形态，以节省室内空间（图3-87）。

3. 单身家具功能的使用案例

根据单身家具的使用实况，将其分类为床兼沙发、书桌，书桌兼迷你餐桌、单人桌、单人椅等（表3-4）。

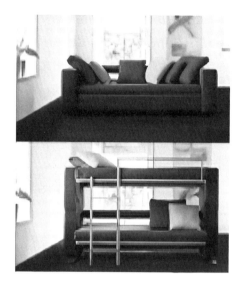

图3-82 变形家具

图3-83 结合家具

图3-84 移动家具

图3-85　折叠家具　　　　　图3-86　收纳家具　　　　　　　　　　图3-87　粘贴家具

单身家具功能分析案例　　　　　　　　表3-4

分类	图片	特征
床兼沙发		沙发、床等多用途使用床垫容易折叠展开，使用方便
床兼书桌		一层是书桌，二层是床，可以将一个空间用于多种用途的家具
书桌兼迷你餐桌		可兼作收纳和烹饪台的餐桌和书桌，实惠的产品，在狭小的空间里能更高效地使用
单人桌		有趣的设计，原色的设计，人气很高的产品，强调"趣味"

分类	图片	特征
单人椅		主体相互分离的设计，根据需要轻松完成
书架		小巧的书架
沙发扶手兼桌子		沙发上安装了可拆卸的扶手型迷你桌子，可以展现创意空间
书柜兼迷你餐桌		收纳和烹饪台，兼餐桌
收纳型椅子		带有轮子的收纳型椅子，便于移动

单身家具的功能决定了家具的特点：大部分是体积小的家具，时尚的形象，功能限制在1~2个，采用木材及木材合成材料。主要原因是，第一，为了节省空间，改善现有家具，减小体积，提高空间利用率，为此，可以尝试用折叠式结构或弹性结构设计家具；第二，设计多功能家具，节约空间，减少购买家具的支出，将其调整为更适合单身人士的家具；第三，有必要用产量高、环保的木材代替，

目前竹材最适合。因此，环保材料的多功能家具很好地体现了单身家具的未来设计方向。

3.5.3 通用设计理念

1. 通用设计的概念

通用设计是在20世纪60年代后期诞生的。当时，越南战争后美国出现了大量伤员，为了让他们重返社会，需要通用型设计的帮助；与此同时，北欧正在步入高龄化社会，需要通用设计满足高龄者的使用需求。因此，通用设计出现了萌芽。进入20世纪80年代，美国建筑师、工业设计师罗恩·梅斯（Ron Mace）提出了进化巴里亚·弗里概念，让无论男女老少都能共同使用环境中的设计，这时"通用设计"一词首次出现。通用设计是从20世纪以来发生的人口学变化和人本主义的角度提出的，是在经济和社会基础上发展起来的。

因此，通用设计的概念是指在有商业利润的前提下和现有生产技术条件下，产品（广义的，包括器具、环境、系统和过程等）的设计尽可能使不同能力的使用者（例如残障人士、老年人等）在不同的外界条件下能够安全、舒适地使用的一种设计过程。如根据不同身高可调节高度的椅子设计（图3-88），座椅可调节斜度的多功能椅子（图3-89）。

通用设计的核心思想是在最大范围内，不分性别、年龄与能力，适合所有人使用方便的环境或产品设计，通过创造对所有人而言都易接近、可使用的产品，实现对产品使用对象的关怀，这种设计的"人本思想"顺应了社会前进发展的潮流。而通用设计的"少增加"或"不增加"成本的宗旨，也符合现代社会商品性设计思想的经济性原则，使其在市场经济竞争环境中表现出更强的生命力。

通用设计是指尽可能满足用户需求的环境设计或产品设计，其目标是在没有身体残障和经费负担的情况下，创造所有人都可以使用的环境或产品。从设计出发的通用设计现在已经超越了为残障人士、老人设计的概念，发展到了接受多种能力和人类整个生命周期的设计的概念。类似的，通用设计不是设计形态的技术，而是通过深入了解用户需求，找到他们真正想要的是什么的设计过程。通用设计的特征几乎适用于所有产品和环境，这些特征以人类为对象，充分考虑人的多样性，以使其表现在

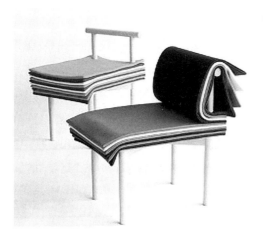

图3-88 通过织物可调节高度的座椅

图3-89 多功能椅子

个性家具设计中，让更多的人方便使用。概括来说，通用设计就是"能够满足各种年龄和身体条件的设计"。通用设计是21世纪实现人类尊严和平等的创造性范式。

2. 通用设计基本原则

1）通用设计的七项原则

通用设计目前最具代表性的设计原则有七个，是20世纪90年代中期以罗恩·梅斯为首的建筑师、产品设计师、工程师、环境设计师等研究人员组成的工作小组共同制定的，其目的是为环境、产品和通信在内的诸多设计领域提供指导性原则，进行有效的通用设计实践。此原则可以用来评价现有的设计，也可以用来指导设计过程，而且还有助于设计师了解使用性良好的产品和环境的特征。

（1）公平使用原则

通用设计的公平使用原则是指不区分特定使用族群与对象，提供一致而平等的使用方式，对任何使用者都不会造成伤害或使其受窘。在现实生活中，通过设计可以满足所有人需求的产品是不存在的，只能力图使产品尽可能地满足绝大多人的需求。如避免使用者产生挫折感，为使用者提供隐私、保护及安全感等。

（2）灵活使用原则

灵活使用原则又称弹性使用原则，即设计要满足不同人群的不同特点、爱好和能力，使产品具有多种使用的可能性，让每个消费者能够找到适合自己的产品体验通道。如通过设计提供多元化的使用选择，帮助使用者正确操作等。

（3）简单易懂原则

简单易懂原则要求设计出来的产品不论使用者的经验、知识、语言能力等，不同认知能力的使用者都能够快速地了解并使用，并且使用方法简单易懂，适合任何消费人群。如在设计中去除不必要的复杂性，根据信息的重要性来安排设计等。

（4）信息最大化原则

信息最大化原则要求产品具有很强的信息传达能力，不论任何环境条件，不论使用者的感官灵敏度如何，设计都应该能向使用者有效地传达必要的信息。如通过视觉、听觉、触觉等多元化的设计手法传达必要的信息，借用简单易懂的图形传达重要信息等。

（5）容错能力原则

容错能力原则是指使用者在产品使用过程中由于误操作或不符合规定的动作而产生的危害，通过设计能够将因出错而导致的损失和伤害程度降至最低。如操作过程中的警示说明或图案，通过设计使产品即使是错误操作也具有一定的安全性等。

（6）操作的轻便性原则

操作的轻便性原则主要是指通过设计令使用者在产品操作过程中消耗较低的体力和脑力，达到操作的轻便性、舒适性和高效性的目的。如使用者可以使用自然的姿势进行操作，减少重复动作，减少长时间使用对人体造成的负担等。

（7）尺寸和空间适当原则

尺寸和空间适当原则要求产品设计适应任何身高、姿态和肢体障碍者使用，并保证产品的使用效果。如不论使用者采用何种姿态，都能舒服地进行操作；提供足够的空间给辅具使用者及协助者等。

通用设计的这些原则为设计的实践提供了框架，也可以说是通用设计的发展方向，在实际设计中，不仅需要考虑适用性，还需要把其他因素，诸如经济、文化、环境、工程等因素融合到设计过程中。因此，以上原则是针对普遍适用性而制定的，在实际设计中应该灵活运用，不断完善。

2）通用设计的三项附则

由于日本早已进入高龄化社会，所以通用设计理念在日本国内得到迅速发展和广泛应用。在日本政府大力推动之下，通用设计理念俨然已成为所有产品设计的基本条件。同时，由于符合此理念的产品已渐渐受到各年龄层消费者的喜爱，因此通用设计理念也为企业带来了相当好的商业效益。结合自身特点，通过理论研究和实践探索，日本在通用设计的七条原则的基础上另加了三项附则：①可长久使用，具有经济性；②品质优良且美观；③对人体及环境无害。这三项附则为通用设计理念提供了有益的补充和完善，更加符合当今的时代特点，丰富了通用设计理念的内涵。

3. 通用性设计案例作品

通用设计不仅适用于公共设施和产品，还适用于艺术、设计等各个领域。如图3-90所示是一款多功能管状椅。它由4根覆盖着松紧布料的空心管构成，这些管子的直径各不相同，并能轻易拆分、重组成多种座具——高椅子、矮椅子、长椅子、沙发、躺椅等。这些座具不但造型简洁、纯粹，乐趣盎然，且合理和舒适，满足人的不同需求，体现了通用设计的设计理念。椅子的座位和靠背因采用同一种空心管而变得一模一样，因而传统类型的椅子被完全解构。此外，使用者可以根据自身的需要和情绪的变化来改变椅子的形状。拆分后的空心管可以一层一层地嵌套在一起，再装进麻布口袋中，这样它们就能很轻易地被携带到任何地方。空心管既是椅子的主体结构，又是出彩的装饰元素。总之，整个设计简约、灵活、舒适、实用，又充满创意，可谓是现代家具设计的经典之作。

根据用户情况，还可以将扶手用作靠背，或将靠背用作扶手，柔软的材质和手感，对儿童和老人较为友好，可促进交流又确保有个人领域（图3-91）；混合了长椅、轮椅、自行车支架等设计的支架椅，可以让不同的人共享和休息（图3-92）；考虑了弱势群体的饮水台，让任何人都可以轻松喝水（图3-93）。

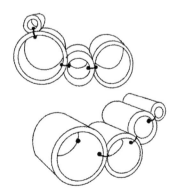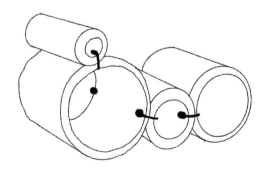

图3-90　多功能管状椅

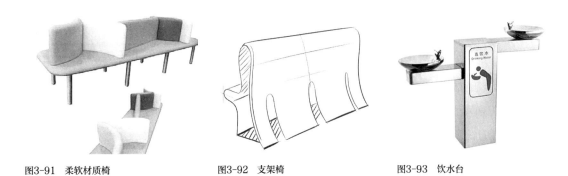

图3-91　柔软材质椅　　　　　　　图3-92　支架椅　　　　　　　图3-93　饮水台

3.5.4　未来设计理念

家具设计史上，家具设计理念经历了被称为功能主义的20世纪初期（1919—1933年），20世纪后半期与初期呈现出完全不同的局面，家具设计倡导人性恢复、反理念、反功能主义和以消费者为导向的理念。21世纪的现代社会所产生的变革幅度是过去无与伦比的，变化的元素举不胜举，最具代表性的是数字和信息技术——以技术为标志的巨大信息世界的到来。设计反映社会发展，如果社会发展变化，设计也会改变，家具设计更不例外，也会映射社会的倾向和文化的特殊性。家具是承载生活方式的原型，能快速投影社会和生活。社会经济的迅速发展，新理念、新材料、新技术等不断涌现，这些都将直接影响着家具设计的发展方向和发展范围。作为与人们日常生活息息相关的器具，家具在未来会以哪些形式出现？哪种设计会备受青睐？

21世纪是一个存在多元化价值观的社会，价值观随着信息分类、混合和分化，产生了新的观点。也就是说，现代社会既没有极度功能主义的设计，也没有抽象和感性共存的用户。艺术和设计的界限变得模糊了。现代的家具设计与过去明显不同，展现着无法定义的复合形式。这种多样性不仅体现在设计，还有生产方式和销售。生产方式大趋势变得更加多样，主要有批量生产方式、多品种小批量精品制作方式等。数字信息使供给和需求之间的交流变得频繁，在流通销售阶段的传统家具往往也会展现出划时代的特征。家具设计本身也发生了变化，如家电和家具的结合，系统家具、DIY家具等的流行。互联网产业的出现给生活环境带来了新的变化和冲击，最具代表性的例子就是穿戴型产品，手表或项链形状的仪器可以测量运动量，可以连接智能手机，可以打电话、发短信、进行网上冲浪等。与人类生活最密切的家具设计也有很多部分要改变，满足多样化的需求和感性变化，同时保持个性。此外，我们还需要一些全新的设计，在多元文化复合时代，积极配合这种社会要求，努力做出各种改变和尝试。这些却是家具设计开启未来道路的方向。未来家具设计具有以下趋势。

1. 家具设计的创新性

当下，经济迅猛发展，新材料、新技术的涌现为家具的设计发展提供了广阔的空间，也对家具设计提出了更高的要求。继承和创新的设计方兴未艾，创新设计成为未来家具设计的重点方向。包括家具造型的创新、家具功能的创新、家具材料的创新和家具技术的创新。

2. 家具设计的人性化

家具设计中的人性化主要体现在满足人们心理和生理上的双重需要，除了让使用者感受到家具由内而外的温暖感和亲切感，还在其中注入更多的人文、艺术、审美、心理等因素。

3. 家具设计的个性化和定制化

互联网经济时代，家具消费已经打破了地域甚至国界的限制。在满足基本生活的需求基础上，人们不再满足于千篇一律的设计风格和功能界定，家具产品正在从实用性向艺术性、个性化转变。个性化、趣味性、别具一格的家具会吸引更多的消费者，因而个性化、定制化家具设计将会成为未来家具设计的一种主流。

4. 其他方向

约翰·波森（John Pawson）的设计将"适合特定地点"视为重要因素，认为家具是在规划空间阶段规划的。每个独立的家具的形态、布局和功能都可用来定义所有空间，并强调了它们自己的属性。由于空间家具具有空间构成元素的功能，所以家具可以称为空间家具。3D打印家具的生产已经开始从实验性的单一家具生产，过渡到小批量生产，这也将深刻影响未来家具制造业制造模式的变化。

设计的未来在很大程度上取决于对自然生态系统和人类生态系统之间的动态的基本理解，并且只有通过这种理解才能确保设计的未来。因此，设计具有生态意识是必不可少的。例如，减少碳排放是各个行业未来的发展方向，占据重要市场份额的实木家具产品具有很高的减碳潜力。极简主义的趋势和数字技术的快速发展产生了智能家具设计来治愈生态系统。另外一种理念是面向社会少数群体的家具设计、可持续设计和传递社会信息的社会设计。社会家具通过设计可达到的预期效果有：经济效益、社会亲和性效果、环保效果。家具设计师也有"社会任务"，要面对独特的设计观与树立的"社会任务"，需要设计带头解决社会问题。此外，要认识社会性家具设计具有经济、环保与创造的附加价值。设计作为直接解决社会问题的方法，以人为中心的家具设计，也要为社会发展提供帮助。

家具是基于人类的生活需求而产生的，并随人类的社会生产与物质生活的发展而发展。现代家具设计不仅需要满足使用功能等物质层面的需求，还必须满足使用者在知识、情感、文化等精神层面的需要。如何以家具设计理念为导向，实现适用与美观、物质与精神的统一，成为现代家具设计的重要课题。

参考
文献

[1]   SONG Y S. A Study on the Cabinet Design for Smart Work Space[J]. Journal of the Korea furniture Society，2017，28（4）:305-313.

[2]   WU S L. A Study on the Multi-function Furniture Design Concept for the 'Singles'[J]. The Journal of the Korea Contents Association，2014，14（2）:103-112.

[3]   SONG Y S. A Study on the Ultra-Light Furniture Design Using EPP Materials EPP[J]. Journal of the Korea furniture Society，2020，31（4）:343-353.

[4]   KANG H-G. A Study on Surrealism Expression in Furniture Design[J]. Journal of the Korea furniture Society，2011，22（1）:34-41.

[5]   WANG S Q. Application of Product Life Cycle Management Method in Furniture Modular Design[J]. Mathematical Problem Engineering，2022.

[6]   KIM K S. A Study of Furniture Design Changes Factors Appearing in the Industrialization Process - Focused on the Korea Furniture Industry，1960~2010 Year[J]. Journal of the Korea furniture Society，2016，27（4）:399-411.

[7]   KIM S. Furniture Design based on the Concept of Temporality[J]. Journal of Korea Design Forum，2016，53:317-326.

[8]   KIM S. A Study on the Expression of Temporality Appearing in the Contemporary Furniture Design -focused on process art[J]. Journal of Basic Design & Art，2017，18（2）:87-98.

[9]   KIM J S. A Study on Ubiquitous Environment and Furniture Design - Focus on Elements of Interior Design Trends[J]. Journal of the Korea furniture Society，2011，22（3）:160-173.

[10]   YANG G. A Study on the Contemporary Furniture Design Based on Affordance Concept[J]. Journal of the Korea furniture Society，2020，31（3）:196-204.

[11]   XIONG X Q，MA Q R，YUAN Y Y，et al. Current situation and key manufacturing considerations of green furniture in China: A review[J]. Journal of Cleaner Production，2020，267:1-14.

[12]   KIM J. A Study on the Cases and Characteristics of the Furniture Design of Spatial Concept[J]. Journal of the Korea furniture Society，2008，19（1）:44-54.

[13]   YANG G. A Study on the Contemporary Furniture Design Based on Affordance Concept[J]. Journal of the Korea furniture Society，2020，31（3）:196-204.

[14]   BAIK E. A Study on the Organic Concept of Frank Lloyd Wright's Architecture and Furniture Design[J]. Journal of the Korea furniture Society，2009，20（2）:154-165.

[15]   SONG Y S. A Study on the Cabinet Design for Smart Work Space[J]. Journal of the Korea furniture Society，2017，28（4）:305-313.

[16]   LI S，KIM J. A Study on the Design of Restaurants with Intelligent Foundation - Focusing on Space Design and Furniture Design[J]. Journal of the Korea furniture Society，2020，31（4）:405-413.

[17]   PRESCOTT T J，CONRAN S，MITCHINSON B，et al. Intellitable: Inclusively-Designed Furniture with Robotic Capabilities[J]. Study Health Technology Inform，2017，242:565-572.

[18]   KREJCAR O，MARESOVA P，SELAMAT A，et al. Smart Furniture as a Component of a Smart City-Definition Based on Key Technologies Specification[J]. IEEE Access，2019，7:94822-94839.

[19]   LI S，KIM J. A Study on the Design of Restaurants with Intelligent Foundation - Focusing on Space Design and Furniture Design[J]. Journal of the Korea furniture Society，2020，31（4）:405-413.

[20]   FRISCHER R，KREJCAR O，MARESOVA P，et al. Commercial ICT Smart Solutions for the Elderly: State of the Art and Future Challenges in the Smart Furniture Sector[J]. Electronics，2020，9（1）:1-32.

[21] LAUENSTEIN S, SCHANK C. Design of a Sustainable Last Mile in Urban Logistics-A Systematic Literature Review[J]. Sustainability, 2022, 14（9）:1-14.

[22] KIM Y-H. A Study on A-formal in Furniture Design Form Creation[J]. Journal of the Korea furniture Society, 2015, 26（4）:301-313.

[23] 马巍伦. "慢设计"理念下的家居产品设计[J]. 设计, 2015,（3）: 104-105.

[24] 邵金山. 慢生活理念在家居产品设计中的应用与研究[D]. 天津: 河北工业大学, 2015.

[25] 孙昕. 基于慢设计理念的家居产品设计研究[D]. 无锡: 江南大学, 2011.

[26] 孙昕, 潘祖平. 论"慢设计"理念下的家居产品设计[J]. 艺术与设计: 理论版, 2010, 2（9）: 186-188.

[27] 丁智荣, 朱剑刚. "慢设计"理念在可拆装原竹家具设计中的应用[J]. 家具, 2019, 40（5）: 36-40.

[28] 王永广. 家具产品设计的"实用性、美观性、经济性"[J]. 家具, 2009,（6）: 64-66.

[29] 吴宏伟. 日本竹木家具设计的实用性特点分析[J]. 林产工业, 2020, 57（2）: 101-103.

[30] 李凯夫, 彭文利. 家具设计[M]. 武汉: 武汉理工大学出版社, 2012.

[31] 胡景初, 戴向东. 家具设计概论[M]. 北京: 中国林业出版社, 1999.

[32] 胡爱萍, 闫永详. 家具设计[M]. 北京: 中国轻工业出版社, 2017.

[33] 李江. 设计概论[M]. 北京: 中国轻工业出版社, 2015.

[34] 连善芝. 现代家具可持续设计的方法与路径研究[D]. 南京: 南京林业大学, 2019.

[35] 陈媛媛. 环境艺术设计原理与技法[M]. 长春: 吉林美术出版社, 2020.

[36] 白仁飞. 产品设计创意与方法[M]. 北京: 国防工业出版社, 2016.

[37] 夏安文, 程学四, 陆阳. 室内人体工程[M]. 镇江: 江苏大学出版社. 2019.

[38] HWANG S-W. Study on Changes and Characteristics in the convergence era furniture design[J]. Journal of Digital Convergence, 2016, 14（9）: 437-446.

第四章

家具分类
设计

家具在人们的居家生活中无处不在，是辅助人们完成居家活动和各项事务的主要生活用具，在人类生活中占有重要地位。家具从字面意思可理解为家庭器具，家庭生活中所使用的床榻、柜体、桌案等都属于家具。家具由材料、结构、外观形式和功能四种要素组成，四要素之间既相互制约又相辅相成。其中，功能要素是推动家具发展的核心动力，结构要素是实现功能的基础条件。随着社会的进步，人们物质文化水平的提升，家具除了满足人们的使用和物质需求外，其美观度、便捷度以及其他方面的需求被提上日程。家具既是艺术创作，也是物质产品，是集家具结构、外观、工艺、包装设计于一体的综合设计产物。

现阶段，我国家具企业亟待提升家具产品质量，从而摆脱低价竞争的不良状况，因此，创新设计理念、可持续发展、智能化普及等将成为家具发展的主要方向。

4.1 家具设计与消费群体

4.1.1 儿童家具设计

儿童家具作为儿童日常生活中不可或缺的产品，在满足儿童使用需求、促进儿童全面发展方面发挥着重要作用。从儿童到少年阶段，虽然只有短短的十几年时间，但这一阶段无论是身体的生长发育、行为方式，还是心理方面，都是一个快速发展变化的动态过程。在这一过程中，家具对儿童的身心健康成长、良好行为方式的养成起着重要的作用。除满足基本的生活功能之外，还需满足从早期的运动功能、娱乐功能、启蒙教育功能到独立学习生活功能的逐级转化。因此，儿童家具必须能够适应孩子的成长。如图4-1所示组合式婴儿床，通过非常方便的拆卸组装，可以是婴儿床，也可以是沙发、玩具台或书桌。在孩童出生时作为婴儿床，长大会走路时可以作为儿童床，长高后可以变成儿童沙发，能够独立玩耍时可以变成玩具平台。儿童上学后可以变成学习书桌，书桌的台面还可以调节高度，以适应不同身高使用。

图4-1　组合式婴儿床

通过在家具使用过程中的搬运、组合、摆放等行为，为儿童的思维发散以及行为习惯提供反复训练的机会，以此辅助并促进儿童智力、体力、协调等能力的全面发展（图4-2）。儿童的生活习惯、动作训练在家具重复使用过程中逐步积累，使用家具过程中的各种交互行为成为儿童动作训练、生活习惯培养的最便捷的方式。为促进儿童全面发展，应发挥儿童家具融于儿童生活场景的主导优势，并以此有效开拓儿童家具市场。

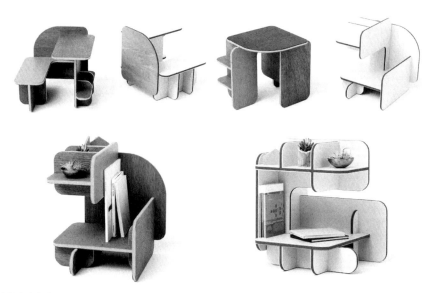

图4-2 儿童组合式家具

注："色子"由六个面组成，将桌子、椅子、书架、板凳等多种功能融为一体，整个家具仿佛一个迷你屋，它可以像色子那样以不同的面着地，共有三种摆放位置可选，每种位置都可以提供不同的功能，并且可以成为高度不同的家具，家长可以随着孩子身高的变化而改变家具的摆放位置。

1. 家具主要类型

根据我国儿童心理学家的研究成果和长期的教育实践经验，儿童群体可分成5个主要阶段，即婴儿期、孩童期、学龄前儿童期、童年期和少年期。各个年龄阶段对家具的要求如表4-1所示。

不同年龄阶段儿童家具的特点及功能要求 表4-1

年龄阶段	家具特点及功能要求
婴儿期	家具特点：舒适、安全、健康 功能要求：拥有舒适的睡眠和活动空间
孩童期（3~5岁）	家具特点：色彩欢快、具有趣味性 功能要求：强调收纳功能
学龄前儿童期（6~7岁）	家具特点：功能完备、合理利用空间 功能要求：兼顾娱乐和学习两种功能、为上学做好准备
童年期（8~9岁）	家具特点：具有读书功能、强调安全性 功能要求：各个功能兼具、培养各种爱好
少年期（10~12岁）	家具特点：增加舒适性、强调学习功能 功能要求：合理规划收纳空间、有助于儿童生活自理

2. 设计现状

我国儿童家具的设计制造起步相对较晚，市场研究开发仍处于初始阶段，面对日益增长的市场需求具有较大的发展潜力。伴随着人们生活水平的提高，居住条件得到很大改善，越来越多的家庭有了儿童独立的空间，很多家长的家具产品使用和消费观念也在逐步发生改变。他们在儿童室内空间布置上投入了巨大的热情和财力，开始为儿童配置适合年龄特点、充满童趣或适于共同成长的专用家具，因此使得儿童家具市场逐步扩大。从最近几年家具市场的发展情况来看，儿童家具是家具产业中发展速度最快的种类之一。

然而，目前市面上出现的儿童家具设计主要着眼于满足儿童基础的生理需求，对其日益增长的心理发展需求、行为习惯的关注较少，同时儿童家具的质量也存在一定的问题，这种需求升级以及质量提升对儿童家具设计提出了更高的要求和挑战。

3. 设计原则

伴随儿童身心发展与行为方式的变化，家具的设计必须考虑其成长性。家具的成长性具有两方面的含义。一是不同成长阶段的孩子对家具有不同的需求，因而家具也呈现不同的类型与品种，如表4-2所示。随着时代的发展，儿童的需求也发生着变化，要充分考虑不同成长阶段的特点与需求，进行有针对性的设计，创造出新颖别致的儿童家具。二是从家具的使用率、节约空间及经济等角度出发，家具本身应具有可变性，可随着儿童的成长而成长。可变家具包括尺度可调节与功能的可替换两种。儿童成长速度飞快，身高变化很大，一般家庭不会一两年甚至几个月就为孩子更换家具，造成不必要的浪费。所以在设计时，根据儿童身高的变化，合理运用调节机构，以适应不同体态儿童的需求以及个体成长的需要。

成长阶段儿童家具的分类　　　　　　　　　　　　　　表4-2

成长阶段	主要家具
婴幼儿	婴儿床、婴幼儿座椅、整理柜、衣柜、玩具柜、学步车、汽车座椅等
学龄前儿童	儿童床、儿童座椅、玩具桌椅、整理柜、衣柜、玩具柜、小书架、小画架、汽车座椅等
青少年	单人床、书桌椅、电脑桌、课桌椅、衣柜、书橱、书架、储物柜等

儿童正处于生长发育的阶段，骨骼中含胶质较多而钙质较少，比较容易发生脱臼、骨折等身体损害。同时，在这一阶段他们的神经系统有待完善，极易过度兴奋导致精神和肢体的疲劳，这很难让他们做到注意力集中。因此在设计过程中应依据儿童成长过程中的需求要素分类（图4-3）并进行相应设计。

1）基于儿童生理特征的家具设计原则

（1）安全性原则

①结构安全

家具要结构合理，零部件稳固、稳定、不破裂，经

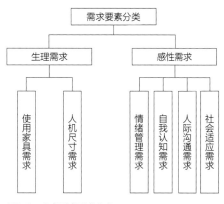

图4-3　儿童需求要素分类

过严格的力学强度测试。线条应圆滑流畅、边角应光滑，要有顺畅的开关和细腻的表面处理，大箱子、玩具柜要有通风孔设计，并杜绝关锁装置。

②造型安全

造型中避免尖角设计，可碰触的边角要做倒圆角处理，为避免儿童使用过程中发生磕碰等意外伤害，也可在出厂时根据需求配备防护角。卡通造型要有足够的抗冲击力，保证儿童推拽时不会脱落。防护栏宽度要适中，不能过宽失去防护功能，也不能过窄卡住四肢。

③材料安全

要选择合格的家具材料，满足绿色环保、软硬适中、结实耐用，符合儿童身体发育需求和特点。此外，还应选择透气性和导热性良好，且容易保养的材料。松木相比其他木材质地偏软，便于倒圆角，虽在木质上不如黑胡桃、乌金木等硬木，但能有效减少安全隐患，因此成为制作儿童家具的首选。儿童家具所选材料还应易于清洁。在家具使用的过程中，由于儿童好动的天然特性使得空间内的一切陈设皆有被污损的可能，表面易于清洁的家具材料更便于打理。

④配色安全

喜欢鲜艳的色彩是儿童的天性，但由于儿童的神经系统还未发育完善，大面积过于鲜艳的色彩不利于其情绪的集中和稳定，因此在色彩搭配上要注重其生理特点，注重色彩协调，避免造成过度刺激和视觉疲劳。

⑤用电安全

通过触觉认知事物是儿童的天性，因此家具的电路设计中要考虑隐蔽设计，比如将插座设置在不易碰触的地方，肢体接触范围内的用电器具等设置相应的儿童安全锁，以防发生触电意外。

（2）人体工程学原则

人体工程学是家具设计的基础，对处于成长发育期的儿童尤为重要。儿童处于身体不断发育的过程中，符合其生长发育特点的设计才能提升家具在使用过程中的舒适度和耐久性，才有利于儿童的健康成长。不符合人体工学设计原则的书桌、座椅容易使儿童产生疲劳感，阻碍学习、绘画、阅读等活动的活跃性，从而降低儿童求知、求学的兴趣。长期使用不符合人体工学设计原则的桌椅，会养成不正确的坐姿，甚至引发脊柱变形、近视等疾病。同时，还应考虑家具随意搭配和移动的功能，且最好能够按照身高的变化进行调整。

（3）适用性原则

随着成长过程中身体结构的变化，儿童对家具的使用需求也会发生相应的变化。要充分考虑不同成长阶段儿童的身体特点和精神需求并进行有针对性的设计，在满足新颖别致的基础上顺应不断变化的需求。

（4）成长性原则

儿童家具的设计制造应充分考虑儿童的成长性，不仅要考虑坚固耐磨的实用性、新颖别致的美观性，还应能够在一定范围内可以调节尺寸，根据其身高体形的变化进行尺寸和功能的调节，使儿童在使用过程中始终处于最佳的生理状态，伴随儿童的成长，延长家具的使用期限。

2）基于儿童心理特征的家具设计原则

（1）艺术性原则

家具的造型是家具的外在表现，是其艺术性的直接体现。儿童家具设计中常见的造型有三种类别：卡通造型、仿生造型及几何造型。卡通造型是儿童家具中常用的手法，常常直接运用卡通形象，也可以运用简化的卡通符号、对比变化、数字化等方法提升卡通元素的应用效果；仿生造型也是儿童家具常用的造型手法之一，可以提取生活中常见的自然形态、动植物形态等作为造型主要元素；几何造型的儿童家具因其外形采用简洁大方的几何图案受到家长、儿童以及设计师的广泛喜爱，当然，在设计中要避免尖角类几何形状，以防对儿童造成伤害。儿童的家具造型要做到活泼、简洁、大方、明快、象征性强、富有艺术性，切忌出现累赘、烦琐的设计。

（2）益智、趣味性原则

儿童在游戏中学习成长，儿童家具既要富于趣味性，满足其好奇心与玩乐的需要，又要寓教于乐。益智性设计分两个方面：一是知识的直接学习，反映在家具上，如大小关系、色彩、形状的分辨、符号的认识等；二是通过使用功能与造型设计合理的家具，养成良好的行为习惯。优秀的儿童家具能满足儿童的好奇心，能够让孩子在家具的引导下发挥想象力，活跃思维。所以，要根据年龄特点赋予儿童家具一定的益智性、趣味性，在此基础上既可以满足儿童的好奇心，同时在使用家具的过程中也能让儿童获得相关知识与能力，使家具不仅具有一定的实用性，还可以在家具使用中培养儿童独立思维与实践的能力。儿童思维简单直接，喜欢具象形态，在家具造型中可以适当运用提炼过的具有象征意味的形态，增加趣味性，以引发其联想，刺激其大脑发育，遵从感觉统合的脑机制工作原理（图4-4）。采用生动活泼、线条简练、兼有游戏特征的造型是多数儿童家具的选择。合理地添加一些组合、变化，不仅能增加趣味性，还能满足家长对益智的要求，孩子也可在自己动手的过程中培养独立思考、实践的能力及求知欲、协作精神和自信心。简洁符合儿童的纯真性格，新颖可激发孩子的想象力，在潜移默化中激发他们的创造性思维能力。另外，在做特色造型设计时，一定要注意不能与安全性原则相悖。

（3）色彩设计原则

在色彩设计方面，儿童大多喜爱高纯度、高明度的颜色。对于大多数正处在视觉发育期的学龄前

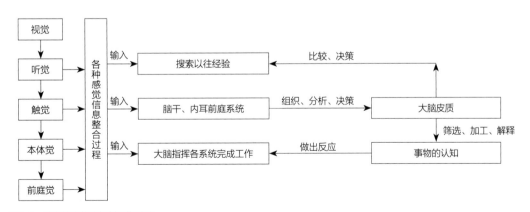

图4-4 感觉统合的脑机制工作原理

儿童而言，接触一些对比强烈的色彩对于视觉的良好发育是有帮助的。单纯而鲜明的颜色，还可培养儿童乐观、进取、奋发的心理素质和坦诚、纯洁、活泼的性格。多种颜色的组合具有令儿童安静且表现乖巧的效果。根据实验心理学的研究，随着年龄的变化，儿童不但生理结构会发生变化，色彩所产生的心理影响也会发生变化。婴儿喜爱红色和黄色；4～9岁儿童喜爱红色，女孩尤其喜爱粉色，7～13岁的小学生中男生的色彩爱好依次是绿、红、青、黄、白、黑，女生的色彩爱好依次是绿、红、白、青、黄、黑。随着年龄的增长，儿童的色彩喜好逐渐向复色过渡，向黑色靠近。一般来说年龄越趋近成熟，所喜爱的色彩越倾向成熟。虽然儿童家具的设计在颜色选择上具有相当大的弹性，但是仍需注意整体色彩的协调性处理，避免明亮、活跃颜色与室内空间沉重色彩发生冲突，产生不协调感。

（4）充分考虑造成不安全的各种复杂因素

实际生活中，由于技术或材料加工等方面的问题，或是家具使用不当，均可能造成人身伤害。而儿童的自我保护能力较弱，更易受到外界环境的伤害而导致严重后果，甚至有时为了玩耍，对家具进行敲打、摇晃、推移等破坏性活动。因此，安全性作为首要考虑的问题，应特别强调综合情况下各种复杂因素带来的安全隐患。首先是外形架构，儿童的机体平衡能力差，要注意家具高度应该适中，功能要合理，家具不应有儿童容易碰触的突出结构，或易夹手、脚的细小缝隙，也不应有容易脱落或造成误吞的小配件。且应表面光滑、线条圆润，另外整件家具还需牢固稳定，避免儿童在玩耍或使用中将它们拉倒，同时出现儿童身体伤害和家具损坏的情况。

4. 发展趋势

相比于成人家具，处于生长发育期的儿童更需要高度专业化的家具设计与制造，应兼顾结构力学、人体工程学、材料学、心理学及人的感觉特性等交叉学科的运用。目前比较新的设计概念，是为儿童创造一个综合性、多功能的空间，而不仅是单件家具（图4-5）。国外许多儿童家具已向立体化、空间化发展。

随着儿童家具品牌的建立、各种推介活动的增加，消费者对儿童家具的认知由被动变为主动，需求更趋多元化和理

图4-5　综合性、多功能空间设计

性化，对安全环保、生活学习功能、色彩、益智趣味、产品质量等提出了更高要求，对价格、品牌及售后服务有更全面的综合考虑。儿童家具作为生活必需品，应顺应时代需求，从儿童全面发展视角进行改良创新，从健康、语言、社会、科学、艺术五个领域协助儿童全面协调发展。应从儿童各类需求着手，综合运用各交叉学科的方法对其特殊需求进行归纳、整合，既能从功能创新上满足儿童实际需求，又能从日常使用过程中培养儿童的思维习惯与动手能力，使其基本使用功能和各种满足日常生活的延伸功能得以充分发挥。还应从儿童全面发展角度出发，基于儿童家具设计流程，为儿童家具创新设计提供思路与方法。即强调在生理需求达到满足后对儿童其他需求予以考虑，以期促进儿童全面发展。

4.1.2 适老家具设计

适老家具是基于现代社会老龄人群的生活现状、生存环境及身心特点等的家具设计品类，是体现适老性设计的家具，从老年人的身体机能及行动特点出发，包括实现无障碍设计、引入急救系统等，以满足老年人群的家具使用需求。目前，我国老龄人群仍以居家养老模式为主。家具既是日常生活中保障老年人安全、健康、人生情感记忆和生活体验的必需品，也是老年人生活空间、环境营建的不可缺少的部分。随着年龄的增长，老年人的生理和心理随之发生变化（表4-3、表4-4），对生活空间中家具功能、造型设计等方面的要求也会发生变化，因此适老家具设计的目的是把老年人放在设计的主体位置上，以老人为本，结合现代科技发展和设计手段，设计出适合老年人使用的家具。利用合理的家具设计产品，在保障老年人生活、安全和康复需要的同时，激发老年人的生活乐趣，最大程度地提高老年人的生活质量。

1. 家具主要类型

适老家具主要依从养老类型分类。目前我国的养老类型主要有居家养老和机构养老两种，因此老年人家具设计就包括民用家具设计和养老机构家具设计。在材质上，老年家具设计可使用板木、藤艺、金属、石材、玉石、玻璃等。在风格上，老年家具设计可选择北欧简约风格、新古典风格、日韩风格和现代简约风格。

2. 设计现状

我国家具市场虽然品类众多，发展态势良好，但合适老年人身体变化的专业适老家具却少之又

老龄人群生理机能退化示意 表4-3

生理特征	具体表现
感觉机能退化	1. 视觉障碍；2. 皮肤萎缩；3. 环境温度和湿度的感知度降低
神经系统弱化	1. 记忆力减退，认知能力下降；2. 智力减退
运动系统退化	1. 动作缓慢、反应迟钝、适应能力和抵抗力减退； 2. 肢体灵活度降低，拿重物能力减弱； 3. 腿脚力量弱，身体起落困难； 4. 易骨折，磕碰易受伤
人体器官老化	1. 易引发疾病；2. 易失眠；3. 新陈代谢机能降低
体形尺寸变化	1. 身高逐渐变矮；2. 身体宽度增加；3. 体重易增加

老龄人群心理特征示意 表4-4

心理特征	具体表现
孤独心理	孤独、寂寞，交际圈变小
怀旧心理	多愁善感，对过往充满留恋
忧虑心理	自卑感强、心情低落，与社会潮流产生隔阂
急躁心理	情绪不稳定，对不满的事物易动怒、发脾气
抑郁心理	易产生负面情绪，精神压抑，遇到困难易消极
多疑心理	易产生不安全感、不信任感，过度关注身体健康

少。根本原因有如下几点：一是我国老年家具产业的发展不够专业与全面；二是传统观念中老年人使用适老家具的观念还没有形成；三是原有的一些可供老年人使用的家具，在式样、种类及设计上较为简单，即使当下专为老年人使用的家具制作工艺、科技含量上已有很大进步，但在人性化、情感化、体系化等相关方面的设计理念仍然需要完善和探究。

3. 设计原则

适老家具的设计不仅要从风格、材料、色彩等方面衡量，更要结合老年人的心理需求、行为需求和精神需求（图4-6），了解老年人的生活规律，从适老功能和安全的角度考虑，才能创造出符合老年人生活实际与审美需求的适老家具。同时，随着科学技术的进步，适老家具还应体现功能性、人性化、通用化、益智性、智能型、模块化等特点，多方面体现出对老年人的关爱，迎合老年人的兴趣爱好，使家具成为展示社会关怀老年人的一种态度，适应老年人的生活方式和要求。在此过程中，不仅将设计融入老年人的生活中，而且将设计转化为具有人性和情感的造物活动，还将发挥老年人的潜能，互动康复、舒适、安全，有效提升老年人晚年的生活品质。

1）安全性设计原则

安全性是适老家具设计的基本保障，家具应在保证老年人安全的前提下提供正常功能。

在适老家具设计中，应首先考虑家具结构的稳固性，保证符合家具力学强度和耐久性要求，在承受多次摇晃下仍然能够保持牢固。避免家具表面存在坚硬、粗糙和尖利的棱角，所有边框线条应圆滑流畅、边角应光滑（图4-7）。其次要注意家具选材，在保证坚固、实用的前提下，应尽量选用无毒、环保的材料，在结构构件中避免使用大面积玻璃、镜子等易碎材质做零部件，如必须使用则应牢固地镶嵌或固定。减少用金属边做装饰设计，在金属支承部件的设计部分要尽量将尖角向内装，以防锋利的边缘造成肢体伤害。在存在频繁位移的家具设计中，为避免老年人因挪动而造成安全隐患，家具的材料选择及零部件形状、尺度应符合人体工程学的要求。

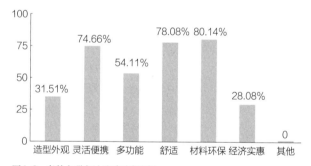

图4-6　老龄人群家具品质需求分析

在橱柜、衣柜等家具的抽屉和门板上尽量使用阻尼器或者防撞缓冲器，以便于抽屉或门板慢慢弹回，防止夹手、弹撞的情况发生。

家具设计中还应注意电路安全，尤其是家具和插座的距离，插座与地面距离等都要安排合理。一般情况下，插座距离地面100cm最为安全，这样也不需要弯腰或使劲抬胳膊。床头的插座一般距离地面

图4-7　家具边框线条圆润流畅

30cm左右，普通插座距离地面不要低于30cm，还要给家具预留出插座或走线孔以方便使用。在肢体容易接触范围内的插座面上应置保护罩，防止水、异物进入插座对老人造成危害。同时在使用时也应考虑电线收纳，避免老年人被电线绊倒造成伤害。

由于老年人年龄越来越大，身体机能尤其是观察能力在不断下降，对外界的感知和反应速度也在下降。家具的结构与造型也应该符合老龄人群的审美，从设计美学的角度出发，创造出平和简洁的家具，避免夸张怪异的形式。家具的结构应该符合老龄人群的身体特性，保证在使用时的舒适感与愉悦感。在家具结构设计中，应避免出现尖锐的角部和突出边缘的设计，多用圆形及曲线，增加整体形状的沉稳、柔软感，提升家具本身给予使用者的安全感。在表面处理上，尽量采用一些沉静稳定的表现形式，如采用对称均衡的方法，以提供视觉和心理上的稳定情绪。此外，还应考虑结构的合理性，在坐具及凭倚类家具设计中要考虑倾角度数、承托结构（图4-8）、便携移动、无障碍等方面的要素。

综上所述，在生理、心理上给老年人安全性的保障是老年家具设计的首要因素。

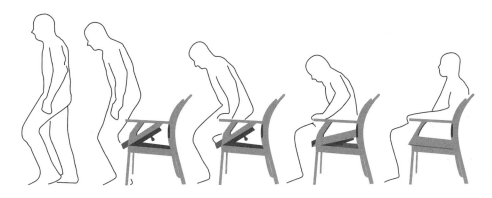

图4-8　适老家具设计中的坐面倾角及承托设计

2）功能性设计原则

人的身体会因为衰老出现驼背、视力下降、脊柱侧弯等症状，因此，老龄人群对家具功能的要求应符合人体工程学和生理机能两方面的要求。基于老龄人群生理及心理的变化，适老家具应以安全性和合理性为首要原则；从环境角度来讲，应考虑体态变化数值、定位、活动路线，兼顾使用功能和精神功能，尽可能地为老人提供安全、舒适、便捷的生活体验。家具的色彩、材质、造型是情感化设计的突破口，结合储物、肢体辅助功能设计、可视沟通等，统筹营造适合老年人群生活的环境氛围，满足使用需求。

家具的结构与功能的结合应该简单直观，设计中不能太过隐晦和复杂，应当赋予一定引导性，使老年人能够易于操作，省力便利。比如拉手的设计避免尖锐造型，安装于醒目之处，且适合握持和发力，具备阻尼装置便于开合。由于机体功能退化，老年人对使用的家具高矮也有要求，适老化桌椅设计时应考虑高度的可调节性，避免使用过程中需要弯腰低头等动作。此外，组合柜最好下部设计成储藏柜、书柜（图4-9），使老年人不用爬高取物；沙发、茶几要高度适中；床最好要有储藏功能，带有贮藏箱或者大抽屉，节约空间，增加储备功能。

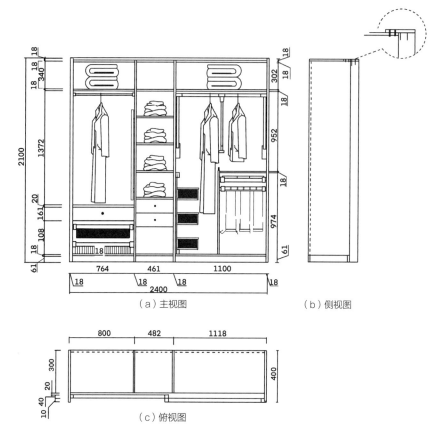

（a）主视图　　　　　　　　　　　（b）侧视图

（c）俯视图

图4-9　老龄人群衣柜设计

此外，由于老年人行动不便，一件单一功能的简单家具往往不能满足他们的需求，因此多功能设计是很重要的。如座椅的设计中，实现靠背和座面的角度调整来调节不同的坐姿，就可满足老人的不同需求或者供不同老年人使用。所以多功能性是适老家具不可忽视的功能设计，通过提供多种使用模式，使一件适老家具在一定程度上给老年人提供更多便利。

适老家具设计还应充分考虑老年人的身体机能变化，遵循人体工程学原理。

3）趣味及益智性设计原则

由于老年人社会地位和社会角色的转变，他们在心理上会发生较大的变化，孤独、抑郁等这些消极情绪在一定程度上影响了老年人的生活质量和健康。因此，适老家具在满足老龄人群对功能的需求的同时，还需通过相关设计从心理角度引导他们形成积极向上的生活方式。适老家具的趣味及益智性设计是在满足家具基本功能的基础上，在材料、颜色和结构上进行巧妙设计，提高家具的趣味性，给使用者带来愉快、轻松的心情。

色彩对应的是情感经验的联想，而与形状相对应的则是理智的控制。老年家具设计的色彩运用首先要尊重老年人的情感需求。相对于形态和材质，色彩在某些情况下更趋向于感性化，它的象征作用和对人们情感上的影响力，也远大于形态和材质。

造型也能够影响人的心境、感情。老年人的诸多生理特点决定了他们喜欢更加舒适、方便、高效的家具，在满足老年人的基本要求之上，增加家具的趣味性及益智性，不仅能提高老年人的动手、动脑能力，还可以得到适当的运动，丰富其精神生活。在设计时要考虑到老年人的接受能力，既要容易使用，又要增加乐趣。设计时充分体现以人为本的思想，消除老年人对新事物的畏难情绪，方便老年人简单轻松地操作。趣味及益智性在老年人家具设计的未来发展中尤为重要。

4）个性化设计原则

老年家具的个性化设计，是针对老年人的不同需求而进行的家具设计，这样的家具区别于大众化的家具设计。老年人的需要种类多样、个性多样，个性化的家具概念也是多维度的。老年家具产品功能部分的个性化设计，体现在改造家具、遵循老年人需要上。如在原有的家具上设计适合老年人使用的扶手，运用老年人喜欢的装饰和颜色，把旧家具改造得有创意并方便使用等，体现老年人的个性需要。

个体的独特需求是老年家具个性化设计的基础。目前，我国的家具市场中个性化定制服务还不够成熟，一方面缺乏个性化设计人才，另一方面个性化家具缺乏市场。应在充分考虑老龄人群个体差异的基础上展开相应的个性化设计。

5）通用性设计原则

通用性设计原则是一种较新的设计理念——通用设计是一种设计途径，在最大程度上集合适合每一个人使用的产品元素。其核心强调设计对象要适应各种使用人群。比如，正常成年人使用的家具老龄人群也可以使用，老龄人群使用的家具同样正常成年人也可以使用。

家具领域的通用设计应用非常广泛，也是适老家具设计中很重要的一个环节，这种既具有创意性同时又具有实用性的设计方法深入人心。适老家具产品以老年人为本，未来的老年家具应做到在不同领域、不同生理需求、不同年龄情况下，满足各种老年人群使用，这才是通用性设计的理念。

同时，在通用性设计下，适老家具能够满足所有家庭成员的需求。既要满足老年人的基本需求，也不能忽略不同年龄段人群的心理感受，不能缺乏适老家具应该具备的大众化和普适性。另外，适老家具在采用通用设计理念满足不同老年人需求的同时，还要照顾各阶层老年人的情绪、精神和心理变化，通过通用设计使老年人享受平等的使用权。

6）智能化设计原则

随着年龄的增加，老年人的身体机能在逐渐衰退，在居家养老过程中，如果赋予家具一定的智能化设计，家具便能更好地辅助老年人享受生活。家具智能化是家具行业在新领域中的探索与尝试，是新兴行业与传统行业的耦合。将家具当作物联网的一个子系统，同时作为智能家居的一个功能载体，把传统家具理解成能够和人对话的智能家具，将家具发展成为一类终端，以此来实现人与家具的深层交互。得益于人工智能技术的快速发展，居家智慧养老模式也有了新活力，智能分析、人机对话、人脸识别、热成像等技术广泛地出现在智能家居产品中。可实时启动的具有自动报警、远程通知功能的智能监控设备技术也逐步趋于成熟，当老年人在家中出现突发意外状况时能够及时做出应急处理，从而有效地避免意外进一步扩大。尽管当前一部分智能家居已做出了适老化的相关改进和变革，但市场上适用于老年生活的智能家居仍略显不足。适老家具的智能化因子介入仍有巨大的发展空间。

在我国，智慧养老已是大势所趋，老年群体的用户体验对家具产品品质的提升也起到至关重要的作用。针对中老年人消费群体产品需求，交互便捷、操作简单、功能实用是主要需求表现。在这一过程中，智能化的交互设计是拉近老年群体和智能家具的重要一环。适老家具可尝试将家具设计结合人工智能技术，从舒适性、自主增强、紧急救援三个方面（图4-10），对不同类别的老人进行细化考虑。通过合理的功能分类、现实增强技术辅助、提

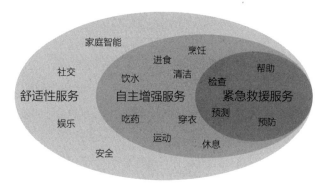

图4-10　老龄人群智能家具三大服务功能

升系统安全性等方法，选择必要辅助功能，针对老人具体的特征进行优化配置，提升智能家居系统与适老家具的功能融合，实现互联网、物联网背景下的全方位功能服务，为家具设计产品与老年人行为特征无缝对接的实现提供保证。

7）适应性设计原则

适应性设计是指在总的方案基本保持不变的情况下，对现有产品进行局部更改，用微电子技术代替原有的机械结构进行局部适应性设计，以使产品的性能和质量增加某些附加值。在家具设计领域与相关生产行业进行适应性设计，可以对老年人现有的家具产品进行局部改造或增加附件，从而更适应老年人的需求。例如，在老年人使用的储藏柜、抽屉、大衣柜里安装红外感应灯，有人接触时灯会自动亮起，并根据空间大小调节亮度；在室内入口处放有方便老年人换鞋的座椅，能辅助老年人起立。能满足老年人各种变化需求的适应性家具是未来重要的设计研究方向，即通过设计使家具适应不同环境下不同人群的使用要求。适应性也体现在安全性与舒适性结合，通过家具的可变性适应整体环境，使老年人家具注重实用功能和精神功能的要求能够统筹兼顾等方面。

8）可持续发展设计原则

可持续发展是未来我国家具产业的一个重要发展方向，并通过家具设计的各个环节全方位设计思考来实现。在原材料可循环利用、采用生态工艺技术、树立绿色消费观，进一步丰富家具的文化底蕴的基础上，充分发挥各个环节的交互设计，结合材料、结构、工艺的情感交互设计，在情感、精神、习惯性、可依靠性上完善功能，依据可持续发展的思路，设计开发新型的适合老龄人群使用的家具材料及产品。老年家具需采用无污染材料，在制造以及使用中不会对人体健康造成危害，产品废弃之后不会给环境带来污染，且能耗低、易拆装、易分解零部件、可回收利用，尽可能延长家具的生命周期。

4. 发展趋势

适老家具设计应强调老年家具设计的功能性、安全性，并在适老性、趣味益智性、通用性、适应性、可持续发展方面不断地开拓研究。在不同的养老模式下，适老家具的设计研究方向和策略应该有所不同。居家养老型的老年家具注重生活行为、交流和生活功能的设计意向，包括考虑老年人自理程度与家具使用功能的关系。而机构养老型的家具设计注重集体生活、休闲娱乐、私人空间与公共空间的关系。适老家具的设计重点是消除老年人的孤寂感、自卑感，帮助他们在自理的基础上尽可能做自

己想做的事情。随着科学技术的发展以及时代发展需求变化，家具设计的过程中应更加关注老年家具的智能化、人性化、模块化，老年家具设计与人的心理、情感等的关系，以及所表现出来的人文关怀，使家具设计具有真正的生命力。

适老家具必须真正去关心老年人，研究老年人的生活行为，包含老年人的日常生活、与家具相关的各种行为、动作，以及由此可能产生的情感互动等。通过对老年人的行为习惯、家具使用功能与要求的研究与分析，融入老年人的情感认知经验和习惯，构建出适当的设计引导条件，才能让家具产品更加容易被理解和接受。

4.1.3　无障碍家具设计

无障碍设计理念是1974年被提出的，强调通过科技手段、精准的人机分析与研究，消除障碍物和危险物的设计。在家具设计中，运用无障碍设计理念，结合残障人士、老龄人群的人因特征，合理进行功能设置、结构布局，确保使用的安全性、舒适性和效率，可为家具设计提供正确的策略指引和原则指导，同时消除或者减轻使用者行为活动中的障碍，降低使用家具过程中产生的疲劳，以及避免使用过程中家具产品带来的危险。这一设计主张从关爱人类弱势群体的视点出发，以更高层次的理想目标推动设计的发展与进步，使人类创造的家具产品更趋于合理、亲切、人性化。

1. 家具主要类型

无障碍家具主要解决以下6类障碍。

1）物理空间障碍

空间硬件设施因高度、尺度、速度、时间、重量等因素所造成的障碍称之为"物理空间障碍"。在家具的设计阶段就要考虑到未来运营的需要，预先设置合理的动线，甚至要结合老龄、残障等特殊群体的康复训练需要进行相应的科学设计。在考虑使用大量的辅具来消除障碍时，辅具使用应充分考虑与无障碍环境之间的平衡关系，择优而行。

2）信息传达障碍

空间设施所提供的信息服务中，因视觉、听觉、触觉、味觉、嗅觉等器官功能衰退而产生的沟通不良造成的障碍称为"信息传达障碍"。在清除障碍的过程中常采用改善照明采光、调整设施用色等方法，除此之外，还可使用辅具补充。例如：

（1）肢体残障的沟通器具

键盘式、按钮式等各种会话辅助器、文字盘。

（2）视觉障碍的沟通器具

放大镜、盲人用录放机、手语影像机、导盲砖、音响诱导器、声音合成器、自动点字机、盲人用电脑、触控式手表等。

（3）听觉障碍的沟通器具

助听器、扩声器、振动式手表、文字型电话、屋内信号指示器、火灾通报系统、燃气报警器等。

3）意识形态障碍

人们由于受到自我认知或价值观差异造成的偏见、怜悯心态的影响，无意识之间会形成"意识形态障碍"。这种无意识间给残障人士、老年人等群体过度的心理负担，会阻碍其回归正常的心理状态，形成看不见的障碍。过度关注反而让他们误认为自己是有缺陷的，产生负面心理。

4）流程制度障碍

在流程制度设计上出现限制性的字眼或是未考虑残障人士、老龄群体机能缺损、退化等因素，产生使其未蒙其利先受其害的流程制度障碍。例如投诉或外出等手续异常烦琐、咨询流程不方便，间接阻碍他们出行、求助或其他行为动机，造成障碍。

5）精细动作障碍

也就是精巧动作的操作障碍。此种障碍大多数是由上肢障碍或运动调整神经失常所引起的，这些障碍对于平常我们熟知的动作，如开门、转身、举物，或按按钮、插插头等动作，都会造成不便。

6）移动障碍

即因为身体的障碍，而产生行动的不便。当然，这种障碍除了有些需要手杖、拐杖，甚至轮椅等帮助行走的人群外，也包括盲人因视力不佳而产生的移动障碍。其实移动障碍的克服，牵涉的范围是既泛且广，不只家具形态设计的问题，还包括家具与空间规划的关系。因此，在设计时对不同的家具，不论是室内或室外，都要以充分掌握移动障碍者的特征和属性为前提。

2. 设计现状

目前，市场上普通家具产品内容丰富、形式多样，而针对特殊人群所使用的家具产品几乎没有。大部分家具主要是根据普通使用者的尺寸、比例、行为方式等因素而设计制作的，没有考虑到残障人士、老年人等行动障碍人群的生理与心理特征，导致他们在生活中很难独立完成日常事务，甚至由于家具产品的使用不当而处于不便和危险中。无障碍的生活环境和家具产品设施方面重视程度还不够，尤其家具产品的系统性设计还需加强。设计师应从特殊人群的生理和心理健康出发，设计出充满爱与关怀、符合他的生活习惯和行为能力的家具。从而为特殊人群营造更加舒适的现代生活环境。人文关怀也应该不断加强，通过合理科学的设计，将人文关怀与新技术、新材料、智能化的元素融合起来，应用到家具中，使所有人群都能真正无障碍地自由生活。

3. 设计原则

无障碍环境包括物质环境、信息和交流的无障碍。无障碍家具设计要有合适的尺度和空间，以便于身心障碍者接近、到达、操控和使用。

物质环境的无障碍要求主要体现在以下几方面。在平面安排上，应使家庭弱势群体使用的家具等设施朝阳，以便获取更多的阳光，利于杀菌和提升健康状态；家具尺度要适宜，过小使用时会受到限制，过大会影响使用的灵活性；厨房家具高度应便于操作，厨具下部宜有空当之处，方便坐轮椅操作；有方便行动的辅助设施，辅助弱势群体的蹲、卧、起、坐、行等一系列活动形式的完成；有周到的室内细部处理（图4-11），如室内地坪避免设置踏步，且地面防滑等，防止在使用家具的过程中出现危险。

护具置于柜体内使用轮椅时可触及的范围；所有门均采用推拉门的形式，避免平开门位移过程中对轮椅的干扰；地面平整无门槛，便于轮椅行进。

特殊人群由于生理和心理条件的变化，使其自身需求与现实环境易产生距离，由此与环境的联系就发生了困难。与普通家具相比,无障碍家具必须考虑使用者的特殊行为需求,减少行动中可能产生的障碍。无障碍家具设计,是特殊人群走出家门、参与社会生活的基本条件,在设计过程中应该综合分析(图4-12),考虑残障人士的心理和家具使用方便等多方面的问题。

无障碍家具设计的目的在于满足残障人士、老年人等人群自身的生理和心理需要,这种需要即设计的原动力。在设计过程中影响和制约设计的内容和方式不断变化,我们应遵循以下原则来进行设计。

图4-11 无障碍室内空间

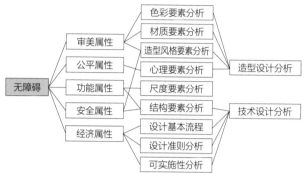

图4-12 无障碍设计分析

1)安全性原则

残障人士的生理特点决定了其肢体行动的不便和迟缓,同时感知能力的衰退使得他们对外界事物的反应速度、敏感度明显下降,因此在日常生活中存在很大的安全隐患。在无障碍家具设计时应考虑设置把手、支撑点等方式(图4-13),设法确保其使用安全,防止出现跌倒、摔伤、磕碰等情况。

要有容错的设计考量,即家具设计不会因错误的使用或无意识的行动而造成危险。在设计中让危险及错误降至最低,使

图4-13 把手、支撑设计

用频繁部分容易操作、具有保护性且远离危险。能够在发生错误操作时提供危险或错误的警示,并且尽量保证即使操作错误也具备安全性。注意必要的操作方式引导,避免诱发无意识的操作行为等。

2)易用性原则

在无障碍设计中,人性化设计应始终引导设计的整个过程,而易用性是人性化设计的主题之一。从残障人士、老年人等的人体机能考虑,尽可能在家具产品的空间尺寸和功能结构等方面减少障碍,以达到容易使用的目的,得到良好的人机交流和沟通的效果。例如,将抽屉设置在储物类家具的中下方,以方便乘轮椅者或老年人不做明显的肢体改变就可实现取放物品,既方便又安全,如图4-14所示。

图4-14　轮椅使用者行为图示

　　无障碍家具设计还体现在能够实现有效率的轻松操作使用上。在使用过程中能够让使用者使用合理力量和自然的姿势操作,减少重复的动作,减少长时间使用时对身体造成的负担。

　　3)自立性原则

　　无障碍家具设计应以便于残障人士、老年人等人群的使用为原则,有利于提高他们的自信心,增强他们长久保持独立生活的能力。应按照特殊群体的尺寸进行设计,帮助他们实现力所能及的事情,以此提升他们的自立、自理能力,体现其社会价值,避免他们产生无用和被遗弃的感觉。

　　此外,在设计中还应注意规划家具合理的尺寸与空间。尽量为使用者提供无关体形、姿势、移动能力,都可以轻松地接近、使用家具的空间,提供给使用者不论采取站姿或坐姿,都可以达到使用目的的使用条件。同时注意在家具结构上预留足够空间给辅具使用者及其协助者。

　　4)健康性原则

　　在无障碍家具的健康性原则方面,首先要根据特殊人群的人体工程学尺寸要求保障他们健康、方便地使用家具产品,使其在最大程度上达到自立性;其次要充分考虑家具材料的绿色环保性,以利于最大程度保持机体的健康。

　　5)智能化介入原则

　　随着科技的发展,传统的家具企业制造模式和产品功能已逐渐满足不了时代的需求,发展智能家具成为一种必然。无障碍家具的智能化元素介入也成为趋势。智能家具产品不仅能帮助残障人士及老年人完成部分力所能及的事务,而且还可以通过移动互联网构建起与家庭、社区、医院的联系,提升居家生活、参与社会活动的便捷性与可能性。智能化的介入可以使家具更加科学、人性化,可以让使用者更加舒适、安全。

　　6)公平性原则

　　这一原则要求家具对不同障碍能力的人来说都是有用而适合的。一件无障碍家具诞生后,应该友好地对待使用者,尽可能地保护使用者的隐私权,避免身心障碍者在操作的过程中受到伤害或引起心理窘迫。

7）经济性原则

无障碍家具的设计与普通家具生产相比，在综合考量上需要更为细致和用心，因为在现实情况中，身心障碍者多数属于社会的弱势群体，经济能力也一般较有限，所以无障碍家具要尽量从经济性角度考量，并注意其能够长久使用的可能性。

8）综合系统化原则

（1）提供多元化的使用选择。具备简单易懂的操作设计，去除不必要的复杂性，使用者的期待与直觉必须一致，不因使用者的理解力及语言能力不同而形成困扰；不论使用者的经验、知识、语言能力、集中力等因素，皆可容易操作；避免使用者产生区隔感及挫折感；对所有使用者平等地提供隐私保护及安全感。

（2）注意使用对象的个体差异。根据使用对象机能衰退类型不同，对生活环境的需求也不同。无障碍家具设计应满足不同人群的实际活动需要和行为习惯，根据其具体环境和目的做出相应设计，如图4-15所示。

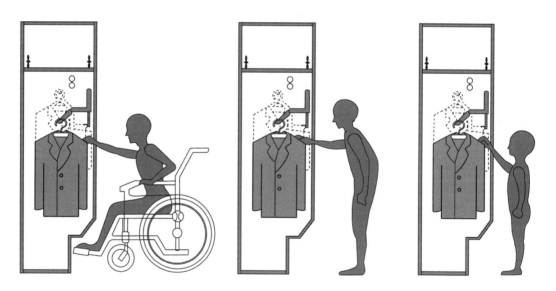

图4-15　面向不同障碍者的无障碍衣柜设计

（3）提高无障碍设计标准的准确性，以视觉、听觉、触觉等多元化的手法传达必要的资讯。通过辅具的使用帮助视觉、听觉等有障碍的使用者获得必要的操作帮助。

（4）日常生活确保个性化。对于特殊群体的个性化需求也应在无障碍家具设计中得以体现。如材料的使用等级与颜色搭配、家具摆设等，在某种程度上需遵从使用者个人意愿，让其保有自己的生活风格。

（5）确保对失智老人的照顾。要在设计中用不同的颜色、图案等区别各类家具的功能性零部件，便于失智老年人辨认识别。

此外，还应注意合理的家具设计，不能一味追求无障碍。"无障碍环境"并非意味着空间内家具及其他设施的每一要素均必须满足各类不同使用者的特殊需求。只要该空间内家具设计能够优先满足使用者身心机能的下限设计功能，使该环境里每一个人均能自由选择他们适合的家具产品，则每个人也都可以方便、不受限地自由从事活动，这样就可称为"无障碍环境"。

过度地追求无障碍而无适当的配套辅助措施，可能造成反效果。例如，同属肢体障碍的特殊人群，因障碍程度和行为习惯的不同，对环境需求就存在极大的分歧；视觉障碍的不同类型和轻重，在设计中也应有不同的考虑。因此，一类家具产品试图满足所有特殊群体的需要并不符合经济效益原则，在技术上也不可行。

4. 发展趋势

无障碍家具设计通过设计技术手段来弥补有障碍人群生活中的不足，要完善设计，就必须充分考虑特殊人群不同程度的身体机能缺陷和正常活动能力衰退者的具体使用需求，营造一个真正相互尊重、平等关爱的社会环境。

任何一个设计或一件产品的出现都是源于人的需要，因此人以及人的需要就成为设计的源动力。在人性化设计观念的指引下，设计师不断进行生活研究，不断满足人们的需求，不仅考虑产品的形态和功能，更考虑产品在人们生活中的角色、地位和作用。目前，人性化设计观念已经渗透到各个设计领域，以便适用于尽可能多的人。无障碍设计是要最大限度地减少人的行为障碍。好的设计，是最大程度地给人们提供方便、舒适和安全，减少人为限制，给予更多的自由，提倡无障碍设计就成为设计师们应普遍关注的课题。

未来无障碍家具设计将呈现出新的景象。首先，人体尺寸测量统计工作日渐完善，人们对自身各因素的认识逐渐成熟，势必缩短特殊人群、家具产品、生活环境之间的距离，最终呈现出一种自然和谐的系统状态。其次，更多高科技、新材料的出现和普及，多学科的交叉融合，为老龄人群、残障人士家具产品的无障碍化创造了无限可能与想象空间。此外，政府出台一系列法律、法规对弱势群体给予了诸多政策上的倾斜，家具行业也加大了这一领域中设计、研发、生产等多方面的投入。

4.2 家具设计与空间区域

4.2.1 城市家具

城市家具是指城市户外空间中，为满足步行、骑行、残障人士等群体的交通、安全、游憩、信息、审美等需求而设置的一系列显现与外露的，具有规模性重复利用特性的城市公共环境设施（图4-16）。随着人类社会生活形态的不断演变，创造具有新的使用功能，又有丰富的文化审美内涵，使人与环境愉快和谐相处的公共空间设施与家具设计是现代艺术设计中的新领域。家具正从室内、家居和商业场所不断地扩展延伸到街道、广场、花园、林荫道、湖畔……随着人们休闲、旅游、购物等生活行为的增长，更多舒适、放松、稳固、美观的公共户外家具应运而生，它们形成街道和广场的环境特质，不仅成为城市环境和景观的重要组成部分，也是城市公共空间最富有活力的元素。

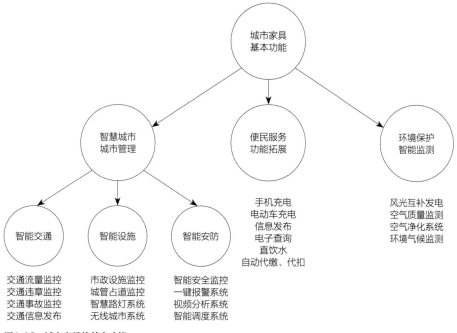

图4-16　城市家具的基本功能

随着生活水平的快速提高，公众对城市公共空间的品质提出了更高的复合需求，城市家具设计与城市公共空间的共生关系，决定了城市家具设计基本内涵包括公共开放性、功能适用性和艺术审美性。城市家具设计中需要考虑各种因素的复合效果，使得城市家具的设计日趋复杂，需要从现代技术中寻求更多的可能性。

城市家具在城市规划发展中的功能体现在两个方面：一是为人们提供休憩、交通、信息和环卫等实际使用功能；二是具有美化、提升和活跃环境气氛的功能。城市家具既具有一般家具的普遍典型特征，又是城市环境中最具城市特色的组成要素，更是整个城市景观系统不可缺少的部分。因此，城市家具区别于一般家具的特点在于其具有普遍意义上的公共性和交流性的特征。在设计中只有遵循环境性、整体性、文化性及社会性的观点来进行创作，才能使城市家具与环境融为一体且富有城市的个性与魅力，真正起到丰富城市文化内涵和提升城市品质的作用。

1. 主要类型

我国城市家具并没有从"城市公共设施"中独立出来，因此其概念出现的较晚。最早的城市家具只是室内家具基本功能的延伸，有的甚至就是将室内家具移到室外公共空间来使用。随着科学技术的发展和生活质量的提升，现代城市公共环境中户外家具、标识视觉指示系统、垃圾箱和护栏、灯光照明、园林绿化、喷泉、雕塑、公共交通候车亭等都已经成为城市家具的重要组成部分（图4-17）。城市家具类别丰富繁多，从空间大小、表现形式上都可进行不同的分类，概括起来，城市家具大致分为以下六类：

1）信息服务类设施：为满足人们对城市空间、路线以及周边环境的了解和认知，引导人们快速到达目的地而设置的道路路标、导游图、电话亭、邮箱等。

图4-17 城市家具

2）公共卫生类设施：在城市公共空间中为满足人们公共卫生要求而设置的服务设施，如垃圾箱、饮水设施等。

3）公共照明类设施：为了满足人们在夜间出行或是户外自然光线不足的情况下，设置在城市甚至延伸到城市周边的照明服务系统，如公路路灯、人行道路灯、夜间指示灯、城市亮化设施等。

4）公共服务类设施：在公共空间中可满足居民休息、交流、健身、娱乐等需求的设施体系，如各种休闲桌、椅等。

5）交通类设施：城市街道中主要用于交通指示、道路组织的设施，包括交通指示灯、交通指示牌、路标、路障、车辆停放设施、加油站、候车亭、无障碍设施、自行车站点、车棚等。

6）艺术景观设施：各种雕塑、艺术小品等。

城市家具的体量、形式、轮廓线、色彩、质感以及内涵等都直接反映了景观设施的形象，并与其他要素一起界定室外空间的环境领域、营造室外空间环境的氛围。不同性质的室外空间公共环境对城市家具的设计有不同的要求，如商业步行街道或社区广场等室外公共空间，因其功能的不同会有不同的设施需求。不同的环境亦会要求城市家具在整体环境中起到调整视觉中心的作用，甚至是塑造地域文化、风格等作用。因此，城市家具作为室外公共空间环境中的重要设施，与城市景观是互动的，是相辅相成、互相影响的。

城市家具除了使用功能外，因其使用环境的不同，材料的选择也与室内家具有着不同要求。通常户外家具的材料要求具有良好的耐候性，能够有效抵御气候变化、酸碱颗粒腐蚀、微生物侵蚀。常用材料包括铝合金、铸铁、不锈钢等金属材料，石材、木材、竹材等天然材料，以及塑料、塑木、玻璃纤维等人工合成材料。

2. 设计现状

城市家具作为城市公共环境与人们户外活动的连接载体，在公共服务体系的完善、城市功能的优化、城市地域特色的体现、城市公共形象的提升等方面越来越受到重视。目前我国对城市家具的认知还缺乏普遍性，但对城市家具的研究发展迅速，相关的规范和标准也陆续出台。

早期的城市家具只是为了满足公共空间内人们普遍的休闲活动需要，随着社会的发展，城市家具也从最初对人类户外活动的辅助，逐渐演变为对人类户外生活的安全、便捷等的需求（图4-18）。这其中既包含了普众化需求，也囊括了社会特殊群体的需求。此外，城市家具还要求在满足基本使用功能的基础上，给人们以精神上的愉悦和舒适。我国近些年的城市家具发展虽然取得了一定程度的进步和成果，但总体设计观念仍相对落后。

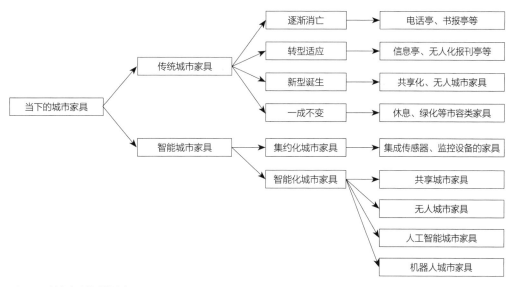

图4-18　城市家具的系统演变

城市家具设计属于艺术设计的范畴，出于其自身视野的原因，设计理念多还停留在传统功能主义时代。因而需要从以下几方面加以提升。

1）人性化

城市家具最基本的功能是满足市民生活、出行、休憩等各种需求。不同的人群对于城市家具的需求也是有差异的，人性化设计的目的在于从各个维度提高用户的使用体验。使用者的心理感受，使用便捷度、满意度是人性化设计的重点，但目前大多数城市家具在设计上的使用包容性考虑欠缺。其次，现代社会的发展使人们的活动区域延展性扩大，人与人之间的交流更显冷漠，城市家具功能可以起到良好的引导作用，有效地增加市民的交流机会和交流条件，改善市民的交往方式。

2）地域性

城市家具的存在依托于城市环境，同时也影响着城市的整体形象。城市家具设计应体现人文环境中沉淀的历史感和时间性，表达一个城市所独有的地域文化和景观环境，并具备区别于其他地域的设计细节特征。城市家具可通过形态、材质、加工工艺、色彩、空间组合关系、与环境的关系等多个维度来体现本区域的文化痕迹和民俗风格，并且在实际设计中也要考虑和周围建筑环境的有机融合，寻求环境、城市家具和城市居民三者的协调统一。

3）整体性

城市家具的整体性主要指与城市系统的协调和城市家具产品内部的统一。很多城市中存在着一些陈旧过时的城市家具围绕在个性鲜明的地标性建筑附近的现象，城市家具与周围环境产生的冲突使整体的城市景观极不和谐。此外，整体性原则还体现在系列产品内部的统一性中，城市家具往往是以相互交错而又紧密联系的系统形式存在的，在系统内部应该遵循各零部件与连接件包括接合方式的标准化、外观材料选择与材料表面处理，以及材料加工工艺的适配性，外观造型与结构形式设计语言的统一化。在保持产品整体性的基础上，可根据每个单体的功能差异、造型需求等往多样化的方向延伸，有效提升产品的品质、产品之间的协调性，有利于设施生产装配、运输安装、修理维护高效地进行。

4）适应智慧城市的发展需求

面对城市的智慧化进程，人们对于城市家具的智能体验与交互服务需求的不断升级，现有城市家具产品难以适应智慧城市的发展需求。主要表现在智能化程度不足、产品设计概念缺位、服务体验、交互能力弱等问题。传统以艺术设计为导向的城市家具设计理念围绕着产品造型、色彩、功能等方面展开，智能服务体验的观念尚未形成。同时，传统城市家具"重功能、轻体验"的模式使得其在人文关怀、文脉继承和环境保护方面仍有待改进。此外，城市家具缺乏信息化、智能化介入，亟待将交互体验和共享服务等理念融入设计中。

3. 设计原则

城市家具是人们日常生活中触手可及的公共资源，承载着用户多样化的需求。如表4-5所示，与其他类型家具相比，在设计需求和设计要点上有明显的差异性。

城市家具于其他类型家具比较　　　　　　　　　　　　　表4-5

家具类型	家具特点						
城市家具	公共性	标准化	配件化	模数化	易维护	耐久性强	材料相对单一
	根据使用者不同而定	公共环境品质的象征物	公共服务	公共人机工学	户外公共空间	无隐私	硬质材料多，颜色变化不多
私人家具	私属化	标准化	配件化	个性化	私人行为的满足	个性人机工学	温馨的感受
	使用对象稳定	专业维护	材料丰富	耐久性较差	私人专属空间	隐私性	柔和材料多，颜色变化多样
专业家具	专业需求的满足	专业环境的要求	标准化	配件化	材料单一	易维护	耐久性强
	模数化	专业的使用感受	颜色变化不多				

城市公共家具要满足三个基本条件：稳固、舒适、与环境协调。它必须易于运输、加工，适应工业化、标准化生产和装配，可固定于地上；要符合人体工程学的尺度和造型要求，在布置上要有合适的朝向和位置，能抵御故意破坏者的暴力，易于城市公共市政部门修理和更换；要具有稳定的物化性能，能较好地适应和减轻日晒雨淋的影响。同时应该便于清洁、经受重压、适应男女老幼不同的身体形状，特别是要从家具的造型、色彩与周边环境的协调出发进行美化、烘托、点缀设计。

1）安全性原则

（1）任何设施在功能上，要统筹考虑到各类人群的不同需求，尤其要考虑到包括儿童、老年人、残障人士在内的所有人在使用过程中的安全需求，尽量提升安全性等级。

（2）在造型、色彩和材料使用上，应兼顾各类人群对特殊色彩、造型的接受和反应程度，不给使用者造成任何身体或心理上的伤害。

2）舒适性原则

城市户外家具的舒适性是指使用者的使用感受，包括各种设施是否以人体工程学的原理来考虑使用的合理性，是否从环境心理学（环境行为学）的角度创造满足人们活动的空间。舒适性直接关系到城市家具效能的良好发挥，从而影响到居民使用、体验的满意度。

3）识别性原则

城市家具的识别性同样决定着它的使用效能的发挥。识别性强的户外家具能够引导人们正确地操作和使用环境设施，提高户外家具的利用率，做到物尽其用；另一方面，也能有效地防止由于操作或使用不当而造成的人为破坏，以延长其使用寿命。

4）和谐性原则

户外家具是在某一特定户外环境中使用的设施，其和谐性主要包括三层含义：

（1）城市家具本身各造型要素之间的和谐。

（2）同一区域的城市家具在形态、材料和色彩等方面尽量做到和谐与统一。

（3）城市家具与户外环境之间的和谐。

在具备了安全性、舒适性和识别性的同时，城市家具也应具备将人工设施和自然环境有机结合的特征。

5）地域化、本土化、文化导向原则

城市家具在城市景观环境中还起到传承文化脉络和承载景观环境地域特征的作用。从每个城市自身的历史文化、民俗特征、自然属性特点出发，提取个性鲜明的造型元素和色彩，都会形成城市独有的视觉形象。同时，不同地域文化、民族习俗和生活阅历的人群形成的不同世界观和人生观也将带来不同的行为需求。运用地域化特色设计的城市家具能够在满足基本功能的基础上，从城市自身历史、文化脉络、城市定位等方面汲取灵感，既保留了个性特色，也使城市形象更加丰满。在高度工业化、技术化的社会发展背景下，使用者既能获得身心的舒适和愉悦，又能找到文化认同和地域归属感。

6）交互性

交互本身是无形地存在于家具中的，体现在家具设计的每一个细节处理上，通过交互理论的导入，让城市家具设计摆脱传统的单一物理形态，将家具所处的空间和人作为一个和谐的整体，而后人们通过自身在空间范围内做出的行为与家具进行互动。设计时应通过对城市居民的行为习惯、设施使用功能与要求的研究与分析，构建出适当的引导条件，从而让城市家具产品更加容易被理解和接受。

7）生态性、可持续性原则

城市家具的生态性、可持续性是我国家具产业的一个重要发展方向。应在设计的各个环节全方位进行设计思考，在原材料可循环利用、采用生态工艺技术、丰富城市家具的文化底蕴的基础上，依据减量化设计、可回收设计、低成本设计等方法来实现可持续发展的设计思路、开发新型的城市家具产品，实现城市家具的生态性、可持续性的设计目标。

4．发展趋势

城市家具随着城镇化进程的加快、生活水平的提升、人们需求标准的提高、科学技术的发展而不断产生变化，单一的城市家具已不能满足多变的需求。未来城市家具设计必将在快速发展的环境中更多地关注多变的人类行为，设计研究的范围也将从普众化设计逐步扩展到特定人群、特定需求和特定区域等方面，整体上显现出精细化的特征。一方面人类行为的多变性要求城市家具设计呈现多样性，另一方面城市家具职能主体——政府主导的不确定性、审美评价标准的异同也将影响城市家具设计的发展方向，这就要求城市家具设计还应以教化和引导社会评价向科学的标准发展，担负起城市家具的社会责任。

现代公共环境中城市家具的设计是一个新挑战，需要当代的家具设计师以及所有使用者在理论和实践中发现问题、解决问题、不断创新，并把城市家具的设计作为城市公共环境整体规划设计的一部分，塑造城市环境的整体形象，创造具有人文魅力的城市景观。

4.2.2 乡村家具

乡村家具不仅涉及单纯的居住空间内含物，还包含生产使用的器具和乡村中的公共设施等。家具在乡村更多的是源于生产生活的需要而出现的，多样的乡村生活丰富了乡村家具的种类，也促进了乡村家具的发展和演变。美丽乡村的建设将带动乡村物质生活的提升，同时也将丰富人们的精神生活，促进乡村居民审美水平的提升。

1. 家具主要类型

乡村家具的地域性特点强，除了按照不同材质、不同功能、不同工艺进行分类外，最常用的分类方式是按地区划分。如南方江浙一带以苏州为中心的"苏作"、宁波地区的"甬作"、福建地区的"闽作"；北方山西地区的"晋作"，河北地区（包括京津）的"冀作"、山东地区的"鲁作"等，它们在各地传统特色制作原则的基础上发挥地域文化的特点，形成了可以剥离开的流派。

2. 设计现状

乡村家具不仅指空间内的坐、卧、储存等用途的器物，还包含生产使用的器具，以及乡村中的公共设施等。随着新农村建设和城乡一体化的发展，农业现代化水平和综合生产能力显著提高，农村的旅游业、建筑业、文体娱乐活动等蓬勃发展，行业的多元化需求明显提升，这些为乡村家具设计提供了更为广泛的市场和前景。但是相对于城市家具市场，由于历史条件、经济发展、人文和地域等特点的影响，我国目前的乡村家具在设计、生产、销售等方面的发展严重滞后，没有充分体现乡村区域环境下农村居民的特殊需求。

此外，由于受地域特点、文化传统、经济发展情况及材料等众多因素影响，很长一段时间以来，乡村家具的设计制造与高新技术结合的机会不多，因而乡村家具中所体现的技术时代性相对落后，科技含量也相对较低，再加上地域特点的不同导致乡村民众在理想、观念及审美上的差异，乡村家具大多选择当地的传统工艺和技术。

3. 设计原则

随着社会、经济、科技的发展，乡村居民的生活行为模式正在发生着诸多的变化。劳动社会化、休闲方式多样化，使乡村的居住、聚集活动所涉及的风土人情、生活习惯等形成了有别于城市的聚落生活，乡村家具的设计也应从社会发展的新角度切入，设计符合农村实际生活需求和功能的家具。

1）从实际出发的形式美原则

乡村家具的艺术来源于乡村的生产生活实践，表现为艺术风格和象征意义两个方面。乡村家具的形式美或者说视觉形象方面的美感是淳朴自然的，是民众通过在生活中体验、互动而与身体产生美好感受而获得的。就设计上来说，乡村家具的形式内容十分广泛，主要包括造型、材质、工艺、色彩和装饰等方面。

在造型方面，使用家乡代表性文化载体的符号和造型特征，或者能够唤起使用者记忆和联想的元素，可以丰富家具的意象，进而促成使用者得到更深层次的情感体验；在选材方面，乡村居民对熟悉的本土材料有着与生俱来的深刻感情，有助于标志印象的形成；在工艺方面，乡村家具在设计制作过程中，可在当地特色的传统工艺的基础上结合新材料、新技术，以技术上的精工细作提升家具品质，呈现出更有魅力的家具形态；在色彩和装饰方面，采用本地民俗文化中传统色彩和图案，结合现代审美理念，创新性地开发和利用传统色彩搭配和图案装饰，既可表现出当地地域文化的沉淀与积累，又能够营造出鲜明的时代感，反映出传统艺术的演变和发展趋势。

2）从可行性出发的经济性原则

在为乡村生活而设计的基础上，乡村家具应综合考虑造型、色彩、材质和质感等因素，设计出性价比高的乡村家具产品，同时找出更多的方法去体验、探索、延伸乡村家具的意象、空间及构想的可能性。新材质、新技术以及创新方法的使用，能有效地扩展家具产品的功能，拓展其使用场所，延长其使用寿命等。

3）从可继承发扬出发的文化传承原则

乡村家具作为环境中的实体物质、容器，是文化载体的一部分。人们会根据不同地域的生态环境、民俗风情、社会活动、行为习惯的需求，结合技术理性与审美观点来制作乡村家具，使其承载、容纳着社会面貌与生活形态变迁中的真实文化脉络。家具的设计开发生产的过程，就是文化再现、再诠释的过程。此时，乡村家具产品不仅体现生活用品属性，而且积极呈现生活场景，产品与文化的结合，塑造出产品价值与文化意识。当产品被赋予文化后，提升了产品的竞争优势，也增加了产品价值。

以文化概念作为基础，寻找适当的文化题材来赋予乡村家具产品文化的表征，通过家具的色彩、材质、形态、结构、造型等方面加以塑造，从而让使用者在操作、观看、触摸时感受设计者所传达的乡土文化气息。设计师应充分调查分析乡村居民的日常生活，深入挖掘，使设计与文化紧密结合，生产制造具有醇厚乡土文化的乡村家具。

4）从可持续发展出发的生态性原则

在现代社会消费活动下形成了大量的家具"消费垃圾"。当这些因形式消耗丧失使用价值的物件，经过加工处理后，形成另一种全新的具有使用价值的物品时，就属于家具生态设计。传统的生产程序、技术和旧有的回收重新使用的材质、结构、零部件，都可以通过全新的应用方式被赋予新的生命。乡村家具的生态观提倡在设计的过程中遵从自然原则、尊重自然环境，取材自然、就地取材，并从自然的形态中获取设计元素、汲取设计灵感，以体现对自然的尊重和对自然环境的友好。在家具设计的各个环节也必须全方位进行设计思考：原材料可循环利用，采用生态工艺技术，树立绿色消费观，减少用材、能耗，并尽量降低环境污染。在家具的功能上则从以人为本的原则出发，设计出好用、易用并能从使用中获得美的体验的乡村家具产品。

高度技术化给人类带来了产品设计制造飞速发展的同时，使得人们对生产、生活过多地依赖于技术，思想及行动能力出现"惰性"，同时高度技术化也促使城市地域文化个性趋同，这种同质化的现象使得人类失去了归属感和对家园的认同。对乡村家具设计者来说，应努力保持其自然化、地域化、个性化的特点，引导乡村家具向健康、有序的方向发展。

4. 发展趋势

随着我国社会的发展和生活水平日益提高，在乡村民众文化素质显著提升的同时，他们创造优美生活环境的意识也开始觉醒。乡村家具是物化的乡村文化的重要组成部分，对于乡村生活方式的改变有着重要的影响。乡村家具理应根据乡村生活方式的实际情况，从形式、技术、功能、艺术、生态内涵等家具设计要素出发，进行有别于城市家具的设计，从而设计出体现乡村特色文化、使用功能和审美情趣的家具产品。

4.3 个性化家具设计

4.3.1 仿生家具

仿生学是近期发展起来的生物学和技术学相结合的交叉学科，是通过效仿动植物的特征来解决工程和设计领域的问题的学科，能为设计提供新途径、新源泉、新方法、新思路。仿生设计一般是先从生物的现存形态受到启发，在原理方面进行深入研究，然后在理解的基础上再应用于产品某些部分的结构或形态设计（图4-19）。仿生不仅是简单对生物体进行模仿，在一定程度上也反映科技的改良进步。一般会根据设计的需求，有针对性地从仿生对象中提取、分析一系列生物体的行为或外观特征，进行选择性或结合性的应用。仿生设计学作为人类社会生产活动与自然界的桥梁，使人类社会与自然

图4-19 从生物原型到仿生设计

达到高度的统一。对生物体结构和形态的研究，有可能改变未来的家具产品模样，使人们从"城市"这个人造物理环境中重新回归"自然"。随着仿生技术的发展，家具仿生设计会成为家具设计专业领域的一个重要方向。

仿生设计通过研究及模拟自然界生物系统的内在与外在特征、行为特征等进行设计，以在家具上实现特有的功能、美感，并传达出象征语意，形成一种全新的个性化、功能化形态。仿生的原理从另外一种角度给设计者以提示和启发，通过在生物特征中找寻灵感，将一些自然界中奇妙的生物形象及生物现象运用于家具设计之中，根据这一原理设计出来的家具具有独特的生动形象和鲜明的个性特征。消费者在欣赏或使用根据仿生与模拟原理设计出来的家具产品时，容易产生对某种事物的联想，从而引发出一些特殊的情感与趣味。仿生设计不仅为家具设计师带来了新的设计思路，同时也带来了许多强度大、结构合理、省工省料、形式新颖、丰富多彩的家具产品。

1. 家具主要类型

通过探索仿生形态解决产品设计问题的方法，从目前对仿生学与家具设计的系统研究中总结出的分类包括：

（1）按生物所属种类划分：动物仿生、植物仿生、昆虫仿生、人类仿生和微生物仿生。

（2）按生物系统即模拟对象特征来划分：形态仿生、功能仿生、结构仿生、色彩仿生和材料仿生。

（3）按模仿的逼真程度即视觉认知度划分：具象仿生、意象仿生和抽象仿生。

（4）按模仿的完整性划分：完整仿生和局部仿生。

（5）按模仿生物的态势划分：动态仿生和静态仿生。

表4-6展示了部分仿生的分类及各自特点：

部分仿生的分类及特点 表4-6

名称	分类方式	仿生类型	仿生特点
仿生的类型	模仿对象特征	形态仿生	通过观察、探寻、归纳、分析、研究并按照一定的设计程序，完成产品造型设计
		功能仿生	以生物体和自然界物质存在的功能原理去改现现有产品或建造新的技术系统
		结构仿生	重生物结构的内在原理，不要停留在其外部表现
		色彩仿生	探索、发现、归纳、总结出大自然和环境中的色彩规律，并广泛应用在产品设计中
		材料仿生	从仿生对象的表现肌理中得到启发，设计师借鉴和模拟其形态纹理和组织结构特征
	视觉认知度	具象仿生	接近模仿的自然对象，较为直观地呈现出仿生物的形态特征，要突出、概括的表现
		意象仿生	设计师将自己的思想与自然物和设计产品进行感知、联想、整合后所形成的心理意象
		抽象仿生	通过概括、抽象、从整体上反映事物独特的本质特征，所谓源于具象又超越于具象

形态仿生是仿生设计中最常见的表现形式。形态仿生设计的作品能直接反映物体的本质形态，是通过寓意手法的抽象处理产生的形态设计。形态仿生还可以分为具象与意象两种形式。具象形态仿生设计是对生物形态特征的具体模仿（图4-20），意象形态仿生是指对生物特征的意象层面的仿生，它代表生物的某种寓意。具象形态仿生设计运用到家具设计中最直观的效果是可以丰富家具的造

型，形成种类多样具有人性化特征的家具形式，体现情感化的设计理念，满足使用者精神层面的需求。而意象形态仿生设计主要是研究主体的内心印象和概念认知，更加趋向于心理情感的体验，如图4-21汉斯·瓦格纳的牛角椅。

图4-20　具象形态仿生

图4-21　汉斯·瓦格纳的牛角椅

2. 设计现状

在当今家具产品多元化需求的背景下，消费者对个性的重视与追求，使以趣味性为明显特征的仿生家具越来越受到重视。仿生家具设计的趣味性主要体现在对现代生活快节奏、高机械化状态下人们枯燥压抑心理的调节。

在现阶段的设计过程中，设计师不但会从外形、功能去模仿生物，而且生物奇特的生理结构和行为、肌理也会给予人们很多启发。人们在"仿生家具"的设计制造中不仅是单纯效仿大自然的形状、色彩、肌理，更是学习与借鉴它们自身的组织方式、运行模式与行为特点。有的结构精巧，用材合理，符合自然的经济原则；有些是根据某种现代数理法则构成的，符合"以最少材料"构成"最大合理空间"的要求。这些都为人类提供了能够解决实际需求的"优良设计"的典范。家具设计师不仅要关注最新的仿生成果，还要细心地观察自然，破解生物体宏观结构和微观构造的奥秘，扩大仿生范围，如研制新型的"仿生材料"，并运用于家具设计中。

3. 设计原则

仿生的运用是对原生物体外在形态、内部结构、生理特点、行为特征等认识的基础上，对家具的设计进行创新、重塑和提升，其思维过程如图4-22所示。

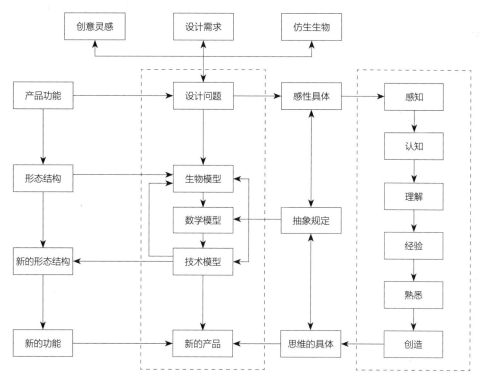

图4-22　仿生设计的思维创作过程

1）形态设计原则

仿生设计将自然生命形态融入家具设计中，以设计美学为出发点，通过对生物体的形态、结构等的模仿，将仿生对象特征简化、抽象化，使家具形态生动、有趣，呈现出令人愉悦的视觉感受。也可采用提取生物符号并加以演变的形式，提炼成家具具象的艺术形态，从动态、个性、互动等方面提升家具产品的魅力。

自然界的生物各有特色，在设计中要从美学的角度进行全面分析，对自然仿生元素进行提炼与整合，综合考虑功能、形式、材质、结构、工艺、色彩、装饰等多种构成要素，形成恰当的美学表达。

此外，形态设计过程中要充分考虑人体工程学因素。仿生要素作为家具设计的灵感来源，在功能设计方面必须从人体工程学的角度出发，满足人的生理及心理需求。从生理需求出发，要求家具在仿生设计过程中必须充分考虑人体对空间与舒适度的需求，保证使用过程中人的肌肉与骨骼始终处于较为舒适与放松的状态，降低人的整体体能消耗，减少肌肉疲劳与骨骼损伤，从而增强家具的适用性和实用性。从心理需求出发，要求家具仿生设计选用质感、纹理、色彩合适的优质材料，并具有良好的外形设计；同时要充分考虑不同使用人群的心理差异，提取整合如年龄、地域、性别、种族、宗教信仰等因素，设计满足各类人群的家具。

2）结构设计原则

仿生设计是通过模仿生物及其附属物各部分之间的构造来安排家具部件与整体之间关系的，因此结构设计尤为重要。在充分了解研究对象的生物主体各部分特点后，利用其构造规律进行家具仿生设计，可以为家具设计带来更多的创新思路。形式各异的生物结构和纹理给予设计师许多灵感，如家具中常见的蜂窝状六棱柱结构

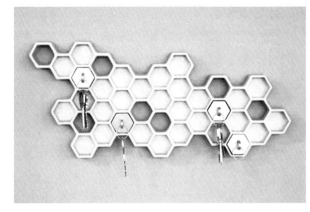

图4-23　蜂窝状六棱柱结构

（图4-23），被公认为科学合理的结构，其设计灵感就来源于排列有序的蜂巢。六边形以及菱形结构的几何元素不仅让空间层次更加丰富，也是最节省家具制造材料的。壳体结构是生物存在的一种典型结构，虽然这些生物壳体的壁都很薄，但能抵抗强大的外力作用。家具设计师利用这一原理，结合新型材料（如玻璃钢、各种高强度塑料等）和新型材料成型技术，制造出了形式新奇、工艺简单、成本低廉的壳体家具。此外，现代办公椅常用的"海星脚"是仿生学在家具设计中应用的典型例子。利用"海星脚"形状的稳定性能设计出椅子的脚型，这样的椅子不仅可以旋转和自如移动，而且稳定性极好，在任何方向上都不会使椅子倾覆。这些是较为典型的仿生设计案例。

3）色彩设计原则

五彩缤纷的色彩是自然界中生物的天然特征。模拟大自然中所蕴藏的奇妙的色彩搭配，将其提炼并加以应用也是仿生设计常用的手法。色彩是产品设计的重要组成部分，在家具设计中承担着重要作用，色彩与仿生概念的结合为设计提供了取之不尽、用之不竭的天然素材，也给家具设计带来更多的创作题材和思路。不同的色彩搭配与构成在一定程度上能影响人们的情绪，并带给使用者某种心理暗示，从而提供更广阔的使用环境。在仿生家具中进行色彩设计时，应充分考虑用户的喜好与色彩需求、家具体系的色调融合，还要满足家具色彩所要表现的实用功能效果，将颜色作为一种视觉传达语言、一种信息、一种符号和某种象征应用于家具，强调色彩意境和自然语言的传递。

4）肌理与质感的设计原则

根据生物学表皮特性，使用特定的工艺来表现与模拟生物表面肌理和材料感受，是仿生设计的重要方法。自然界中万事万物本身就反映着色彩、肌理、材质的对比与调和关系，其组合表现和谐统一，借鉴其中的表现手法可在家具中阐释十足的自然风味。大自然中所有的有机材料呈现的肌理与质感都能应用在家具设计上，用以加强家具的视觉和触觉感受，为用户带来真实与丰富的体验。在设计过程中，需要结合家具本身的实用功能和特征来选择合适的肌理与质感表现。此外，还应考虑到用户在使用时将会面对的现实需求与问题，如充分考虑不同家具表面肌理所引发的不同心理反应，在使用中是否便于清洁处理等。肌理和质感通过生物机制的表面和纹理设计创造出的感觉，不仅会给用户带来与众不同的触觉和视觉体验，更能增强仿生形态的功能意义和生命力，从而引发人们的情感共鸣与联想。

5）可持续发展原则

仿生家具要做到让使用者贴近自然，就必须考虑绿色家具的评价指标，遵循可持续发展的设计原则，按规定的标准进行家具设计。可持续发展原则要求家具在设计制造过程中，尽可能少地使用木材等自然资源，减少生产过程中废渣、废水、废气的产生，减少对环境的破坏。从家具设计、材料选择、生产、包装以及营销等各个方面，严格遵守可持续发展原则。优选环保型的材料，敢于尝试一些新型的无污染环保材料，通过材料选择的生态化促进家具产品的生态化，使家具设计在材料选择上与现代科技接轨。

此外，还应做好家具零部件的回收利用工作。如目前受到广泛关注的纸质家具，用较少的原料、较轻的重量实现较大的承重强度，为家具仿生设计带来新的灵感、新的造型以及新的使用功能。

4. 发展趋势

今天，人们越来越意识到自然的重要性，越来越多的人开始走进自然，争取与自然相处的时间。仿生家具以趣味化、高科技化的特点融入大众的生活，在办公用品、生活用品中随处可见它们的身影，并以其特有的变幻莫测的形式为生活在高压下的现代人缓解枯燥压抑的心理，用其充满自然、善意的设计语言、出其不意的功能和生动可爱的形态慰藉点缀着人们快节奏的生活，也符合消费者渴望融入自然的心理。随着社会的不断进步，家具市场也在不断地更新，从设计角度来讲，仿生家具向"舒适化""实用化"方向发展，中、西方文化融合，返璞归真及抽象设计将成为亮点，仿生家具也将以形式多变、生动活泼、贴近自然成为更多年轻人展示自己个性的体现。

4.3.2 充气家具

充气家具是指各类由气囊组成主体结构，通过对气囊的内部进行气体填充或液体填充的方式，使气囊具有支撑力从而具有使用功能的家具（图4-24）。充气家具一般由各种颜色的单面橡胶布黏合成型，经充气后，根据气囊形状形成各种造型，重量轻、用材少、新颖别致、结构简单、结实耐用、使用方便、价格低廉，便于携带和收纳，可有效节省空间。

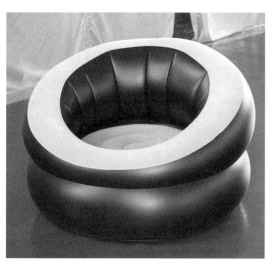

图4-24 充气沙发

充气家具的结构形式对充气袋的材料要求较高，同时在使用范围上受到一定的制约。相较于其他家具，其使用寿命较短，约5~10年。此外，充气家具易破损，需避免尖锐物件碰触。但它材料成本低，质地柔软轻盈，使用起来较为便捷，在市场上具有一定的竞争力。

1. 家具主要类型

充气家具多以几何形造型为主，这是由充气家具的功能和生产工艺要求所决定的。

常见的充气家具有充气沙发、充气床、充气椅等。按照气囊数量分类，又可分为单气囊家具和多气囊家具。

2. 设计现状

充气家具摆脱了传统家具的笨重，色彩艳丽，造型各异，有较好的耐候性、耐腐蚀性，使用功能及使用环境都有了极大的拓展。充气式结构在床榻类家具中较为普遍，在临床医学上利用可充气、可排气的特性，可制成可配合医疗使用的特殊用途床垫。在沙发类家具设计中，可采用气垫包和各类支架结构组合，气垫包里层为气囊，外部用人造革包裹，充分利用流体力学的原理，在坐卧间提供最大的舒适感和稳定感。采用这种方式制作的沙发，比普通木结构包布沙发造价低30%左右，有效地降低了成本。这种充气沙发工艺简单，有利于进行大批量生产。

充气家具在国外比较盛行，种类较为齐全，造型多变。如意大利设计师格·德·贝斯设计的采用透明的塑料气囊充气制成的充气椅。这种充气椅置于室内，晶莹透明，似有似无，格外增添了室内的装饰趣味。

近年来，国外研制的多功能充气家具引发了家具设计新浪潮。充气家具具有多功能、多变化的承重骨架，气囊的形状可以随着骨架的改变而灵活变化，既能形成充气沙发，也能形成充气床，还能变成充气椅，一物多用，受到消费者的欢迎。

3. 设计原则

充气家具通常把承重骨架和充气囊体巧妙地结合在一起，用塑料薄膜或其他透气性较差的弹性材料作包覆材料，通过充气形成稳定的形状，以供人使用。以加热硫化胶布黏合成型的充气家具为例，其主要工艺流程如图4-25所示：

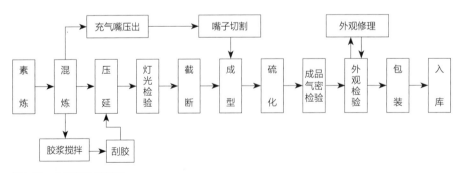

图4-25 充气家具工艺流程

充气家具作为便携和便于收纳的家具产品，在材料的选择上，可以优先考虑橡胶薄膜和塑料薄膜，还可以选择与其他材料相结合，如木材、塑料、金属、竹材等以这些硬质材料作为支承部件，充气材料放于其上，以增加家具的舒适度，提高稳定性及安全性。

与其他家具不同，充气家具主要是以表面来承受重量，单体高度是受限的。因此可采用将若干单体连接起来，构成几何状排列组合、渐变的结构形式。这种结构的几何形体易于加工，且具有气密性好、不易漏气的特点，还便于合理下料，降低产品成本。所以在充气家具中应着重考虑以大体量的几何形为主，或附加以少量的其他形态，使其具有更好的安全性和稳定性。

在充气家具内部结构的设计上，可采用分条状气囊的设计，以保证长时间不漏气，延长使用时间。随着设计的改进，市场上已有像搭积木一样的充气家具，其外罩里面是规格一定的块状气囊，使用者买回家后，可以自行组合成不同的造型，同时提供多种面料的外罩与其搭配使用。

根据人们的需求，现在多功能的便携式充气家具也越来越多。充气家具的气垫设计原则总结如下：

（1）层数。气垫的层数以2~3层为宜，厚度不宜太薄，在气垫层之间增加一层薄海绵，防止气垫层直接接触产生滑动，引起不稳定。

（2）充气量。气垫的充气量要适度，达到表层较软、底层较硬的最佳状态。而靠垫的充气量可以适当饱满，从而增加对背部和腰部的支承面积，提升舒适度。

（3）排列方式。气垫的气囊表层宜采用竖向排列，气垫层之间采用纵横交错的排列方式，以提高稳定性。而靠垫的排列方式宜采用横向排列，气垫层之间宜采用纵横交错的排列方式。

（4）稳定性。将条状气囊包覆外罩后形成分隔状排列，以起到固定作用，从而提高气垫的稳定性。

（5）材料。宜选择弹性及气密性较强的材料，以保证充气后的舒适度、稳定性和耐久性。

（6）面料。对于成品的气垫，其设计原则与海绵垫一致，即选择无纺布外罩及其他装饰性、使用性较好的外罩材料，可以起到固定气垫的作用，从而增强它的稳定性。

4．发展趋势

由于充气家具色泽鲜艳，种类较多，带给人们舒适的同时也是美的享受。充气家具可以折叠，不占地方，便于携带。使用前，只要几分钟时间，就可以充满气体；不用时，可放出气体，折叠保存。灵活的使用方式使其具有广阔的发展前景。

4.3.3　折叠家具

折叠家具是指某个或某些构件能够进行折动，并且呈现出合拢、展开或半展开状态的一种家具形式（图4-26）。折和叠是此类家具的一种结构形式，也是其典型特征。折叠结构是一种存在两种或多种工作状态的独特结构，包含展开状态和收纳状态，即用时展开，不用时可以折叠收纳的结构。从结构本身解释，折叠结构是通过折叠改变自身形态从而改变功能，且能完整恢复到初始状态的结构。从广义上说，折叠结构是一种能屈能伸、可开可合的结构，只要包含以上特点，都属于折叠结构的范畴。

折叠家具的设计是以折叠的结构设计为出发点的。折叠家具由于其结构可变、功能多样的特点，在各种场合皆可使用，在家居空间中，折叠家具在家具组合、空间利用等方面发挥着重要的作用。折叠家具最大的特点是可形变，通过把家具进行折叠，便于存放收纳携带。折和叠是两种不同的动词。家具中折的结构是以围绕轴心做回转的形式来体现的。这种结构是以一个或多个轴心来折动的。如马

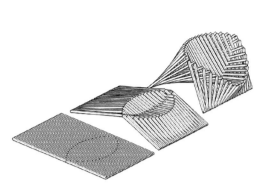

图4-26　折叠家具

扎，便是典型的折式结构。轴心式的折式结构是被使用的最早、最广、最经济的构造形式之一。叠是以叠积的形式出现。叠的家具能节省整体的堆放空间。通过叠的设计，使家具能上下或前后相互容纳，从而达到便于放置的目的。

1.　家具主要类型

折叠家具从不同角度可以分为很多种类，如表4-7、图4-27所示。

（1）按折叠家具本身的体积大小可分为：大型家具，如床、沙发、衣柜；中型家具，如茶几、餐桌、床头柜；小型家具，如椅子、板凳、梯子。

（2）按折叠家具的类型可分为：坐卧类、凭椅类、茶几类、凳椅类、收纳类。

（3）按折叠自身的构成形式可分为：单体叠、单体群体叠、折后群体叠。

折叠的种类划分

表4-7

种类名称	划分依据	运动方式	形态构造	备注
单轴心折叠	折叠结构本身折动轴心的多少	旋转	L形、卜形、X形	表中所列"形态构造"一栏为折叠形式中较为基本和常见的，将它们进行合理地排列组合，又可以形成新的折叠形态
多轴心折叠		旋转、伸缩	M形、多重X形	
旋转折叠	运动方式	旋转	L形、卜形、X形、多重X形	
伸缩折叠		伸缩	多重X形	
刚性折叠	折叠结构所用材料的刚柔程度	旋转、伸缩	L形、卜形、X形、多重X形	
柔性折叠		旋转	C形、M形	
整体折叠	折叠的构成元素	旋转	X形、M形、多重X形	
局部折叠		旋转、伸缩	L形、卜形	

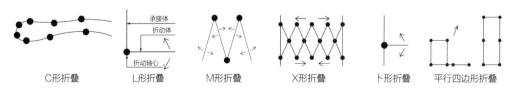

C形折叠　　L形折叠　　M形折叠　　X形折叠　　卜形折叠　　平行四边形折叠

图4-27　常见折叠方式

（4）按使用空间可分为：卧室空间家具、客厅空间家具、厨房空间家具。此分类法的不同空间家具具有重叠性。

（5）按使用过程中的折叠方式可以分为：轴心式折叠、平行式折叠、重叠式折叠、卷式折叠、套式折叠、多类型结构折叠。

①轴心式折叠

轴心式折叠包含V形折叠、X形折叠等。V形折叠一般采用V字形合页或者轴旋转的折叠结构，结构简单，可操作性强，常适用于重量较轻、折叠结合点在折叠家具的两端位置、体积小等类型的家具。X形折叠结构指同类产品重叠时有部分相互容纳而有些部分由于基础形态存在差异往往不能相容的结构类型。X形折叠在家具设计中的应用更为广泛，因其折叠程度更深、结构稳定、固定点选择性更强，无论是小型家具产品还是大型家具都会较多地选择X形折叠结构，一般称之为中度重叠家具。

②平行式折叠

即结构相同、形状有规律的、可进行推拉压缩的折叠结构。根据其折叠之后的状态，一般被认为是深度折叠。平行式折叠家具通常是通过改变家具的高度或者长度来调节家具的尺寸。在折叠的过程中，一般是沿着基体的界面方向以一种直线或者曲线的形式进行折叠，有一定的压缩效果呈现，以满足使用者的工作空间需求。在不使用的情况下通过折叠能够最大程度地减少空间浪费。

③重叠式折叠

重叠式折叠主要形式体现在"叠"上，采用前后可以相互容纳而便于重叠放置的方式，从而达到节省堆放空间的效果。

④多类型结构折叠

多类型结构折叠家具往往都是一些个体偏大、重量偏重的大型家具设施，这些家具结合了各种折叠结构，并且根据各自优点将其设计在大型家具的不同局部。这些大型家具往往不会进行整体折叠，而是通过折叠较小的部件进行功能上的转换或者删减，所有变化过程对其主要功能没有影响。

2. 设计现状

随着我国工业化和城市化进程的加速，城市人口数量急剧增加，小户型住宅也随之增加，折叠家具因其可以增加功能、减少占用空间等优点发挥了重要的作用，因此折叠家具的市场需求不断提升。传统的单一化的折叠家具已不能满足使用者日益增长的个性化需求，对折叠家具的探索和研究也在不断深入。但由于我国在折叠家具的标准化、批量化生产方面起步较晚，在设计创新和质量品质等方面还有待改善。

对于折叠家具的研究，目前主要集中在结构、功能、大小等技术和功能方面。伴随着用户体验要求的提高，用户对折叠家具的安全等可用性方面有了更高的要求。随着人们对生活品质的追求不断提高，产品设计审美有所提升，整理空间的意识逐渐加强，个性化色彩的要求日益显著，家具设计也朝着产品多功能化、用户情感化、使用多元化、空间模块化的方向发展。

3. 设计原则

折叠家具有轻便、可叠放的特征，在设计中既包括了造型设计，又包括了折叠结构和折叠方式的推理。

1）结构稳定

折叠使家具本身的体量减小，可以使家具群体形成统一且多变的空间风格用以满足实际功能要求。折叠结构的设计要保证家具使用过程中的稳定、坚固，并且能够承载单个或多个物体的压力，并对其连接的其他结构具备基于"折叠"部位的精确连接（图4-28）。

图4-28 折叠结构

2）变换功能

折叠家具是通过折叠进行功能转换的，在结构变换的过程中完成家具形式和功能的转换集成，各种功能需求占比如图4-29所示。折叠的功能设计，打破了常规的家具功能，由两个或更多结构组成，同时创造出新的形状和功能，新颖有趣且舒适，为消费者带来更多体验。

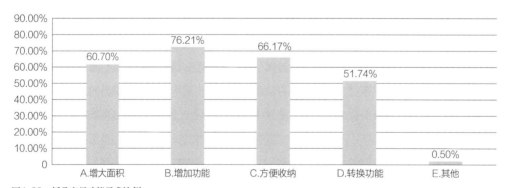

图4-29 折叠家具功能需求比例

为实现安全性、实用性、便利性、舒适性和美观性，"折叠"允许家具在不同时间、同一空间中实现不同的功能。通过巧妙的变化不但可以激发消费者的好奇心，更为消费者带来乐趣、便利以及人性化体验。因此，必须根据人们在日常生活中的生理和心理特征以及人体工程学原则来进行折叠家具设计。如结合人体各部位的特征，研究折叠点的位置、大小和角度，并尝试使其适应一般人群的生理折叠舒适度。各种折叠家具类型对于功能的需求如表4-8所示。设计过程中应尽量减少折叠步骤，以减少折动变换过程中的体力和时间的损失，提高使用效率，增强家具操作的便利性。

			表4-8
折叠家具分类	空间特点	折叠结构分类	具体功能
卧室空间家具	空间狭小，使用率要求普通	增加空间型	便于收纳、降低运输、储藏成本、便于携带
客厅空间家具	空间较大，使用率要求普通	增加空间型	
厨房空间家具	空间较小，使用率要求很高	增加功能型	增大使用面积、增加使用功能
阳台空间家具	空间较小，使用率要求很高	增加功能型	

折叠家具及折叠结构功能对应表

同时，折叠家具必须考虑工艺水平、材料处理技术、折叠范围和折叠方法，还需要考虑人们的使用习惯，以此优化折叠家具尺寸、形状、颜色、材料、装饰图案等，并通过合理的折叠设计为人们提供多样化的工作、生活方式（图4-30）。

3）优化重组

折叠结构在家具产品设计中被大量采用，是由于其可达到产品结构合理化、功能多样化、操作易用化、造型美观化、空

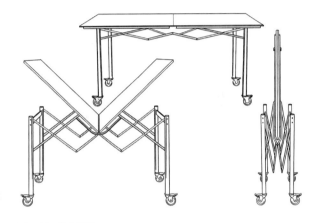

图4-30 优化折叠

间节约化、材料节省化等符合现代设计学体系中评价产品的相关标准。在设计实践中，设计师基于对产品的价值分析，在对用户的生活习惯、空间，以及用户对产品的真实需求进行深度了解、技术可行的前提下，在一定规则内对折叠结构进行解构、重组、创新来优先实现产品功能，不断创造具有更多美学价值的折叠家具产品形态，为用户设计全新的使用方式。

4. 发展趋势

折叠家具盛行的原因不只是多变的功能，更是因它引领了一种新颖的生活方式。多元化的社会发展步伐促进着折叠家具市场的发展，未来折叠家具的可用性研究将从用户的使用需求和期望出发，针对使用者更高层次需求，通过对折叠家具的现状、发展和应用的深入研究，为折叠家具的可用性发展进行分析和拓展。未来国内折叠家具的发展形势趋于模块化，不仅是在传统的结构上的模块区分，在功能上也将以模块的形式进行区分，结合用户的生活习惯、家具的实用功能需求、用户类型、产品可行性等具体因素对高可用性的折叠家具进行合理设计探索。

4.3.4 定制家具

定制家具是家具企业在大规模生产的基础上，将个体消费者视为单独的客户，根据消费者的个体需求而设计制造的个人专属家具。定制家具注重体现人文关怀，能够充分满足消费者的个性化需要，

针对消费者的家庭成员、生活习惯和生活方式等情况，提出空间划分、家具搭配、色彩搭配、装饰品搭配等整体环境的解决方案（图4-31）。

定制家具可在功能化的基础上体现家具设计个性化与一体化的完美结合以及个体的审美情趣，其主要特点如表4-9所示。

随着人们的生活水平逐渐提高，对于能合理规划利用空间，增加储物，并提升室内设计效果的定制收纳家具需求也在提高。区别于传统成品家具的厂家先生产、用户再购买的形式，定制家具则是用户先选择、厂家再生产的形式，其供应链结构如图4-32所示。目前我国市场上的定制家具多为板式柜体，如橱柜、衣柜、书柜等。

图4-31　定制家具

定制家具的特点　　　　　　　　　　　　　　　　　　　　　表4-9

项目	手工家具		成品家具	定制家具
	现场手工制作	高档实木手工制作		
主要优势	1. 尺寸贴切、空间利用率高 2. 个性化设计	1. 尺寸贴切，空间利用率高 2. 个性化设计 3. 材料高档，做工精美	1. 形式美观，多种材质可选 2. 标准化产品，即买即用 3. 价格稍低	1. 尺寸贴切、空间利用率高 2. 个性化设计 3. 工厂生产、安装便捷 4. 整体款式、风格统一 5. 款式新颖、潮流
主要劣势	1. 质量不稳定 2. 欠缺美观 3. 如需油漆，材料存在环保隐患 4. 没有成本优势	1. 价格较高 2. 工期长 3. 原材料短缺	1. 空间利用率低 2. 风格、尺寸等较难自由选择	价格比成品家具高

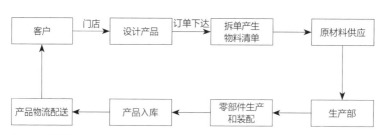

图4-32　定制家具流程时间轴及用户参与度

随着社会工业化水平的不断提高，商品种类日益丰富，传统的大批量生产的制造体系造成了市场产品的同质化。千篇一律的商品已经满足不了人们对于精神文化日益增长的需求。消费者追求唯一、满足自我的要求正在催生产品的私人化及独特性，高效廉价的大批量生产与消费者对于个性化需求的矛盾也成为市场亟待解决的一个主要矛盾。因此，以用户体验为核心的市场环境决定了满足个性化的私人定制消费趋势必将成为主流。

1. 家具主要类型

1）按空间区分：门厅家具、厨房家具、客厅家具、餐厅家具、卧室家具、功能房家具、卫生间家具。

2）按功能区分：门、门厅家具（鞋柜、斗柜、衣帽柜等）、整体厨房（橱柜、门、灶、电器、中岛台、厨房酒柜等）、整体餐厅（餐桌椅、餐边柜、餐厅酒柜等）、客厅家具（电视柜、书柜、沙发、茶几、博古柜等）、卧室家具（衣柜、电视柜、梳妆台、床头柜、书柜、展示柜等）、书房家具（书柜、书桌、电脑桌椅、地台柜等）、阳台家具（阳台柜、榻榻米、地台柜、洗衣柜等）、卫生间家具（整体浴柜、马桶、浴缸等）、儿童房家具（儿童衣柜、书柜、书桌椅、床头柜等）。

3）按风格特点区分：中式、美式、法式、韩式、英式、欧式、新古典式、地中海式等。

4）按结构框架区分：板式家具、实木家具等。

2. 设计现状

随着经济、时代的快速发展，传统的家具设计制造方式已无法满足用户日益增长的个性化定制需求，在当今强调消费体验的背景下，用户需要的是在满足基本使用需求的前提下拥有独创性价值的家具产品。人们更喜欢在居家生活中加入更多自主的创意与特色，这使得人们对全屋定制家具

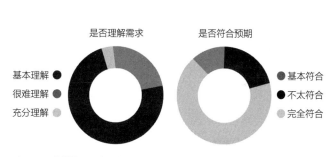

图4-33　定制家具用户需求与预期结果对比

的需求呈现上升趋势。目前定制家具用户需求与预期结果相对比较精准（图4-33）。

虽然定制家具市场广阔，发展迅猛，但仍然存在一些问题，如一些家具企业偷工减料、尺寸不精准、售后服务不到位等。此外，家具行业大规模个性化定制的体验模式单一，仅针对商家提供的装饰性定制选项进行反复替换从而产生定制方案，对于了解用户的实际定制需求和改善定制体验问题亟待进一步的探索和研究。

整体来看，我国定制家具行业正处在大规模取代传统成品家具的变革时期，随着定制家具行业快速发展，非标准件的比例不断提高，以个性化、大批量为特点的柔性化生产将成为实现大规模定制生产的关键技术。在此过程中，应注意如下问题：

1）提升定制家具产品的自主创作力

对于定制类家具而言，其发展的动力源于创新，私人定制产品需综合客户消费需求、内心期待等，整体设计较为复杂。但目前市场上同质化问题严重，多数产品仅颜色、尺寸有区别，原创定制家

具产品奇缺。由于自主创新能力有限，许多款式照搬国外设计，缺乏品牌影响力，无法提升企业的市场竞争水平。

2）完善定制家具企业的服务体系与综合素养

定制家具企业应尽快完善、提升自身的综合实力，包括创新设计水平、生产制造水平、营销服务水平、品牌文化价值水平等方面。

3）制定定制家具市场标准化的行业制度

定制家具产品没有统一、规范化的行业制度，缺少对市场的科学约束。该领域必须尽快制定完善的行业标准才能使家具定制市场越来越规范，越来越繁荣。

4）植入传统文化内涵提升生命力

当前各种类型的定制家具产品更多是对现代文化理念的阐述，体现的是技术层面的满足，没有与我国传统文化元素进行深层次的融合。定制家具产品传统文化元素运用较少，难以满足人们日益增长的文化需求。

5）引导客户深层次的体验参与

定制家具产品应注重客户参与，倾向对客户要求、内心需求等的把握。在设计实践中，大部分客户仅将自己的需求或者意向简单地罗列，其余全部交给家具制造企业负责。这样客户与家具企业之间的互动就难以深入，很多细节设计也难以全面考虑并落到实处。

3. 设计原则

个性化定制是以低成本和高效率的大规模生产方式满足用户独特情感需求的一种创新型定制服务模式，其主要特征之一是利用智能化的制造体系以非标准化的结构尺寸满足用户定制需求。整个定制家具设计流程涵盖了沟通、量尺、设计、生产制作、安装等流程。其一般流程如下：

到店体验或在线预约——上门量尺——数据库云设计——确定方案——付款下单——3D虚拟制造——自动化智能系统处理——智能开料——条形码应用系统调配——生产过程自动控制系统处理——产品包装——物流中心配送——上门安装——客户签收。

对于板式结构而言，定制家具的整体解决方案如图4-34所示：

家具个性化定制只有全面真实地了解用户实际需求，才能合理规划用户期待的定制信息和定制体验模式。由此可见，要提升用户对家具定制过程的满意度，需要基于合理方法调研用户需求，对定制模式设计提出创新思路，遵循家具定制设计方法及设计原则。

1）创新设计方法流程

首先通过对用户进行调研访谈，了解其在现有定制模式下的实际体验感受，总结分析用户在体验过程中的问题，针对用户的定制需求规划不同的定制模式提供方式，从而为定制模式的创新设计提供思路。

2）基本设计需求分析

根据定制模式特点，用户对定制模式的基本设计需求分为可操作性需求、参与性需求、情感化需求、美观性价值需求和自我认同需求五个方面。

（1）可操作性需求。在提供定制模式的时候需要考虑用户对新模式形成认知的过程，让用户可以

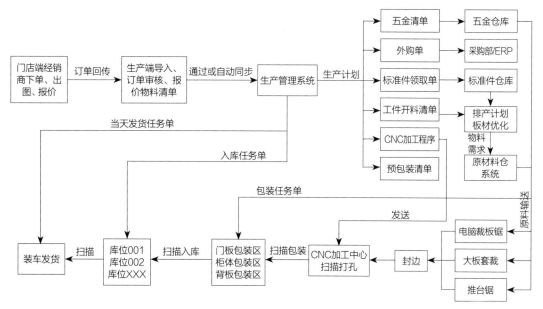

图4-34 板式定制家具的整体解决方案

通过以往定制模式的使用经验对创新定制模式进行使用和操作，使其能够按照用户的认知合理推进家具的定制操作步骤。

（2）参与性需求。定制模式需要让用户在购买的同时，参与到家具的设计过程中，合理把握用户参与家具设计定制的程度，参与感的合理安排能够有效提升用户的定制体验。

（3）情感化需求。时刻关注用户在定制家具时的状态和情绪变化，兼顾用户的情感需求，从用户定制时的情绪体验出发，设计定制模式。充满人性化的定制设计会令用户在定制时的情感需求得到满足，进一步提升用户对定制体验的满意度。

（4）美观性价值需求。定制模式的设计需要考虑用户需求并把握最终方案的美观性，满足其追求商品个性化、独创性和美观性的心理，在定制内容的提供上呈现多样性，提升定制家具产品的美学价值。

（5）自我认同需求。用户对家具的定制设计过程是一个不断与自身需求进行校对的过程。设计的定制模式需要给用户传达出积极正面的定制预设，鼓励用户大胆地提供自己的定制想法，使用户需求在定制过程中得到认可。

3）用户研究与分析

对定制家具的用户人群必须进行深入调研分析。需要从服务用户的角度出发，调研不同类型的用户产生的差异性定制需求。家庭成员数量、教育背景、环境因素、个人喜好等的不同，会导致对定制家具的需求不同。对不同人群产生的定制需求进行相似点提取和模块化归类，为用户需求提供多重选择的模式。

4）创新定制模式设计

根据对用户的相关需求分析，按照定制人群特征进行定制模式设计：对于在设计领域有专业知识基础或对自己设计的定制家具充满自信的人群，为其提供自由定制模式，给予用户足够的发挥空间，根据其自身的设计能力对个人追求的家具风格进行设计定制；对于没有任何美学基础或缺乏自我认同感的定制人群，提供以层次分析法为依据构建的创新定制模式。即系统在后台为用户选择的定制信息进行专业的数据分析，根据指标的综合评价，确定最终使用户满意的定制方案。

5）系统化设计

系统化设计就是根据各种需求，通过专业设计师的整体规划和专业生产企业的先进工艺，制造出贴合用户需求的家具设计形式，由设计系统、服务系统、风格系统、材料系统、价格系统等要素有机联系组成。系统化设计强调造型、功能、工艺、材质、空间等需求的系统设计搭配，以满足消费者的多元化需求。系统化设计在国际上已经成为主流趋势，而我国则刚刚起步，国外的许多经验都值得我们学习与借鉴。

（1）设计系统化：即重点强调产品设计的个体化与人性化。重视与用户的交流，在满足个人品位的同时，还要兼顾产品的功能实用性，以及与房屋设施的兼容性和空间利用的合理性，以满足人们个体化的多种需要。

（2）服务系统化：构建完善与高效的服务体系，保证服务网点的合理分布和完善的信息管理系统，并制定统一的服务标准和售后服务团队，给予客户长期的质量保证。

（3）风格系统化：个体要与局部有机结合，局部与整体要协调搭配。

（4）材料系统化：材料在选用上要注意功能与造型的协调，使之在具有美观性的同时，还应具有组合性、功能性、耐用性，并能够产生丰富多彩的变化组合。

（5）价格系统化：系统化家具因其销售的不规则性，自成一套定价体系，即除标准品外，不设统一的成品标价，但有统一的计价标准。

4. 发展趋势

在如今以体验为主的经济环境中，消费者的消费需求已然发生了改变。随着定制家具的快速发展，以及互联网思维的深入，再加上大数据、增强现实、虚拟现实以及人工智能等新兴技术的影响，整个定制家具产业链的核心竞争力，已经逐渐从"单一"模式向"高端定制"的趋势发展。定制家具行业也将更加规范化、标准化。总而言之，它将朝着以下几个方向前进：

1）定制家具逐渐品牌化，拥有自身的品牌文化

国内定制家具企业在意识到品牌化的商业价值后，实现自我创新，打造自己的品牌风格和定位，进而让消费者熟知自己的品牌文化。

2）定制家具行业重组成为必然趋势

随着国内家具行业的设计准则规范化、标准化发展，我国定制家具行业也将必然面临着协作和重组。

3）定制家具将走向高端化，迎合国内高收入群体

随着大众消费能力提升，消费群体对居住生活环境的追求升级，定制家具也开始向着高端路线延伸，并让大众开始意识到品牌文化、内涵、服务的重要性。

4）定制家具逐步智能信息化

现在的定制家具生产模式是先进的制造技术通过信息化、系列化、标准化、模块化、工业化和用

户的个性化需求以及批量化生产的有效结合。

5）定制家具制造流程更趋绿色化

在人们生活水平不断提升的当下，家居产品的健康环保特性已经是用户的首选项，绿色的家居理念越来越受大众的追捧。定制家具逐步向绿色发展的方向演变。

4.4 家具设计与功能

家具的使用功能即为家具的实用性，这是家具最基本的作用。它能为人们工作、学习、生活、活动和休息等提供最基本的物质保证，以提高工作、学习的效率和休息的舒适度。从使用特点看，家具的功能可分为支承功能、存储功能和凭倚功能三大类。

1）支承功能：是指家具支承人体和物品的功能。支承人体功能的家具又称"承人家具"，主要有床、凳、椅、沙发等。它与人体直接产生关系，与人们的生活关系最为密切，因而是家具最基本的功能之一。支承类家具必须尽可能贴合人的活动特征，提供可靠、舒适的支承。承物家具主要有桌、柜台、茶几、架等。它主要作盛放物品之用。承物家具中的大多数家具与人的活动都有较为密切的关系，所以同样应满足人体工程学的要求。

2）存储功能：指家具主要用于贮存物体。这一功能主要体现在柜、橱、箱等家具上，它们能有序地存放工作、生活中的常用物品，使工作、生活具有条理性，并能保持室内环境整洁，提高综合效率。

3）凭倚功能：以台、桌类为主的供人们学习和工作倚靠用的家具。凭倚类家具还兼有盛放、贮存物品的功能，如写字台的脚柜、抽屉可以存放一些学习用品和书籍资料；餐桌的台面可以放置物品。

4.4.1 支承类家具

是指与人体直接接触，起着支承人体作用的家具，如椅、凳、沙发、床等。其功能主要是使用其坐、靠、卧时符合人的身体、生理、心理三方面的特点和需要，从而满足人们的工作和休息。支承类家具是家具中最古老、最基本的家具类型，与人体接触最多，使用时间最长，使用功能最多、最广，造型式样也最多、最丰富（图4-35）。

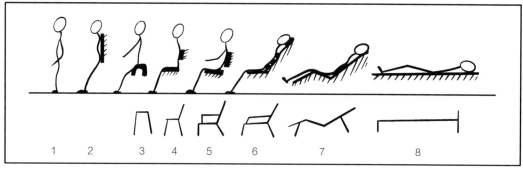

1. 立姿；2. 立姿并倚靠某一物体；3. 坐凳状态，可作制图、读书等使用的小型椅子；4. 座面、靠背
　　支承着人体，可作一般性工作、用餐；5. 较舒适的姿势，椅子有扶手，用于用餐、读书等；
　6. 很舒适的姿势，属沙发类的休息用椅；7. 躺状休息用椅；8. 完全休息状态，用于床、机器操作等

图4-35　人体各种姿势与坐卧家具类型

1. 家具主要类型

支承类家具按照形式的不同可分为凳类、椅类、沙发类、床榻类四类（图4-36）。

图4-36 凳、椅、沙发、床榻

1）凳类

凳类家具的基本形式由支承结构和座面两部分构成，结构简单，使用方便，材料多样。有马扎、方凳、墩凳、长条凳、板凳等形式。不同国家和地区对其造型又融入了自己独特的文化因素，形式千变万化。凳类家具以方便为主，多适用于临时休憩，对舒适性要求不高。常用材料有木材、石材、藤、金属、塑料等。

2）椅类

椅类不同于凳类的是，其座面以上配置有靠背或扶手，有扶手的称为扶手椅，没有扶手的称为靠背椅。椅子诞生之初是权威的物化形式，起到区别、象征使用者的身份、等级的作用，时至今日，椅子的使用已非常广泛。常见的类型有办公椅、餐椅、休闲椅等。因可作为长时间坐靠的承载类家具，并出于人对健康、生活便利性和环境的考虑，椅类对使用的功能性以及舒适性的要求越来越高，具体体现在造型、结构、材质等方面。

3）沙发类

沙发也是坐具的一种形式，由西方早期的榻和软包扶手椅两者结合衍变而来，是早期西方上流社会追求舒适的生活方式和沙龙聚会的产物。沙发采用弹性材料如弹簧或海绵等做座垫，座面用华丽的织物或皮革包衬，舒适大方。经过多年的发展，沙发已从原来的单一形式发展到有单人沙发、双人沙发、三人沙发、四人沙发、组合沙发、沙发床等多种形式，结构、材料和面料也已丰富多彩，成为现今家庭中必备的家具之一。

4）床榻类

床是人类睡眠休息时使用的常规家具，在日常生活中占有极为重要的地位。早期的人们在劳动之余，为了自身身心功能的恢复，自觉地利用天然物来满足自己睡眠的需要。为满足最大限度的身体放松，会选择躺在一块平整干燥的石板或草坪上，这就产生了床的原型。进入定居时代，在没有现成睡具的情况下，人们就通过采集各种材料来仿制。经过几千年的发展，从古至今，床具有很大的变化，现在根据功能和空间需要，有单人床、双人床、折叠床等形式各异的床。

2. 设计原则

支承类家具的基本功能是使人们坐得舒服、睡得安宁、减少疲劳和提高工作效率。还可分为卧具和坐具两大类。其中床、榻属卧具，都是用来供人休息的，所以必须有一个能让人舒适平躺的面作为它最基本的功能形态。椅、凳属坐具，必须在离地一定高度上有一个支承人体臀部的平面。座椅设计的理想形态是便于人体调整姿势，并最大限度地减轻身体疲劳。休息用坐具的主要品种有躺椅、沙发、摇椅等。它的使用功能是把人体疲劳状态减至最低程度，使人获得满意的休息效果。因此，对于休息用椅的尺度、角度、靠背支承点、材料的弹性等的设计要经过精心考虑。

在支承类家具设计中，最关键的是减少疲劳的设计。如图4-37所示，桌椅类的设计高度对坐姿有着明显的干扰和影响。通过对人体的尺度、骨骼和肌肉相互关系的研究，使这类家具在支承人体重量及各种动作时，将人体的疲劳度降到最低，从而获得最舒服、最安宁的状态，同时也可保持最高的工作效率。

| 正确坐姿 | 椅子太高 | 椅子太低 | 桌子太低 | 桌子太高 |

图4-37　桌椅高度对坐姿的影响

进行坐具设计时，由于腿部软组织丰富且有动脉通过，无合适的立承位置也不具备受压条件，故椅座面宜选半软稍硬的材料，座面前后也可略呈微曲形或平坦形，这有利于肌肉的松弛，便于起坐。此外，来自肌肉和韧带的收缩也是疲劳产生的原因之一。当肌肉和韧带处于长时间的收缩状态，人体给这部分肌肉供给养料不足时，这部分肌肉也会感到疲劳。因此在设计时必须考虑人体生理特点，使骨骼、肌肉保持合理状态，血液循环与神经组织不过分受压，达到使用过程最舒适的状态。坐具尺度设计分析可参考图4-38。

在卧具设计中，应能使人尽快放松身体，所以必须注重考虑床榻与人体的关系，着眼于床榻的尺度与床榻面（床垫）弹性结构的综合设计。床是否能消除人的疲劳，除了合理的尺度之外，主要取决于床或床垫的软硬度能否适应支承人体卧姿处于最佳状态。床面过硬时，压力分布不均匀，造成局部的血液循环不好，肌肉受力不适等；床面过软时，由于重力作用，腰部会下沉，造成腰椎曲线变直，背部和腰部肌肉受力，从而产生不适感，进而直接影响睡眠质量。

支承类家具如沙发、椅子等本身是用来支承人体重量的，用户在使用过程中可能会有各种不同的姿势、各种不同的使用情形，此时家具是否能维持稳定状态至关重要。家具使用状态下的稳定是指家具在被正常使用时，可能受到各种外力的作用，而仍然能保持正常使用状态的性能。如柜体使用时，因为开启柜门要对柜体施加一个与柜体正面垂直的力，有可能使柜体向前倾覆；当临时要移动柜体时，通常的行为是对柜体的侧面施加一个推力，这个力有可能使柜体侧倾。当使用台桌类家具时，往往需要家具能支承身体的一部分重量，如靠、坐在家具表面，这些时候都要确保家具维持稳定状态。

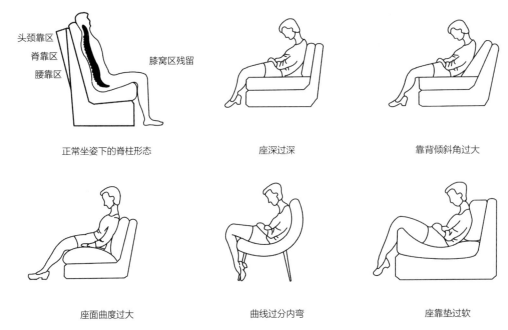

头颈靠区
脊靠区
腰靠区
膝窝区残留

正常坐姿下的脊柱形态　　　　　座深过深　　　　　靠背倾斜角过大

座面曲度过大　　　　　曲线过分内弯　　　　　座靠垫过软

图4-38 坐具尺度设计分析

4.4.2 存储类家具

是指与房屋发生尺度与空间上的关系，并起着存放物品或空间分隔作用的家具。存储类家具又称贮存类或收纳类家具，是收纳、整理日常生活中的器物、衣物、日用品、书籍等的家具。

1. 家具主要类型

根据存放物品的不同，可分为柜类和架类两种不同的贮存方式。柜类主要有大衣柜、小衣柜、壁橱、被褥柜、床头柜、书柜、玻璃柜、酒柜、菜柜、橱柜、组合柜、物品柜、陈列柜、货柜、工具柜等；架类主要有书架、餐具食品架、陈列架、装饰架、衣帽架、屏风和屏架等。其功能除符合人的身体、生理、心理等要求外，主要是有利于物品的储藏、合理利用内部空间，以及取、存的方便等。

2. 设计原则

存储类家具由供物品放置的支承面和支架组成（图4-39）。主要是处理物品与物品之间的关系，其次才是人与物品之间的关系，即满足人使用时的便捷性。其功能设计必须考虑人与物两方面的关系：一方面要求贮存空间划分合理，方便人们存取，减少人体疲劳；另一方面要求家具贮存方式合理，贮存数量充分，满足存放条件。

人们日常生活用品的存放和整理，应依据人体操作活动的可能范围，并结合物品的使用频率考虑存放位置。为了正确确定柜、架、搁板的高度及合理分配空间，首先必须了解人体所能达到的动作范围。这样，家具与人体就产生了间接的尺度关系。这个尺度关系以人站立时，手臂的上、下动作为幅度。按方便的程度，可分为不同区间（图4-40）。通常认为在以肩为轴，上肢为半径的范围内存放物品最方便，使用次数也最多，又是人的视线最易看到的区域，因此，常用的物品就存放在这个区域。

而不常用的东西则可以放在需伸手才能达到的位置，同时还必须按物品的使用性质、存放习惯和收藏形式有序放置，力求有条不紊、分类存放、各得其所。

在存储类家具设计时，还需考虑柜类体量与室内环境配置的良好视感。从单体家具看，过大的柜体与人的情感较疏远，在视觉上如同厚重的墙体，缺乏通透与交流，体验不到亲切感。

存储类家具除了考虑与人体尺度的关系外，还必须研究存放物品的类别、尺寸、数量与存放方式，这对确定存储类家具的尺寸和形式起重要作用。为了合理存放各种物品，必须找出各类存放物容积的最佳尺寸值。因此，在设计各种不同的存储家具时，首先必须仔细地了解和掌握各类物品的常用基本规格尺寸，以便根据这些素材分析物与物之间的关系，合理确定适用的尺度范围，以提高收藏物品的空间利用率。既要根据物品的不同特点，考虑各方面的因素，区别对待，又要照顾家具制作时的可能条件，制定出尺寸通用的系列。如图4-41、图4-42所示衣柜收纳示意，换季及不常用物品放置在不易存取的高位，而对于常用物品则放置在肢体便于触及的中间位置。

除了存放物的规格尺寸之外，物品的存放量和存放方式对设计的合理性也有很大的影响。随着人们生活水平的不断提高，贮存物品的种类和数量也在不断变化，存放物品的方式又因各地区、各民族的生活习惯而各有差异。因此，在设计时，还必须考虑各类物品的不同存放量和存放方式等因素，有助于提升各种存储类家具的贮存效能。

图4-39　柜类存储家具

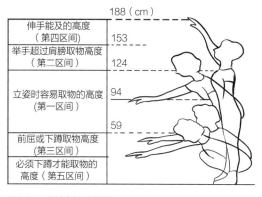

图4-40　收纳空间尺度划分

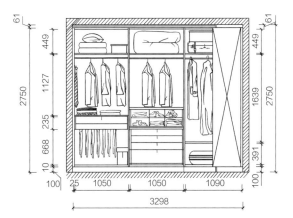

图4-41　衣柜收纳示意图（单位：mm）

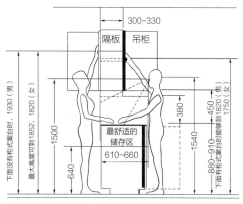

图4-42　垂直作业尺度分布（单位：mm）

4.4.3 凭倚类家具

这是介于支承类、存储类家具之间，起支撑作用的家具。凭倚类家具又称准人体类家具，是指使用时与人体活动有密切关系，并能够辅助人体活动、承托物体的家具，如桌、台、几、案等（图4-43）。凭倚类家具的结构一部分与人体有关，另一部分与物体有关，主要供人们凭倚、伏案工作，同时也兼有收纳物品的功能。

图4-43　工作桌

1. 家具主要类型

凭倚类家具主要分为三类：第一类是以人坐下时的坐骨支撑点（通常称椅座高）作为尺度的基准，如写字桌、阅览桌、餐桌等，统称为坐式用桌；第二类是以人站立的脚后跟（即地面）作为尺度的基准，如讲台、营业台、售货柜台等，统称站立用工作台；第三类是几架类，有茶几、条几、花几（架）、炕几等。

2. 设计原则

凭倚类家具的基本功能是适应人在坐、立状态下，进行各种操作活动时得到相应舒适而方便的辅助条件，并兼作放置或贮存物品之用。因此，它与人体动作产生直接的尺度关系。其设计原则有以下几点：

1）使用功能宽泛。在人类的正常活动中，主要与凭倚类家具产生联系，但这种联系又是松散型的，如工作时与工作台或办公台有关，就餐时与餐桌或餐台有关，梳妆时与梳妆台有关，书写时与写字台有关，休闲时与茶几有关。但这种关系不同于存储类、支承类家具，存储类家具属于纯服务型，使用过程中不与人体接触；支承类家具则相反，不但要与人体接触，而且还要承载人体的全部或大部分重量，使用的主要目的是为了消除或减少疲劳；而凭倚类家具则在一定程度上介于前两者之间，主要用于辅助人们的生活与工作。

2）设计重点分散。凭倚类家具的设计重点较分散，特别是一部分家具如几类和台类属全方位视觉先导型产品，需要设计者根据配套产品来突出设计重点。

3）主要功能与辅助功能相结合。凭倚类家具以最上层主台面作为主工作面，即产品的主要功能，但大多数产品除主要功能外，还有相应的辅助功能，如写字台还具有收纳功能，梳妆台也具有收纳与陈列功能等。

在台面类凭倚家具的设计中，需注意桌子的高度与人体动作时肌体形状及疲劳感有密切的关系（图4-44）。过高的桌子容易造成脊椎侧弯、眼睛近视等，还会引起耸肩和肘低于桌面等不正确姿势，从而引起肌肉紧张、疲劳，使工作效率减退；桌子过低也会使人体脊椎弯曲度加大，易使人驼背、腹部受压，引起呼吸运动和血液循环障碍等。因此，舒适和正确的桌高应该与椅座高保持一定的尺度配合关系（图4-45）。

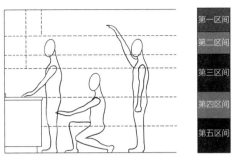

图4-44 人体活动舒适度区间

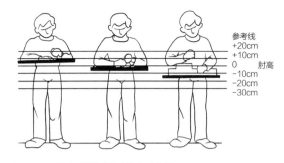

图4-45 不同工作性质的立姿台面高度

家具在使用过程中的科学稳定性是应具备的基本性能,这将确保家具的正常使用。凭倚类家具亦是如此。稳定性是指物体不会发生位移、倾覆、运动的一种固定、合理的状态。物体是否稳定,主要取决于它的形状和重心的位置,稳定的形状是决定稳定的基础,例如底边在下的三角形是稳定的,而底边在上的三角形是不稳定的。重心的位置关系到物体受到一定大小的外力作用后是否倾覆。稳定的感觉在设计中是一种美感的体现,它给人以安定、自然、和谐、力量的美。

4.4.4 功能家具的系统化设计发展趋势

随着社会的发展,人们对家具设计的要求也逐步提升,既要满足使用者的生理、卫生、心理的特点和要求,还要按照技术与美学要求解决家具功能与人的关系,使其结构造型合理、科学,并尽可能兼顾家具几何图形的比例美。功能家具的发展由款式陈旧、品种单调向更高层次转变。从整体来看,高质量、高规格家具日益受到重视,设计理念趋向个性化、艺术化、简洁化和现代化,产品创新与系统化设计成为新的主流。

系列化设计作为功能类家具发展的一个方向,即在整体目标下,使若干个产品功能复合化。应注意以下特性:

1)整体性。系列化家具产品强调风格统一的视觉特征,如材料选用及搭配、结构方式、色彩及涂装效果的统一所体现出的整体感。

2)关联性。系列化家具产品的功能之间有依存关系,如餐桌与餐椅、休闲椅与茶几、床与床头柜之间存在的家具产品功能间的依存关系。

3)独立性。系列化家具产品中的某个功能可独立发挥作用。

4)组合性。系列化家具产品中的不同功能可互相匹配,产生更强的功能。

5)互换性。系列化家具产品中的部分功能可以进行互换,从而产生不同的功能。

4.5 家具包装设计

家具作为一种特殊的工业产品,在运输、存储、销售等过程中容易受到温度、湿度、机械碰撞等因素的影响,出现磕碰、开裂、变形等各种破损现象。因而必须经过一定的包装,才能够顺利地经历各个环节到达消费者手中，实现其使用价值。家具包装是用适当的包装材料及包装技术，运用设计规律、美学原理，为家具产品提供容器结构、保护框架和包装美化的过程。

好的包装可以为家具产品提供适度保护，保护家具产品是包装的首要任务。包装对家具的物流环节也具有重要的影响。包装与物流的关系，比其与生产的关系要密切得多，好的家具包装能在很大程度上减少产品的物流损失，降低物流成本，实现家具企业的物流信息化管理。利用优秀的家具包装设计、CI设计、VI设计等还可有效提升企业文化、传达企业的文化信息、树立家具企业品牌。此外，家具产品的价值是在消费者手中体现，其包装必须方便消费者使用。

4.5.1 家具包装的类型

现代家具的包装一般有整体式和可拆装式两种包装方式。

1. 整体式家具包装

对整体运输型家具，可采用外围木框（图4-46），内填塞软性包装材料的方式。尤其实木家具，在运输、存储过程中要预防刮擦伤，避免遇潮湿、重压和碰撞情况下的损坏。藤制家具、金属家具、塑料家具则不用木架，只需要在四角包上硬质材料（牛皮纸）之类，然后用泡沫塑料（如珍珠棉）包住表面即可。

图4-46 外框加固包装

2. 可拆装式家具包装

可拆装家具是目前最常见的家具类型，包括各种类型的板式家具、可拆装的实木家具、玻璃家具、金属家具等。这类家具可被拆分形成多个扁平包装件进行运输，最后在消费者手中再整体组装，因而在设计、生产、贮存、运输、安装、使用等方面有着极大的优越性。可根据产品质量、包装大小、作业方式，参照国家标准《运输包装件尺寸与质量界限》GB/T 16471—2008来确定包装件的合适重量。为方便人工搬运，单件包装重量一般不能超过50kg。

根据具体包装方法可分为：固定缓冲包装法、防潮包装法、防锈包装法、防虫包装法。

（1）固定缓冲包装法。常采用在角部加入保护垫角的方法达到缓冲目的。

（2）防潮包装法。为防止物品吸收湿气造成质量下降而采用的防护包装措施和方法。木质家具包装中常常需要放入防潮剂来达到防潮的目的。

（3）防锈包装法。空气中的氧、水蒸气以及其他有害气体等作用于金属表面易引起金属锈蚀。防锈包装技术使金属表面与引起锈蚀的各种因素隔绝，防止锈蚀的产生。该方法主要用于金属家具包装。

（4）防虫包装法。为保护内装物免受虫类侵害，通常采用在包装中放入有一定毒性和臭味的驱虫药物，在包装中挥发气体杀死和驱除各种害虫。常用于木质家具及皮质沙发包装中。

此外，根据包装部位的不同，也可分为外包装设计和内包装设计。外包装是指为使产品各个部位保持完整、规则的轮廓而实施的包装，防潮、防震，利于产品运输。家具内包装设计是指纸箱内产品的包装与技术。内包装也应充分考虑防震设计，减少产品机械损伤。

4.5.2　家具包装设计的现状

良好的包装不仅能保护家具产品在各个环节不受损害，同时也能提升企业的形象，传达企业的文化信息。但目前很多中、小型家具企业往往忽视家具产品的包装，认为家具产品的造型设计、结构设计比包装设计重要，并未把包装设计纳入产品设计内容中。有些企业对家具产品包装较为重视，有专门的包装设计部门，但在设计与术语表示上还不规范，有些术语容易引起歧义，产生误解，降低了各部门的工作效率。很多企业在设计产品包装时只考虑了包装的造型、结构强度等因素，而忽略了包装材料的环保性与材料的回收利用问题，不能回收利用的材料会给环境造成污染。目前，我国家具行业的包装设计还存在如下几个问题。

1）未能起到保护作用。家具产品到达消费者手中需要经过若干流程，这些环节都有可能造成家具产品损坏。许多企业为了节约成本，选用低廉保护材料，仅起到外包装作用，完全忽视了包装对内容物的保护功能，直接造成了家具产品储运过程中受到冲击、振动等破坏，导致家具价值降低甚至无法使用。

2）包装设计存在缺陷，对运输造成阻碍。部分厂家在家具包装设计中为了应对由于产品尺寸不一而产生的定制包装增加成本的问题，选择未经处理的普通纸板进行包装，造成包装成型后表面不平整、弧度较大，家具不能够很好地固定在包装内部，进而导致在运输中家具受损，或出现家具与包装相互摩擦而在家具表面留下划痕的现象。

3）设计中缺乏绿色环保意识。随着人们环保意识的提升，人们对于绿色环保问题越来越重视，家具包装回收也成为必然。但当前我国家具包装回收率较低，主要原因是包装设计过程中缺乏绿色环保意识。许多家具包装无法被回收再利用，多被当作废品处理掉。这造成了严重的包装资源浪费，不利于行业可持续发展。

4）缺乏通用化结构包装设计。在结构方面亟待解决的问题是不同规格的家具产品如何使用统一规格的包装产品完成包装过程。目前国内的家具包装设计工作多由家具设计师兼任，一套家具只对应一套包装，增加了产品的整体成本，对于包装的定制、储存及回收亦非常不利。但板式家具是一类易于实施标准化的产品，其产品材料、结构、五金件等标准化的设计趋势，以及利用包装计算机辅助设计简化包装系统、模拟包装过程都有利于板式家具包装的通用化设计。因此，设计出结构简洁、可批量生产使用的内部缓冲结构，使家具包装向通用化方向不断发展，是如今家具包装设计的一个重要研究课题。

4.5.3　家具包装设计的原则

包装是家具生产制造的最后一个环节，同时也是物流开始的第一个环节，在产品生命周期中起着重要的作用。家具包装应充分考虑并实施家具各零部件的定位设计、包装结构设计、表面装饰设计、封箱检验及储存运输，其设计流程如图4-47所示。

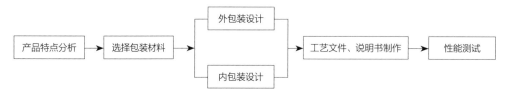

图4-47 家具包装设计一般流程

1. 家具包装设计的内容、方法与原则

1）家具包装设计的内容（图4-48）

（1）选择合适的包装材料，确定包装材料的使用规格，制定包装材料明细表。

（2）选择合适的部件搭配。

（3）确定同一包装箱中各零部件的位置和固定形式。

（4）选择合适的部件组装工艺、绘制组装示意图。

（5）产品说明书制作。

（6）绘制产品拆装示意图，进行零部件标注。

（7）绘制堆码示意图。

（8）条形码信息编制。

（9）外箱外形设计、表头设计、标识牌设计。

（10）中英文翻译。

2）家具及包装设计的方法与原则

序号	设计步骤与文件
1	选择合适的包装材料及其使用规格，编制材料明细表及说明
2	确定包装箱中合理的部件搭配，各零部件的定位和固定形式
3	确定部件组装工艺，画出组装示意图
4	编制产品说明书，包括产品拆装示意图
5	画出仓储堆码示意图及技术要求
6	编写条形码信息
7	外包装箱的外形设计、图形设计、标识设计，印刷说明
8	企业与产品的相关信息中英文翻译（如有出口任务）

图4-48 家具包装设计工作步骤与文件及作业流程

定位设计法是包装设计构思常用的一种方法，强调设计的针对性、目的性、功利性，确定包装设计的主要内容与方向，主要体现在品牌定位、产品定位、消费者定位三个方面。在选择包装规格形式、包装材料等方面需要考虑以下几个原则。

（1）适度设计：包装的规格形式的不同会影响到包装储运的效率。包装材料过度会造成资源的浪费，增加包装体量，同时还影响包装件的整体美观；但若包装不到位或过于简陋，则会产生包装破损的情况，影响内部产品质量。

（2）经济合理性：虽然包装的成本可计入生产成本，但从消费者角度考虑，应最大可能地做到经济合理性。家具包装设计还应该和家具设计整合思考。在不影响家具产品的造型和质量的情况下，根据包装工程因素，可对家具的结构和外形尺寸综合考虑与调整。

（3）绿色化设计：家具包装在满足保护家具产品、方便运输、促进销售的三大功能的前提下应重视家具包装的环保要求。实现减量化设计，这样既节约原材料，又降低了包装成本，同时还减轻了对环境的污染。在选择所用的包装材料时，应选择易处理、可回收利用的材料；选用可降解塑料包装材料，因其在废弃后可埋入土壤中，减少环境污染。

2. 家具包装需考虑的其他因素

家具包装设计与家具产品的造型、规格、材料、编号、结构、工艺等设计密切相关（图4-49），因而设计家具产品包装还需综合考虑这些因素。

1）家具包装的材料选择

在材料选择上应首要考虑重量轻、可折叠、具有一定的刚度和强度、对内装物具有良好的保护作用、适于机械化操作、原料来源广泛、价格较低，且无毒、无味、安全、卫生的材料。常用材料规格、用途如表4-10所示。举例来说，如瓦楞纸板，除具有上述优势外，还具有优良的印刷适应性，印刷字迹、图案清晰、美观、牢固，使用后可以回收利用，成本低。作为废弃物，其处理方法也非常简便，不产生污染。为了提高家具包装的性能，保护内装产品不受损坏，一般还需要在瓦楞纸箱的内部填充一些辅助材料，起到缓冲作用，例如珍珠棉、气泡袋等。

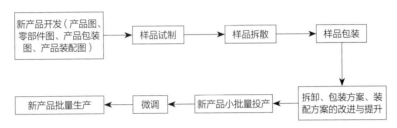

图4-49　设计与包装的关系及流程

家具包装材料规格及用途分类　　　　　　　　　　　　　　表4-10

材料名称	性质特点	用途	设计规格要求
软片 （珍珠棉）	由低密度聚乙烯脂经物理发泡产生无数独立的气泡构成，具有防潮、防震、保温、韧性强、抗撞力强等优点，是环保的包装材料	用于盖住家具表面，保护油漆，是产品最内层包装保护	软片密度为27～30kg/m³ 有0.5mm、1mm、2mm、4mm等多种厚度
泡沫垫料 （保利龙）	由聚苯乙烯经发泡形成的一种材料，可用做防震包装垫，具有重量轻、弹性好的特点	用于制作衬垫、护角，盖在产品的软片上，是产品第二层的包装保护	该层设计厚度一般为30～100mm衬垫泡沫垫料密度应达到16kg/m³，护角泡沫垫料密度应达到21kg/m³
薄膜材料 （伸缩膜）	聚乙烯等材料制成的薄膜质地柔软，具有伸缩和自身黏合性	用于捆紧软片、泡沫，是产品的第三层包装	确保内包装定位、稳固
瓦楞纸板	由面纸、里纸、芯纸黏合而成，具有缓冲性能好、重量轻的特点，具有一定的刚度和强度，可回收利用	用于包装易碎产品及怕受冲击、碰撞的产品	厚度为5～8mm、有多种类型，即A型（大瓦楞）、B型（小瓦楞）、C型、E型等

2）家具包装的件数确定

从人体工程学的角度来考虑，家具流通过程需要进行多次搬运、装卸，因此包装重量必须限制在人的允许能力之下，包装的外形尺寸必须适合人工作业。同时还应考虑到包装材料的性能、包装容器的承载力。同时，家具产品形态复杂，每个产品的组成部件尺寸也差异甚大，用一个包装件很难将其整齐地包装起来。为了满足上述要求，需要根据体量、材质的不同将各个部件进行拆分，用多个包装件包装一件家具产品。通常产品重量大于50kg要拆分为两个或多个包装件，产品有大理石或玻璃板件的也要拆分为两个或多个包装件单独包装，同时要在包装箱体外钉木架，避免在运输过程中发生破裂等损坏现象。对于体量较小的产品，可以将其各个部件用一个包装件进行包装。

3）家具包装的容器结构设计

作为包装容器的纸箱，箱型、结构种类繁多，为了便于国际间的贸易往来和技术交流，已实现标准化。家具产品的包装纸箱的选择主要依据包装件的大小、重量。目前家具企业常用箱型有天地箱、中封箱、卡通箱3种类型。为了更好地保护产品，避免家具表面碰伤、刮伤，通常包装内部还需设计相应的缓冲结构。普通层板之间需用珍珠棉隔开，避免相互摩擦引起漆膜的破坏。为避免运输、装卸过程中因跌落、冲击等因素引起产品损坏，可以在产品角部位置加防护角，或是在包装箱的内侧面加一层泡沫起保护作用。如果家具产品造型复杂，包装内部空腔较大，可以用珍珠棉、泡沫塑料等材料制作成与家具造型凹凸相对的成型衬垫，或是设计挡板和支撑柱，提高外包装纸箱的抗压强度、堆码强度等。

4）家具包装的外形设计

随着现代人们生活水平与消费品位的不断提高，包装设计更应突出商品的信息和价值功能。良好的包装设计能提升家具企业的品牌形象。消费者对不同包装的产品在品质上的认知会有差异，而产品包装通常是一个可测量的重要的品牌形象特征。家具包装上有许多

图4-50 家具包装外形设计

为物流服务的信息记载，如产品名称、型号、包装件数、体积、重量、商标、厂商地址（电话）、条形码以及相应的说明文字等，为了保证家具产品在流通过程中不易损坏，还应根据产品需要提供相应的包装标志，常见的有"向上""小心轻放""防湿"等。家具包装主要是一个运输包装，为了提高包装的强度，不宜在瓦楞纸箱上印刷大面积的复杂图案，通常将型号、包装件数、体积等说明信息简单地放置在侧面，主要突出主展示面上的商标、名称等，通过字体、色彩以及排列方式的设计，强化企业的品牌形象（图4-50）。

5）内包装中各零部件的定位设计

（1）包装箱中各零部件的位置和固定形式的确定应该符合以下几个方面的原则：

①对称性原则。对称性能一定程度上确保包装箱内家具产品的稳定，同时为客户在使用和产品认知方面提供方便。

②稳定性原则。确定包装箱中的零部件各白稳定位置，避免在流通过程中发生相互移位造成机械碰撞。

③审美性原则。固定结构不能损伤产品的审美价值原则。

（2）部件搭配应该遵循以下原则：

①部件相关性原则。

②使用空间最小化原则。

4.5.4 家具包装的发展趋势

1. 加强包装材料的研究及新材料的使用

一直以来家具企业为了降低包装成本，多会从包装材料入手。想要节约成本并保障包装功能的实现，合理选择材料具有重要意义，在家具包装设计中应合理将新材料融入设计中。一些新型绿色环保材料的应用不仅能够有效降低包装成本、减小资源消耗，更有利于避免环境污染。

2. 应用拼装设计思路

为了方便运输，实现不同尺寸的家具产品使用统一规格包装完成包装，节约包装成本、提高包装利用率，在设计过程中应积极应用拼装设计理念于家具包装设计中。比如利用小部件组成包装，而后通过拼装来适应不同类型家具包装要求。

3. 适应现代的流通渠道

随着信息技术、网络技术的应用，电子商务发展迅猛。家具采用电子商务、网络化销售，具有中间环节少、销售成本低等多种优势。家具产品的包装、装配技术的提高和优化应立足于适应现代网络销售、现代物流的流通模式。

4. 可持续发展

实现可持续发展的有效途径是加大包装的回收利用力度。家具产品的配送有一个较大特点，即由销售商负责运送到买家手中，安装完成以后如果将有价值的包装运送回来则可以减少很多包装产品的浪费。回收的内容主要包括泡沫护边护角、瓦楞纸箱等。

家具包装设计具有一定复杂性和专业性，想要使家具包装真正达到要求，必须经过科学的设计。家具企业要想最大程度实现包装的功能，应引进包装设计人才，强化企业包装设计水平。只有真正认识到家具产品包装的独特性和重要性，将家具包装设计与家具产品设计整合思考，在保证家具产品造型和质量的基础上，考虑包装因素，对家具的结构和外形尺寸做适当调整，使拆分包装技术更加完善，使包装更加环保，才能有效推动中国家具业的整体健康发展。

参考
文献

[1]　张振，郝婷. 儿童家具功能化设计路径探析[J]. 包装工程，2021，（4）：267-269，291.

[2]　姚亚银，李光耀. 基于触觉感知的学龄前儿童家具设计研究[J]. 家具与室内装饰，2021，（3）：80-83.

[3]　杨亚萍. 基于幼儿园游戏类型的学龄前儿童家具设计[J]. 工业设计，2021，（9）：108-109.

[4]　韩雨欣，黄昕，叶翠仙. 用户体验在儿童家具CMF设计中的应用[J]. 家具，2021，（3）：58-62，95.

[5]　周艺. 基于感性工学的儿童家具设计与研究[D]. 南京：南京理工大学，2019：6.

[6]　姚震宇，赵纯，承恺. 家具设计[M]. 重庆：重庆大学出版社，2006：3.

[7]　李江晓. 基于情感交互的"适老家具"设计研究[J]. 工业设计，2019，（11）：99-100.

[8]　刘晓红. "适老家具"的发展现状与未来趋势[J]. 家具与室内装饰，2017，（8）：17-20.

[9]　周彦丽. 老年家具适老艺术设计创新研究[J]. 美术文献，2018，（3）：102-103.

[10]　杜潇晴. 老年人家具设计的趋势研究[D]. 长春：吉林艺术学院，2017：3.

[11]　陶裕仿，徐娟燕. 居家无障碍家具的系统分析和设计[J]. 常州工学院学报，2019，（4）：21-25.

[12]　张琲，李晓. 无障碍家具设计评估体系探析[J]. 包装工程，2009，（3）：124-126，167.

[13]　赖漫. 无障碍设计理念在老年人家具中的应用[J]. 中华民居，2013，（33）：77.

[14]　钟振亚，申利明. 针对老年人的无障碍家具设计[J]. 家具与室内装饰，2008，（12）：32-33.

[15]　徐彤，张慨. 国内"城市家具"文献综述[J]. 建材与装饰，2018（50）：71-72.

[16]　周波. 基于未来智慧城市愿景的城市家具设计研究[D]. 北京：中国美术学院，2019：6.

[17]　王佳玥. 基于物联网的智能城市家具设计研究[D]. 大连：大连理工大学，2016：5.

[18]　马未都. 中国乡村家具（上）[J]. 收藏家，1995，（1）：8-11.

[19]　任文东，杨翠霞，刘晖. 为生活而设计：解析乡村家具设计[J]. 美术大观，2012，（7）：120.

[20]　刘文金，邹伟华. 家具造型设计[M]. 北京：中国林业出版社，2007：3.

[21]　管家源. 仿生设计在家具设计中的运用与研究[J]. 科技与创新，2020，（3）：140-141.

[22]　杨帅，朱毅，张兰侠. 仿生学在现代家具设计中的应用[J]. 山西建筑，2013，（18）：220-222.

[23]　李颖. 浅谈仿生设计在家具造型中的运用[J]. 中国科教创新导刊，2011，（25）：162.

[24]　潘质洪. 仿生学在家具设计中的应用研究[J]. 艺术家，2018，（3）：54-56.

[25]　周钟彦，宋魁彦. 家具仿生设计中的相关学科分析[J]. 林业机械与木工设备，2017，（5）：12-14，21.

[26]　郑月雯. 小空间家具设计研究[D]. 济南：齐鲁工业大学，2014.

[27]　陈艳云. 沙发气垫的舒适性研究[D]. 南京：南京林业大学，2008.

[28]　贺哲. 便携式家具设计研究[D]. 长沙：中南林业科技大学，2013.

[29]　莫凡宇. 家具设计中折叠结构的功能性研究[J]. 设计，2019，（23）：23-25.

[30]　兰晓娜. 折叠家具的应用研究[J]. 室内设计与装修，2016，（5）：193.

[31]　范雪地. 折叠家具的可用性研究[J]. 设计，2018，（20）：120-122.

[32]　张玮玮，晋慧斌. 小户型住宅家具的折叠结构设计与功能拓展[J]. 林产工业，2020，（8）：95-97.

[33]　宋健. 个性化需求下的产品参数化设计方法理论研究[J]. 家具与室内装饰，2018，（5）：18-19.

[34]　刘宝顺，左翌. 面向大规模个性化的家具定制模式设计研究[J]. 艺术与设计：理论版，2020，（3）：91-92.

[35]　郑子萱. 基于当今社会背景下的家具定制行业发展前景探析[J]. 建材与装饰，2020，（1）：155-156.

[36]　叶萃萃，李科伟. 我国定制家具产品现状与发展前景[J]. 林产工业，2020，157（11）：78-79，82.

[37]　张海雁，邢志鹏，陈新义. 糙木家具艺术形态塑造研究[J]. 家具与室内装饰，2016，（11）：98-99.

[38]　林皎皎，韩维生. 家具包装废弃物的综合治理研究[J]. 西北林学院学报，2009，（3）：170-172.

[39]　林皎皎. 家具绿色包装体系的研究[D]. 南京：南京林业大学，2007，6.

[40]　吴俊华，王逢瑚. 家具产品包装设计与工艺规范[J]. 家具，2009，（6）：31-35.

[41]　高新月，刘嘉圆，蔡静蕊. 板式家具运输包装设计研究与探讨[J]. 中国包装工业，2015，（12）：25-26.

[42]　金国斌. 家具产品包装之设计原理与方法[J]. 中国包装工业，2014（4）：13-16.

[43]　洪志刚，许美琪. 家具包装的基本概念及作用[J]. 包装工程，2006，27（1）：225-226.

[44]　孙晓，韩静芸，张求慧，等. 我国家具产品的包装现状及发展趋势[J]. 家具与室内装饰，2013，（8）：18-19.

[45]　洪志刚，吕建华，文正军. 家具包装的基本概念及其设计问题[J]. 家具与室内装饰，2004，（9）：64-66.

[46]　李津. 现代家具形态设计[M]. 天津：天津科学技术出版社，2014，8.

第五章

家具生产工艺

5.1 生产工艺基础

5.1.1 加工基准

进行切削作业前，使工件在设备与刀具之间形成一个正确的相对位置的过程称为定位。工件定位后，必须将其夹紧固定，使其在加工过程中保持正确位置不变。从定位到夹紧的整个过程称为定基准。

为了使工件在设备上相对刀具或在家具中相对其他零部件具有正确的位置，需要利用点、线、面来定位，这些点、线、面就称为基准。

根据基准的不同作用，可以分为设计基准和工艺基准两大类。

5.1.2 加工精度

加工精度与加工误差实质上是评定工件几何参数这一事物的两个方面。

1）加工精度

加工精度是指零件在加工之后所得到的尺寸、几何形状等参数的实际数值与图纸上规定的尺寸、几何形状等参数的理论数值相符合的程度。相符合的程度越高，偏差越小，加工精度也就越高；反之，加工误差越大，加工精度越低。

2）加工误差

加工误差是指零件在加工之后所得到的尺寸、几何形状等参数的实际数值与图纸上规定的尺寸、几何形状等参数的理论数值之间所产生的偏差。

零件加工过程中，出现加工误差是不可避免的。零件加工精度的高低只是一个相对的概念，绝对精确的零件只在理论上存在，实际上是加工不出来的。

5.1.3 表面粗糙度

木材在加工过程中，由于受到木材树种、材质、含水率、纹理方向、机床的工作状态、刀具的几何精度、切削方向以及工艺参数（如压力、温度、进给速度、主轴转速、刀片数目）等各种因素的影响，在加工表面上会产生各种不同的加工痕迹，这种加工痕迹称为木材表面粗糙度，也就是产品表面粗糙不平的程度。

5.1.4 加工余量

在家具生产中常说的余量多指尺寸余量，是指将材料加工成形状、尺寸和表面粗糙度等符合设计要求的零件时，所切去的一部分材料。加工余量可分为工序余量和总余量。

工序余量为相邻两道工序的工件尺寸之差，或者说该加工工序所切削的木材量。总加工余量等于各工序余量之和，或者说毛料与净料的尺寸差。通常所说的加工余量是指总加工余量，指零部件长、宽、厚中某一方向上的总加工余量。

5.2 实木家具生产工艺

实木家具主要选用优质实木材料作为原料，目前家具企业中实木家具生产的主要工艺流程（图5-1）如下：

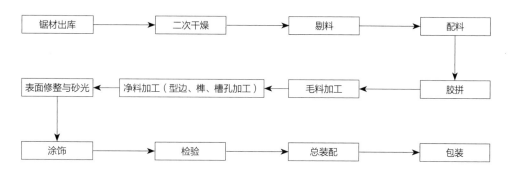

图5-1 实木家具生产的主要工艺流程

5.2.1 锯材出库及二次干燥

锯材出库后，进行加工前，在初次干燥的基础上，还要将其干燥到产品质量要求的含水率，并控制在一定的范围内，即二次干燥。由于地区差异和产品种类的区别，成材的含水率要求有所不同，如我国南、北地区对木材含水率要求即有差异。

实木含水率是影响实木家具品质的关键因素之一。通常情况下，购进的实木材料含水率在15%以上，若是直接加工，生产出的实木家具容易出现开裂、结构松动、油漆起泡等问题，不仅影响产品美观，还会影响产品品质，所以锯材在进行加工前必须进行二次干燥处理。

5.2.2 剔料

根据实木家具的质量和外观要求，剔除实木中不符合要求的缺陷部分（如开裂、腐朽、死节、节疤、霉变等）即是剔料。

为了提高木材利用率，在进行剔料工作时需要把握好分寸，一些缺陷和能在后期进行修整的木材可保留下来。剔料时，要根据木材不同的缺陷情况下锯，一般在缺陷10～20mm处进行锯截，霉变和开裂问题则要根据实际情况下锯。

实木家具生产中剔料横截的设备有自动截料机、推台锯、横截锯、悬臂吊锯机等。

5.2.3 配料

按照零件尺寸、规格和质量要求，将锯材和人造板锯割成规定规格的方材毛料的加工过程即为配料。配料是家具生产工艺过程中的一个重要环节，它对家具质量、木材利用率以及家具生产率都有重要影响。

实木家具配料工作主要包括：选料、控制含水率、确定加工余量和确定加工工艺等。

1. 锯材出材率

配料时，材料的利用程度可用锯材出材率来表示。计算公式如下：

$$P = V_毛 / V_锯 \times 100\%$$

式中　P——毛料出材率，%；$V_毛$——制得零部件毛料材积，m^3；$V_锯$——耗用锯材材积，m^3。

家具厂常常是加工出一批家具后综合计算出材率，而不是分批统计零件出材率。在家具配料阶段提高锯材的出材率，可以有效降低产品的制造成本。

2. 配料工艺

实木家具生产常见的配料方案主要有以下两种。

1）先横截，再纵解

对于原材料较长和尖削度较大的锯材配料，根据零件长度要求，先将板材横截锯成规定长度，同时截掉锯材开裂、腐朽、节疤等缺陷部分，再将其纵向锯解成方材或弯曲件的毛料，如图5-2所示。

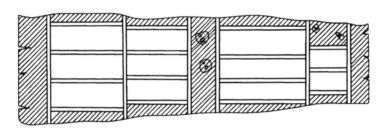

图5-2　先横截，再纵解

2）先纵解，再横截

配制同一宽度或厚度规格的大批量毛料时，根据零件的宽度或厚度尺寸要求，先将板材纵向锯解成长条，然后再根据零件的长度要求，将长条横截成毛料，如图5-3所示。

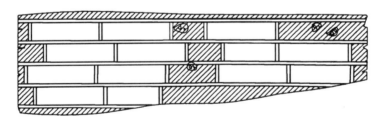

图5-3　先纵解，再横截

实木配料方案应根据锯材类型、毛料形状规格、企业生产实际、产品类型及产量等因素灵活选取，无论采用何种配料方案，都应遵循不小用大材、不短用长材、不劣用优质材、合理利用低质材的用材原则，尽可能做到材尽其用，最大限度地提高材料利用率。

5.2.4　胶拼

在现代实木家具生产中，较长的零部件多是通过短料接长，较大幅面的板件往往是通过小料加压胶合而成宽幅面的集成板，较厚的板件多是通过较薄的板件多层胶压而成。这种短料接长、窄料拼宽和薄料拼厚的工艺主要通过胶拼来实现。胶拼工艺不仅可以节约材料，提高木材利用率，还可提高家具的稳定性。

1. 选料

选料主要是根据不同产品质量要求和设计标准，对实木材料进行筛选的过程。

2. 组坯

组坯对家具产品的质量有很大影响，如组坯不合理会严重影响产品的品质和家具的造型。通常，组坯要按图纸的要求，遵循背靠背、头对头的原则，将木材的弦切面和径切面交叉搭配，并将缺陷多的材料放在背面，外表材质颜色要尽量保持一致。

3. 方材胶拼的种类

1）长度方向的胶拼

（1）长度胶拼的主要形式

①对接

即将两木材横截面进行胶接（图5-4）。由于一般木材横截面不易加工光滑、渗胶多，很难实现牢固的黏结强度，所以，此种方法应用较少。

②斜接

即将木材端面加工成斜面后再黏结（图5-5）。这种方式黏结强度有很大提高。

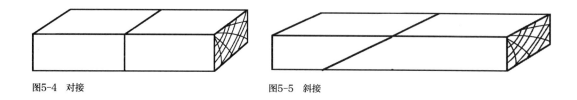

图5-4　对接　　　　　　　　　　　　　　　　图5-5　斜接

③指形榫接合

即将木材两端加工成指形榫再进行胶接。根据指形榫的位置不同，还可分为侧面见齿和正面见齿两种形式（图5-6）。按照指形榫的形状不同又分为三角形和梯形两类（图5-7）。指形榫胶接后黏结强度大，损耗材料少，同时也便于实现机械化生产，是目前应用最广泛的胶拼方式。

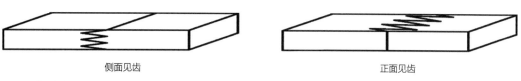

侧面见齿　　　　　　　　　　　　　　　　　正面见齿

图5-6　指形榫位置

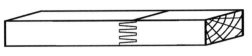

三角形   梯形

图5-7 指形榫形状

（2）加工工艺及常用设备

目前家具长度方向接合主要以指形榫接合为主，工艺过程一般包括选料、铣齿、涂胶、接长、烘干或养生等工序。

2）宽度方向的胶拼

用窄板拼宽可充分利用小料，以减少变形，保证家具质量。根据不同家具的要求，拼宽的方式也有多种。

（1）平拼

将材料侧面刨切平整、光滑，再利用胶粘剂进行胶合，拼板时不用开槽和打眼，如图5-8所示。但黏结强度低，拼接表面易发生凹凸不平的现象。

（2）裁口拼

也称阶梯面拼接，将板材侧面刨切成阶梯形表面，再利用胶粘剂进行胶合，如图5-9所示。这种拼接形式黏结的强度比平拼的要高，但材料消耗会相应增加。

（3）槽榫拼

也称企口拼接，将板材侧面刨切成直角形的槽榫，再利用胶粘剂进行胶合，如图5-10所示。这种接合方式的强度更高，表面平整度较好，材料消耗与裁口拼接方式基本相同。

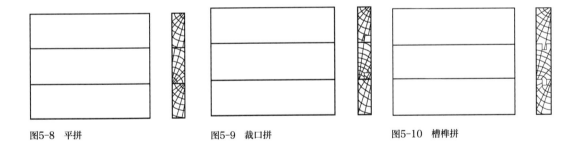

图5-8 平拼   图5-9 裁口拼   图5-10 槽榫拼

（4）指形拼

也称齿形槽榫拼接法，将材料侧面刨削成指形槽榫，如图5-11所示。这种拼接方式接合强度最高，拼板表面平整度高，拼缝密封性好。

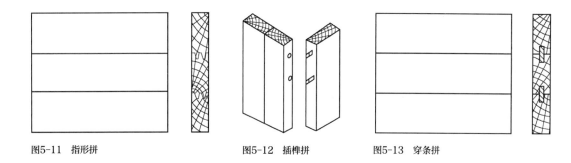

图5-11 指形拼　　　　　　　　　　　图5-12 插榫拼　　　　　　　　　图5-13 穿条拼

（5）插榫拼

将板材侧面刨削成平整光滑的表面，利用圆榫、方榫、竹钉以及胶接合，如图5-12所示。这种拼接方式可以提高接合强度，节约木材，材料消耗与平拼基本相同。

（6）穿条拼

将接合面刨削成平整光滑的直角榫，利用木条与胶接合，如图5-13所示。这种拼接方式能提高接合强度，材料消耗与平拼基本相同，工艺简单，也是一种较好的拼板方法。

此外，还有螺钉拼、木销拼、穿带拼、吊带拼、螺栓拼、金属连接件拼等多种拼宽的方式。

实木胶拼的基本工艺过程为配料加工、表面刨光、涂胶、加压拼板、干燥固化、养生等工序；大幅面零部件制备时还经常利用配料余料进行指接后再进行胶拼作业。

拼板机有连续式气压拼板机、风车式气压拼板机与旋转式液压拼板机等。

3）厚度方向的胶拼

对于厚度尺寸较大的方材，也可以充分利用小材胶合而成，以提高稳定性，同时节约材料。厚度方向的胶拼主要采用平面胶合的形式。胶拼前，锯材表面应平整光滑，厚度均匀，不能有过多缺陷。

方材表面涂胶可以用涂胶机（图5-14），涂胶均匀、方便。厚度上的胶压一般在冷压机上进行，如图5-15所示。

图5-14 涂胶机

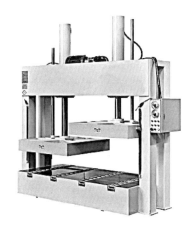

图5-15 冷压机

5.2.5 毛料加工

实木经胶拼成为体量较大的板材后，根据不同零部件的规格尺寸和技术要求锯成毛料，要在毛料上做出正确的基准面和基准边，作为后续加工的基准。

1. 直线部件加工

1）基准面的加工

基准面是指作为精确加工定位基准的表面，作为加工基准的边为基准边。对于直线形的方材毛料要尽可能选择大面作为基准面；如果毛料是弯曲件，则优先选择平直面作为基准面，其次选择凹面（加模具）作为基准面。

（1）手工进料平刨加工

为了获得光洁平整的表面，常用平刨床进行加工，它可以减小毛料的形状误差及锯痕等，如图5-16所示。

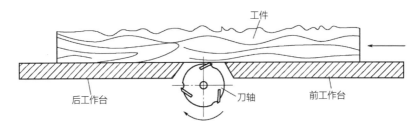

图5-16 手工进料平刨加工基准面

手工进料平刨床操作简单、价格便宜、加工质量好，应用广泛。但是利用这种机床加工，劳动强度较大，生产效率低，且操作过程不安全。

（2）自动进料平刨加工

在手工进料平刨机上增设机械进料装置，实现自动进料平刨加工。当下，采用的机械进料方式主要有压轮进料、履带进料及尖刀进料装置（图5-17）等。

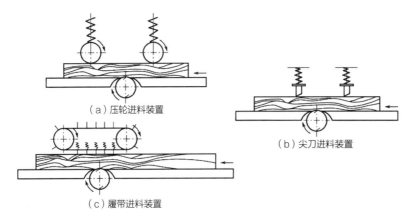

（a）压轮进料装置

（b）尖刀进料装置

（c）履带进料装置

图5-17 机械进料的方式

自动进料平刨机所刨削的基准面平直度较差，因此常用于对基准面平直度要求不高的零件加工。

2）相对面的加工

加工完基准面后，为了使零件规格尺寸和形状达到要求，还需加工毛料的其他面，使之平整光洁，称为相对面加工。相对面加工可以在单面压刨、四面刨和铣床上进行加工，也可使用平刨和手工刨加工。

压刨（图5-18、图5-19）常用于相对面与相对边的加工，能将工件刨成一定厚度和光洁的平整表面。

如果零件相对面为斜面，为了获得准确的规格尺寸与倾斜度，需要利用相同倾斜度的样模夹具在压刨上进行刨削加工（图5-20）。

图5-18　压刨及压刨作业

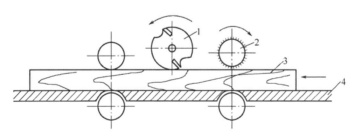

1—刀具；2—进料辊；3—工件；4—工作台面

图5-19　在压刨上加工相对面

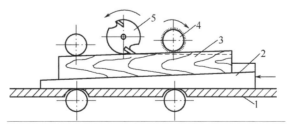

1—工作台面；2—夹具；3—工件；4—进料辊；5—刀具

图5-20　在压刨上加工斜面

另外，压刨还可以加工相对面为曲面或者平面很窄的工件。当被加工工件薄而宽时，可以将数个工件叠起来放在夹具里进行刨削，这样既可以避免单个零件加工时出现倾斜和偏移，还可以提高生产率。

2. 弯曲加工

为了满足设计和使用功能需要，有些零部件需要加工成曲线或曲面造型，常用的加工方法主要有锯制加工和加压弯曲成型两种。

锯制加工是直接在锯材或集成板上锯出曲线形零件，其生产工艺较为简单，不需要专门的生产设备。但生产时大量木材纤维被割断，会造成零部件强度降低，涂饰质量差，木材利用率低，因此这种方法较少使用。

加压弯曲需要采用专门的弯曲成型加工设备。方材弯曲加工主要工序包括：毛料选择与加工、软化处理、加压弯曲、干燥定型、弯曲零件加工等。

（1）毛料选择与加工

首先，要按零件断面尺寸、弯曲形状、方材软化方式来选择弯曲性能合适的木材。常用的木材有水曲柳木、桦木、榆木、山毛榉木、白蜡木等。弯曲部件不得有腐朽、裂缝、节疤等缺陷，纹理要通直，斜纹不得大于10°。其次，要确定毛料含水率符合弯曲要求。

毛料加压弯曲前，需进行必要的刨光和截断，使其厚度均匀、表面光洁。弯曲形状不对称的零件，在弯曲前要在弯曲部位中心位置划线，便于对准样模中心。

（2）软化处理

为了改进木材的弯曲性能，提高其可塑性，需要在弯曲前进行软化处理。软化处理的方法主要有物理方法和化学方法。

（3）加压弯曲

方材经软化处理后应立即进行弯曲，将已软化好的木材加压弯曲成要求的形状。方材加压弯曲的方法主要采用手工和机械两种方式。

①手工弯曲

手工弯曲即用手工木夹具来进行加压弯曲。夹具由用金属或木材制成的样模、金属夹板、端面挡块、楔子和拉杆等组成（图5-21）。这种方式适用于加工数量少、形状简单的零件。

弯曲后用金属拉杆锁紧，送到干燥室中干燥定型。

②机械弯曲

大批量的木材弯曲，需要用机械进行加工，常用U型曲木机和回转型曲木机（图5-22）。

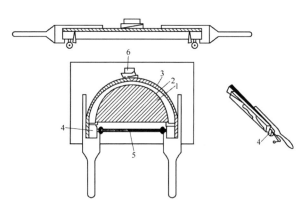

1—样模；2—工件；3—金属夹板；4—端面挡块；5—拉杆；6—楔子

图5-21 夹具

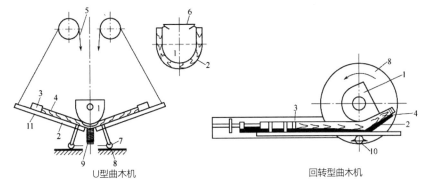

1—样模；2—金属夹板；3—端面挡块；4—弯曲木材；5—钢丝绳；6—拉杆；7—滚轮；8—工作台；
9—压块；10—压辊；11—加压杠杆

图5-22　曲木机

（4）干燥定型

在工件弯曲后，需要通过热空气干燥法对其进行干燥处理，以降低木材的含水率。热空气干燥法是在60~70℃条件下，干燥15~40h。而后，将其送进可以控制温度和湿度的热空气干燥室内即可。

（5）弯曲零件加工

由于方材毛料弯曲后，其加工表面或加工基准已不准确，如果要达到更高质量的要求，还需进行再次加工，其加工方式与方材毛料的加工近似，只是需重新确定基准，并在型面加工后，根据要求进行铣榫头和开榫眼加工，再进行砂磨修整即可。

5.2.6　净料加工

毛料经过刨削、锯截等加工后，其形状、尺寸及表面光洁度都达到了规定的要求，制成了净料。按照设计要求，还需要进一步加工出各种榫头、榫眼、孔、型面、曲面、槽簧等，并进行表面修整。

1. 榫头的加工

榫接合是框架式实木家具结构中的一种基本接合方式。榫卯接合的基本组成是榫头和榫眼，在工件的端部加工榫头的工序即为开榫。榫头加工要根据榫头的形状、长短、数量及在工件上的位置来选择加工方法与设备。常见的各种榫头形式以及加工工艺如表5-1所示。

			榫头加工工艺示意表		表5-1

序号	榫头名称		示意图	加工工艺示意图		
				柱状铣刀	碟状铣刀	柄铣刀
1	直角榫	单肩				
2		双肩				

序号	榫头名称		示意图	加工工艺示意图		
				柱状铣刀	碟状铣刀	柄铣刀
3	直角榫	多头				
4	燕尾榫	单肩				
5		双肩				
6		多头				
7	指形榫					
8	斜榫					
9	椭圆榫					

1）直角榫的加工

直角单榫（单肩和双肩）主要是用直角榫开榫机加工（图5-23）。加工时首先把工件的端头加工出榫头，然后利用铣刀铣出榫头的形状，最后对榫头的端部进行精截，从而完成了工件端头的榫头加工。

直角单榫也常用带有推车的立式铣床进行加工（图5-24）。直角双榫也可用该铣床进行加工，在立式铣床上安装3把S形铣刀即可。

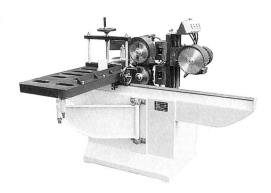

图5-23　直角榫开榫机

直角多榫可以在铣床或直角箱榫开榫机上采用切槽铣刀组成的组合刀具进行加工，一般在其刀轴上安装十多把S形铣刀（图5-26），依靠工件或刀轴移动来完成加工。一次可以加工多个零件，生产率较高。直角多榫也可以在单轴或多轴燕尾榫开榫机上用圆柱形端铣刀加工。

2）燕尾榫的加工

燕尾单榫（单肩和双肩）加工时可以先做好垫块与模具，再用锥形铣刀在立式铣床上把燕尾单榫加工出来，也可利用圆锥体铣刀在直角榫开榫机上加工明燕尾榫或半边明燕尾榫。一般需将刀具与工

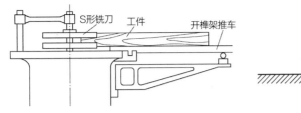

图5-24 铣床加工直角单榫

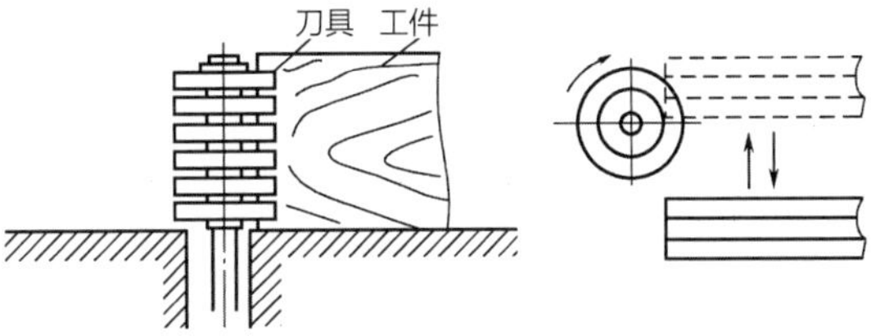

图5-25 直角多榫的加工

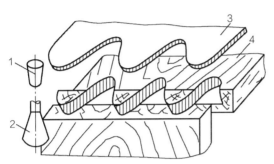

1—定位销；2—端铣刀；3—梳形导向板；4—工件

图5-26 燕尾榫开榫机加工燕尾多榫

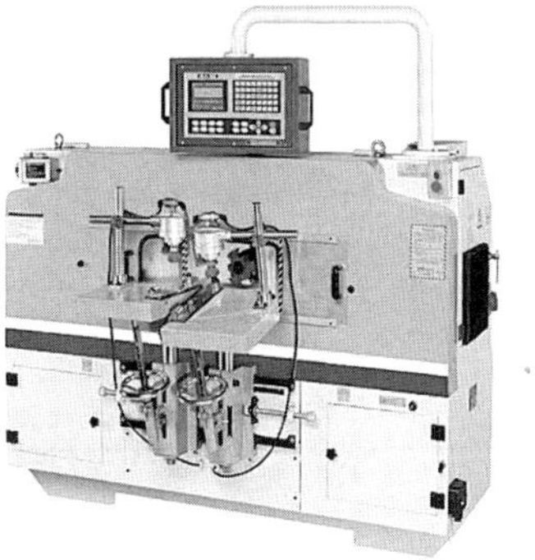

图5-27 椭圆榫开榫机

件定位准确后，用手推动工件做进给切削运动，直至加工完毕。

燕尾多榫可以在铣床上采用不同直径的组合切槽铣刀进行加工，还可在单轴或多轴的燕尾榫开榫机上采用锥形端铣刀，沿梳形导向板移动进行加工（图5-26）。

3）指形榫的加工

指形榫可以利用指形榫铣刀在立式铣床上加工而成，也可以在专门的指形榫机或多刀开榫机上进行加工。

4）斜榫的加工

先制作好要加工斜榫匹配的垫块和模具，再在立式铣床上把斜榫加工出来。

5）椭圆榫（直角圆弧榫）的加工

椭圆榫即榫头两侧边为半圆形的直角单榫，其榫头需要利用专门的椭圆榫开榫机加工（图5-27）。榫头长度可以通过调节组合铣刀的重叠深度来控制，榫头的形式和大小通过主轴的运动轨迹设定灵活调节，榫头和榫肩角度可通过工作台倾角及零件的定位方式来控制。把工件在工作台上夹紧后，用铣刀按预定的轨迹沿工作台做相对移动一周，就可加工出相应的断面形状的圆弧榫，也可以加工出圆形榫。

2. 榫眼和圆孔的加工

榫眼和各种圆孔基本是家具零部件的接合部位，孔的精度对于整个家具的零部件的接合强度及质量有很大影响。按其形状，可将常见的榫眼和圆孔分为方形榫眼、燕尾榫眼长圆形榫眼、圆榫眼和沉孔等，其常见加工方法如表5-2所示。

常见榫眼及其加工工艺示意表　　表5-2

序号	名称	示意图	加工工艺示意图	
			Ⅰ	Ⅱ
1	方形榫眼	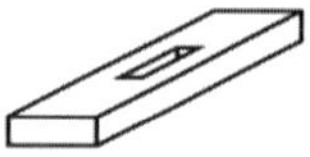	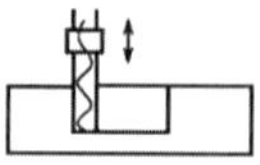	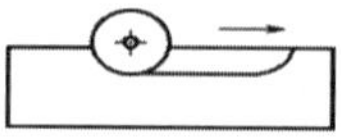
2	燕尾榫眼	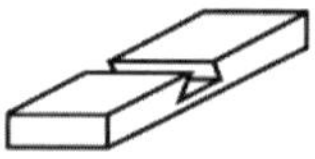	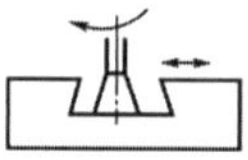	
3	长圆形榫眼	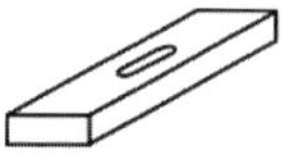	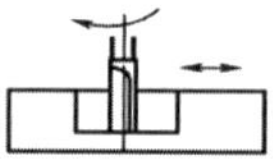	
4	圆榫眼	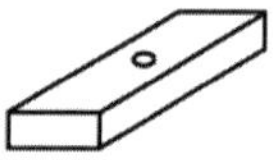	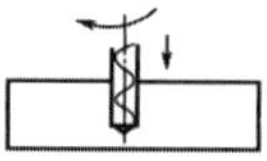	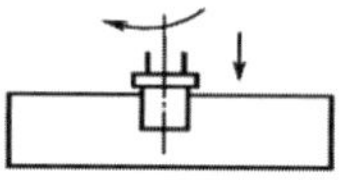
5	沉孔	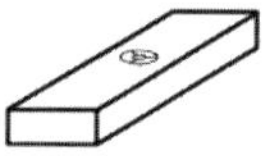	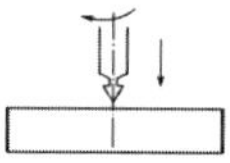	

1）方形榫眼的加工

方形榫眼在框架式家具中应用非常广泛，一般在专门的榫眼机上采用方壳空心钻套和螺旋形钻芯的组合钻加工而成，其加工方法如表5-2中所示。

2）长圆形榫眼的加工

长圆形榫眼可利用钻头和端铣刀，借助导轨、夹具在木工钻床、镂铣机等设备上加工，也可利用椭圆榫专用榫眼机加工，其加工方法如表5-2中所示。另外，长圆形榫眼的加工还有更专业的设备用于加工斜榫眼、弯曲零件上的榫眼等。

3）燕尾榫眼的加工

燕尾榫眼的加工需要借助锥形铣刀在立式铣床上加工，加工方法如表5-2中所示。

4）圆榫眼（圆孔）的加工

各种直径的圆孔，加工时需根据孔的大小与深度、材料类型、零件的厚度来选择不同的刀具和机床，其加工方法如表5-2中所示。

5）沉孔的加工

沉孔一般在立式或卧式钻床上采用沉头钻进行加工，加工出来的孔呈圆锥形或阶梯圆柱形，其加工方法如表5-2中所示。

3．榫槽的加工

在家具接合方式中，在零部件端部除了用榫头、榫眼或配件连接外，有些零件还需在沿宽度方向开出一些榫槽进行横向接合，这就是榫槽加工。榫槽加工中的“榫”指的是零件中的榫簧，也就是零件的凸起部位；而榫槽加工中的“槽”指的就是零件中的槽口，也就是零件的凹陷部位。在加工榫槽和榫簧时要正确选择基准面，保证靠尺、刀具及工作台之间的相对位置准确，确保加工精度。常见的各种榫槽形式及加工工艺示意图如表5-3所示。

序号	名称	示意图	加工工艺示意图	
			Ⅰ	Ⅱ
1	直角榫簧			
2	直角榫槽			
3	燕尾榫簧			
4	燕尾榫槽			
5	横槽			
6	合页槽			

在刨床中一般选用四面刨床加工榫槽和榫簧。加工时，根据工件的榫槽和榫簧的位置，将四面刨床所在位置的平铣刀更换为成型铣刀进行加工，表5-3中编号1、3的榫槽可以在裁口平刨、四面刨上进行加工。可根据榫槽的宽度来选用刀具，宽度较大的采用水平刀头，宽度较小的采用垂直刀头（图5-28）。

立铣、镂铣和地锣机等设备也可以加工榫槽和榫簧，但由于榫槽和榫簧的宽度、深度不同，所使用的设备也有区别。在加工榫槽时，榫槽宽度较大时应使用带水平刀具的设备，如立铣等；而榫槽宽度较小时应使用带立式刀具的设备，如镂铣、地锣机等。

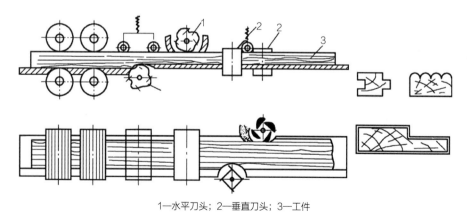

1—水平刀头；2—垂直刀头；3—工件

图5-28　四面刨加工榫槽

1）燕尾形榫槽的加工

一般利用S形铣刀或小圆锯片在万能立铣机上加工。加工时，先将铣刀轴调整向左倾斜一定角度，以保证燕尾榫头的设计精度，在加工好榫头的一面后，再将刀轴调整向右倾斜相同的角度，加工榫槽的另一面。

2）直角榫槽的加工

直角榫槽通常利用立式铣床进行加工。

4. 型面和曲面的加工

锯材经配料后，加工成直线形方材毛料，其中一些需制成曲线形毛料，将直线形或曲线形的毛料进一步加工成型面就是净料的加工过程。由于功能或造型的要求，家具的有些零部件需加工成各种型面或曲面，常见的几种型面和曲面的类型如图5-29所示。

1）直线形零件的加工

直线形零件长度方向上为直线，断面呈一定型面，一般采用成型铣刀进行加工，可在下轴铣床、四面刨等机床上加工。刀刃相对于导尺的伸出量即为需要加工型面的深度，加工时工件沿导尺移动进行铣削（图5-30）。

2）曲线形零件的加工

曲线形零件的长度方向呈曲线，断面无特殊型面或呈简单曲线。这类零件可在铣床使用样模夹具进行加工（图5-31）。

根据实际作业情况，可以调节挡环位置，将其安装在刀头的上部或下部（图5-32）。

对于较宽的圆弧形零件，利用铣床加工比较困难，不便在样模上定位与夹紧，操作也不安全，可在压刨机上使用相应夹具来进行加工（图5-33）。

有些零件只有部分边缘呈曲线，可以利用成型铣刀在悬臂式万能圆锯机上进行加工。此方法加工效率很高，但由于加工时是横纤维切削，加工质量不如在铣床上顺纹理铣削的效果好。

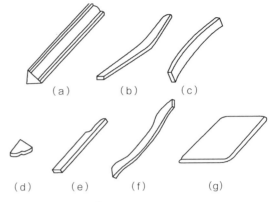

图5-29　常见型面与曲面

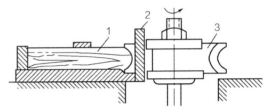

1—工件；2—导尺；3—成型铣刀

图5-30　用铣床加工直线成型面

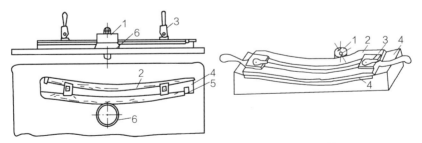

1—铣刀头；2—工件；3—夹紧装置；4—样模；5—挡块；6—挡环

图5-31　铣床上加工曲面零件

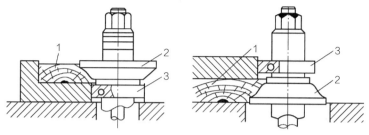

1—工件；2—铣刀头；3—挡环

图5-32　加工零件成型面中挡环的安装方式

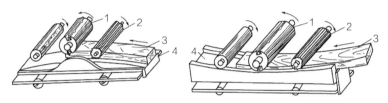

1—刀具；2—进料辊；3—工件；4—样模夹具

图5-33　压刨机上加工曲面

多数曲线形零件在铣床上加工。在立式铣床上加工曲线形零件时，除了手工进料外也可以用机械进料。常用的机械进料装置是回转工作台（图5-34），利用工件做圆周运动完成加工。回转工作台进料的铣床加工时，工件的装卸和加工可同时进行，生产效率较高。

3）雕刻加工

雕刻加工一般是在上轴铣床之类的机床上进行，通过雕刻的方法可以起到装饰和美化家具外形的作用。利用上轴铣床雕刻加工时，可将设计好的花纹先做成相应的样模，把它安装在仿型定位销上，再根据图案的断面形状来选择端铣刀，加工时样模的内边缘沿仿型定位销移动，刀具就能在零件表面雕刻出所需的花纹图案（图5-35）。

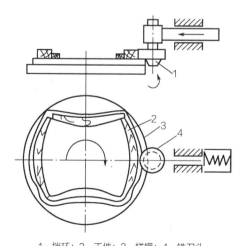

1—挡环；2—工件；3—样模；4—铣刀头

图5-34　在回转工作台进料的铣床加工

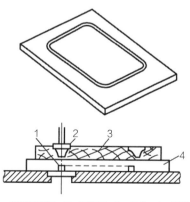

1—仿型定位销；2—端铣刀；3—工件；4—样模

图5-35　雕刻加工

除了铣床外，雕刻加工还可以用数控机床、激光雕刻机等来进行加工。而对于图案较浅的零件可以用热模压花机直接压成。

4）回转体零件的加工

圆柱形、圆台形的脚、腿、拉手等回转体零件的加工基准为中心线，其断面呈圆形，主要在车床上进行加工，它可以在工件的长度上加工成同一直径，还可以车削成各种断面形状或在表面车削出各种花纹。此种方法生产效率高，加工质量好，适合批量化生产。

5.2.7　表面修整与砂光

经过前面刨削、铣削等加工，加工工件表面会出现毛刺、凹凸不平、撕裂、压痕等问题。家具零部件表面的质量会直接影响后续油漆工序以及成品的效果，因此必须通过表面修整加工来解决表面存在的问题及缺陷。表面修整加工主要采用各种类型的砂光机进行砂光处理。

5.2.8　涂饰与检验

略

5.2.9　总装配与包装

一般家具的装配工艺大致为如下过程（图5-36）。

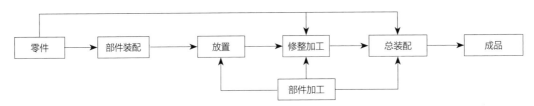

图5-36　一般家具的装配工艺图

5.3　板式家具生产工艺

板式家具按零部件结构分类，可分为实心覆面板零部件和空心覆面板零部件两种，其工艺流程（图5-37、图5-38）大致包括锯切（砂光）、涂胶、组坯、胶压、裁边、边部处理（封边、加工成型边）、机加工（加工孔、铣槽、表面修整）等工序。

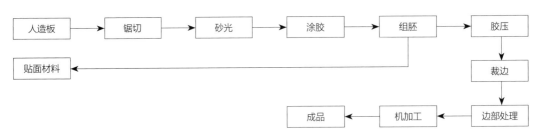

图5-37　实心覆面板生产工艺流程

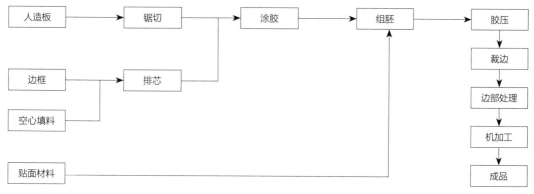

图5-38　空心覆面板生产工艺流程

5.3.1　锯切

由于实心板式部件基材幅面较大，必须经过锯截、配置才能制成各种板式部件规格。为提高基材利用率，需要首先制定出一套合理的锯截方案，设计好裁板图，定好规格，配足零部件数量，还要考虑基材的纤维方向等。

板式家具裁板常采用精密推台锯（图5-39）、卧式精密裁板锯（图5-40）等。使用时需要正确调整机器，锯片或锯条的锯齿不可过大，进给速度也要适当，以防部件边缘崩裂。

图5-39　精密推台锯　　　　　　　　　　　图5-40　卧式精密裁板锯

5.3.2　砂光

在实心板式家具生产时，人造板基材厚度方向上存在尺寸偏差，往往不符合覆面工艺要求，故而在人造板基材被锯截成规格尺寸后，必须经过一次或多次的砂磨，使其表面平整光洁，厚度尺寸达到覆面加工要求。通过定厚、砂光，可磨去基材表面的各种污垢、强度薄弱层及蜡层，提高基材的化学活性，利于胶粘。砂光加工一般采用宽带式砂光机。

5.3.3　涂胶

覆面板的覆面材料与芯料的接合一般为胶接合。涂胶的方法有两种，手工或用辊涂机进行涂胶。常用的胶种有脲醛树脂胶、聚醋酸乙烯酯乳液胶等。

5.3.4　组坯

按照生产图纸的要求,将涂上胶的覆面材料与芯料组合在一起即为组坯。组坯多由人工在组坯工作台上操作完成。组坯时要注意覆面材料与芯料对齐,使覆面材料完全盖住芯料,而后将其堆放整齐。

5.3.5　胶压

胶压是指将组合好的覆面板的板坯,整齐地放入压机中进行加压胶合,直至胶层固化成为牢固的覆面板。胶压可采用冷压法或热压法,一般使用冷压机或热压机(图5-41、图5-42)完成。

图5-41　冷压机

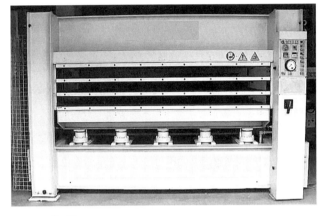

图5-42　热压机

5.3.6　裁边

贴面后的覆面板边部参差不齐,需要进行裁边加工,以获得平整光滑的边部与精确的长度和宽度尺寸。覆面板裁边的设备主要有手工进料单面裁边机与自动进料的双面裁边机。

5.3.7　封边

覆面板经裁边后,周边显露出覆面材料与芯料的切面及交接缝,需要进行封边作业,以对板件起保护和装饰的作用。封边作业是家具生产中边部处理的主要手段,操作相对简单,可实现连续化生产,生产效率高。

根据板件侧边型边的不同,封边机主要分为直线封边机、软成型封边机、曲线封边机和手动封边机等形式,有些特殊的板件也可采用手工封边。板料封边后应表面平整,边棱平滑,胶合牢固,坚实无虚,同时还要保证板件封边后的尺寸精度。

5.3.8　加工成型边

对于实木封边的覆面板,为增加封边条的美观性,需要铣削成各种成型面。覆面板的成型面有直线和曲线两种,一般利用立式铣床进行加工,也可用回转工作台铣床及镂铣机进行加工。

5.3.9 加工装配孔

现代板式家具结构设计采用一种新型的结构形式与制造体系——"32mm系统"规范执行，板件上前后、上下两孔之间的距离为32mm或32mm的整数倍。板件的标准化、系列化、互换性是板式家具结构设计的重点。在家具生产时，自装配家具采用标准化生产，便于质量控制，大大提高了加工精度及生产率，便于包装储运。

由于板件钻孔数目多、规格不一、加工尺寸精度要求高，所以常采用多排钻加工（图5-43）。钻头之间的距离一般为32mm，仅有少数国家使用其他模数的钻头间距。

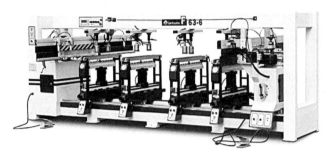

图5-43 多排钻

钻孔完成后，还要向部分孔内安装预埋螺母等配件，以便组装板件。然后对部件表面凹凸、毛刺、压痕、木屑、灰尘、油渍等进行处理。对于贴面材料为胶合板、薄木、单板的覆面板，其表面及边部还需进行修整处理，以提高光洁度。最后，把成套部件进行包装、储存。

5.4 金属家具生产工艺

不同的金属家具制造工艺各不相同，有些金属家具还搭配木材、塑料、玻璃等其他材料。金属家具主要生产工艺流程如图5-44所示。

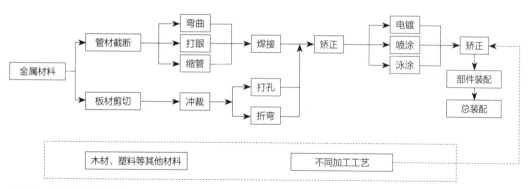

图5-44 金属家具的生产工艺

5.4.1 切割与切削

金属基材一般体量过大，为操作方便，需要对其进行切割。金属切割常用气割、砂轮片切割、激光切割等方式，也可采用切削加工等方式进行切割。

为达到零部件规定的形状、尺寸和表面质量，需用切削刀具在切削机床上（或用手工）将金属工件的多余加工量切去，这种加工方式称为切削加工。常见的切削加工方式有车削、铣削、刨削、磨削、钻削等。

5.4.2 弯曲工艺

金属家具的骨架结构常用弯管制作而成。弯管一般可分为热弯、冷弯两种加工方法，热弯法常用于管壁厚或实心的管材，在金属家具中应用较少；冷弯法可在常温下通过机械加压、液压加压及手工加压的方式进行。

5.4.3 打孔

冲孔一般采用冲裁加工的方式，加工精度高、效率高；打孔常采用钻床、手电钻。如果在设计中用到槽孔，可以利用铣削加工。

5.4.4 焊接与铆接工艺

焊接加工是利用金属材料在高温作用下易熔化的特性，使金属与金属发生相互连接的一种工艺，常用的焊接方法有熔焊、压焊、钎焊等。焊接加工的结构重量轻，省料；且能以小拼大，制造出重型、复杂的机器零件。焊接接头不仅具有良好的力学性能，还具有良好的密封性，多用于非活动零部件间的固定式结构连接。

用各种类型的铆钉将两个以上零部件连接在一起，或将铆螺母固定于零部件上的加工过程即为铆接。铆接工艺多用于折叠式活动结构连接中，铆螺母主要应用于拆装式结构。

5.4.5 表面处理

表面处理工艺既可提高金属家具的美观性，又可保护金属材料表面不被氧化。金属的表面处理工艺很多，可以通过化学着色、电解着色、阳极氧化着色、镀覆着色、涂覆着色、珐琅着色、热处理着色等方式进行。

5.4.6 装配

根据金属家具不同的连接方式，用螺钉、螺栓、铆钉等把金属零部件组装成家具的过程。

5.5 塑料家具生产工艺

塑料是在一定温度和压力条件下可塑制成型，并在常温下能保持形状不变的一类以天然或合成树脂为主要成分的材料。1909年，第一种人工合成树脂——酚醛树脂的诞生为塑料工业的发展拉开序幕。

早期塑料家具多采用热固性树脂制成，其中以玻纤增强树脂最具代表性。

热塑性树脂是继热固性树脂之后，在家具生产领域广泛应用的材料。热塑性树脂具有更好的力学性能和加工工艺，可回收利用，有利于节约能源和环保。如今在家具领域的应用已经超过了热固性树脂。主要应用于家具制作的热塑性树脂有聚氯乙烯、聚苯乙烯和聚烯烃等通用树脂。

塑料家具生产工艺有注射成型、挤出成型、模压成型、滚塑成型等方式。

5.5.1　注射成型

注射成型又称注塑（图5-45），是塑料成型加工中重要方法之一，其成型制品占目前全部塑料制品的20%～30%，是将塑料原料先在加热料筒中均匀塑化，而后由柱塞或螺杆推挤到闭合模具的模腔中的一种间歇式生产过程。

注射成型工艺生产周期短、效率高，易于实现自动化生产；能制作形状复杂、尺寸精确或带嵌件的制品，成型的塑料品种很多；但由于所使用模具价格过高，小批量生产时经济性相对较差。

法国设计师布鲁克兄弟花费4年时间设计打造的植物椅（Vegetal Chair）（图5-46），由纤维强化的塑料制作而成。正如其名，椅面和椅背交织形成不规则形状，有如叶脉自由生发，自在生长延伸而成，加强的肋条延伸至椅腿，整个椅子像棵生长中的植物。生长的概念不只是椅子形态的表达，也体现在制造工艺上，设计者使用注射成型的工艺方法，让液态塑料如同植物汁液一样从根部流到茎、叶脉再流回根部。椅子室内外皆可使用，可堆叠，好收纳，配以多样的色彩，带给人美好的视觉感和使用感。

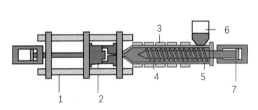

1—合模系统；2—模具；3—加热器；4—螺杆；5—料筒；
6—料斗；7—液压油缸

图5-45　注射成型原理图

图5-46　植物椅

5.5.2　挤出成型

挤出成型（图5-47）也称挤出模塑、挤塑，使受热熔化的物料借助螺杆和柱塞的挤压作用强行通过模口，成为具有恒定截面的连续型材。

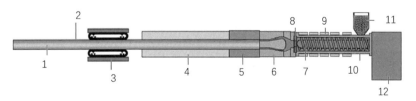

1—管材；2—切割装置；3—牵引；4—水槽冷却；5—冷却定型；6—机头；7—螺杆；8—多孔板、过滤网；9—加热器；10—料筒；11—料斗；12—传动系统

图5-47　挤出成型原理图

挤出成型设备成本低、效率高，操作简单，所用设备占地面积小，生产环境清洁，便于实现自动化连续生产；通过改变机头模口可制成各种断面形状的产品或半成品，成型产品质量均匀、致密。

5.5.3 模压成型

模压成型（图5-48）是将树脂等物料放入金属塑模内加热软化，闭合塑模后加压，使物料在一定温度和压力下，发生化学反应并固化成型的方式。

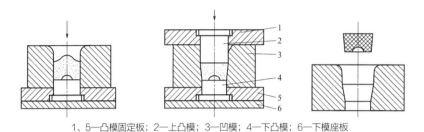

1、5—凸模固定板；2—上凸模；3—凹模；4—下凸模；6—下模座板

图5-48 模压成型原理图

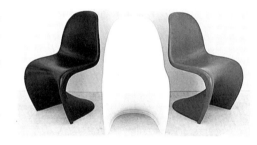

丹麦设计师潘顿（Verner Panton）于20世纪60年代设计制作的"潘顿椅"（图5-49）是最早期的量产塑料家具。椅子只经一次模压成型，无任何多余修整，直接投放市场。且造型自然流畅，直观展示了其生产工艺和结构特点，具有强烈的雕塑感，色彩艳丽，极具形式美感，质量轻便，方便堆叠存放。

图5-49 潘顿椅

5.5.4 滚塑成型

滚塑成型（图5-50）又称旋转成型，是把粉状或糊状塑料置于塑模中，通过加热并滚动旋转塑模，使模内物料熔融塑化，进而均匀散布到模具表面，再经冷却定型得到制品的工艺方法。

滚塑成型中所用原料除聚乙烯等粉粒塑料之外，也可使用聚氯乙烯溶胶或填充纤维的聚酯。因为生产过程中塑料件是完整的回转体，由每一层面最终形成壳体，因此具有很强的力学性能。这种工艺

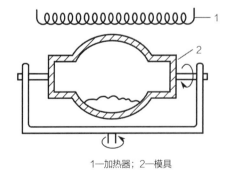

1—加热器；2—模具

图5-50 滚塑成型原理图

图5-51 Focus家具

所使用的设备和模具成本低，但生产效率较低，常用于形状复杂的家具产品生产。设计师艾洛·阿尼奥（Eero Aarnio）的Focus家具（图5-51）即是采用滚塑工艺制成的家具。

5.6　其他材料家具生产工艺

5.6.1　竹藤类家具生产工艺

我国竹材主要分布在南方，资源丰富。传统竹材家具多为圆竹家具。随着技术发展，竹材家具的形式种类不断丰富，主要有圆竹家具和竹集成材家具。

1. 圆竹家具生产工艺

圆竹家具是以竹杆为主体组成构架或构件，辅以竹条、竹片、竹板、竹编以及其他配件而制成的家具，传统生产工艺流程如图5-52所示。

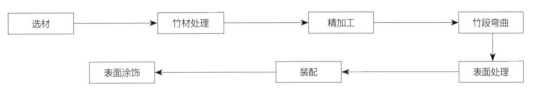

图5-52　圆竹家具主要生产工艺流程图

1）选材

多选用毛竹、斑竹等材质坚硬，抗弯、抗压性能好，干缩率小的竹材。

需要竹材表面平滑，无龟裂和损坏。骨架常用竹竿下部，因其竹壁较厚、节间短、节数多，可承受较大的力。面层的框架常用整根竹竿的中上部分，因其竹节长、节数少，且竹壁易弯曲。

2）竹材处理

常用谷壳法或皂水法对竹材进行表面清理。

3）精加工

竹材常用机器进行横截、纵截等加工，竹片定厚可使用压刨完成。

4）竹段弯曲

竹段弯曲部分应尽量不带竹节，一般采用加热烘烤的方法，使竹材纤维软化后再进行弯曲。竹材加热一般有炭火和喷灯两种加热方式。

5）表面处理

竹材表面处理常用漆涂饰，有时通过化学药剂浸渍。竹竿外表皮多含油分，需采用炭火法或煮沸法除油，而后在阳光下晾晒进行自然漂白，也可用药水进行漂白处理。漂白后，需按照要求着色。

6）装配

将加工好的竹家具零部件按规定要求接合成部件。

7）表面涂饰

涂饰前需先填补孔洞、缝隙等不平之处，而后打磨光滑平整，再涂底漆并打磨，最后涂面漆，晾干。竹家具多采用透明涂饰，通常使用耐水性较好的聚氨酯清漆。

2. 竹集成材家具生产工艺

竹集成材家具是在传统工业化竹材加工方式的基础上，借鉴木材集成材的层积和拼宽胶合工艺形成的家具（图5-53）。

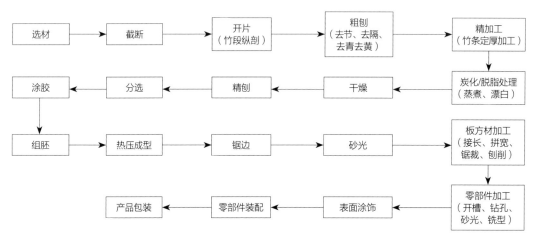

图5-53　竹集成材家具生产工艺

1）选材

原竹宜选取4年以上竿形通直、尖削度小、竹壁较厚的楠竹。原竹的截断、纵剖、去青去黄等加工需使用断竹机、裂竹机、去青去黄机等专用的竹材加工机器。

2）截断

使用断竹机将竹材截断，根据需要把原竹锯成一定长度的竹竿。

3）开片

使用裂竹机进行竹材开片。

4）粗刨

使用双面压刨或去青去黄机将竹材加上成无竹青、竹黄的等原竹片。竹青的黏性差，若不去掉会严重影响黏结强度。

5）精加工

成型机是竹材加工中比较常见的设备，按刀具数量可分为两刀成型机和四刀成型机。成型机的通用性较好，只需更换刀具即可满足不同产品的要求，换上平滚刀可用于竹条的定宽定厚。

6）炭化（或蒸煮）

竹材比一般木材更容易发霉和被虫蛀，在实际加工过程中，主要通过竹材炭化或蒸煮来解决霉变和虫蛀。

7）干燥

竹片经过蒸煮或炭化后，含水率一般可达35%~50%左右，需要在60~70℃左右的干燥窑中连续烘干72~84h，将含水率降至10%以内。

经干燥后，竹材集成材的后续工艺可参照木材集成材的生产工艺进行精刨、组坯、热压等，按照具体生产工艺流程制造成竹材集成材家具。

3. 藤家具生产工艺

藤家具是主要用藤材加工而成，还可搭配竹、木、金属等其他材质。不同藤家具产品制作工艺不尽相同，但藤制家具的主要生产工艺大致可分为：原料准备、打磨、加工、抛光、组装、编织、半成品打磨和涂饰等环节。

1）原料准备

藤材摘下晾干后，要通过打藤除去枝桠及树叶，并削去藤上的节疤。而后，将打好的藤进行蒸煮，对藤材进行脱水、脱脂处理，使其变柔和、有韧性。将藤材放入漂白水中，杀死其中的虫类，再放到阳光下晒干，防止藤材腐烂。大型工厂往往采用专门的车间对藤材进行烘干处理。

2）打磨

利用砂光机打磨，使藤材表面均匀、光滑。需先用80型粗砂带对藤材进行第一轮打磨，再用180型细砂进行细打磨。

3）加工

有的藤材长达20m左右，需将其截成固定长度以便于后续加工。有些需横向加工成不同的部分。对于要弯曲的部分，可用火枪进行加热处理。

4）抛光

使用抛光机对加工成固定长度的藤材进行抛光处理。抛光主要是对节疤和经高温加热后发生炭化的表面进行局部处理。抛光时用力要均匀、细致。对需要抛光的部分不能用力过大，以免磨去过多材料。

5）组装

组装时，要根据不同藤家具选择相应的接合方式，也要注意连接点的位置。

6）编织

把藤条按照设计好的图案编织在藤框上。

7）半成品打磨

编织后需要对不光滑、不平整的地方进行填补和打磨。

8）涂饰

通过上底漆、着色、上面漆等工艺，使藤家具防蛀、防腐，同时增加美观性。

4. 现代竹藤家具创新设计

传统竹家具加工从最初的选材、煮、剥、晒、干燥、防腐防虫等加工过程，到最后成型，都饱含着劳动者的民间生活智慧，甚至成为一种精神文化传承象征。当代许多家具设计师与传统竹艺传承人合作，通过加工工艺改进，尝试进行新的家具形式开发。由设计师陈旻使用16张仅0.9mm厚的竹皮和一根青竹制成的"杭州凳"（图5-54），很好地利用竹皮材料有弹性的特点，竹皮从两端最后25cm处被黏合到一起，当人坐上去凳子的支撑力在中心层层累积，座面向波纹一样随之弹动，带给人舒适又奇特的坐感。

德国设计师康士坦丁·葛切奇与竹艺大师陈考明合作完成的43号椅（图5-55），是一把使用43根竹板条手工制作而成的悬臂椅。精心选择干燥气候条件下4~5年生竹材，利用其最佳弹性，通过自然干燥、防腐、防蛀等工艺处理，以及大量的力学实验，最终完成独特的椅子造型设计，是现代设计和传统工艺的一次完美合作。

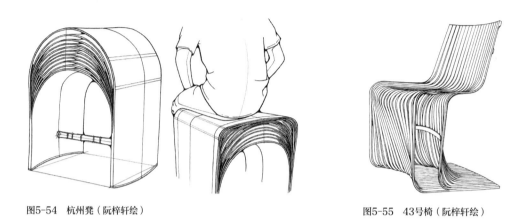

图5-54　杭州凳（阮梓轩绘）　　　　　　　　　　　　　　图5-55　43号椅（阮梓轩绘）

5.6.2　玻璃类家具生产工艺

玻璃是典型的脆性材料，在家具中常用作桌、凳面等。玻璃制家具多与不锈钢管、原木支架、铝合金等结合制成。有些玻璃家具加工后即为成品，而有些需进一步组装才能形成成品（图5-56）。

图5-56　玻璃家具的生产工艺

1）玻璃原料的配制

根据设计需要、性能要求、工艺水平、市场价格等因素，需要合理配制玻璃主料与辅料，以得到符合要求的原料。

2）熔化

把原料高温熔化，形成均匀无气泡的玻璃液，以备后续成型加工使用。

3）成型加工

把熔融的玻璃液通过压制、吹制、拉制等相应的成型工艺加工成符合要求的形状和尺寸。

4）热处理

对成型后的玻璃制品进行热处理，使其内部结构均匀化，并除去热应力，以避免玻璃轻易破裂、光学性质不均匀等问题。玻璃制品热处理一般包括退火和淬火两种工艺。

5）二次加工

经过成型加工的玻璃制品还需要进一步加工以满足要求，常采用冷加工、热加工、表面处理三种方式。

（1）冷加工

在常温条件下，通过机械法改变玻璃制品的外形、表面状态所进行的工艺过程即为冷加工。基本方法包括研磨、抛光、切割、喷砂、钻孔、切削等。

（2）热加工

对于形状复杂和一些特殊的玻璃制品，要通过热加工进行最后成型。热加工的方法主要有切割后锋利边缘的烧口、火抛光、火焰切割与钻孔等，可改善制品的性能和外观质量。

（3）表面处理

为了获得所需要的表面效果，对成型后的玻璃所做的处理，包括表面着色、表面涂层、光滑面与散光面的形成等。

6）成品入库

加工完成后，需要将成品包装、入库。

5.6.3　纸类家具生产工艺

纸材来源广泛，纸材家具制作成本低廉，材料经过压缩处理能形成一定形状的硬纸板，可以打造出造型独特的家具外形。此外，随着技术发展，一些特殊纸材的产生为家具设计带来了更多可能性。常见的纸质家具形式有纸浆模塑家具、纸绳编织家具、瓦楞纸板家具、特种纸板家具等多种形式。

纸浆模塑家具主要是用水将造纸类植物纤维制成浆液，而后让其在模具上成型，烘干后整形制成的纸质家具。其制作工艺流程主要包括：废纸选择、水力碎浆、浆料净化、成品定型、热压成型、脱水、干燥等环节。

纸绳编织家具以细钢条为主干，用经防水、防腐处理的细纸条捻成纸纤维，而后采用编织形式配合曲木和金属框架制成家具。

瓦楞纸板是由多层纸板复合而成，可塑性高，可根据制作需要进行裁切、冲孔、开槽、折叠等处理。瓦楞纸板家具在制作过程中，部件之间主要由胶粘剂黏合、暗钉钉接的方法。

特种纸板是指具有特殊性能和用途的纸板，用其制成的家具防水耐用，造价低廉，具有使用期限，到期可轻易销毁再回收利用，不会对环境造成过大的负担。波普艺术时期作品"Chair Thing"儿童椅（图5-57）就是用模切形成的特殊聚乙烯涂层复合纸制作而成，使用者可自行购买组装，方便有趣。

传统纸在特殊工艺处理下，其性能也会发生改变。中国原创品牌品物流形通过解构余杭油纸伞制作的材质和传统工艺过程，设计制作了"飘"椅（图5-58）。设计者正是利用了宣纸细腻的质感和韧性，把皮宣纸糊上天然胶水，一层层糊出椅座，这样制作出来的椅子既具备温暖的触摸感，还具有和实木同样的牢固度，并能够提供非常好的支撑力。

日本设计师佐藤大使用三宅一生褶皱系列服饰制作过程中的废纸设计制作的卷心菜椅（Cabbage

图5-57 "Chair Thing"儿童椅（阮梓轩） 图5-58 "飘"椅

图5-59 卷心菜椅

Chair），将添加了树脂的褶皱纸叠加做成卷筒状，使用的时候通过不断重复"剪断—剥开"的动作，逐渐呈现出椅子的形态，且承重性能良好（图5-59）。

日本设计师吉冈德仁设计的这款Honey-pop椅（图5-60），将120张电脑切割制成的半透明玻璃纸黏结在一起，展开过程会发出特有的声音，展开后结构呈蜂巢状，坐下后，座面会依据使用者形体形成不同形状，产品兼具科技感和实用性。

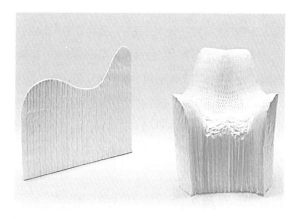

图5-60 Honey-pop椅

5.6.4 快速成型类家具生产工艺

快速成型技术即3D打印技术，是20世纪70年代末80年代初出现的一种先进制造技术。主要利用可溶解粉末状的材料，以数字模型为基础，通过3D打印机叠加打印出立体形态。目前，比较常见的快速成型技术有：熔融沉积制造（FDM）、立体喷印成型（3DP）、激光选区烧结（SLS）、立体光固化（SLA）以及分层实体制造（LOM）等。

3D打印技术为家具设计行业带来了更多的可能性，该技术能够生成复杂曲面形态和异型结构，有效帮助设计师快速构建精准直观的实物模型，提升了设计构思转化为三维实物的速度。同时，通过材料的累积、连续无缝搭建三维实物的方式，能够做到按需取材，减少浪费。

3D打印技术制造家具一般分为以下几个步骤：

（1）用三维建模软件建立家具或家具零部件的虚拟三维数据模型。

（2）在三维数据模型的基础上，使用能够满足尺寸精度和结构强度需求的工业级3D打印机打印完成产品。

（3）经过抛光、上色等工艺，完成最终产品。

目前，在家具设计生产领域，3D打印多用来满足个性化定制需求。工业级的3D打印与传统加工工艺方法相结合，可一次制造形状复杂、材料各异的产品和零件，不需要分件加工、装配。但目前快速成型技术主要以粉末、颗粒和胶质状材料通过逐层扫描叠摞而成，其加工精度仍有待提高。

5.7 小结

当今时代，家具趋于多元化发展，家具的工艺也趋向多样化，出现了许多创新制作工艺。一方面，越来越多的新材料应用于家具设计中，为家具生产工艺开发带来了新的可能性。另一方面，家具设计制作过程中，设计者也应该充分尊重、挖掘和展示材料自身特性和美感，尽可能简化材料加工工艺。

更多的本土设计师也更加重视、积极参与到传统工艺传承与发展实践中，与民间工艺传承者共同合作，运用新技术复原、开发、改进古老工艺，使其在现代设计发展语境中重新焕发活力。

参考
文献

[1]　李陵，陈波. 家具制造工艺及应用[M]. 北京：化学工业出版社，2016.

[2]　刘培义，罗德宇，熊伟. 家具制造工艺[M]. 北京：化学工业出版社，2013.

[3]　马掌法，黎明，李江晓. 家具设计与生产工艺（第2版）[M]. 北京：中国水利水电出版社，2012.

[4]　章旭宁. 纸质材料空间形塑手法的实验性研究[D]. 南京：南京艺术学院，2016.

[5]　彭文利. 家具材料与设计的关联性的研究[D]. 长沙：中南林业科技大学，2005.

[6]　曾雯君. 家具技术美的表现形式研究[D]. 长沙：中南林业科技大学，2013.

[7]　李道红. 传统家具工艺的创新设计与生产性保护研究[D]. 苏州：苏州大学，2019.

第六章

家具结构
设计

家具结构设计是家具设计的重要组成部分，它包括家具零部件的结构以及整体的装配结构。家具结构设计的任务是研究家具材料的选择，零部件自身及其相互间的接合方法，家具局部与整体构造的相互关系。

合理的家具结构可以增强产品的强度，节省原材料，提高工艺性。同时，不同的结构，由于其本身所具有的技术特征，常常可以实现或加强家具造型的艺术性。因此，家具结构设计的重要性毋庸置疑。本章结合现代家具设计的要求和功能的需要，材料的多样性，以家具结构设计理论、设计原则、设计系统性为基础，研究家具各部件的内在结构与装配结构，全面介绍以主要材质为分类基础的各类家具结构设计的有关知识。

6.1 实木家具的结构设计

实木家具是指以天然实木与再生实木（指接材、集成材等木材通过二次加工形成的实木类材料）为基材的部件，通过传统的榫卯结构，将各种连接件组装而成的一种家具。

6.1.1 实木家具的常见接合方式

实木家具是由若干个零部件和配件按一定的结构形式通过一定的接合方式组装而成的。零件及零部件之间的连接称为接合，常用的接合方式有榫接合、胶接合、钉与木螺钉接合、连接件接合等。

1. 榫接合

1）榫接合的分类

传统的榫卯接合方式仍然是实木家具中运用比较普遍的接合形式。榫接合是指榫头嵌入榫眼或榫槽的接合，接合时通常都要施胶（图6-1）。

按榫头的基本形状可分为直角榫、燕尾榫、指榫、椭圆榫等（图6-2），按榫头的基本类型以及接合方式则主要分为以下几类。

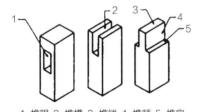

1-榫眼 2-榫槽 3-榫端 4-榫颊 5-榫肩

图6-1 榫接合各部位的名称

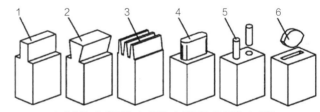

1-直角榫 2-燕尾榫 3-指榫 4-椭圆榫 5-圆榫 6-片榫

图6-2 榫头的形状

（1）单榫、双榫与多榫

按榫头的数目可分为单榫、双榫和多榫（图6-3）。一般框架的方材接合多采用单榫和双榫，如桌、椅、沙发框架的零件间接合等。箱框的板材接合则采用多榫接合，如衣箱与抽屉的角接合等。

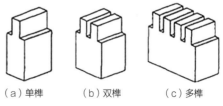

（a）单榫　　（b）双榫　　（c）多榫

图6-3 榫头的数目

（2）明榫与暗榫

按榫头是否贯通，榫接合可分为明榫与暗榫（图6-4）。装配后，榫端不暴露的不贯通榫称为暗榫；榫端露于方材表面的贯通榫则称为明榫。对表面装饰质量要求高的家具产品可用暗榫，但明榫的强度比暗榫大，所以受力大的结构和非透明装饰的制品，如沙发框架、床架、工作台等使用明榫接合较多。

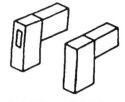

（a）明榫 （b）暗榫

图6-4 明榫与暗榫

（3）开口榫、闭口榫和半闭口榫

按接合后能否看到榫头侧面可分为闭口榫、开口榫与半闭口榫（图6-5）。榫头侧面不暴露在外表面的接合称为闭口榫接合；榫头一个侧面暴露在外表面的接合称为开口榫接合；仅有榫头一个侧面的某些部分暴露在外表面的接合称为半闭口榫接合，或称半开口榫接合。直角开口榫的优点是榫槽加工简单，但由于榫端和榫头的侧面显露在外表面，因而影响制品的美观。半闭口榫接合则具有两者

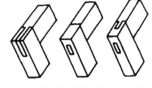

（a）开口榫（b）闭口榫（c）半闭口榫

图6-5 开口榫、闭口榫与半闭口榫

的综合优点，既可防止榫头的移动，又能增加胶合面积。因此，一般应用于能被制品某一部分所掩盖的接合处以及制品的内部框架，如桌腿与上横档的接合部位，榫头的侧面能被桌面所掩盖，从而避免了对制品外观的影响。

（4）单面切肩榫与多面切肩榫

按榫肩的切割形式可分为单面切肩榫、双面切肩榫、三面切肩榫与四面切肩榫（图6-6）。

一般单面切肩榫用于厚度尺寸小的方材，三面切肩榫常用于闭口榫接合，而四面切肩榫则用于木框中横档带有槽口的端部榫接合。

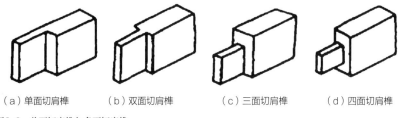

（a）单面切肩榫 （b）双面切肩榫 （c）三面切肩榫 （d）四面切肩榫

图6-6 单面切肩榫与多面切肩榫

（5）整体榫和插入榫

按榫头与工件本身的关系可分为整体榫和插入榫。整体榫是在方材零件上直接加工而成，如直角榫、椭圆榫、燕尾榫和指榫；而插入榫与零件不是一个整体，单独加工后再装入零件预制的孔或槽中，如圆榫、片榫等（图6-2）。与整体榫相比，因配料时省去了榫头部分的尺寸，插入榫可显著节约木材。此外，通过采用多轴钻床可以一次性完成定位和打眼工作，从而有效地简化工艺过程，大幅提高生产率。

插入榫接合也为家具部件化涂饰和机械化装配创造了有利的条件。虽然圆榫的接合强度比直角榫

低，但多数榫的接合强度远远超过了可能产生的破坏应力，因此为了提高接合强度和防止零件扭动，采用圆榫接合时需有两个以上的榫头，所以一般情况下用圆榫均能满足使用要求。为了进一步提高胶合强度，圆榫表面常压成可贮胶的沟纹。按沟纹形状，圆榫还可分为若干类型（图6-7）。

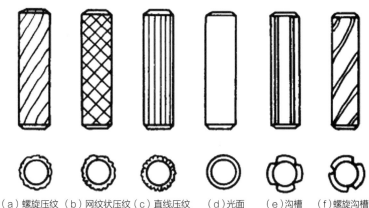

（a）螺旋压纹 （b）网纹状压纹 （c）直线压纹　　（d）光面　　（e）沟槽　　（f）螺旋沟槽

图6-7　圆榫的形状

2）榫接合的技术要求

家具制品被破坏时，破坏常出现在接合部位，因此在设计家具时，一定要考虑榫接合的技术要求，以保证其接合强度。

（1）直角榫的技术要求

①榫头的长度

榫头的长度方向应与方材零件的纤维方向基本一致，如确实因接合要求倾斜时，倾斜角度最好不大于45°。榫头的长度是根据榫接合的形式决定的，当采用明榫接合时，榫头的长度应等于接合零件的宽度或厚度；当采用暗榫接合时，榫头的长度应不小于榫眼零件宽度或厚度的一半，一般长度控制在15~30mm时，可获得较为理想的接合强度，榫眼深度则应比榫头长度大2~3mm，这样可避免由于榫头端部加工不精确或木材膨胀使榫头撑住榫眼的底部，形成榫肩与方材间的缝隙。

②榫头的宽度

榫头的宽度视工件的大小和接合部位而定。一般来说，榫头的宽度比榫眼长度多0.5~1.0mm，其中硬材取0.5mm，软材取1mm为宜，此时榫眼不会胀裂，且接合强度最大。当榫头宽度在25mm以上时，宽度的增大对抗拉强度的提高并不明显，所以当榫头宽度超过60mm时，应从中间锯切一部分，即分成两个榫头，以提高榫接合强度。

③榫头的厚度

榫头厚度应根据方材零件的断面尺寸而定，通常约为方材零件断面边长的0.3~0.6倍。为保证接合强度，应尽量增大榫头尺寸，软材质取大值，硬材质可取小值。为了使榫头易于进入榫眼，常将榫端的两边或四边削成30°斜棱。榫头的厚度应比榫眼宽度小0.1~0.2mm，防止胶液被挤出，从而影响接合强度。同时，当榫头厚度大于榫眼宽度时，也容易使榫眼顺木纹方向劈裂，破坏榫接合。

（2）圆榫的技术要求

圆榫是较为常见的插入榫，在实际使用中主要有两种作用：一种是定位作用；另一种是固定作用。当用作定位时，一般与家具偏心连接件配合使用，此时圆榫的主要作用是定位，连接件则起固定作用。当用作固定接合时，首先在使用前需对要连接的工件在相应的位置双向打孔，然后在榫头或者孔内涂胶，再将圆榫敲入孔内，随后通过加压和固化完成连接。为防止零件转动，通常至少用两个圆榫，较长的接合边可用多个圆榫连接，榫间距一般建议为32mm或32mm的整数倍。

①材质

圆榫应选用密度大、纹理通直、有韧性、材质较硬、无节无朽、无虫蛀等特点的木材制成，如柞木、水曲柳、青冈栎、桦木等。

②含水率

圆榫的含水率应比家具用材低2%~3%，因为施胶后，圆榫会吸收胶液中的水分而使含水率提高。圆榫应保持干燥状态，不用时要用塑料袋密封保存。

③圆榫的直径、长度

圆榫的直径为板材厚度的40%~50%，目前常用的规格有6mm、8mm、10mm三种。

圆榫长度为直径的3~4倍较合适，目前常用的为30mm、32mm、35mm、40mm四种。

④圆榫接合的配合要求

圆榫接合的涂胶方式会影响其接合强度。圆榫接合时，可以一面涂胶也可以两面（榫头和榫眼）涂胶，两面涂胶时接合强度最佳。若选择一面涂胶，则应优先选择对榫头进行涂胶，榫头充分润胀后可以提高接合力。虽然榫眼涂胶强度要差一些，但更易实现机械化施胶。此外，表面沟纹最好采用压缩方法制造，施胶接合后能够很快膨胀，使其接合得更加紧密。

圆榫与圆孔长度方向的配合应为间隙配合，即圆孔深度大于圆榫长度，间隙大小为0.5~1.5mm。圆榫与圆孔的径向配合应为过盈配合，过盈量为0.1~0.2mm。当圆榫用于固定接合（非拼装结构）时，采用有槽圆榫的过盈配合，并且一般双端涂胶；当圆榫用于定位接合（拆装结构）时，采用光面或直槽圆榫的间隙配合，单端涂胶，且通常与其他连接件一起使用。

2. 胶接合

胶接合是指用胶粘剂通过对零部件的接合面涂胶加压，待胶固化后形成不可拆的固定接合方式。胶接合运用广泛，在实木家具中常用于短料接长、窄料拼宽以及表面装饰贴面等。胶接合还广泛用于其他接合方式的辅助接合，如钉接合、榫接合时常需施胶加固。

胶接合的优点是可以做到小材大用，劣材优用，节约木材，结构稳定，还可以提高和改善家具的装饰质量。

3. 钉与木螺钉接合

钉与木螺钉接合虽然使用简便，但强度较低、美观度较差。因此，一般用于连接非承重结构和受力不大的承重结构，且较隐秘的接合部位。

1）钉接合

钉接合是直接运用各种钉子将实木家具各零部件接合在一起的接合方式，它具有生产效率高、易加工的优点，但就牢固性而言，往往不及榫接合，通常会因家具使用年限的增长、钉子的反复拔启、材料热胀冷缩的变化、钉身氧化与老化等因素，造成家具结构的松动及使用年限的变短。通常情况下，此种接合方式的牢固度往往与钉身的长度和形状、钉子本身的强度、钉子的直径密切相关：钉子的强度越高，其接合的强度就越高；钉子的长度与直径越大，表面凹凸的起伏越大，接合的强度也越高。常用的钉有圆钉（图6-8）、气钉（图6-9）两种。

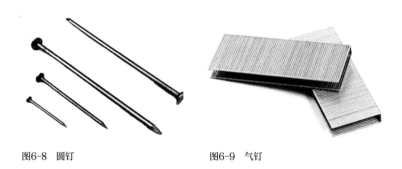

图6-8　圆钉　　　　　　　　　　　　　　图6-9　气钉

2）木螺钉接合

木螺钉是一种金属制带螺纹的连接构件。木螺钉是一种专门针对木材而设计的螺钉，可借助木螺钉的螺纹与木材之间的摩擦力将两个零件接合起来，是一种比较简单、方便的接合方式。其接合强度比钉接合高，可承受较大的振动。按端头形式不同可分为平头和半圆头等，钉头又分有一字头、十字头、内六角等（图6-10）。安装时需要在木质安装件上进行预钻孔，并使用旋具将其拧入工件内形成接合。当工件

图6-10　常用木螺钉

太厚（如超过20mm）时，常采用螺钉沉头法以避免螺钉太长或木螺钉外露。因此，木螺钉接合一般用于强度要求不高，不便用榫接合或用榫接合太繁琐、接合部位较隐秘的情况，如桌面、椅凳面与框架的连接，且这种接合不能多次拆装，否则会影响制品的强度。

4. 连接件接合

连接件是一种特制的并可多次拆装的构件。连接件接合，就是利用特制的各种专用的连接件，将家具的零部件连接起来并装配成部件或产品的接合方法。这种接合用于需要拆装部位的连接，可以反复拆装而不影响家具的接合强度，它是可拆装家具的主要接合方式。采用连接件接合可以简化产品结构和生产工艺，能使板式部件直接组装成家具，有利于产品标准化、部件通用化，有利于家具实现机械化流水线生产，也给家具包装、运输、储存带来便利，从而有效地降低家具的生产成本。连接件的种类很多，常用的有偏心连接件、圆柱螺母连接件、直角式倒刺螺母连接件等，除金属连接件以外，还有尼龙、塑料等材料制作的连接件。

6.1.2 基本结构

1. 胶合零件

用小块板材或单板胶合起来的零件称为胶合零件。如抽屉面板、旁板、床梃，柜类与桌类的望板，常用几块小板拼接使用。用多层单板胶合弯曲木或胶合集成材锯制的零件均属胶合零件。胶合零件具有变形小、节约木材的特点，所以在家具生产中得到了广泛的应用。

2. 方材

宽度不足厚度3倍的矩形木材原料称为方材。方材分为直形方材与弯曲方材两种。

实木家具结构中使用方材的设计要点如下：

1）尽量采用整块实木加工。

2）在原料尺寸比部件尺寸小或弯曲件的纤维被割断严重时，应改用短料接长。

3）需加大方材断面时，可在厚度、宽度上采用平面胶合方式拼接。

实木材料的接长主要靠胶接合，由于端面不易刨光，涂胶后胶液会沿着木材的纤维方向渗入木材的管孔中而造成接触面缺胶，所以在长度上用对接方法很难使两个端面牢固地接合起来。为了增大胶合面积，提高胶合强度，方材的胶合处常被加工成斜面或齿形榫形状（图6-11）。同时，要获得理想的胶合强度，斜面搭接的长度应等于方材厚度的10~15倍，而齿形榫接合时，齿距应为6~10mm。

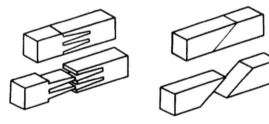

图6-11　方材接长

3. 木框

木框是框式家具的典型部件之一。最简单的木框是用纵、横各两根方材的榫接合而成。纵向方材称为"立边"，木框两端的横向方材称为"帽头"。如在框架中间再加方材，横向的称为"横档"（横撑），纵向的称为"立档"（立撑）。有的木框内装有嵌板，称为木框嵌板结构，而有的木框中间无嵌板，是中空的（图6-12）。常用的木框主要有门框、窗框、镜框和脚架等。

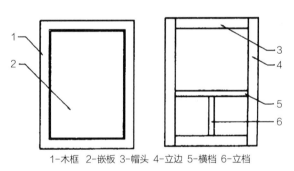

1-木框　2-嵌板　3-帽头　4-立边　5-横档　6-立档

图6-12　木框结构

1）木框角部接合

根据方材断面尺寸和零件在制品中的位置，考虑胶合强度和美观要求，木框角部接合主要分为以下几种接合方式。

（1）直角接合

主要采用各种直角榫、燕尾榫、圆榫或连接件接合，如图6-13所示。直角接合牢固大方，加工简便，是较为常用的一种接合方式。

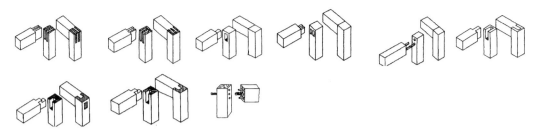

图6-13　木框直角接合形式

（2）斜角接合

斜角接合是将两根接合的方材端部榫肩切成45°的斜面或单肩切成45°的斜面后再进行接合（图6-14），其端面都不外露，外表美观，常用于外观要求较高的家具。与直角接合相比，斜角接合的强度较小，加工较复杂，但能提高装饰质量。

2）木框中档接合

中档接合常见于各类框架的横档、立档、椅子和桌子的牵脚档等部位。其常用的接合方法如图6-15所示。

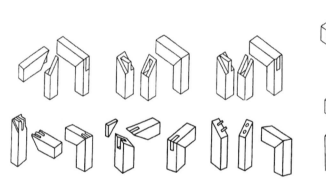

图6-14　木框斜角接合形式

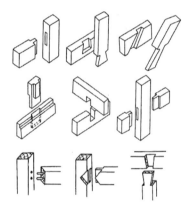

图6-15　木框中档接合形式

4. 木框嵌板结构

在安装木框的同时或在安装木框之后，将板件嵌入木框内侧四周的沟槽内，起封闭与隔离作用的这种结构称为木框嵌板结构。木框嵌板结构可镶嵌木质拼板、饰面人造板、玻璃或镜子，是框式家具中常用的结构形式，不仅可以节约珍贵木材，同时也比整体采用方材拼接更稳定和不易变形。嵌板的装配方式有槽榫法和裁口法两种，如图6-16所示。

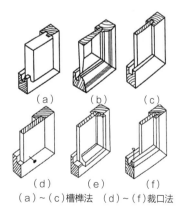

（a）　（b）　（c）

（d）　（e）　（f）

（a）～（c）槽榫法　（d）～（f）裁口法

图6-16　木框嵌板结构

1）槽榫法嵌板

在木框立边与帽头的内侧开出槽沟，在装配框架的同时将嵌板放入一次性装配好。该方法外观平整，但不能拆卸更换嵌板，常用于嵌装木质拼板。图6-16中的（a）~（c）为槽榫法嵌板，三种形式的不同之处在于木框内侧及嵌板周边所铣型面不同，而在更换嵌板时都需将木框拆散。

2）裁口法嵌板

在木框内侧裁口，嵌板用木条和靠档，木条用木螺钉或圆钉固定。该方法便于板件嵌装，板件损伤后也易于更换，还可利用木条构成凸出于框面的线条，常用于玻璃、镜子的嵌装（图6-17）。

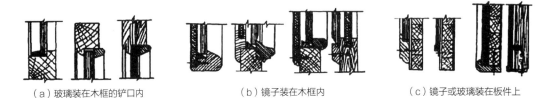

（a）玻璃装在木框的铲口内　　　（b）镜子装在木框内　　　（c）镜子或玻璃装在板件上

图6-17　玻璃及镜子的安装方法

无论采用哪一种安装方法，在装入嵌板时，榫槽内部不应施胶。同时需预先留有拼板自由收缩和膨胀的空隙，使拼板收缩时不致破坏脱落，拼板膨胀时不致破坏木框结构。

5. 拼板结构

将数块实木窄板的侧边按所需宽度拼接构成的板件称为拼板（图6-18）。传统框式家具的桌面板、台面板、柜面板、椅座板、嵌板等都是采用实木板胶拼而成的。为了尽量减少拼板的收缩和翘曲，单块木板的宽度应有所限制。采用拼板结构，除限制单块板的宽度以外，同一拼板中零件的树种和含水率应当一致，以保证形状稳定。

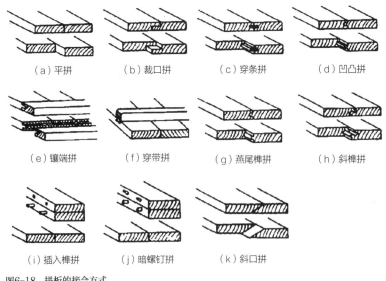

（a）平拼　　　（b）裁口拼　　　（c）穿条拼　　　（d）凹凸拼

（e）镶端拼　　　（f）穿带拼　　　（g）燕尾榫拼　　　（h）斜榫拼

（i）插入榫拼　　　（j）暗螺钉拼　　　（k）斜口拼

图6-18　拼板的接合方式

6. 箱框结构

箱框是由四块以上的板材围合而成的框体。常用的接合方法有直角榫、燕尾榫、暗槽榫、插入榫、钉接合和金属连接件等接合形式，如图6-19所示。

7. 脚架结构

脚架结构主要由脚和望板构成，用于支承家具及家具承载的重量。一般指支撑和传递上部载荷的骨架，如柜类家具中的脚架，桌、椅类家具中的支架等。传统柜类家具中，脚架往往作为一个独立的部件存在，设计要求是结构合理、形状稳定、外形美观。

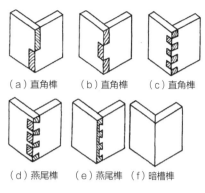

（a）直角榫　　（b）直角榫　　（c）直角榫

（d）燕尾榫　　（e）燕尾榫　　（f）暗槽榫

图6-19　箱框结构

常见的脚架结构形式有亮脚结构和包脚结构两大类。亮脚结构（图6-20）中的木制亮脚结构，属于框架结构形式，常采用闭口或半闭口直角榫的接合形式。为了加强刚度，脚与脚之间通常有横撑相互连接，脚架与上部柜体使用木螺钉或金属连接件连接。包脚结构（图6-21）属于箱框结构形式，一般采用半夹角叠接和夹角叠接的框角接合形式。内角用塞角或方木条加固，也可采用前角全隐燕尾榫、后角半隐燕尾榫的箱框接合方式。

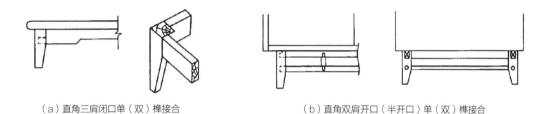

（a）直角三肩闭口单（双）榫接合　　　　　　（b）直角双肩开口（半开口）单（双）榫接合

图6-20　亮脚结构

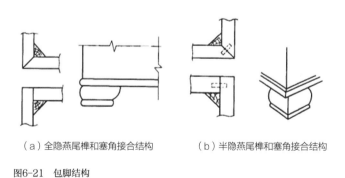

（a）全隐燕尾榫和塞角接合结构　　　（b）半隐燕尾榫和塞角接合结构

图6-21　包脚结构

6.2　板式家具的结构设计

板式家具是以人造板为主要基材，配以各种贴纸、木纹纸或木皮，经封边、喷漆修饰，以板件为主体，采用专用的五金连接件或圆棒榫连接装配而成的家具，是以板件为基本结构的拆装组合式家具。

6.2.1　板式家具的材料与结构特点

1. 板式家具的结构分类

板式家具的结构主要分为两个部分，分别为板部件本身和连接板部件的连接结构。

1）板部件

板式家具以板作为其主要结构部件，家具自重以及承重都要依赖板部件来完成，因此，对板部件的首要要求是具有一定的承重能力，这就要求板部件应具备一定的厚度，并且在连接时，连接件不能对板件的强度产生影响。同时，家具的美观以及连接质量也需要重视，因此板部件也要具备平整、板边光洁、不易变形等条件。

板式家具可大批量生产、售价低廉，其板部件大多使用人造板作为主要材料，一般板厚为18~25mm，有中密度纤维板、刨花板、覆面空心板等。由于板材板边相对粗糙，板边一般需要使用封边材料进行封边。目前有多种封边材料及工艺，如塑料封边、薄木封边、榫接封边、金属嵌条封边等，需要结合家具自身特点进行选择。

2）板的连接结构

由于板式部件的主要原材料为中密度纤维板、刨花板、覆面空心板等，这些原材料的形状、尺寸、结构及物理力学等特性决定了板式家具特有的接合方式。板式家具应用各种五金连接件将板式部件有序地连接成一体，形成了结构简洁、接合牢固、拆装自由、包装运输方便、互换性与扩展性强、利于实现标准化设计、便于木材资源有效利用和高效生产的特点。板式家具常用的连接方式主要有固定和可拆装两种。

2. 板式家具的用材

制造板式部件的材料可分为实心板和空心板两大类，大多数企业以采用实心板为主。实心板包括覆面刨花板、中密度纤维板、细木工板、多层胶合板等；空心板是用胶合板、平板作覆面板，中间填充一些轻质心料，经胶压制成的一种人造板材，某些场合甚至用刨花板或中密度纤维板作覆面材料与空心框胶合起来使用。由于心板结构不同，空心板的种类很多，有木条空心板、方格空心板、纸质蜂窝板、网格空心板、发泡塑料空心板、玉米芯或葵花杆作心料的空心板等。

3. 板式家具的结构特点

板式家具的结构应包括板式部件本身的结构和板式部件之间的连接结构，其主要特点如下：

（1）节约木材，有利于保护生态环境。

（2）结构稳定，不易变形。

（3）自动化高效生产实现高产量，从而增加利润。

（4）加工精度由高性能的机械来保证，从而可生产出满足消费者要求的高品质产品。

（5）家具制造无需依靠传统的熟练木工。

（6）预先进行的生产设计可减少材料和劳动力消耗。

（7）便于质量监控。

（8）使用定厚工业板材，可减少厚度上的尺寸误差。

（9）便于搬运。

（10）便于自装配工作的实现。

6.2.2 "32mm系统"设计

失去了榫卯结构支撑的板式构件的连接需要寻求新的接合方法，这就是插入榫与现代家具五金的连接件接合。要获得良好的连接，对材料、连接件及接口加工工具等都需要综合考虑，"32mm系统"在实践中诞生，并已成为世界现代板式家具的通用体系，现代板式家具结构设计也要求按"32mm系统"规范执行。

1. 什么是"32mm系统"

"32mm系统"在欧洲也被称为"EURO"系统，其中，E——essential knowledge，指的是基本知识；U——unique tooling，指的是专用设备的性能特点；R——required hardware，指的是五金件的性能与技术参数；O——ongoing ability，指的是不断掌握关键技术。

"32mm 系统"可以定义为："32mm"是一种依据单元组合理论，通过模数化、标准化的接口来构筑家具的制造系统，即采用标准工业板材、标准钻孔模式来组合成家具和其他木制品，并将加工精度控制在0.1~0.2mm 的结构系统，因基本模数为 32mm（相邻两标准钻孔的最小中心距），故称"32mm系统"。

"32mm系统"要求零部件上的孔间距为32mm的整数倍，即应使其"接口"都处在32mm方格网的交点上，至少应保证平面直角坐标中有一维方向满足此要求，以保证实现模数化并可用排钻一次打出，这样可提高效率并确保打孔精度。由于造型设计的需要或零部件交叉关系的限制，有时在某一方向上难以使孔间距实现32mm的整数倍时，允许从实际出发进行非标设计，因为多排钻的某一排钻头间距是固定在32mm上的，而排际之间的距离是可无级调整的。

"32mm系统"是以32mm为模数的，制有标准"接口"的家具结构与制造体系。这个制造体系以标准化零部件为基本单元，可以组装成采用圆榫胶接的固定式家具，或采用各类现代五金件连接的拆装式家具。

对于这种部件加接口的家具结构形式，国际上出现了一些专用名词，表明了相关的概念，如KD（knock down）家具，来源于欧美超市货架上可拼装的散件物品；RTA（ready to assemble）家具，家具即准备好去组装的作备组装或待装家具；DIY（do it yourself）家具，即由自己来做的自装配家具。这些名词术语反映了现代板式家具的一个基本特征，那就是基于"32mm系统"的、以零部件为产品的可拆装家具。

2. 为什么要以32mm为模数

（1）排钻床的传动分为三种：即带传动、链传动和齿轮传动。其中齿轮传动精度较高，且能一次钻出多个安装孔的加工工具，是靠齿轮啮合传动的排钻设备，齿轮间合理的轴间距不应小于30mm，如果小于这个距离，那么齿轮装置的寿命将受到明显的影响。

（2）欧洲人长期习惯使用英制为尺寸量度，对英制尺寸非常熟悉。若选1英寸（约25.4mm）作为轴间距则显然与齿间距要求产生矛盾，而下一个习惯使用的英制尺度是5/4英寸（31.75mm），取整数即为32mm。

（3）与30相比较，32可以不断被2整除（32=2⁵）。这样的数值，具有很强的灵活性和适应性。

（4）以32mm作为孔间距模数并不表示家具外形尺寸是32mm的倍数。因此与我国建筑行业常用的30cm模数并不矛盾。

3. "32mm系统"特点

"32mm系统"融合了现代设计观念和方法，是在高技术支持下实现的。它有以下几个主要特点：

（1）新概念。引出了"部件即产品"的概念，即以单元组合理论为指导，通过对零件的设计、生产、装运、现场装配来完成家具产品。

（2）新方法。采用没有榫卯结构的平口接口，避免了复杂的结构和工时、材料的浪费。

（3）专门化。它采用钻孔的方法来实现板式家具板与板之间的连接与固定，配件必须具有与圆形安装孔相匹配的接口形式。

（4）高精度。高精度和计算机控制的专用机械设备的使用，摆脱了对操作者的技巧、手法、经验和生理以及心理素质的依赖。高精度确保了高品质，可实现零部件的标准化和互换性。当配件上有两个或两个以上的接口时，所有接口的中心应处于同一直线上，且其中心距离均以32mm为模数。

（5）降低了运输成本。在包装储运上，采用板件包装堆放，有效地利用了储运空间，减少了破损和难以搬运等麻烦。

4. "32mm系统"的标准和规范

"32mm系统"以旁板为核心。旁板是家具中最主要的骨架部件，板式家具尤其是柜类家具中几乎所有的零部件都要与旁板发生关系，如顶（面）板要连接左、右旁板，底板安装在旁板上，搁板要搁在旁板上，背板插或钉在旁板后侧，门铰的一边要与旁板相连，抽屉的导轨要装在旁板上等。因此，"32mm系统"中最重要的钻孔设计与加工也都集中在旁板上，旁板上的加工位置确定以后，其他部件的相对位置也就基本确定了。

旁板前后两侧各设有一根钻孔轴线，轴线按32mm的间隙等分，每个等分点都可以用来预钻安装孔。预钻孔可分为结构孔与系统孔，结构孔主要用于连接水平结构板；系统孔用于铰链底座、抽屉滑道、搁板等的安装。由于安装孔一次钻出供多种用途，所以必须首先对它们进行标准化、系统化与通用化处理。

1）"32mm系统"基本规范

（1）所有旁板上的预钻孔（包括结构孔与系统孔）都应处在间距为32mm的方格坐标网点上。一般情况下结构孔设在水平坐标上，系统孔设在垂直坐标上。

（2）通用系统孔的轴线分别设在旁板的前后两侧，一般以前侧轴线（最前边系统孔中心线）为基准轴线，但实际情况是由于背板的装配关系，将后侧的轴线作为基准更合理，而前侧所用的杯型门铰是三维可调的。若采用盖门，则前侧轴线到旁板前边的距离应为37mm（或28mm），若采用嵌门，则应为37mm（或28mm）加上门厚。前后侧轴线之间及其他辅助线之间均应保持32mm整数倍的距离。

（3）通用系统孔的标准孔径一般规定为5mm，孔深规定为13mm。

（4）当系统孔用作结构孔时，其孔径按结构配件的要求而定，一般常用的孔径为5mm、8mm、

10mm、15mm、25mm等。有了以上这些规定，就使得设备、刀具、五金件及家具的生产、供应商都有了一个共同遵照的接口标准，对孔的加工与家具的装配而言，也就变得十分简便灵活了，如图6-22所示。

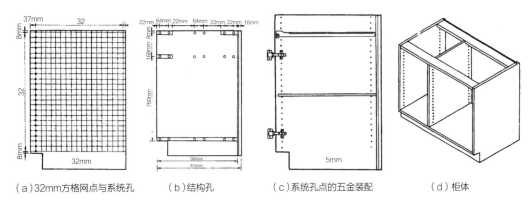

（a）32mm方格网点与系统孔　　（b）结构孔　　（c）系统孔点的五金装配　　（d）柜体

图6-22　"32mm系统"规范

2）"32mm系统"设计原则

"32mm 系统"设计应遵循标准化、模块化、牢固性、工艺性、装配性、经济性、包装性的"二化五性"原则。

（1）标准化原则

标准化原则是指设计时应考虑家具的整体尺度、零部件规格尺寸、五金连接件、产品构成形式、接合方式与接合参数的标准化与系列化问题。尽可能让家具的整体尺度、零部件形成一定的规格系列或是通用。最大限度地减少家具零部件的规格数量，为简化生产管理、提高生产效率、降低成本等提供条件。

（2）模块化原则

模块化的基础是标准化，但又高于标准化。标准化注重对指定的某一类家具的零部件进行规范化、系列化处理，而模块化除了要做标准化的工作外，还要跳出指定的某一类家具圈子，在更大的范围内甚至是在模糊的范围内去寻求家具零部件的规范化、系列化。模块化原则就是先淡化产品的界限，以企业现在开发的所有家具产品及可预计到的未来开发的家具产品中的零部件作为考察对象，按零部件物理特征（材料、规格尺寸、构造参数）来进行归类、提炼，通过反复优化形成零部件模块库。设计产品时在模块库中选取N个模块组合成家具产品。考虑到仅依赖标准的零部件模块库可能难以完成在外形与功能上要求多变的家具产品设计，一般可以采用以标准模块库的零部件为主，配上非标准模块库的零部件的方法完成家具产品开发。标准模块库是动态的，其中的少数模块可能要被修改、扩充甚至淘汰，而非标准模块库的少数模块也有可能被升级为标准模块。

（3）牢固性原则

牢固性原则即力学性能原则，就是要求家具产品的整体力学性能满足使用要求。家具的整体力学性能受基材与连接件本身的力学性能、接合参数、结构构成形式、加工精度、装配精度与次数等诸多因素的影响。但在设计阶段应注意原材料与连接件的选用、结构构成形式的确定、接合参数的选取三个问题。显然，原材料与连接件的品质直接决定家具的整体力学性能。在着手设计时，首先必须根据家具产品的品质定位、使用功能与要求、受力情况等选取原材料与连接件的品质与规格。家具的结构构成形式与接合参数是否合理同样会对家具的整体力学性能产生较大的影响，必须谨慎对待。

（4）工艺性原则

除极少部分的艺术家具外，绝大部分的家具产品属工业产品范畴，设计时必须遵循工艺性原则。所谓工艺性原则就是要求在设计时充分考虑材料特点、设备能力、加工技术等因素让设计出的家具便于低成本、低劳力、低能耗、省材料、高效率地制造。

（5）装配性原则

为了便于家具产品的库存、流通等，板式家具一般为拆装式或待装式结构。装配性原则要求在确保家具产品的功能和力学性能等的前提下，科学简化结构，让家具的装配工作简便快捷、少工具化、非专业化。目前市面上的拆装家具多数依赖专业安装人员安装，真正的自装配家具很少，如果结构能简化到非专业人员也能正确安装，就可将家具的安装成本降低到最低。

（6）经济性原则

经济原则是指在保证家具产品品质的前提下，以最低的成本换取最大的经济利益。具体地说，可以从提高材料利用率，简化结构与工艺，贯彻标准化、系列化、模块化设计思想等方面着手降低设计阶段能决定的产品成本。另外，对经济性的理解不能仅仅停留在企业的直接经济效益上，还要着眼于整个社会，注重企业与社会的综合经济效益。

（7）包装性原则

由于家具的品种、材料、形态、结构以及配送方式的差异，对包装的要求也不尽相同。在结构设计时除了要考虑上述几个原则外，还要考虑包装这一因素，使最终产品的包装既经济绿色又符合库存与物流要求。这就是包装性原则。

6.2.3　板式家具五金连接件

拆装式家具的问世，人造板材的广泛应用，以及"32mm系统"的产生和发展，为现代家具五金配件的形成与发展奠定了坚实的基础。办公室自动化、厨房家具的变革，以及现代家具设计推崇可持续发展、以人为本原则等再一次跟进和推动了家具五金工业向高层次发展。

随着现代家具五金工业体系的形成，国际标准化组织于1987年颁布了ISO 8554-8555家具五金分类标准，将家具五金分为九类：锁、连接件、铰链、滑道（滑动装置）、位置保持装置、高度调整装置、支承件、拉手、脚轮。

1. 锁

锁主要用来锁门与抽屉。根据锁用于部件的不同，可分为玻璃门锁、柜锁、移门锁等，如图6-23所示。柜锁与移门锁的安装，只需在门板或抽屉面板上开20mm圆孔，用螺钉固定；玻璃门锁则需在顶板或底板上开锁舌孔。在现代办公家具中，为了同时将几个抽屉锁紧，而产生了联锁，分为正面联锁与侧面联锁。联锁的安装，需要在柜旁板上开20mm×6mm的槽，将锁杆装入其中，并利用"32mm系统"中的系统孔固定。

（a）玻璃门锁　　　　（b）柜锁　　　　（c）移门锁

图6-23　锁

2. 连接件

固定式装配结构一般用带胶的圆榫连接，拆装式结构中最常用的是各种连接件。连接件是各类五金中应用最广的一种。

1）分类

根据连接是否可拆卸，可将连接件分为固定和可拆装两大类。可拆装连接件按其扣紧方式又可分为：螺纹啮合式、凸轮提升式、斜面对插式、膨胀销接式及偏心螺纹啮合式等。其中，凸轮提升式连接应用最为广泛，又称为偏心连接件。

2）结构特点

"钻孔安装"是现代工业生产中采用的主要方式，因而一大部分拆装连接件却具有圆柱外形的结构特点，但一些处在隐蔽部位的拆装连接件则不受此限制。拆装连接件一般由1~3个部件配成一副，其中比例最大的是由2个部件配成一副的拆装连接件，称作"子母件"，子件多为螺钉或螺杆，但带有与母件相配合的各种结构形式的螺杆头。母件多为圆柱体并带有可与子件杆头相配合的"腹腔"，母件多处在被连接部件的一方。子件首先在甲部件上固紧，然后穿过乙部件进入母件的"腹腔"再将母件或母件腹腔内的部件转动一个角度，两者的配合使其进入扣紧状态，从而实现了部件之间的连接。母件腹腔内最初采用的是具有偏心凸轮形状的（蜗线状的）腔道结构设计，故亦称作"偏心连接件"（图6-24），这类产品现仍在大量使用。但新的结构已在不断开发，如扣紧母件转动一个角度为螺纹锁紧的四合一连接件（图6-25），这种连接件体积虽小，扣紧力及自锁力却明显提高，不易松脱，常用于书柜、文件柜等重载场合。

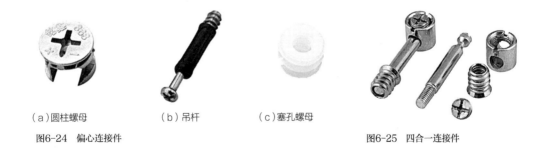

（a）圆柱螺母　　　　（b）吊杆　　　　（c）塞孔螺母

图6-24　偏心连接件　　　　　　　　　图6-25　四合一连接件

3）连接方式

子件：可以通过螺钉（自身结构或另配）与部件连接，也可以借助于预埋螺母来连接。前者常以φ6螺钉与φ5预钻孔直接配合，后者常用φ10预埋螺母。

母件：根据其功能、结构、形状不同而异，可以是母件自身在部件预钻孔内活嵌、孔嵌或另通过螺钉与部件相连接。

4）技术规范与标准

拆装连接件品种繁多，但绝大多数以钻孔安装为主。国内企业最广泛使用的是偏心连接件，其常用连接母件的直径有10mm、15mm、25mm等，柜体结构中原来常用Φ25，现在多数改为Φ15，后者的视觉效果更好，而连接强度与母件直径几乎无关，Φ10的连接母件常被用于拆装式抽屉上。拉杆长度规格较多，可任选，常用的尺寸是使母件孔心离边缘尺寸为24.5mm或33.5mm（现在通常取整数为25mm或34mm）为了有利于抽屉的标准化、通用化设计，一般认为后者更合适。

3. 铰链

1）分类

铰链按底座类型分为脱卸式和固定式两种，按臂身类型又分为滑入式和卡式两种；按门板遮盖位置又分为全盖式、半盖式、内藏式等；按铰链发展阶段的款式，可分为一段力铰链、二段力铰链、液压缓冲铰链、触碰自开铰链等；按铰链的开门角度，可分为常用的95°~110°，特殊的有25°、30°、45°、135°、165°、180°等。常见铰链如图6-26所示。

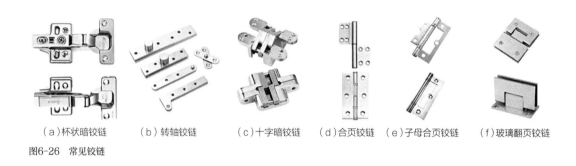

| （a）杯状暗铰链 | （b）转轴铰链 | （c）十字暗铰链 | （d）合页铰链 | （e）子母合页铰链 | （f）玻璃翻页铰链 |

图6-26 常见铰链

2）结构特点

铰接形式一般为单四连杆机构，能使开启角达到130°，当要求更大开启角时，采用双四连杆机构。为实现门的自弹和自闭，一般均附带弹簧机构，弹簧的结构形式包括圈簧（采用矩形截面的钢丝）、片簧、弓簧（外装）、反舌簧（内装）等。有些要求高的场合还需弹性机构在开启角达到45°以上时能在空间定位，以免松手时使门猛烈弹向关闭而发出较大的响声并损伤柜体。

3）连接方式

铰杯与门：门上预钻盲孔（Φ35mm、Φ26mm）并嵌装铰杯，另通过铰杯两侧耳上的安装孔（两孔），利用螺钉与门连接。可在门上预钻Φ3mm或Φ5mm（Φ6mm 欧标螺钉）盲孔。

铰杯与底座：有匙孔式、滑配式和按扣式3种连接方式。

底座与旁板：采用螺钉连接，标准是在旁板"32mm系统"Φ5mm的系统孔中安装Φ6mm欧式螺钉。在进行暗铰链的安装设计时，必须注意每种暗铰链的参数。对于不同的铰链，铰杯孔与门板边的距离、暗铰链的底座高度、门与旁板的相对位置均有不同，如图6-27所示。

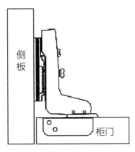
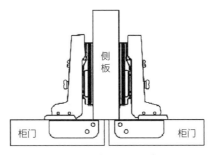

（a）无盖（大弯、内藏）柜门
内藏入归，柜门与侧板齐平，
用的相对较少

（b）半盖（中弯、曲臂）
通常木工板9mm厚度，
两个柜门共用一个侧板，
是较常用的规格

（c）全盖（直弯、支臂）
通常木工板18mm厚度，
柜门能全盖住侧板

图6-27　暗铰链的三种安装方式

4）技术规范与标准

制造厂家向用户提供的技术规范指导包括：

（1）给出参量定义。

（2）给出参量关系值表。

（3）给出相应的坐标曲线。

（4）除给出门打开后其内面超出旁板内面的距离外，还给出铰臂最高点超过旁板内面的距离。

一般已不要求用户按公式计算，而是以直观的图表来给出反映参量变化趋势的曲线和明确无误的数据选择，从而使用户感到更方便可靠。安装孔距标准则以"32mm系统"为主要依据。

4.滑动装置

滑动装置也是一种重要的功能五金件，最典型的滑动装置是抽屉滑轨，此外还有移门滑道，电视、餐台面用的圆盘转动装置以及卷帘门用的环型底路等，特殊场合还用到铰链与滑道的联合装置，如电视柜内藏门机构，如图6-28所示。

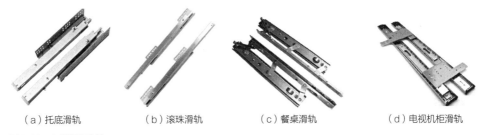

（a）托底滑轨　　　　（b）滚珠滑轨　　　　（c）餐桌滑轨　　　　（d）电视机柜滑轨

图6-28　各种滑轨装置

1）抽屉滑轨

抽屉滑道根据其滑动的方式不同，可以分为滑轮式和滚珠式；根据安装位置的不同，又分为托底式、中嵌式、底部两侧安装式、底部中间安装式等；根据抽屉拉出距离柜体的多少可分为单节滑轨、双节滑轨、三节滑轨等，三节滑轨多用于高档或抽屉需要完全拉出的产品中。

2）门滑道

家具的门，除采用转动开启的方式外，还有平移、折叠平移等多种开启方式。采用平移或兼有平移功能的开启方式，可以节省转动开门时所需的空间，所以门滑道在越来越多的产品中被广泛应用。

5. 位置保持装置

位置保持装置主要用于活动构件的定位，如背板扣、磁碰、翻门吊杆、吊扣等，如图6-29所示。

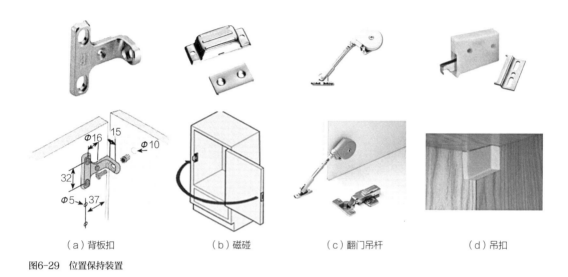

（a）背板扣　　　　　（b）磁碰　　　　　（c）翻门吊杆　　　　　（d）吊扣

图6-29　位置保持装置

6. 高度调整装置

主要用于家具的高度与水平调校，如脚钉、脚垫、调节脚等，如图6-30所示。

（a）脚钉　　　　　　　　　（b）脚垫　　　　　　　　　（c）调节脚

图6-30　高度调整装置

7. 支承件

主要用于支承柜体或家具构件，如层板支架、层板托、衣通托等，如图6-31所示。

（a）层板支架

（b）层板托

（c）衣通托

图6-31　支承件

8. 拉手

拉手也具有功能性，但由于其一般都安装在外表面，在造型设计中起着重要的点缀作用，所以常归入装饰五金大类中。其形式和品种繁多，有金属拉手、大理石拉手、塑料拉手、实木拉手等，还有专门用于推拉门的推拉门拉手（扣手），如图6-32所示。

9. 脚轮

脚轮常装于柜、桌的底部，以便移动家具，如图6-33所示。根据连接方式的不同，脚轮可分为平底式、丝扣式、插销式三种，其还可以装置刹车，当踩下刹车时可以固定脚轮。平底式采用螺钉接合，丝扣式采用螺钉与预埋螺母接合，插销式采用插销与预埋套筒接合。

10. 其他五金件

除以上五金件外，还有为现代自动化办公家具而特别设计的五金件，如用于布置各种线而设计的线槽、线盒（图6-34）；为沙发等家具设计的沙发脚（图6-35）等。在使用这些特殊的家具配件时，可以根据生产厂家提供的技术说明书量取装配尺寸。

图6-32　拉手

图6-33　脚轮

图6-34　线盒

图6-35　沙发脚

6.3　其他非木质家具的结构设计

6.3.1　软体家具的结构

凡坐、卧类家具与人体接触的部位由软体材料（软质材料）构成的家具都可称作软体家具。我们常见的沙发、床垫都属于软体家具。

1. 支架结构

软体家具的支架有木制、钢制、塑料制以及钢木结合等，也有不用支架的全软体家具。木支架主要采用明榫接合、螺钉接合、圆钉接合、连接件接合等，如图6-36所示。木支架一般都属于框架结构，最好用坚固的木材制作框架，除扶手和支撑脚等露在外面的构件之外，其他构件的加工精度要求不高。

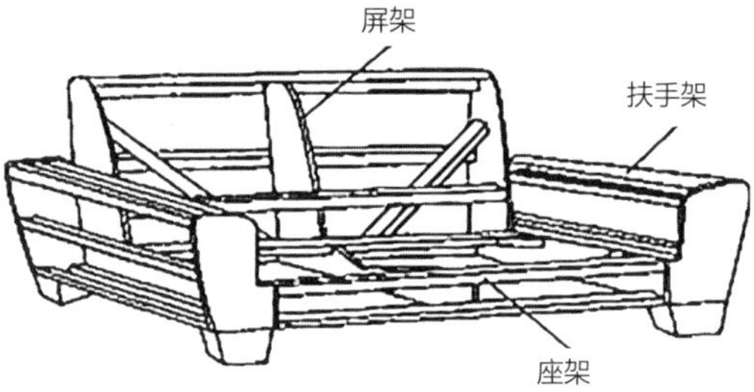

图6-36　支架结构

2. 软体结构

由于用材不同，软体的结构和制作方法也不同。

1）薄型软体结构

这种结构也叫半软体，如用藤面、绳面、布面、皮革面、塑料编织面、棕绷面及人造革面等材料制作的家具，也有用薄层海绵的，如图6-37所示。

这些半软体材料有的直接编织在座框上，有的缝挂在座框上，有的单独编织在木框上再嵌入座框内。

2）厚型软体结构

厚型软体结构可分为两种形式。一种是传统的弹簧结构，利用弹簧作软体材料，然后在弹簧上包覆棕丝、棉花、泡沫塑料、海绵等，最后再包覆装饰布面，如图6-38所示。弹簧有盘簧、拉簧、弓（蛇）簧等。

另一种为现代沙发结构，也叫软垫结构。整个结构可以分为两部分，一部分是由支架蒙面（或绷带）而成的底胎；另一部分是软垫，由泡沫塑料（或发泡橡胶）与面料构成。

图6-37 薄型软体结构

图6-38 厚型软体结构

3. 充气家具

充气家具有独特的结构形式，其主要构件是由各种气囊组成的。其主要特点是可自行充气组装成各种充气家具，携带或存放都很方便，多用于旅游家具，如各种海滩躺椅、水上用床，各种轻便沙发椅和旅行用椅等，如图6-39所示。

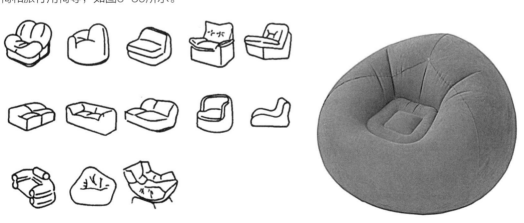

图6-39 充气家具

4. 床垫

床垫的结构有多种，如图6-40所示，一种是弹簧结构，利用盘簧、泡沫塑料、海绵、面料等制成；在这种结构的基础上，针对床垫中间受力最大、易塌陷等因素，又开发出独立袋装弹簧床垫，高碳优质钢丝制成直桶形或鼓槌形的弹簧，分别装入经特殊处理的棉布袋中，可独立承受压力，且弹簧之间互不影响，使邻睡者不受干扰。另一种是全棕结构，利用棕丝的弹性与韧性作软性材料。

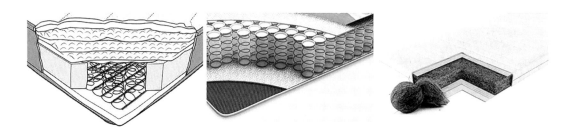

图6-40　床垫

6.3.2　金属家具的结构

主要部件由金属制成的家具称为金属家具。根据所用材料可分为全金属家具（如保险柜、钢丝床、厨房设备、档案柜等）、金属与木结合家具、金属与其他（竹藤、塑料）材料结合的家具。

1. 结构特点

按结构的不同特点，可将金属家具的结构分为固定式、拆装式、折叠式、插接式四种。

（1）固定式：通过焊接的形式将各零部件接合在一起。此结构受力及稳定性较好，有利于造型设计，但表面处理较困难，占用空间大，不便运输。

（2）拆装式：将产品分成几个大的部件，部件之间用螺栓、螺钉、螺母连接（加紧固装置）。拆装式有利于电镀、运输。

（3）折叠式：又可分为折动式和叠积式，常用于桌、椅类。折叠式家具存放时可以折叠起来，占用空间小，便于携带、存放与运输，使用方便。

（4）插接式：利用金属管材制作，将小管的外径套入大管的内径，用螺钉连接固定。可以利用轻金属铸造二通、三通、四通的插接件（图6-41）。

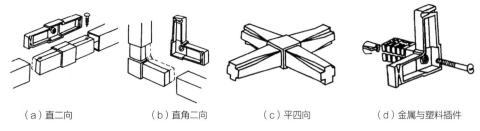

（a）直二向　　　　（b）直角二向　　　　（c）平四向　　　　（d）金属与塑料插件

图6-41　金属家具的插接

2．连接形式

在金属家具中，将两个以上零件连接在一起的方法有：焊接、铆接、螺栓连接、销连接等四种方法。

（1）焊接：可分为气焊、电弧焊、储能焊。牢固性及稳定性较好，多应用于固定式结构。主要用于受剪力、载荷较大的零件。

（2）铆接：主要用于折叠结构或不适于焊接的零件，如轻金属材料。此种连接方式可先将零件进行表面处理后再装配，给工作带来方便。

（3）螺钉连接：应用于拆装式家具，一般采用来源广的紧固件，且一定要加防松装置。

（4）销连接：销也是一种通用的连接件，主要应用于不受力或受较小力的零件，起定位和帮助连接的作用。销的直径可根据使用的部位、材料来适当确定。起定位作用的销一般不少于两个；起连接作用的销的数量以保证产品的稳定性来确定。

3．折叠结构

能折动或叠放的家具，称之为折叠式家具。常用于桌、椅类，主要特点是使用后或存放时可以折叠起来，便于携带、存放与运输，所以折叠式家具适用于经常需要交换使用场地的公共场所，如餐厅、会场等。

1）折动式家具

折动式家具主要采用实木与金属制作，尤以后者为多。折动式家具的设计，既要有结构的灵活折动功能，又要保证家具的主要尺度，如椅子座高、椅夹角等。

折动结构利用平面连杆机构的原理，应用两条或多条折动连接线，在每条折动线上设置不同距离、不同数量的折动点，同时，必须使各个折动点之间的距离总和与这条线的长度相等，这样才能折得动、合得拢（图6-42）。

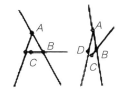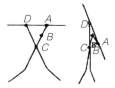

图6-42　折动点示意

2）叠积式家具

多件形式相同的家具，通过叠积，不仅节省空间，还方便搬运。越合理的叠积式家具，相同体积下叠积的件数也越多。

叠积式家具有柜类、桌台类、床类和椅类，常见的是椅类。叠积结构并不特殊，主要从脚架及脚架与背板空间中的位置来考虑"叠"的方式（图6-43）。

图6-43　叠积式家具

6.3.3 塑料家具的结构

塑料家具有质轻、坚固，耐水、耐油、耐蚀性高，色彩佳，成型简单且生产率高等优点。其最主要的特点就是易成型，且成型后坚固、稳定，因此塑料家具常由一个单独的部件组成。

塑料的品种很多，常用于家具产品的塑料有玻璃纤维塑料（玻璃钢）、ABS树脂、高密度聚乙烯、泡沫塑料、亚克力树脂等。

在进行塑料家具设计时，主要应注意一些细部的结构，如塑料制品的壁厚、加强筋、支承面、模具的斜度、圆脚、孔、螺纹等。

1. 壁厚

壁厚，就是塑料制品的厚度，塑料注射成型工艺对制件壁厚尺寸有一定的限制，而塑料制件根据使用要求又必须具有足够的强度，因此，合理地选择制件的壁厚是很重要的（表6-1）。

热塑性塑料制品的壁厚常用值　　　　　　　　　　　　　　　　　表6-1

塑料名称	最小壁厚/mm	常用壁厚/mm		
		小型制品	中型制品	大型制品
聚乙烯	0.60	1.25	1.60	2.4~3.2
聚丙烯	0.85	1.45	1.75	2.4~3.2
软聚氯乙烯	0.85	1.25	2.25	2.4~3.2
硬聚氯乙烯	1.20	1.60	1.80	3.2~5.8
尼龙	0.45	0.76	1.50	2.4~3.2
有机玻璃	0.80	1.50	2.20	4.0~6.5
聚甲醛	0.80	1.40	1.60	3.2~5.4
聚苯乙烯	0.75	1.25	1.60	3.2~5.4
改性聚苯乙烯	0.75	1.25	1.60	3.2~5.4
聚碳酸酯	0.95	1.80	2.30	3.0~4.5

根据使用条件，各种塑料制件都应有一定的厚度，以保证其机械强度。壁厚太厚，会浪费原料，增加塑料制品成本；同时，在注射过程中，在模内延长冷却或固化时间，易产生凹陷、缩孔、夹心等质量上的缺陷。塑料制件壁厚太薄，则熔融塑料在模腔内的流动阻力就大，造成制件成型困难。塑料制件壁厚应尽量均匀，壁与壁连接处的厚度不应相差太大，并且应尽量用圆弧连接，否则，在连接处会由于冷却收缩不均，产生内应力而使塑料制件开裂。

2. 斜度

塑料制品都是注塑成型的，为便于脱模，设计时塑料制品与脱模方向平行的表面应具一定的斜度（表6-2）。

塑料件种类	最小壁厚/mm
热固性塑料压塑成型	1°~1°30'
热固性塑料注射成型	20°~1°
聚乙烯、聚丙烯、软聚氯乙烯	30°~1°
ABS树脂、改性聚苯乙烯、尼龙、聚甲醛、氯化聚醚、聚苯醚	40°~1°30'
聚碳酸酯、聚砜、硬聚氯乙烯	50°~1°30'
透明聚苯乙烯、改性有机玻璃	1°~2°

塑料制品脱模斜度的参考值　　　　　　　　　表6-2

塑料制件的斜度取决于塑件的形状、壁厚和塑料的收缩率。斜度过小则脱模困难，会造成塑件表面损伤或破裂；但斜度过大又影响塑件的尺寸精度，达不到设计要求。在许可范围内，斜度应设计得稍大些，一般取30'~1°30'。成型芯越长或型腔越深，斜度应取偏小值，反之可选偏大值，图6-44为斜度的 α 值。

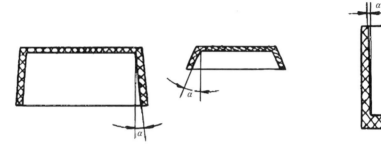

图6-44　塑料制品斜度

3. 加强筋

有些塑料制品较大，由于壁厚的限制而达不到强度要求，所以必须在制品的反面设置加强筋。加强筋的作用是在不增加塑件厚度的基础上增强其机械强度，并防止塑件翘曲。加强筋的形状和尺寸，如图6-45所示，其高度 h 一般为壁厚 s 的三倍左右，并有2°~5°的脱模斜度，其与塑件的连接处及端部都应以圆弧相连，防止应力集中影响塑件质量。加强筋的厚度 b 应为壁厚的1/2。原则上，加强筋的厚度 b 不应大于壁厚 s，否则表面会产生凹陷，影响美观。

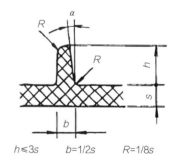

$h \leqslant 3s$　　$b=1/2s$　　$R=1/8s$

图6-45　加强筋

4. 支承面

当塑料制件需要由基面作支承面时，如果采用整个基面（图6-46a）作支承面，一般来说不是最理想的。因为在实际生产中制造一个相当平整的表面不是很容易的事，此时则应设计用凸边（图6-46b）的形式来代替整体支承表面。

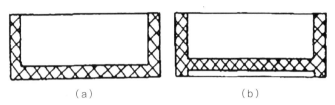

（a）　　　　　　　　　　（b）

图6-46　支承面

5. 圆角

塑料制件的内、外表面及转角处都应以圆弧过渡，避免锐角和直角，如图6-47所示。如转角处设计成锐角或直角，就会由于塑件内应力的集中而使其开裂。塑件内、外表面转角处设计成圆角，不仅有利于物料充模，而且也有利于熔融塑料在模内的流动和塑料件的脱模，并增加强度。

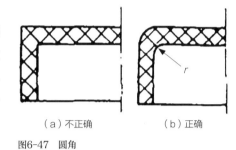

（a）不正确　　　　　（b）正确

图6-47　圆角

6. 孔

塑料制件上各种形状的孔（如通孔、盲孔、螺纹孔等），应尽可能开设在不减弱塑件机械强度的部位。相邻两孔之间和孔与边缘之间的距离通常不应小于孔的直径，并应尽可能使孔打在壁厚一边。

7. 螺纹

设计塑料制件上的内、外螺纹时，必须注意不影响塑件的脱模和降低塑件的使用寿命。螺纹成型孔的直径一般不小于2mm，螺距也不宜太小，如图6-48所示。

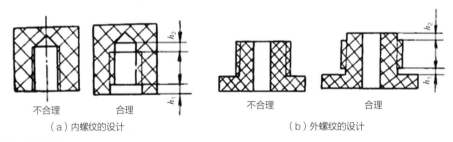

不合理　　　　合理　　　　　　　不合理　　　　合理

（a）内螺纹的设计　　　　　　　　（b）外螺纹的设计

图6-48　螺纹

8. 嵌件

有时因连接上的需要，在塑料制件上必须镶嵌连接件（如螺母等）。为了使嵌件在塑料内牢固而不致脱落，嵌件的表面必须加工成沟槽、辊花或制成特殊形状（图6-49）。

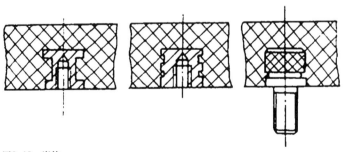

图6-49　嵌件

6.3.4 竹家具的结构

竹材同木材一样，都属于自然材料。竹材坚硬、强韧，可以单独用来制作家具，也可以与木材、金属材料配合使用。

1. 竹家具的构造

竹家具的构造可以分为两部分：骨架和竹条板面。

1）骨架：骨架结构包括弯曲、相加并联以及端头连接等，如图6-50所示。

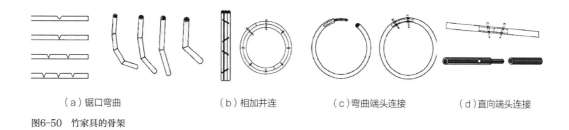

(a) 锯口弯曲　　　　(b) 相加并连　　　　(c) 弯曲端头连接　　　(d) 直向端头连接

图6-50　竹家具的骨架

2）竹条板面：用多根竹条并联起来组成一定宽度的面称竹条板面。竹条板面的宽度（竹条本身）一般在7~20mm，过宽显得粗糙，过窄不够结实。竹条端头的榫有两种，一种是插头榫，另一种是尖角头。

（1）孔固板面

竹条端头是插头榫或尖角头，固面竹杆内侧相应地钻间距相等的孔，将竹条端头插入孔内即组成了孔固板面，如图6-51所示。

（2）槽固板面

竹条密排，端头不做特殊处理，固面竹杆内侧开有一道条形榫槽。一般只用于低档的或小面积的板面，如图6-52所示。

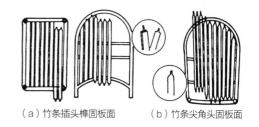

(a) 竹条插头榫固板面　　　(b) 竹条尖角头固板面

图6-51　孔固板面

（3）压头板面

固面竹杆是上下相并的两根，因没有开孔槽，安装板面的架子十分牢固，加上一根固面竹杆，内侧有细长的弯竹衬作压条，因此外观十分整齐、干净，如图6-53所示。

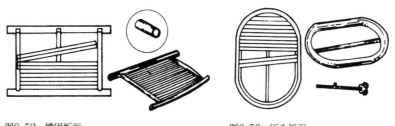

图6-52　槽固板面　　　　　　　图6-53　压头板面

（4）钻孔穿线板面

这是穿线（竹条中段固定）与杆榫（竹条端头固定）相结合的处理方法，如图6-54所示。

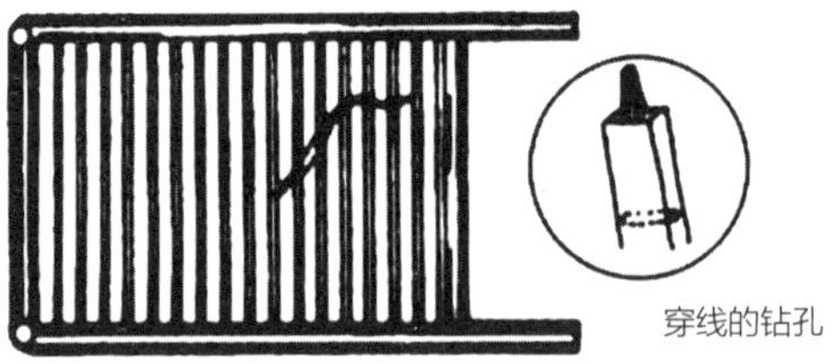

（5）裂缝穿线板面

从锯口翘成的裂缝中穿过的线必须扁薄，故常用软韧的竹篾片。竹条端头必须固定在固面竹杆上。竹条必须疏排，便于串篾与缠固竹衬，使裂缝闭合，如图6-55所示。

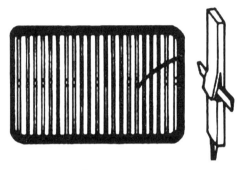

图6-54　钻孔穿线板面

穿线的钻孔

（6）压藤板面

取藤条置于板面上，与下面的竹衬相重合，再用藤皮穿过竹条的间隙，将藤条与竹衬缠扎在一起，使竹条固定，如图6-56所示。

图6-55　裂缝穿线板面

2. 榫和竹钉

竹家具各组成部分的接合靠"榫"，骨架竹杆上的榫叫包榫（图6-56），竹衬上的榫叫插榫，使榫与竹杆接合的是竹钉（竹销）。

1）包榫

剜口作榫。挖有剜口的竹杆称为围子竹杆。三方围子的剜口包榫的长度，是被包竹杆周长的5/8。这样作成的包榫，围子竹杆折成的角是60°。四方围子上各剜口的长度，取被包裹竹杆周长的9/16，围子竹杆折成的角是90°。五方围子上的剜口，长度是被包竹杆周长的1/2，围子竹杆的折角为108°。六方围子竹杆上的剜口，长度是被包竹杆周长的15/22，竹杆的折角为120°。

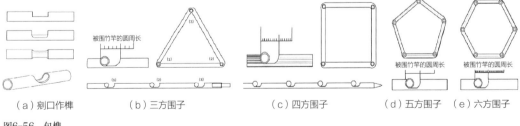

（a）剜口作榫　　　　（b）三方围子　　　　（c）四方围子　　　　（d）五方围子　（e）六方围子

图6-56　包榫

全包榫是一种特殊的围子竹杆。它最多只与2根骨架竹杆作包榫结合。它的剺口在竹杆端头的附近，因此无须做长尾端头连接。它的剺口长度是被包竹杆周长的7/8，如图6-57所示。

由于围子竹杆较长，而且首尾两端粗细不同，因此不可能全用杆销接头连接，需做特殊的接头处理（即围子接头）。围子接头分单接头和双接头两种，如图6-58所示。

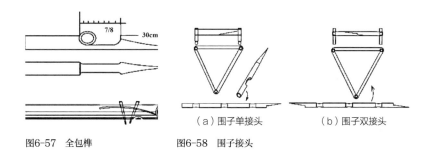

图6-57　全包榫　　　　　　图6-58　围子接头

2）插榫

插榫的竹衬有时只在一端做榫杆，另一端做鱼口。各类插榫如图6-59所示。

3）竹钉

制作竹钉的材料必须选竹壁较厚的干竹。竹钉上端较粗，呈四棱柱形。下端圆而渐细呈圆锥形，如图6-60所示。

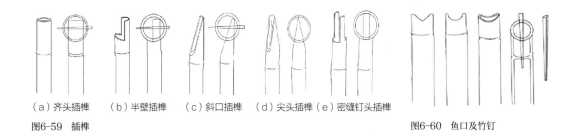

（a）齐头插榫　　（b）半壁插榫　　（c）斜口插榫　　（d）尖头插榫（e）密缝钉头插榫

图6-59　插榫　　　　　　　　　　　　　　　　　　图6-60　鱼口及竹钉

6.3.5　藤家具的结构

藤家具种类繁多，历史悠久，以其结构坚韧、轻巧耐用、色彩柔和、美观实用等特点，深受人们的青睐。现代藤家具采用科学改进的工艺，通过结合人体工程学的现代设计，使得藤家具不仅传统典雅，而且更适合于现代生活，在回归自然的风潮中，独树一帜。

1. 藤家具的构造

藤家具按使用功能分有藤椅、藤沙发、藤床、藤柜等。其构造可以分为两大部分：骨架和藤面。

1）骨架：藤家具多数用竹杆做骨架，也有用藤杆做骨架的（图6-61）。构件呈丁字形连接时，横杆近端头处要预先打一小孔，

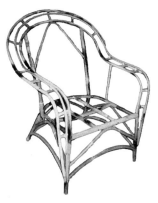

图6-61　骨架

以供固定藤皮之用；当构件做十字连接时，在两条藤杆的接合处各锯一缺口，使缺口吻合，加钉。

2）藤面：藤家具的面层，一般采用竹篾、竹片、藤条、芯藤、皮藤编织而成。藤面的编织方法主要有单独编织法、连续编织法、图案纹样编织法等。

（1）单独编织法

该法是用藤条编织成结扣和单独图案（图6-62）。结扣用于连接构件，图案用在不受力的编织面。

（2）连续编织法

该法是用一种四方连续构图方法编织组成的面（图6-63），成为椅凳等家具受力面及其他存储家具围护面结构。采用藤

图6-62　单独编织法

皮、竹篾、藤条编织时称为扁平材编织；采用圆形材编织时称为圆材编织。另外还有一种穿结法编织，是用藤条或芯条在框架上做垂直方形或菱形排列，并在框架杆件连接处用藤皮缠结，然后再以小规格的材料在适当间距做各种图案形穿结。

（3）图案纹样编织法

该法是用条形圆材构成各种形状和图案（图6-64）安装在家具框架上，种类式样较多，除了满足装饰外，还可起到受力构件的辅助支撑作用。

图6-63　连续编织法

图6-64　图案纹样编织法

2. 藤皮的扎绕

因骨架的各连接处都是用藤皮包扎加固的，故在制作骨架时只需用圆钉固定即可。常见的藤皮的扎绕方法如图6-65所示。

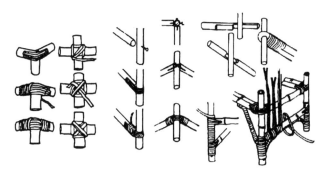

图6-65　藤皮的扎绕

参考
文献

[1] 许柏鸣. 家具设计[M]. 北京: 中国轻工业出版社, 2019.

[2] 唐彩云, 朱芋锭, 李江晓, 等. 家具结构设计[M]. 北京: 中国水利水电出版社, 2018.

[3] 袁园, 朱晓敏. 家具结构设计与制造工艺[M]. 武汉: 华中科技大学出版社, 2016.

[4] 马掌法, 黎明, 李江晓. 家具设计与生产工艺[M]. 北京: 中国水利水电出版社, 2008.

[5] 吴智慧. 木家具制造工艺学[M]. 北京: 中国林业出版社, 2012.

[6] 刘明彬. 家具设计与案例分析[M]. 哈尔滨: 哈尔滨工程大学出版社, 2014.

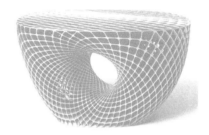

第七章

家具设计技术与技术创新

家具的发展始终是融合科学、技术、艺术于一体，且随着科学的发展、技术的进步、材料的变化不断达到新的高度。工业革命之后的现代家具的发展也一直和科学技术的进步并行。机器的发明使家具不再是一件件用手工制作的产品，而是可以在工厂机械化地大批量生产。科学技术的不断进步推动着家具的更新换代，新技术、新材料、新工艺、新发明带来了现代家具的新设计、新造型、新色彩、新结构、新功能。同时，人们的审美观念、流行时尚、生活方式也总是围绕科学技术的演进而发生变化。

巨大的家具市场背后反映的是个性化需求和日益增长的总量需求。传统家具设计模式流程是"概念—深入—细化—建模—修改—再建模—再反馈"，这种多番反复串行的设计模式耗费了设计师大量的时间和精力，也增加了供给方的时间成本和劳动力成本。近现代，随着各种全新的现代技术手段集数据优势、模块优势、互通优势和适应网络信息化优势于一体，缩短了产品的设计周期，降低了设计师的劳动强度，使家具设计从概念向数据化转换的过程更加便捷、标准、高效，设计方案也更能满足消费者多样化需求。与时俱进的技术发展与我国经济水平的持续提升，也推动着大众审美意识的提高和需求的转变。

7.1 家具与新技术

纵观现代家具的发展过程有两方面重要且平等的发展线索：一方面是新技术与新材料带来了家具工艺技术的不断革新与进步；另一方面是现代工业产品设计的兴起和发展带来了家具造型设计的不断演变和创造。新技术的出现对传统家具既是挑战也是促进。

20世纪末兴起的以信息技术为代表的新技术革命，给现代家具设计带来了一系列的重大影响。虚拟现实技术、大数据分析等现代信息技术正在全面进入并改造家具行业，引起家具设计、制造管理和销售模式划时代的变革和进步。家具生产方式从机械化发展到自动化，3D打印技术、参数化设计的介入，使家具部件生产逐步发展到标准化、系列化和拆装化。计算机技术在家具行业得到广泛应用，计算机数控机械加工技术开始在家具制造工艺中日益普及，并正进一步向计算机综合制造方向发展。计算机辅助设计、模块化设计、扁平化设计等设计方法全面介入现代家具设计领域，极大地提高了家具设计的质量，缩短了设计周期，降低了生产成本，成为提高现代家具设计创造性、科学性以及市场竞争力的关键技术和强大工具。

7.2 家具与新材料

随着新技术、新材料、新设备的更新，科技的发展对现代家具设计产生了直接、深远的影响。工业革命后，现代冶金工业生产的优质钢材和轻金属被广泛地应用于家具设计，使家具从传统的木器时代发展到金属时代，20世纪20年代德国包豪斯设计学院的布劳耶开发设计了一系列钢管椅，它们采用抛光镀铬的现代钢管作基本骨架、柔软的牛皮和帆布作椅垫和靠背，造型简洁，功能合理，线条流畅，开启了现代家具设计与制造的新篇章。第二次世界大战后，人造胶合板材料、弯曲技术和胶合技术，特别是塑料这种现代材料的发明为家具设计师提供了更大的创作空间。芬兰的设计大师阿尔瓦·阿尔托采用现代热压胶合板技术，使家具从生硬角度的造型变得更加柔美和曲线化，扩展了现代家具设计的新语汇。新一代美国设计师艾罗·沙里宁和查尔斯·伊姆斯利用塑料注塑成型工艺、金属浇铸工艺、泡沫橡胶和铸模橡胶等新技术和新材料设计出了"现代有机家具"，这些新的、更具圆形特点的具有雕塑形式的家具设计迅速成为现代家具的新潮流。

随着科学技术的不断进步，与其相应的新技术、新材料和新工具应运而生，同时对现代设计产生重大影响。作为一个现代家具设计师，应该时刻关注当代科技的新发展，科学技术与现代设计的结合不断创造出新的产品，同时也不断地改变着人们的生活方式。科技发展无止境，现代设计无极限，信息化时代的现代家具设计师应该是一位数字化的现代家具设计师，知识结构、综合素质、设计工具和手段都将是全新观念的展现。只有给中国家具插上科学技术和现代设计的翅膀，才能真正实现中国家具在21世纪的腾飞。

7.3 虚拟现实技术

虚拟现实技术（virtual reality，简称VR），简称虚拟技术，利用计算机生成的虚拟环境，让人们能够在其中接受多感官刺激，是一种高级的人机交互方式，也是一门综合性信息技术。虚拟技术主要是利用计算机图形技术、传感器技术、多媒体技术、网络技术、仿真技术、人机交互技术以及立体显示技术等多种科学技术综合发展起来的计算机领域的新技术，也是数学、光学、机构运动学、力学等各种学科的综合应用。通过先进的传感和声音、影像技术，配合一些外用的例如头盔、眼镜、3D座椅、手套等用户能使用的工具，真切地做到用户与环境的有机交互。虚拟现实技术通常被定义为一个计算机生成的三维实时环境，允许用户通过不同的输入、输出设备进行交互。大体来讲，虚拟现实是以沉浸性、交互性和构想性为基本特征的计算机高级人机界面，综合利用了计算机图形学、仿真技术、多媒体技术、人工智能技术、计算机网络技术、并行处理技术和多传感器技术，模拟人的视觉、听觉、触觉等感觉器官功能，使人能够沉浸在计算机生成的虚拟境界中，并能够通过语言、手势等自然的方式与之进行实时交互，创建了一种适人化的多维信息空间（图7-1）。虚拟现实技术是仿真技术的一个重要方向，是仿真技术与计算机图形学、人机接口技术、多媒体技术、传感技术、网络技术等多种技术的集合，是富有挑战性的交叉技术前沿学科和研究领域。

7.3.1 技术装备

VR主要包括模拟环境、感知、自然技能和传感设备等要素。模拟环境是由计算机生成的、实时动态的三维立体逼真图像，并具有人所具有的一切感知。除计算机图形技术所生成的视觉感知外，还有听觉、触觉、力觉、运动等感知，甚至还包括嗅觉和味觉等，也称为多感知。自然技能是指人的头部转动，眼睛、手势或其他人体行为动作，由计算机来处理与参与者的动作相适应的数据，对用户的输入做出实时响应，并分别反馈到用户的五官。传感设备是指三维交互设备。其工作过程的基本构建如图7-2所示。

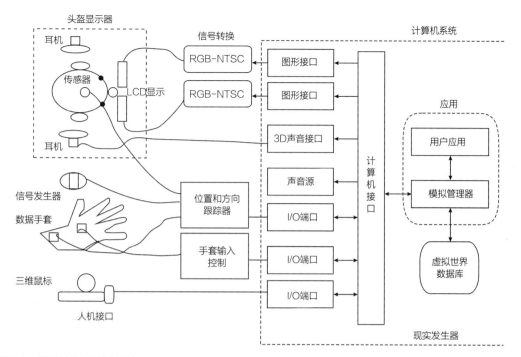

图7-1　虚拟现实技术的基本原理

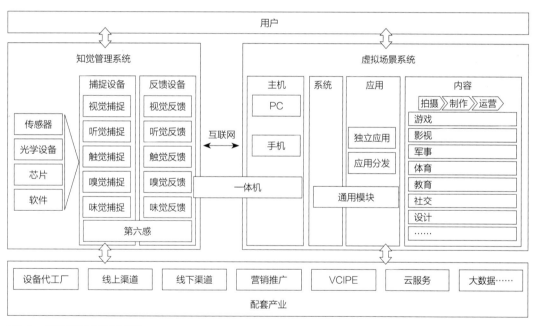

图7-2　虚拟现实技术的基本构建

（1）数据手套：数据手套是数字内容交互展示系统常用的一种人机交互设备，通过手指上的弯曲、扭曲传感器和手掌上的弯度、弧度传感器，确定手及关节的位置和方向，从而实现环境中的虚拟手及其对虚拟物体的操控。

（2）数字头盔：头盔显示器固定在用户的头部，用两个显示器分别向两只眼睛显示两幅图像。这两个显示屏中的图像由计算机分别驱动，有细小差别，类似于人的双眼视差。头盔显示器所能提供的沉浸感比立体眼镜效果好。

（3）头部跟踪：实时头部跟踪使用现成的头盔显示器、三维空间传感器。

（4）动作捕捉：在运动物体的关键部位设置跟踪器，由系统捕捉跟踪器位置，再经过计算机处理后得到三维空间坐标的数据。当数据被计算机识别后，可以应用在动画制作、步态分析、生物力学、人机工程等领域。

（5）位置追踪器：又称位置跟踪器，是指作用于空间跟踪与定位的装置，一般与其他VR设备结合使用，如数据头盔、立体眼镜、数据手套等，使参与者在空间上能够自由移动、旋转，不局限于固定的空间位置，操作更加灵活、自如、随意。

7.3.2　技术特点

虚拟现实技术是一种综合应用各种技术制造逼真的人工模拟环境，并能有效地模拟人在自然环境中的各种感知系统行为的高级的人机交互技术。虚拟环境通常是由计算机生成并控制的，使用户身临其境地感知虚拟环境中的物体，通过虚拟现实的三维设备与物体接触，真正地实现人机交互。这种人为创建的虚拟环境跟现实环境高度相似，为产品设计提供了各种实践的环境条件。

虚拟现实技术对人的各种感官器官进行模拟，使用户沉浸在虚拟的环境中，实现与环境的互动与交流。从用户体验角度归纳，虚拟现实技术具有沉浸性、交互性、自主性、多感知性于一体的特征。

1）沉浸性

沉浸性是虚拟现实技术的主要特点，是指当用户置身于通过虚拟现实技术产生的三维虚拟环境中，就如同真实存在于客观世界一样，使人有一种身临其境的感觉。通过场景视点变换等高科技手段以及3D视觉、触觉、听觉等感官的配合，可以使用户完全进入环境的体验中，在虚拟环境中感受与真实环境相同的感官感觉，沉浸在整体虚拟的空间中。

2）交互性

交互性指用户对模拟环境内物体的可操作程度和从环境得到反馈的自然程度。当用户处在由虚拟现实技术产生的三维虚拟环境中，人们可以像在真实客观世界中一样进行交互。整体的虚拟环境并不是静态、具象的，交互意味着用户不是单纯的浏览，会从不同的视角、空间反馈不同的信息。用户可以在虚拟环境中自主操作环境中的物体，有触摸感，可以真实感受物体的体积、大小、重量等。

3）构想性

构想性是指用户可以通过沉浸在虚拟环境中进行各种交互作用获得使用体验，并且依托丰富的想象力，从定性和定量综合集成的环境中得到感性和理性认识，进而得到启发、深化概念并萌发新意。通过操作杆、手套等可移动的设备，可以对空间的构造环境、使用条件进行更改，真正做到支配环境。

4）多感知性

多感知性指除一般计算机所具有的视觉感知外，还有听觉感知、触觉感知、运动感知，甚至还包括味觉、嗅觉、感知等。理想的虚拟现实应该具有一切人所具有的感知功能。

虚拟现实是多种技术的综合，包括实时三维计算机图形技术，广角（宽视野）立体显示技术，对观察者头、眼和手的跟踪技术，以及触觉、力觉反馈，立体声，语音输入输出，网络传输技术等。下面对部分技术分别加以说明：

（1）实时三维计算机图形。要想利用计算机模型产生图形、图像，需要有足够准确的模型以及足够的时间，但能够实时生成不同光环境条件下各种物体的精确图像是技术关键。

（2）显示。在VR系统中，双目立体视觉起了很大作用。可利用外部设备使双眼产生视觉差建立立体感。显示的距离信息也可以通过其他方法获得，例如眼睛焦距的远近、物体大小的比较等。

（3）用户（头、眼）的跟踪。在传统的计算机图形技术中，视场的改变是通过鼠标或键盘来实现的，用户的视觉系统和运动感知系统是分离的，而利用头部跟踪来改变图像的视角，用户的视觉系统和运动感知系统之间就可以联系起来，感觉更逼真。采用头部跟踪的另一个优点是，用户不仅可以通过双目立体视觉去认识环境，而且可以通过头部的运动和位置改变去观察环境。

（4）感觉反馈。虚拟现实触觉反馈装置目前只能提供最基本的"触到了"的感觉，无法提供材质、纹理和温度等感觉，并且仅局限于手指触觉反馈装置。按照触觉反馈的原理，手指触觉反馈装置可以分为视觉式、充气式、振动式、电刺激式和神经肌肉刺激式五类装置。

（5）声音。把实际声音信号定位到特定虚拟专用源，使用户准确判断出声音的精确位置，从而符合人们的真实听觉方式。加入三维虚拟声音后能使用户产生身临其境的感觉，有助于增强临场效果。

（6）语音。在VR系统中，要求虚拟环境能将人说话的语言信号转换为可以被计算机程序所识别的信息，从而实现与人的实时交互。使用人的自然语言作为计算机输入目前面临两个问题，即效率问题和准确性问题。

7.3.3 技术分类

VR技术是高度集成的技术，涵盖计算机软硬件、传感器技术、立体显示技术等。VR技术的研究内容大体上可分为VR技术本身的研究和VR技术应用的研究两大类。根据VR所倾向特征的不同，可以将其分为桌面虚拟现实、沉浸虚拟现实、增强现实性虚拟现实以及分布式虚拟现实系统。桌面虚拟现实系统虽然是低成本且运用最广，但沉浸性较差。运用虚拟环境产生器，用户可以通过投影器与计算机屏幕进行观察，比如桌面游戏等。沉浸式虚拟现实技术装备包括跟踪器、数据手套、头盔等。沉浸式的虚拟现实系统比桌面虚拟现实系统在软件与硬件上更具有灵活性，比如常见的头盔显示器系统、远程系统等。增强现实性虚拟现实技术又称为混合虚拟现实系统，指的是用户在虚拟环境中可以将现实的物体与虚拟物体重合起来，虚拟现实位置跟踪技术可以实现更精准的重合。分布式虚拟现实系统是一个大型网路系统，适用于更复杂的任务。

增强式虚拟现实系统（augmented reality，简称AR）也是发展热点之一，又叫作混合现实或增强虚拟，是指把真实的环境和虚拟环境叠加在一起，将真实世界的信息和虚拟世界的信息进行"无缝"链接的新技术，融合现实与虚拟世界从而产生的新的可视化环境（图7-3）。它包含了多种技术和手段：多媒体技术、三维建模技术、实时视频显示及控制技术、多传感器融合技术、实时跟踪技术、场景融合技术，从而实现在新环境中，真实对象和虚拟数字对象共存，并可进行实时互动的场景构建。增强现实技术可广泛应用到军事、医疗、建筑、教育、工程、影视、娱乐等领域，它具有以下几个突出的

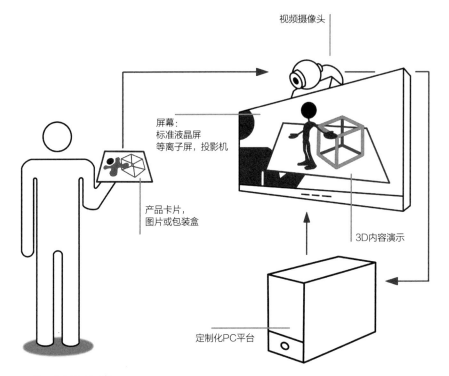

视频摄像头

屏幕：
标准液晶屏
等离子屏，投影机

产品卡片，
图片或包装盒

3D内容演示

定制化PC平台

图7-3　增强式虚拟现实系统

特点：真实环境和虚拟环境信息的叠加；实时交互性；虚拟部分通过三维形式体现，在三维空间的基础上叠加、定位跟踪虚拟物体；实时运行。

　　增强现实技术是利用计算机传感器数据与现实影像的一种直接的、间接的结合，增强用户对现实世界的感知。传统意义的增强现实是利用计算机图像识别和追踪技术来分析实时的摄像头捕获的图像，从而把3D影像或视频叠加在真实环境中。现今对增强现实的理解有了更大的扩充，可以是任意计算机传感设备的输入，比如声音、视频、GPS信息、陀螺仪，甚至是脑电波信息来增强用户对现实的感知。

7.3.4　技术应用

　　虚拟现实技术所涉及的研究应用领域已经包含军事、教育、影视、医学、商业、心理学 、工程训练、科研、娱乐、制造业等。虚拟现实技术已经被公认为21世纪重要的发展学科以及影响人们生活的重要技术之一。

　　虚拟现实技术的实质是构建一种人能够与周围环境、物体进行自由交互的"世界"。在这个"虚拟世界"中参与者可以实时地探索、移动、变换其中的对象。沉浸式虚拟现实是最理想的追求目标，实现的主要方式是戴上特制的头盔显示器、数据手套以及身体部位跟踪器等设备，通过听觉、触觉和视觉在虚拟场景中进行所需要的体验。桌面式虚拟现实系统被称为"窗口仿真"，尽管有一定的局限性，但由于成本低廉仍然得到了广泛应用。

　　随着VR技术的在家具设计行业的引入，全景效果图的出现让用户体验上升了一个层次，用户可以360°全景式地查看设计成果（图7-4），突破了二维静态图片的束缚。这种新的表现形式可以创造出超前的、充满科技感的设计体验，将智能化加入传统设计之中，让用户对设计有了更深层次理解，不仅能够提升客户体验感，还能有效推动智能产品的销售与创新。制作难度与单角度效果图相比并无较大提升，运用较为广泛。

随着VR技术在家具设计行业的运用，开发虚拟家具样品也成了现实，虚拟产品的制作不仅造价便宜，而且可以达到更改便捷、无浪费、形式多样化。同时，虚拟现实技术能够有效合理地将设计材料归类，将设计与制造过程参数化，建立必要的模型库、数据库，将设计与施工过程进行轻量化、高效化、模块化改造。有效提高设计施工效率，预防了材料浪费、工艺操作不规范等情况的发生，达到节约成本的目的。

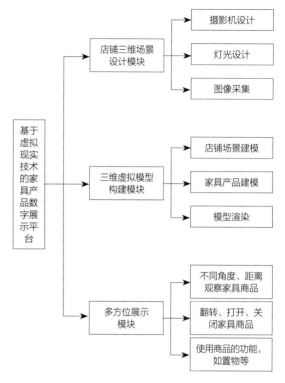

图7-4　家具产品数字展示平台结构组成

虚拟现实技术作为一门综合性信息技术，目前已尝试在家具设计领域崭露头角。通过技术的完善和特性的匹配，已具有独特的设计优势。

1）从根本上打破了时间和空间的界限。用户可以通过虚拟的场景构建，从视觉、触觉等不同角度全方位体验设计效果。

2）彻底扫除了用户对于专业图纸认知的障碍。用户专业知识的匮乏导致对图纸的理解存在障碍，这成为设计师和用户沟通的最大困难。虚拟现实技术能使用户在其中按照自己的习惯和轨迹进行活动、探索、尝试，突破了图纸仅能提供的平面理解界限。

3）节省设计成本。在方案确定的过程中，设计师会根据用户意见、图纸中出现的偏差和错误进行方案的修正，反复的修改是常态，必然导致人力和物力资源的浪费。而虚拟现实技术的全数字化场景展现模式，使来自双方的修改意见都通过计算机进行计算和更新，最大程度地节约了设计资源，降低了设计难度。

4）创造良好的以用户为主导的用户体验模式。设计已经不仅仅停留在用户提意见、设计师改方案的层面，用户可以以设计师的身份参与整体环境的设计，不仅可以根据用户的使用习惯、喜好完善家具设计，还可以沉浸式探索、尝试，增加了人与产品的交互性。

5）丰富设计师的设计思维。设计师不是万能的，他们所展现的效果并不一定符合用户的实际需求。如果让设计师投身于虚拟的空间中，可以设身处地地亲身模拟用户的体验，完善方案的同时，也可开拓自己的设计思维。

7.3.5 技术发展现状与发展趋势

虚拟现实技术是一门新兴的科学技术，它与许多相关学科领域交叉、集成，应用领域非常广泛，应用前景也非常广阔。随着计算机技术飞速发展，虚拟现实技术将在设计领域更为广泛地为人类的生产、生活带来全新的面貌。近年来，为了满足应用领域的新需求，虚拟现实技术研究表现出一些新的发展趋势。总体上看，VR技术的未来研究仍将遵循"低成本、高性能"这一原则，从软件、硬件上展开，并将向以下主要方向发展：

1）动态环境建模技术

虚拟环境的建立是VR技术的核心内容，动态环境建模技术的目的是获取实际环境的三维数据，并根据需要建立相应的虚拟环境模型。

2）实时三维图形生成和显示技术

三维图形的生成技术已比较成熟，其关键是如何"实时生成"。在不降低图形的质量和复杂程度的前提下，如何提高刷新频率将是今后重要的研究内容。此外，VR还依赖于立体显示和传感器技术的发展，现有的虚拟设备还不能满足系统的需要，有必要开发新的三维图形生成和显示技术。

3）新型交互设备的研制

虚拟现实使人能够自由地与虚拟世界中的对象进行交互，犹如身临其境，借助的输入、输出设备主要有头盔显示器、数据手套、数据衣服、三维位置传感器和三维声音产生器等。因此，新型、便宜、稳定性优良的数据手套和数据服将成为未来研究的重要方向。

4）智能化语音虚拟现实建模

虚拟现实建模是一个比较繁复的过程，需要大量的时间和精力。如果将VR技术与智能技术、语音识别技术结合起来，可以很好地解决这个问题。我们对模型的属性、方法和一般特点的描述通过语音识别技术转化成建模所需的数据，然后利用计算机的图形处理技术和人工智能技术进行设计、导航和评价，将基本模型用对象表示出来，并合乎逻辑地将各种基本模型静态或动态地连接起来，最后形成系统模型。在各种模型形成后进行评价并给出结果，并由人直接通过语言来进行编辑和确认。

5）大型网络分布式虚拟现实的应用

网络分布式虚拟现实将分散的虚拟现实系统或仿真器通过网络联结起来，采用协调一致的结构、标准、协议和数据库，形成一个在时间和空间上互相耦合的虚拟合成环境，参与者可自由地进行交互行为。

但是，目前的虚拟现实技术还存在一些问题，开发者如何为用户提供一个真正能够身临其境的应用体验还存在比较大的技术局限性。如没有更加人性化地进入虚拟世界的方法，大部分通过线缆连接到计算设备上的显示器将大幅限制使用者的活动范围，任何尝试大范围移动的行为都会被各种线缆束缚；虚拟现实的指令输入仍存在非常大的困扰，目前还没有明确的方法来指导如何具体地实现虚拟现实技术在手势上的追踪；虚拟现实技术目前仍处于初级阶段，缺乏统一的设计和使用标准；使用过程中容易让人感到疲劳，镜头的加速移动，就会带来不同的焦点，而如果这些运用不当，就会给用户带来身体上的不适，甚至如果镜头移动得过于迅速，直接会暂时影响用户的视力；设备外观亟待改进等。

虚拟现实技术在现实生活中的应用已经非常广泛，所涉及的研究应用领域已经包含军事、教育、影视、医学、商业、心理学、工程训练、科研、娱乐、制造业等。随着虚拟现实技术的不断发展，VR应用领域将会更加广泛和深入。

7.4 大数据分析

大数据是指使用特定的信息技术来分析和处理业界生成的数据库以及分析难以解决的数据，是从无数个数据里集中快速地提取有用信息的技术，但由于大数据要求使用分布式计算体系结构来处理数据，而这取决于云计算技术，如分布式处理、云存储和虚拟化等方面的技术发展。在大数据领域有很多新技术，成为大数据的收集、保管、加工、演示等强大的工具，主要有大容量收集、大数据顶部处理、大数据存储和管理等。应用技术有大数据获取技术和大数据分析技术等，其中大数据获取技术包括传感器技术、条形码技术、射频识别技术和移动终端技术。大数据的产业链如图7-5所示。

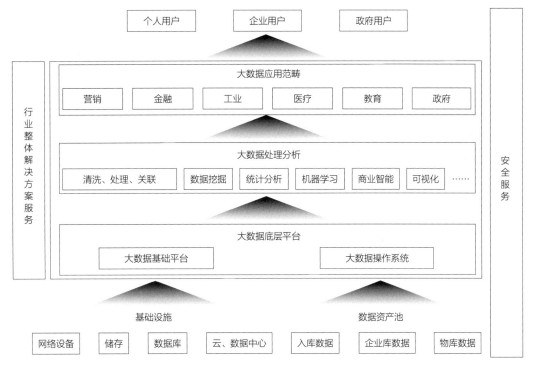

图7-5 大数据产业链示意图

大数据又称为巨量资料，在规模上、处理速度、处理难度等方面超出通常所说的工具、存储、管理技术。需要对一些数据在原有的基础上进行整合分析，然后不断更新数据库。海量的信息在网络上进行汇总，可方便用户在此基础上进行收集分析，解决实际中的问题。这样的数据分析必须经过新的处理模式，在以前的处理模式上进行创新，不断融合现代的大数据，使得数据更有说服力、决策力、探究力。

大数据环境下的数据分析是与互联网密切相关的，在有些数据的收集上体现的是用户的使用地点、使用情况、使用频率、使用喜好等，部分情况下会直接与用户的信息挂钩，在一定程度上透露用户的各种信息。将各种各样的信息进行汇总、收集，融合之后发到平台上，这样就产生了大量的数据源（图7-6），数据的信息非常集中。目前的大数据分析就是从巨型的数据中进行提取，提炼出具有价值的相关信息。

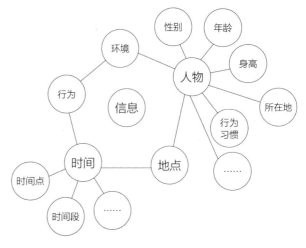

图7-6　大数据的形成

7.4.1　技术特点

大数据分析有明显的五个特点：

1）数据的信息量和规模十分巨大。大数据通过互联网进行紧密实施，并产生新数据，有TB级别以上的，也有级别比较基础的，以此确定大数据信息在一定范围内的规模。这也是大数据的基本的特点。

2）数据的类别多样化。网络技术的发展，使采集数据的方法多元化，因此，数据的形式也变得多元化，这有利于进行更加高效的信息分析。数据的门类主要分为结构化和非结构化。结构化的信息指的是收集的信息具有一定的逻辑顺序，是有顺序的信息收集。非结构化的信息通常指的是形式相对不固定的信息，如音频、图片、网络日志等，随着这些个性化的信息与日俱增，非结构化的数据占比较大，这样就对信息收集产生了一定的挑战，需要进行一定的信息整理，以便提取有效信息。

3）信息密度比较低。网络上保存着大量的信息，但很多信息不一定具有价值。在一定程度上，合理有效地挖掘重要信息，以供实践活动使用，这就需要运用大数据技术来实现。信息的密度值高低与数据量的大小是成正比的。由于大数据的收集难度比较高，本身就具有一定的挑战性，所以就需要进行一定的后期进化，使数据的收集有理有据，全面充分。

4）数据的处理速度比较快。一般的情况下，数据的处理速度遵循的是"一秒定律"，即能够迅速地从海量的信息当中获取价值量十分高的信息数据，并丢弃掉无用成分。经济全球化的发展趋势下，人们对信息的依赖程度十分高，大数据的环境就是信息全球化的创新手段体现。人们对收集信息的速度是有要求的，互联网的快速便捷便于人们不断追求高速度、高效率，为创新发展奠定了基础，提供了保障。

5）时效性高。时效性是指信息的新旧程度、行情、最新动态和进展。整体分析策略方案在一定时间阶段是有效的，决策的时效性在很大程度上制约着决策的客观效果。

7.4.2　技术应用

大数据的应用包含数据采集、数据清理、数据存储和管理、数据分析、数据可视化等五个环节。

数据采集指利用各类信息技术手段收集来自PC、移动端等各种设备的数据，并整合进数据库用于查询和分析。数据清理指数据收集完之后往往是杂乱无章、无法直接使用的，这就需要一些预处理，对数据进行清理、重新排列、筛选有用的数据。数据的存储和管理也是大数据应用的重要环节，数据的管理方式决定了数据的存储格式，而存储方式限制了数据分析的深度和广度，这两者之间的相关性极高，需要统筹设计。数据分析是整个大数据的核心，通过一系列的大数据算法，在海量的看似无关的数据之间寻找相关性，从而发掘出数据的价值，为政府、企业、个人提供独特的服务。数据的可视化是展示大数据价值最直观的方式，也是大数据得以产业应用的前哨站；通过数据可视化，将原本普通人难以理解的数据价值以一种简单明了、生动有趣的方式加以展现，是大数据真正开始帮助管理实践并应用到行业实际中去的重要一环。

　　大数据在各个行业的应用逐渐广泛，如今已经渗透到每一个行业领域，成为重要的生产因素。在家具行业，大数据在市场中的运用效果凸显。大数据通过技术的创新和发展，通过数据的感知、收集、分析、共享，为人们提供了一种不同以往的、全新的解决设计问题的方法，这种方法将不再凭借经验和直觉做出决策，而是通过相关的数据分析做出相应的行为决策（图7-7）。目前如何将收集到的庞大数据进行分析整理，以实现资讯的有效利用来管理和运营，已成为家具企业发展的关键，有效应用大数据将是家具企业未来竞争和增长的基础。

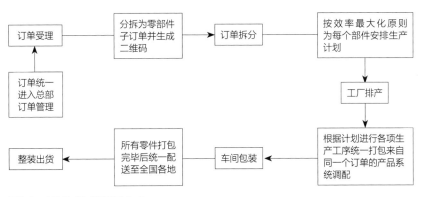

图7-7　大数据对生产的驱动方式

　　利用大数据，可以更容易、更快捷、更有效地掌握消费者的信息。消费者对于一款家具产品的购买意愿，市场的流行趋势、消费走向、需求变化等，这些通过传统的问卷调查等形式以及商家的消费者购买记录等方式不再能得到详尽的信息，更可能存在于消费者在网络中输入的关键字、浏览的网页、发的微博、写的日志、分享的图片、聊天记录等方面，存在于"大数据"中，它们是用户市场上消费者的喜好、意愿以及行为方式的最客观的数据。通过收集互联网用户的各类数据，如地域分布、需求变化等属性数据，搜索关键词等即时数据，购物行为、浏览行为等行为数据，以及兴趣爱好、人脉关系等社交数据，再结合市场需求信息，就可以得到具有洞见性和预测性的分析结果，以实现精准的设计定位。若设计制造企业对这部分的信息进行切实把握，设计将可实现精准定位。

大数据思维下的设计调研过程如图7-8，可从数据的整理、分析到最后转化为可用于设计的描述性语言。大数据的形成是设计调研的开始，大数据所包含的各种信息为家具产品设计调研分析提供了基本要素。在数据的基础上，根据具体需求即目标数据对前期所获取的信息进行数据筛选、整理，并分析数据中所隐藏的潜在信息（如用户的行为方式、爱好需求、产品造型特征等），以获取有效数据，最后将这些有效数据转化为可供设计直接使用的描述性语言，以指导后续设计的开展。

图7-8 大数据下的设计调研过程

大数据分析在整个家具产品设计过程中主要参与以下几个阶段：

1）市场调研阶段

家具产品设计的市场调研在设计流程中是最重要的环节之一，是必不可少的，它将人们对产品的根本需求作为设计的出发点，从而实现"设计以人为本"的设计主旨。一般来说，市场调研有几个方面的作用：对于企业本身，可判别其所拥有的品牌认知度与技术储备是否涉及溢价问题；对于产品本身，最终决定各个品牌的造型及其功能；对于受众，可了解与销售量密切关联的消费者的喜好问题；对于政策，可成为家具行业所涉及的法律、法规判定一个产品能否存在的依据。这些市场信息都是决定产品能否成功的主要因素。

设计调研一般包括以下六个方面：品牌调研、技术调研、造型调研、人机调研、用户调研与法规调研，六个方面基本涵盖了家具产品设计所需要的数据信息，能否在繁杂的调研数据中获取有效的信息是产品市场调研成功与否的关键。科学准确的市场调研数据对产品设计定位是否精准有着重要的意义，对产品后续设计的指导具有不可替代的参考价值。

2）产品设计阶段

家具设计行业要适应大数据时代的发展变化，要想在竞争激烈的市场占有一席之地，首先应该转变思维，树立正确的大数据意识，将大数据思维应用于家具产品的创新设计中，重视数据对原料采购、订单处理、产品设计、仓储运输、营销管理等环节的作用（图7-9），以及对家具产品品牌形象的树立、设计创新的影响，以便做出正确的设计决策，最大程度地发挥大数据的价值。

设计的最终目的是服务用户，因此了解用户才能更好地进行产品创作。在大数据时代，用户研究、产品体验，以及新的设计开发模式应该贯穿整个设计过程。设计师应形成以大数据为基础、用户体验为中心的设计思维，将产品的用户纳入产品设计要素中进行研究与设计互动，以协助企业做出正确的设计决策。应用大数据平台挖掘有用数据，通过大数据进行设计开发，以用户体验为核心以获取设计决策

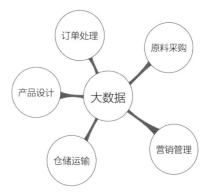

图7-9 大数据在五大环节中的作用

（图7-10）。事实证明，体验至上的设计开发思维，是大数据时代家具创新设计的重要一环，在信息化技术指导产品设计的过程中，通过大量消费者信息资源获取消费者的投入和贡献是完成产品开发的重要手段。

3）后续产品的改良与持续优化阶段

大数据不仅可以对当前家具的设计与销售作出贡献，也可以用来对下一代产品进行优化改良或者升级。调研之后，需要进行数据分析，找出产品设

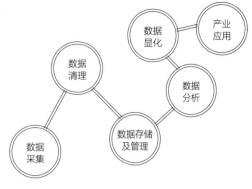

图7-10　大数据应用流程

计和销售的突破点，不管是性价比为先提高销量，还是侧重功能和品控以提高口碑，抑或是品牌溢价提升利润，这些都需要设计师在繁杂的信息中找到最适合产品本身的定位要素。

产品推向市场后并不意味着整个设计流程的结束，设计的过程是不断经过市场检验、不断修正、不断完善的过程，设计师需要持续不断地跟进市场，以收集消费者的反馈信息。研究不同消费者对新产品设计的反应和感知，然后再进行改进，以满足消费者的实时与实际需求。通过大数据平台，设计师的后续跟踪更容易实现，设计师可以通过大数据平台挖掘相关的数据，在用户的评价中，可能会发现一些具有价值的隐性需求，这在设计之初或许是未曾了解到的，而这样的隐形需求对于家具产品的创新与更新换代则具有重要的指导作用。这种做法同时也能让开发的新产品保持并不断提升市场活力，洞见潜在的竞争威胁，以保证产品的持续生命力。

对大数据的分析还可以找出家具产品的隐性问题，如各个地区的对家具的配色、装饰、纹饰偏好与需求等一些细节问题，这些都能够为家具的创新设计产生积极的作用，对于设计师的设计思路有着直接的指导作用。如果能够持续优化，就可避免产品脱离市场真实需求而出现客户流失的潜在隐患。

7.4.3　技术发展现状及发展趋势

1）技术发展现状

大数据作为一个平台，能让家具设计与制造商在更大的背景下开展业务，而大数据分析工具所带来的最大优势在于其极具时效性的预测能力，可以为家具设计制造企业防范零件生产、整机设备制造、最终运营过程中可能出现的风险，在源头上杜绝这些问题，从而大大提高设计制造业的生产效率，并带来更多新的商业模式。

大数据信息资源日益丰富的今天，信息资源的利用将对社会的发展起主要作用。运用大数据信息技术协助家具产品设计的开展成为家具行业发展的重要趋势。但是，目前应用数据的收集、整合和分析思维进行家具产品创新设计的应用还比较欠缺，设计师更多的是利用传统的设计思维对家具产品设计进行定位与把握，并未真正通过大数据对整个行业大市场进行准确地调研，以获取产品的地域定位、需求定位、偏好定位、关系定位等内容，家具产品设计的精准化、个性化的设计投放还难以实现。

2）大数据未来发展趋势——标准化、共享化、人工智能化

标准化是家具产品交易的基础。实现大数据交流与共享，需要推动政府和企业的数据开放。加快

融合各类政府、企业信息平台，就要先制定标准。对于数据本身而言，如果缺乏标准化的存取和分析方法，那我们面对的海量数据世界将是混乱的。因此要借助标准化方法来消除这种混乱，实现地区之间、行业之间的数据共享。

共享化是大数据的关键要素。大数据共享才能激发更大价值。大数据的价值体现在基于海量数据形成的数据库为人类行为提供较为准确的发展指导和预测。海量数据不仅体现在数据体量上，还体现在关联性上。数据是物质在虚拟世界的虚化，在虚拟世界得到的数据越多，越可以全方位地理解事物。而共享是从数据源头对数据的开放，从顶端释放大数据的核心价值。在现代社会，一方面大数据以惊人的速度大量产生和积累，而另一方面真正需要大数据发挥作用的地方却取用不到数据，社会化共享程度不高是当前制约大数据产业发展的最大瓶颈。

人工智能化、商业智能化是大数据的发展方向。人工智能是大数据和深度学习的结合。人工智能的实现以大数据和深度学习算法为基础。深度学习依托于模拟人脑进行分析学习的神经网络，通过模仿人脑的思维方式进行数据分析和处理。大数据则为人工智能提供的海量数据进行算法验证和模型构建。在没有海量数据支持的情况下，仅依靠深度学习算法上的革新是无法实现人工智能的。人工智能是大数据应用的未来。大数据是让人们通过数据看到未来，帮助人类决策，而人工智能则是为了彻底将人们从劳动中解放出来，帮助或者替代人类完成任务。大数据为人工智能提供数据支持，人工智能通过主动学习、处理、分析大数据，自发得到可以指导人类决策的依据，以此指导或者直接替代人类进行决策和行动。

大数据对传统的家具行业是挑战也是机遇，家具行业想快速成长起来需要应用大数据精准的分析能力和海量的信息库对市场需求方向进行整体把握，需要应用大数据思维进行设计创新与设计优化，需要借助大数据思维引领家具行业健康有序稳健发展。

7.5　3D打印技术

3D打印技术可利用一些金属、塑料等真实存在的材料，通过与计算机对接成功后，最终把计算机里的设计图纸变成实实在在的物品（图7-11）。3D打印技术是建立在传统打印技术的基础之上的，在家具产品的设计上得到了很好的应用。3D打印可以解决整个家具产品开发环节的各种问题，也可以提高设计制造的工作效率，优化家具产品的开发流程，改变家具设计的设计思路等。在实际设计制造过程中，不仅可以将传统材料与先进制造技术结合进行设计，寻找传统和现代的平衡点，也可以为家具

图7-11　3D打印技术的流程

产品量身定做连接件等各种非标准零部件。同时3D打印为家具修复提供了新的思路，对增加家具产品的使用寿命和环境友好具有重要的意义。

7.5.1 技术特点

3D打印技术在家具设计中的具体实施应用有很多，有优势也有不足，它的特点主要有以下几个方面：

1. 设计自由度的提高

传统制造技术和手工生产的产品零部件形状有限，过于复杂的产品形状通常需要被简化才能得以生产。这在无形之中禁锢了设计师的设计思维和产品的设计空间。3D打印技术可以打破这一枷锁，制造出复杂、镂空、奇异形态的产品，甚至是曾经只能存在于自然界中的形态。3D打印技术制造复杂形态的能力使得家具设计师的设计空间拥有无限的可能性，从而极大程度上解放家具设计师的设计思维。

造型是家具中最直观的要素，是其他家具要素功能、结构、材料的直接体现，是所有要素相互影响、相互融合、相互妥协的产物。它直接作用于人的感觉系统：视觉、听觉、嗅觉和触觉，是促使人们产生购买欲的主要原因。3D打印技术灵活的"点"和"线"可以塑造自然界中的各种形状，断层线性的纹路和一体化成型的形态具有成型方面的明显优势。听觉与家具的关系来源于其对声音的吸收与传播，3D打印技术把传统家具的材料，如木材、石材、金属、玻璃、塑料等这些坚硬、密实的材料研磨制成了粉末，使其变得疏松，再通过激光或者黏合剂将其固化，塑造出更为多孔而镂空的家具结构和外形，使本是反射和传播声音的材料变成了消声的材料；且3D打印技术制造的曲线、镂空的家具结构形态，使得家具的消声性更强。3D打印技术强大的造型能力还能带来更好的符合人体曲线的家具，提供更为舒适的触觉感受。嗅觉设计的目标是排除潜在的不良气味，并在可能的情况下引入自然芬芳的无毒气味；在材料中混合散发香味的材料或者混合一些有利于健康的材料，3D打印家具材料的特殊属性和构造无疑是制造芳香家具的绝佳选择。

在传统的制造技术中，产品的形状越复杂就意味着制造成本越高，其中所消耗的时间、金钱、劳动力、技能和资源就越大。3D打印技术的一体成型特征可使家具制造流程大为缩短。在减少生产条件上的限制后，家具设计的自由度空前提高。结构的复杂性不再成为困扰设计的难点，家具设计者能够更多地考虑功能、结构和创意表达，同时可以满足一些独特的家具需求，根据消费者的兴趣爱好和日常生活习惯的不同设计与其相对应的家具。尤其是在单件家具的设计与生产上，可以不受规模化家具制造体系的材料和成本制约，环节配合的复杂性大大降低，有助于提升设计效率。

2. 设计流程的转变

3D打印技术在家具制造产业中的应用，可使家具产品设计的最终决策者由家具企业和设计师转变为家具产品的使用者。传统家具设计研发体系中自上而下的家具设计流程将被打破，设计民主化趋势得到空前发展，社会化设计兴起，设计师的思维能力和想象能力都将最大限度地发挥出来。在这种影响下，家具产品可拥有更丰富的选择，但是家具企业同时也面临着残酷的竞争，因此需要设计、制造方投入更多的精力，第一时间了解市场需求，注重家具产品的创新。

此外，3D打印家具的结构无需经过任何切割、焊接或拼接，也无需经过任何模具浇注，无需一钉一铆即可实现各种材料的无缝衔接。它的整个生产过程是从无到有、从头到尾、层层叠加而成。其家具结构的一体化成型模式，使家具产品从设计图纸到产品生产只需一步，产品的设计生产环节被大幅度缩短，因而产品的交付时间也大幅度加快。家具企业只需要先根据客户的要求设计好家具的模型文件，然后使用3D打印机直接一体化成型，交付产品，最大程度地减少了运输成本和运输时间，同时也降低了企业的库存成本。

3. 设计师职能的重新定位

在3D打印技术的帮助下，设计师可以掌握设计主动权。由于制造流程变得极端扁平化，省略了繁杂的中间制作过程，能够快速地帮助设计师制作出家具成品，让设计师和消费者更直观地观察到家具成品的外观形态、整体结构以及其他细节，包括各个环节存在的优势和问题，从而快速地制定修改方案，加快家具产品的方案确定和生产速度。相较于传统的家具制造模式来说，设计师将有机会创造与手工业生产者类似的职能属性。

4. 开拓设计思维

3D打印机可以用于打印任何形态的部件，且具有强大的适用性。无论是家具的概念模型推导、结构形态配合与功能测试、人体工程学研究，还是家具产品的工艺评价测试，都可使用。借助3D打印，仿生设计、参数化设计、拓扑优化设计等新型设计思维都可以成为用于家具设计创新的重要因素，为设计的诸多可行性提供技术支撑保障。

3D打印机可以直接让设计图纸变成产品，无需购置昂贵的工业机械，无需掌握各种加工技艺。一台3D打印机可以生产复杂多样的家具产品，使得制造多种类的家具也变得简单。通过3D打印技术制造一件家具产品也仅需软件技能和3D打印机器的使用技能，与过去制造家具相比难度大幅度降低，可以将我们天马行空的想象展现出来，使得更多的人拥有设计与生产家具的能力，为家具设计拓宽了设计思维与生产制造的渠道。

7.5.2　技术装备

随着科学的不断进步，承载3D打印技术的打印设备在经过长时间的实践检验与发展后，也呈现出愈加成熟的面貌。在实际应用中，可根据成型方式和应用领域等分类标准的不同，对3D打印设备进行分类。

根据3D打印技术的成型方式不同，其打印设备可分为以下六种（表7-1）：挤压成型打印机、线装成型打印机、粒状物料打印机、粉末层喷头成型打印机、光聚合成型打印机、层压型打印机等。这六种打印设备分别对应各自不同的3D打印技术成型方式，其中挤压成型打印机的成型方式为熔融沉积制造技术（FDM）；线装成型打印机的成型方式为电子束自由成型技术（EBF）；粒状物料成型打印机的成型方式为直接金属激光烧结技术（DMLS）、电子束融化成型技术（EBM）、选择性激光熔融技术（SLM）、选择性热烧结成型技术（SHS）、选择性激光烧结技术（SLS）等；粉末层喷头成型打印机的成型方式为三维打印技术（3DP）；光聚合成型打印机的成型方式为光固化成型技术（SLA）、聚合物喷射技术（PI）等；层压型打印机的成型方式为分层实体制造技术（LOM）等。

设备	成型方式	适用材料
挤压成型打印机	熔融沉积制造技术（FDM）	热塑性塑料、金属、可食用材料
线装成型打印机	电子束自由成型技术（EBF）	合金
粒状物料成型打印机	直接金属激光烧结技术（DMLS）	合金
	电子束融化成型技术（EBM）	钛合金
	选择性激光熔融技术（SLM）	钛合金、不锈钢、铝
	选择性热烧结成型技术（SHS）	热塑性粉末
	选择性激光烧结技术（SLS）	热塑性塑料、金属粉末、陶瓷粉末
粉末层喷头成型打印机	三维打印技术（3DP）	石膏、热塑性塑料、金属与陶瓷粉末
光聚合成型打印机	光固化成型技术（SLA）	光硬化树脂
	聚合物喷射技术（PI）	光硬化树脂
层压型打印机	分层实体制造技术（LOM）	纸、塑料薄膜、金属薄膜

在具体的应用中，3D打印技术有其通用的制造流程。其过程可归纳为以下四个步骤：

（1）数据获取与处理。虚拟三维模型数据的获取并采用相应软件建模。

（2）格式转换。设计软件和打印机之间协作的标准文件格式是STL文件格式。即将建成的三维模型"分区"成逐层的截面切片文件，从而指导打印机逐层打印。

（3）产品打印。打印机通过读取文件中的横截面信息，用液体状、粉状或片状的材料将这些截面逐层地打印出来，再将各层截面以各种方式黏合起来从而制造出一个实体。这种技术的特点是几乎可以造出任何形状的物品。

（4）后期处理。3D打印机的分辨率对大多数应用来说已经足够，在弯曲的表面可能会比较粗糙，可以通过后面表面打磨得到表面光滑的"高分辨率"产品。

7.5.3 技术应用

3D打印技术拥有强大的造型能力，还有快速制造以及一体化直接成型的能力，给家具产品带来功能个性化、结构一体化、快速成型、混合结构增加、多种材料的新组合方式以及新材料使用等有利影响，3D打印的家具拥有更加复杂、奇特、丰富的外形，更为静音的效果，更加舒适的体验和更为芳香的味道。总体而言，较之传统家具产品在功能、结构、材料和外形上拥有更多的可能和优势。3D打印技术在家具设计中推广应用可以使家具结构的设计变得更加科学、智能和人性化，同时也使家具产品在技术性和艺术性上得到协调的统一。3D打印家具如图7-12所示。

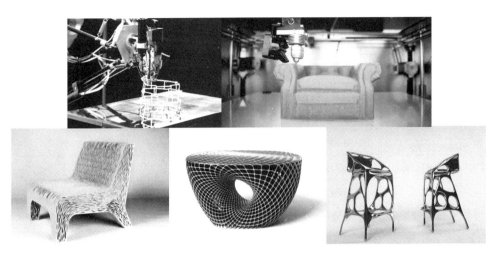

图7-12　3D打印家具

3D打印技术在家具设计制造中的应用包括:

1. 常规应用

3D打印技术在各行业已有涉及并被广泛的应用。在家具设计行业的产品开发、设计制造、后期修复中均可使用（图7-13）。通过3D智能数字化扫描技术和3D打印技术可以精确地实现实体复制，而且还可以优化、编辑实体的原始数据。根据客户的实际需求，设计出更好的优化设计方案，也使得设计方案能更加贴合消费者的需求。在3D打印技术的帮助下可以相对直观地解决设计制造过程中的大部分问题。当然，3D打印技术将设计方案转化为实体的效率远比传统的方式更加高效，同时转化成本也得到了相应的降低，使得从家具设计方案到成品的成本得到了有效控制。

3D打印技术在家具设计方面的应用除了在设计方案定稿之后进行模型打印之外，还可以运用在结构相对复杂的家具设计过程中。由于有的家具产品结构过于复杂，传统方式无法做到一体成型。结构分拆的方式虽然解决了复杂结构家具的制造问题，但是也使得家具产品结构的稳定性受到破坏。而通过3D打印技术就可以做到一体成型，完美地解决了复杂结构家具必须通过结构分拆的方式才能进行制造的问题，大大提高了结构的稳定性。

3D打印技术还可以缩短复杂结构家具制造的时间。在复杂结构状态下家具生产工艺较为烦琐，制造时间过于漫长，而3D打印技术可以在短时间内完成对复杂结构产品的打印制造，甚至在条件允许的情况下可以同时打印多个产品来提高工作效率。

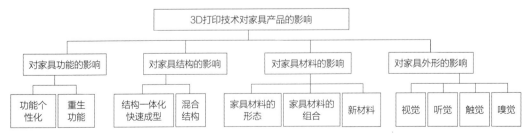

图7-13　3D打印技术对家具产品的影响

相对于一体成型，混合结构才是家具设计的常态。传统家具一般会选择由同一种材料构成。而现代家具产品创新设计的形式有很多，更多的是通过使用多种材料结合的形式进行创新设计。这种设计形式，不仅增加了家具设计方式的灵活性，更增强了家具在室内环境中所展现出来的视觉冲击力。这时3D打印技术的特殊成型工艺就显现出它独有的优势——既可以使产品增加混合材料的种类，还可以使多种材料实现无缝连接。

2. 私人订制

随着人们生活水平的提高，在物质生活品质上有了更高的追求，人们对个性化家具产品的需求与市场上日益同质化的家具产品的矛盾日益尖锐。虽然许多相关企业和学者提出了多种多样的方式来满足消费者的个性化需求，但是基于其批量化生产的本质并没有发生变化，使得这一矛盾并没有得到根本上的解决。为了解决这一问题，一些商家提出私人订制的理念，这里的私人订制与传统的订制家具的不同在于，传统的订制家具更多的是运用单一的材料和固有的结构，对已有的家具形式的模仿。而私人订制不仅可以达到传统的要求，而且可以将各种天马行空的想象通过设计在家具中展现出来。3D打印的出现及应用则在技术层面上为私人订制家具的普及提供了保障，并拓宽了产品实现的途径。

在3D打印技术的私人订制过程中，客户按照自己需求的设计风格，通过网络或者面对面的方式与设计师沟通交流，阐明自己的需求。设计师依据客户的产品需求，在大数据分析的基础上进行定制化设计。通过建模的方式展现设计师的设计意向，结合虚拟现实技术将作品置于使用环境中，使得客户可以在模拟环境中更加直观真实地了解、探索家具产品，然后对于其中有待商榷的细节进行再次沟通，提出修改意见。在经过反复几次修改后最终定稿，通过3D打印的方式形成产品实体。这种设计制造方式不仅有效降低了设计沟通及产品制造过程的难度，同时也可以在设计制造过程中降低家具产品的成本。

3. 家具修复

相对于其他方面的应用，3D打印在家具修复方面也有涉及，但是使用频率相对比较低。家具经过长时间使用，除了所使用材质会因为时间的流逝达到使用寿命而受到一定程度的损坏之外，家具也会因为磨损造成损坏。但是3D打印技术可以使用三维扫描仪对家具损坏的部分进行3D扫描从而生成数字模型，并对损坏的部分进行再设计，将设计好的方案建模、渲染查看效果，最后将设计好的模型通过3D打印技术打印出来，进行拼接、抛光，使得那些已经损坏的家具经过设计师的再设计重新焕发光彩，恢复使用性。

3D打印技术作为一项先进的制造技术，为家具产品开发设计、制造和修复带来很多优势，但是也存在一些亟待解决的问题（图7-14）。

1）材料的多样性和可控制性

理论上来说，3D打印所选材料的范围可以非常广泛，但从目前实际的应用情况看，还是主要集中在塑料、树脂、陶瓷等材料中，而在家具产品中，最常用的木质材料仍然不是3D打印材料的主流。另外，就目前来说，将材料按照设计的路线进行打印的技术也不是很成熟，如何打印出与原始部件纹理一致的材料，还需做进一步的探索和研究。

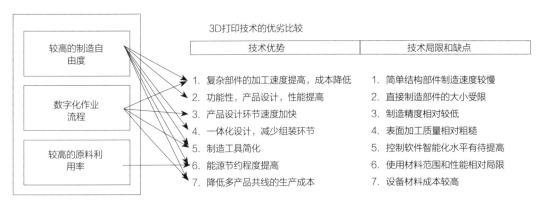

图7-14　3D打印的优势与不足

2）表面精度尚且不够

目前3D打印家具在制造精度上还有一定的欠缺。家具作为一种兼具文化性和实用功能的产品，在美观性的层面上是具有一定要求的。同时家具表面的装饰性历来也是设计师设计突破的一个重要切入点。如何使3D打印的家具产品直接作为商品进行售卖，在未来还是一个很大的挑战和突破难点。

3）打印产品成本较高

目前3D打印家具产品的各项综合成本仍然较高。第一，用于直接制造家具成品的3D打印机属于工业级产品，设备造价高。第二，优质的打印材料价格较现今成熟使用的家具用材更为昂贵。第三，家具3D打印的研发经费和人才培养资金也需较大的投入，这一定程度上也限制了3D打印在家具行业中应用推广。

7.5.4　技术发展现状及发展趋势

3D打印技术的具体应用领域主要是工业设计、产品、建筑、工程和施工、汽车、航空航天、医疗、教育、地理信息系统、土木工程等。基于技术的不断成熟，打印设备已经能够直接打印出终端产品，其应用环节主要是在模具制造、初始设计、产品研发等具体的制造阶段。应用的发展趋势是突破直接制造产品的尺寸、速度、打印精度、可打印范围的禁锢，由单体化向批量化，由机械化向智能化，由单一产业向系统产业的方向发展。在3D打印技术的应用领域中，机械制造业、建筑领域、智能家居产业近几年来对3D打印技的研究投入逐渐加大，一些直接用于产品制造中的应用实例可为研究3D打印技术在家具制造产业的应用和发展提供参考。

3D打印技术在家具制造产业的应用正在推动家具成型特征的改变、家具设计研发体系的重置、家

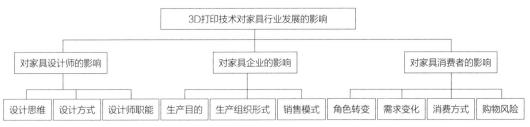

图7-15　3D打印技术对家具行业发展的影响

具行业生产关系的调整，以及家具生产制造模式的变革（图7-15）。在家具生产的复杂制模、产品研发、零部件生产、家具主体成型等具体环节中，3D打印技术正在起到对复杂制造流程的简化作用。与传统的家具制造技术相比，新技术的应用优势是更能适应迭代期短、结构复杂、多材料型、智能型和环保型的家具生产。但是在实现3D打印家具的规模化发展方面，新技术在应用中还需解决技术和设备等方面的限制，如打印尺寸、加工速度和精度、设备稳定性、打印材料的选择性等。

在减少材料消耗、精简制造流程、缩短研发周期、实现复杂设计、降低家具企业产品研发和生产成本及风险等方面，3D打印较传统的制造机械加工与模具加工方式具有明显优势，而这些将推动家具行业未来最大化攫取产品开发过程中的设计红利，进一步提升企业的产品利润空间。

7.6 参数化技术

参数化设计是一种将影响设计结果的主要因素看作是设计过程中的参数，并以某种逻辑关系把它们组织到一起，借助于计算机编程软件形成参数模型，通过计算得到输出结果——即产品形态的设计方法。参数中有些因素是可变的，就是参变量，有些参数是固定不变的。这样在设计过程中通过修改影响设计因素的参数值，经过重新计算就可以立刻生成一套新的设计方案。在家具设计中参数确定的基本流程如图7-16所示。

参数化设计的核心是其各元素间的关联性和逻辑性，即构建一个与设计结果相关联的参数模型。这类模型可以进行直观快捷的交互操作，任意修改参数变量，方便设计师不断进行方案的优化。随着加工工艺的不断发展，尤其是3D打印技术的普及，参数化设计已经逐渐应用于产品设计、家居设计、汽车设计等多个领域。该技术打破了传统设计需对已知的事物进行各种方式的具象化描绘的桎梏，设计者既可以通过分析程序内在逻辑规律认识形体，又可以有方向地生成与改变形体。参数化技术的优势在于提高设计与生产

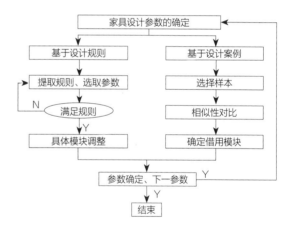

图7-16 家具设计参数确定的基本流程

效率、节约成本、减小出错率，具有信息可视化、方案可优化、虚拟现实化的优点。

7.6.1 技术特点

参数化设计是依托以数学逻辑为基础的参数化建模软件实现的，它拥有强大的几何形态运算功能，结合程序特征将参数化运用到设计的推敲中，具有高效精准的特点。

1. 信息可视化

信息可视化是将模型、表格、网络、投票等抽象数据通过图形的方式展现出来，实现参数调节和对应反馈信息的同步可视化。设计师在修改参数时可以迅速看到产品的变化，而在设计过程中通过形

态结果的瞬时反馈调节参数值，能够在短时间内不断修改、推敲，得到最终满意的结果。这种数字模型的实时反馈的特性使得产品设计修改更加的灵活，大大降低了设计的时间成本，提高了工作效率。借助图形化手段将数据可视化具有更大的认同感和趣味性，有利于人们更直观、高效地理解与分析信息，将人与机器有机结合起来，充分发挥各自的优势，实现最优结果。

2. 方案可优化

参数化技术为家具设计师提供了高效、便捷改变模型形体的工具，使得模型呈现的结果更加多样化，还可通过参变量的更改对形状和尺寸进行优化设计。由于家具设计需考虑诸多影响因素，增加了复杂性和不可控性，而基于参数化技术的设计、生产与信息管理可为其提供更多的可能性。设计中除了考虑产品实用、美观、经济等因素，结合大数据分析将环境、资源、产品综合性能评价等相关影响因素纳入其中（图7-17），可得到更优的家具设计方案。

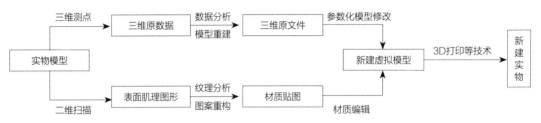

图7-17 原实物与新建实物转换关系

3. 逻辑精准化

首先，参数化设计利用计算机辅助数据运算可以精准地生成复杂形体，传统的产品设计工具对于大量的重复、渐变、有机曲面的创造显得力不从心，设计师也很难自主创建出如此复杂且具有逻辑性的形态。而在参数化设计中，参数化模型建立了一种精密的数学逻辑，计算机根据参数模型建立联系，设计师只需要决定简单的原始变量值，复杂重复的计算则交给计算机完成，有效地降低了设计难度。

4. 可调节性及推导性

在产品设计的参数化过程中，设计师经过前期的用户调研、市场分析后将约束产品形态的因素作为参数，在它们之间建立逻辑关系，计算机经过计算后用模型语言动态地展现设计师的想法。在设计的推导和优化过程中，设计师只需不断修改简单的初始参数或逻辑关系，就能实现产品形态的改变产生新的设计方案，免除了繁杂的设计和反复的工作，同时直观地通过设计结果的改变反推设计因素，不断地修改完善细节，因此具有强大的可调节性和推导性。

5. 思维优势

参数化设计通过严密的数学逻辑和推理产生形态，它提供了一种严谨缜密的设计形式，经过计算机软件的数据计算，最终得到的是原始基础形态的合理变形和扭曲，复杂的形态隐含了内在规律。传统设计中很多情况下掺杂着设计师的主观因素，包括设计师的经验、审美、情感、艺术修养等，因此得到的设计结果就存在很多随机性、主观性。而参数化设计形态是一种形式美法则下的视觉刺激，大量的重复渐变形成一种秩序感、丰富性，产生强烈的视觉动力，与用户达成情感共鸣。同时参数化设计能够实现模拟自然生长般的有机形态，看似随机而富有规律的变化，改变了现代主义刻板的单调，更加动感、自由。

此外，参数化设计注重内在规则与各因素的关系，它考虑的是一个综合性的系统问题。设计的过程不是针对一个个问题解决，而是将所有影响结果的因素纳入其中，作为一个统一的整体系统考虑。

如今在产品设计中，系列化设计和改良设计占据很大的比重。在进行某一品牌产品系列化设计的过程中，修改产品的形态，丰富产品的种类，实现产品的更新换代，参数化设计都提供了重要技术支撑。参数化设计的重点就是基于产品类型生成参数模型，设计师只需修改参数就会得到具有同样关系的造型相似的产品，快速地形成具有相同逻辑关系的系列产品。参数化技术突破了传统设计的禁锢，呈现出更丰富的家具形态。

7.6.2　技术装备

1. 参数化技术平台

借助计算机技术，参数化设计能够将复杂的系统变化、海量的数据分析与运算都变为现实。参数化设计软件种类繁多，各有所长。主要有擅长曲面建模的软件如犀牛、玛雅、3D max等，计算机程序和脚本语言编辑工具Grasshopper、Rhino script 等。

2. 建造技术

数字化建造技术和新型复合材料的出现，使得原本只能停留在纸面或者计算机中的复杂模型能够成为现实中的实体。从"手工建造"到"传统机械"再向"数控机械"发展，以及3D打印技术、轮廓工艺、数字制陶以及数控加工快速成型技术，为构建参数化设计的预制提供了无限的可能性。

7.6.3　技术应用

设计的发展伴随着科学技术的进步，计算机技术的不断拓展催生了参数化设计这一全新的概念。它不仅是工具的创新进步，更是一种全新的设计方法。参数化设计的应用拓展了设计师的思维方式，颠覆了传统设计以结果为导向的还原设计思路，更注重在设计初级阶段时的影响因素及逻辑关系，将纷繁复杂不可知的设计结果进行合理的程序化、简单化。

1. 设计阶段

1）以人为本

居家环境中，家具与人的接触频率最高，家具风格、使用舒适度对人生理和心理有很大影响，因此家具设计应以人为本，要求家具具有与使用环境的可协调性，可激发人的自发性活动，提高人们的生活质量。在家具设计中，运用参数化技术通过控制数值将产品结构与人机工程学建立联系，通过传感器获取用户人体数据分析偏好，利用机器学习等方法生成多种类型的家具，满足用户对于家具的个性化设计需求。

2）以功能为准则

对家具功能化考量往往集中在某一个特殊群体或某一具体现象，比如儿童、老人、亲子互动、小户型等。产品的实用性是考量一个设计是否优良的重要标准，除此之外，还要满足美观、时尚、个性化等条件。无论是对家具产品主要功能还是辅助功能设计，均应采用参数化技术针对用户的不同需求进行模型的高效修改，在精准满足用户需求的同时，提高设计效率。

3）以结构为导向

产品多功能化是家具设计发展的趋势，如座椅、柜体、桌案已不再是单一功能设计，这对产品结构的设计提出了挑战。同时，产品结构简洁化、模块化、仿生形态等多元化要素已成为众多消费者的选择。因此在参数化设计中，利用遗传算法、拓扑优化快速构建简洁有序的结构形态，还可以模拟自然环境、力学条件等，打破传统设计思维，设计出更加丰富的产品。

2. 生产阶段

1）产品精准制造

家具受空间限制的影响，往往体量较小、形态多变，在生产中会因设计出现误差导致成本增加，加工废料增多而造成资源浪费。参数化设计平台可以与生产设备在计算机模型与设计产品之间建立联系，通过模型数据对产品进行精密制造，比如在进行一些复杂曲面造型或者需要大量零部件组装时，可采用CNC数控系统、3D打印技术等，使模型快速精确地成为产品实体，在提高生产效率的同时也方便运输。

2）工艺设计优化

参数化技术在家具产品生产过程中的应用主要有CNC数控切割、3D打印技术、有限元分析等。CNC数控切割技术主要应用于切片家具，通过切割大小、形状不同的零部件单元，按规律组成家具造型。3D打印技术应用于家具生产具有减小制造难度、缩短研制周期、零技能制造、个性化定制的优势。有限元分析普遍被应用于多个学科范畴，运用有限元仿真软件可实现对产品的结构进行分析与优化。利用参数化技术进行家具生产时，应根据家具体量、材料、结构等设计要素优化工艺。

3. 产品信息管理阶段

参数化设计可对家具加工过程中原始数据进行整合、优化、交换、共享，实现企业信息全集成。通过追踪产品参数、整个家具制造过程的环境参数、基材基础参数、机器运行过程，以及工人规范化操作的监控和优化管理，实现参数化设计对加工过程中存在的质量问题的控制和预防。

此外，参数化设计在产品私人化定制领域具有明显的优势，主要功能在于输出结果与输入信息间快速调节与生成，其强大的灵活性与可控性能可高效快捷地产出大量的设计成果，生成可视化3D数据模型。而随着3D打印技术的成熟，只需要3D数模文件就可直接打印制造，省去了烦琐的开模加工、制定工艺技术路线、加工设备调试等的时间。这种新技术的应用极大缩短了从创意设计到实物产出的周期和流程，节约了时间成本及模具费用。同时消费者可以自主参与设计过程，根据自己的喜好，通过对设计中参变量因素的修改，生产出符合特定需求的产品。目前，在家具产品设计领域，参数化设计主要应用在产品形态的独特形式美感营造、优化设计程序和结构过程中。

7.6.4 技术发展现状及发展趋势

伴随互联网技术与应用的快速发展，人类已进入数字化时代。以人工智能、5G等为代表的高新技术已经在经济社会的各个领域持续地发挥影响。参数化设计作为数字化智能技术发展的一个方向，在社会生产中正发挥着越来越巨大的作用。从思维认知、审美形式、设计生产方式变革到教育模式、绿色可持续发展，参数化设计更进一步地推动了科学与艺术的深度融合和协同创新。

参数化设计在家具设计中的应用还处于萌芽阶段，利用参数化技术对家具产品建模、生产、分析是家具行业的发展趋势。参数化设计可满足家具市场个性化、模块化、大批量生产需求，在家具设计与制造过程中，设计师可以参数化技术为手段，使模型建立更快捷高效，设计实体更精准安全。当然，优秀的家具设计主要取决于设计师的设计理念与创意思维，但参数化技术作为一种辅助工具，可帮助设计师将创意变为现实，其在家具设计与制造领域的应用与发展，将对产品质量的提升与家居环境的整体改善产生积极影响。

1. 对接智能建造

参数化技术的出现不但推动了家具设计方法与思维的更新，更推动了产品制造模式的转变。设计的最终目的是能够生成服务于人与社会的产品，参数化设计所具有的复杂形态，必须通过智能技术建造实施生成。CNC数控加工和3D打印等智能建造技术的出现与发展，突破了生产工艺的限制，拓展了设计实施的可能空间，家具产品从设计到建造形成了一条更加紧密完整的链条。参数化家具产品已经初步具备了批量化工业产能和一定的商业化价值。

2. 对新材料、新结构、新功能的探索

从参数化设计到智能化建造，自"手工生产"到"工业流水线生产"再到"信息智能制造"，由新技术引发的生产力和生产方式革命也必然带来参数化家具的快速发展。

3. 对需求的多样化满足

参数化设计高效生成多样性产品的能力，适应了当代社会的多变和多质需求，亦可有效应对未来发展的多元化及不确定性。

4. 促进设计主体的协同创新

参数化设计的过程建立在完整的逻辑链条上，整个流程清晰且有章可循，设计的总体目标是可控的，消费者、设计师、工程师之间的协同变得更加流畅和高效。伴随着当代互联网技术的不断发展，在AI人工智能、云计算、5G通信等技术的支撑下，参数化设计将进入人机协同的时代，人与机器将各自发挥自身优势，深度诠释设计与制造的协调性和复杂性。工业革命所带来的同质化趋势将会扭转，参数化设计将会为海量的个性化需求提供广泛的服务，人工智能下的参数化设计能降低设计门槛，智能制造更能便捷直观地实现个性化产品的终端制造。在人工智能的辅助下，设计师可以快速提高资讯和经验积累效率，利用大数据分析成果，进行最优化的选择。消费决定生产、用户参与设计，失衡或不充分的生产与美好生活需要的矛盾将会得到缓解。

对比传统的家具设计模式，参数化设计将更加强调与自然环境的协调共生。需求与生产的精确对接将降低生产资料的浪费，减少对环境资源的消耗。通过对自然规律与逻辑的探索，参数化设计能促进人、自然、社会的协调共生，用生态思维指导有机方法生成绿色产品。未来，参数化设计将逐步实现产品功能多样化、有机化，为建立低污染、低消耗和资源可再生的环境友好型社会发挥重要作用。

7.7 智能化

所谓智能家具，即通过各种现代信息处理技术，对人或物所发出的信号进行采集、判断、处理，

从而进行工作的家具产品。与传统家具相比，智能家具更加人性化，是在现代家具的基础上，将电子智能控制系统融入家具产品，使家具产品具有自动化、智能化的特点。智能家具能够使人们的居家生活变得更加便捷、舒适，并已成为未来家具产品的主要发展趋势。

智能家具的设计研究，不仅是将传统的家具制造工艺与智能科技相结合，更是运用现代化技术手段提升传统家具的美感与价值感。设计具有智能效果的家具，可使其更符合现代用户的需求，扩大受众范围。把科技与家具融为一体，用科技的手段带来更好的使用体验，同时用设计柔性的一面来平衡技术刚性的一面，运用现代可视化技术手段，更好地展示家具之美、家具之功用，满足人们对审美与情感认知的需求，使家具产品得到升华。

7.7.1 技术特点

智能家具具有的多元化功能，为现代生活提供了便利性、舒适性、安全性，并且使生活更加节能环保。

1. 智能化

智能家具能够随着大数据的不断更新及分析、科学技术的持续进步而逐步进化，更"听"得懂、"看"得见人们的需求，适应用户需求的能力也随之提高。

2. 节能化

机器具有严密与精确性，精确意味着只提供所需而不产生浪费。优秀的绿色设计不仅是材质环保，而且在对环境污染降到最低的同时，在产品完整的生命周期不同的阶段都表现出环境友好的特征。智能家具将电子智能控制系统融入家具产品中，在结合其他高新技术的基础上可充分发挥节能化优势。

3. 系统化

智能家具系统是将家庭内的通信设备、家用电器和安防装置汇总到一个家庭智能系统上，以便进行集中监测、控制家庭事务管理。系统化的智能家具系统可以科学、合理、高效地规划家庭事务，满足使用者的多种需求。

7.7.2 技术装备

1. 智能化家具的系统组成

智能家具的系统结构，主要由五部分构成：控制器、执行系统、传动系统、工作装置（家具本体）、传感器。此外，智能化家具是一个集成控制系统，因此可分为硬件和软件两大系统：实施智能化功能的硬件设施和具有智能化编程系统的软件设施（图7-18）。硬件部分是智能化效果最终实现的载体，是家具智能化效果的传动与实现的装置，主要包括传感系统、前端执行系统和末端控制系统。软件部分则是智能家具控制系统的"灵魂"，传感器在接收指令后将其转化为电子信号，通过信息传递使末端控制

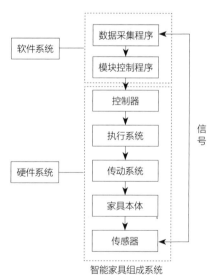

图7-18 智能家具组成系统

系统接收信号，再将信息重新处理之后传递给前端执行系统，前端执行系统进而产生一系列的功能效果。硬件设备将收到的控制信息转化为电信号后交由软件处理，处理结果再以电信号的形式传递给硬件执行命令。

2. 智能化家具的技术基础

1）联网技术

联网技术是一种物理互联，可以解决场所内部的终端连接问题，具有便捷、高效的特点，在家用智能家具的应用上，更具普遍性。其中宽带性能、网络服务质量（qos）保证，可以用于家庭多媒体功能。

2）远程管理技术

智能家具产品对于远程管理技术的需求严格，要求既能控制又要保证数据的安全性。目前，可以应用于家庭的远程管理技术的发展已经较为全面，且系统的网络管理安全规范也相对成熟。

3）云计算技术

云计算技术通过任务分解的形式，使信息的处理速度更快。前后端的运行方式操作便捷，用户不需要关注应用的实现方式，只需针对其功能进行简单地操作，定制自己的应用即可。在日常生活的网络服务中，这类技术已经被普遍使用，对于智能家用家具的使用者的数据收集与分析十分有利。并且这种应用还可将连接的方式进行并列，一个账户可以分层对接多个使用端，实现用户之间的共享，提供有力的数据支持，为智能家具产品的数据传输提供了强而稳定的技术支持。

4）物联网技术

物联网可以与识别技术、智能感知与普适计算等技术相结合，更好地应用在人们的居家生活中。互联网与物联网有所不同，但两者都具有拓展关系。相对于网络而言，物联网技术更侧重于与使用功能的实践与应用，以用户思维为准，更好地应用在智能家具的用户信息收集上，以实现功能创新。

5）大数据技术

大数据简单来说就是一个数据集，其特点是真实性高、内容丰富、数据量大。其种类和格式都十分丰富。大数据为智能家具产品的应用提供了更强的决策力、洞察发现力和流程优化的能力。对人体数据、使用数据进行大量地采集，更加优化了使用者的产品体验。

7.7.3 技术应用

市场上常见的智能家具主要分为智能化家用家具、办公家具、公共家具三种类型：（1）智能化家用家具是使用者在家中常使用到的家具，其设计开发往往侧重于产品专项功能的开发，如可进行语言交流的座椅、光感灯、感重书架等，这类产品的使用环境多在家中且更加注重情感化的体验，将使用者的生活与高科技手段的相互融合。（2）智能化办公家具是针对于办公人群、办公场所而生产的特定家具，如办公桌、办公椅、办公书柜等，通过交互式智能技术的增加（图7-19），给办公用户创造更加舒适、便捷的工作空间，带来轻松、多样、人性化的工作体验，提高工作效率。（3）智能化公共家具是指那些主要应用于大型公共场所的具有智能化技术的公共家具，如公共座椅、公共桌子等，其应用的公共空间包括机场、火车站、银行等。这类家具进行开发与设计的过程中，在考虑设计美学的同

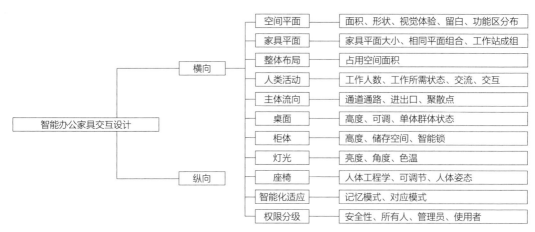

```
                                         ┌─────────┬──────────────────────────────┐
                                         │ 空间平面 │ 面积、形状、视觉体验、留白、功能区分布 │
                                         ├─────────┼──────────────────────────────┤
                                         │ 家具平面 │ 家具平面大小、相同平面组合、工作站成组 │
                                         ├─────────┼──────────────────────────────┤
                                         │ 整体布局 │ 占用空间面积                    │
                                ┌─ 横向 ─┼─────────┼──────────────────────────────┤
                                │        │ 人类活动 │ 工作人数、工作所需状态、交流、交互  │
                                │        ├─────────┼──────────────────────────────┤
                                │        │ 主体流向 │ 通道通路、进出口、聚散点          │
   智能办公家具交互设计 ─────────┤        ├─────────┼──────────────────────────────┤
                                │        │ 桌面    │ 高度、可调、单体群体状态         │
                                │        ├─────────┼──────────────────────────────┤
                                │        │ 柜体    │ 高度、储存空间、智能锁          │
                                │        ├─────────┼──────────────────────────────┤
                                │        │ 灯光    │ 亮度、角度、色温               │
                                └─ 纵向 ─┼─────────┼──────────────────────────────┤
                                         │ 座椅    │ 人体工程学、可调节、人体姿态      │
                                         ├─────────┼──────────────────────────────┤
                                         │ 智能化适应 │ 记忆模式、对应模式            │
                                         ├─────────┼──────────────────────────────┤
                                         │ 权限分级 │ 安全性、所有人、管理员、使用者     │
                                         └─────────┴──────────────────────────────┘
```

图7-19　智能办公家具交互设计

时，也需着重考虑到特殊人群的问题，针对特殊人群的需求进行设计，如无障碍设计、适老设计等，产品设计的包容性相对于前两者更强。

智能家具在设计时，除了要遵循传统家具设计原则，还需要巧妙且合理地引入智能科技，使传统家具与智能技术完美融合，设计出真正满足用户需求、符合现代审美、方便日常使用、提高人们生活质量的家具产品。

1. 技术应用过程中的原则

1）安全性原则

任何产品首先强调的是安全性，智能家具直接关系用户的居家安全，因此安全性就显得尤其重要。由于智能效果需要电子元件、机械元件的支持，智能家具较为容易出现与电、机械相关的安全性问题。在进行产品设计时，要提前预留好电路位置和电子机械装置位置，尽量使用绝缘性能好的材料。电子芯片与机械在工作中会散发热量，要做好散热系统，防止温度过高引起元件燃烧、漏电。可取消传统的电路式设计，通过电池为触发装置提供电能。

2）功能创新原则

功能性是智能家具主要的特性，包括家具固有功能与智能化模块带来的新功能。智能功能附加在家具体上时，要明确用户对其需求并有针对性地进行功能的设计与完善。但在功能结合时要避免太过单一的形式转化，避免强加于家具与固有功能无关的效果。

3）方便易用原则

家具是满足人们日常生活、工作活动的器具，简洁明了的使用方式才能使用户获得良好的使用体验。尽管智能化手段大多为高精尖技术，但在设计时要通过交互设计、界面设计和人机工程学等手段，将复杂的智能化系统转化为直观的、易用的使用方式。智能家具不能偏离人性化原则而一味地追求新技术，应体现一切与产品生命过程息息相关的"人"的关系，达到与使用者最佳的协调统一。

4）美观趣味原则

家具除了功能性还应具有装饰性，在智能家具的设计过程中，要提前考虑到智能化元件的加入并巧妙地将电子元件隐藏或融合于家具中，防止电子元件对家具的美观性造成影响。同时现代智能技术手段的加入，可进一步提升家具本身的美观性与价值感，利用电子显示技术、机械技术等为家具增加声、光等可视化效果，或通过智能识别技术、交互技术等给予家具生命力，实现人、机之间的互动交流，增强使用趣味。

5）易加工生产原则

智能家具设计研发的最终目的是走向市场，因此在设计时要考虑到生产加工环节的便易性。设计时尽量使用标准化通用模块单元，避免过于昂贵繁杂的零部件的使用，从而简化生产流程以达到大批量生产。同时也可在设计环节运用组合智能技术，将每个功能做成单独的模块元件，用户在购买时可根据现有模块进行组合，在满足个性化的同时减少制造环节中所需加工的模块种类，方便大批量生产并减少加工成本。

2. 技术应用过程中的系统设计方法

相较于传统家具，智能家具的设计要素更多，在设计过程中需要充分考虑家具功能的实现，并采用合适的结构使家具内部系统具有高度的复杂性及自动化。为了保证智能家具功能的有效实现，使其设计效果得到有效提高，在开展智能家具功能分区设计的时候，可以分为两个设计环节，一个环节是功能要素分类，另一个环节则是结构的完善和优化。其中，在功能要素分类过程中可以充分借鉴一般产品功能设计时的产品定义与设计方法。结构完善和优化的主要目的就是为了提高家具与各种自动结构部分功能的匹配效果。在设计过程中，需要根据用户的家具使用需求，建立起更加合适的有机整体，保证智能家具功能分区的合理性，进而确保智能家具整体设计方案的可行性。

3. 技术应用过程中的数据控制

智能家具产品的自动化参量调节方式主要有两种：一种是手动控制，一种是自动控制。其中，自动控制是最能体现家具"智能化"特点的控制方式，主要依赖控制软件来实现自动控制。首先需要根据产品的实际功能来对控制参数进行编辑，然后将编辑好的控制参数写入控制软件中，并通过软硬件接口向硬件中的机械设备传达控制指令，带动硬件设备中的机械运转，从而实现智能家具产品功能的自动运行。

随着我国智能家具行业的快速发展，伺服控制系统在智能家具产品中的应用也越来越广泛，将伺服控制系统融入简单的智能家具产品中，可以有效实现产品控制功能的简单化和便捷化。不过，由于智能家具产品具有非常强的复杂性及多样化特点，很多产品的运行都无法使用较为精准的参数化概念来进行描述，尤其是人们在决策过程中容易产生模糊决策，为了使智能家具产品控制系统能够更好地掌握人们大脑的思维活动和意识指令，做出正确的自动化控制操作，在智能家具数据控制方法设计过程中，设计人员应当尽可能地采用非线性、动态化的运行过程，使智能家具产品具有更加智能化的控制决策能力。

4. 技术应用过程中的功能模块设计

在现代产品设计中，模块化设计是非常常见的一种设计方法，模块的内聚耦合设计方法在软件设计中发挥着至关重要的作用，其设计效果直接关系到产品的智能化以及自动化水平。智能家具具有普通家具与机电一体化两种属性，在智能家具设计过程中，不仅需要充分考虑智能家具所需要具备的自动化功能，还应当考虑多种功能的协调。在设计时采用模块内聚耦合设计方法，能够使产品达到"高内聚、低耦合"的设计效果，大大提高智能家具设计的合理性。比如在对智能床垫进行设计的时候，设计人员应充考虑床垫各部分的体压、体温测量原理，将体压测量与体温测量区分开，设计成两个独立的模块，这样的设计方法不仅能够更好地实现人机交互，还能进一步实现模块化的深度开发。

此外，随着物联网技术以及数据控制技术的快速发展，智能家具系统的整合也逐渐成为很多智能家具企业的设计目标，已经不再遥不可及。只有实现家具与人、家具与室内外空间的相互连接，实现信息的互通，才能使家具产品实现真正的智能化。因此，在智能家具产品设计过程中，设计人员必须将智能家具系统的整合统筹列为设计重点。

7.7.4　技术发展现状及发展趋势

目前智能化家具的发展已经起步，智能化技术与家具产品有了初步的结合，市场上已经出现了一些新奇有趣的智能家具产品。

1. 技术层面

现阶段，我国家具智能化程度较低且进展缓慢，传统家具到智能家具的转型较为困难，在研发、设计和制造上有较大的行业跨度，需要把智能化中的传感、电子等高科技结构设施与传统家具的设计、材料、工艺结合起来，最终一体化成型。

2. 设计层面

智能家具的发展将带来家具产品功能上的延伸，家具不再是一成不变的静态物体，而是具有更多可能性的人工智能产品。各类家具自诞生以来功能上无明显变化，家具智能化可使家具增加新的功能。首先可以深化家具原有功能，比如床的功能就是提供良好睡眠环境，智能床垫除具备床体用于睡眠的基本结构外，可以自动调节床的软硬、冷暖，监测人的睡眠状况，适时做出调整。其次可以拓展新功能，例如床头柜可配有无线充电和播放音乐的设备。智能家具还可以与其他智能设备联合使用，全方位满足人们的需求。

目前，对智能家具设备的定义，正在从通过自动和数控系统帮助控制家具的结构功能、灯光、温度、安全和娱乐，转向通过用移动通信、平板电脑全方位控制整个空间的家具产品。这不仅改善了人们的居住生态，也改变了人们的生活方式。未来，智能家具将成为世界家具市场的主要研发方向。

7.8　集成化设计

集成家具，是指家庭室内家具、陈设及设施向系统化、规范化发展，除了设计和施工环节，服务企业还将家具纳入整个家装生产流程，并且形成以工厂化为主导的生产制造模式，避免了传统家具现场制作的手工操作污染大、工期长、易出差错等弊端。集成化家具设计是家装行业产业化的产物。如图7-20所示，集成家具采用把居室家具纳入家居环境中统一设计的模式，由于传统室内装饰业是一种服务性行业，从这个意义上说，集成家具设计也是一种对传统服务模式的深入与升华。家装公司整合与家具相关的所有产业资源，联盟上、下游家具企业，形成巨大的家居产业链，为消费者提供一体化家居全方位的服务模式。

图7-20　集成家具

7.8.1　技术特点

集成家具以其"个性化量身定做、空间化量体裁衣"的风格，改变了家装中家具形式单一的不足之处，成为家庭装修的一种新风尚。它将家具、软装等纳入了家装生产流程中，形成工厂化生产的模式，是一种先进的装修模式。集成家具设计的最大特点是可以给消费者提供一套完整的家居解决方案，这样消费者不但省时、省力，满足不同消费者的个性化需求，还能得到价格上的更多实惠。

1. 模式先进实用

与传统家具相比，集成家具的构造显得先进而实用。集成家具多参考选用家具设计大师的最新设计，既结合了装修的实用性，又吸收了家具的工艺性，能最大限度利用空间，以流水线的工业化生产代替手工制作，避免了以往手工制作现场易产生大量污染、施工噪声、粉尘等现象，以及工期长、易出错等弊端；而且容易搬迁，还可根据空间的变化，对原有家具进行重新搭配组合，增加新的功能。

2. 设计制造流程集约化

现代集成制造系统把家具设计、制造和市场紧密联系起来，使企业能根据市场动态及时地改变策略，通过电子商务的集成，实现网上销售、产品管理，增强家具企业新产品开发能力，使产品开发周期缩短，交货及时，新产品上市快，产品质量提高并满足用户需求，大大地降低了成本。

3. 明显的成本优势

集成家具一般由家装公司自主研发、批量生产，省去了销售渠道的中间环节，实施现代集成制造系统，能加强企业资源管理，对防止资源闲置、浪费起了积极的作用，降低了成本。

4. 风格协调统一

集成家具要求设计师跟踪服务家装工程的全过程，包括咨询前的详细沟通、定位以及家具整体风格。装修完毕后，还将为业主提供全面的家具布置和使用方案，以达成居室整体、统一的完美装饰风格。而传统家装设计前置，与诸多后续工作脱节，业主在后期家具的采购、布置上缺乏专业的建议与指导，很难完全达到设计方案的预期效果。集成家具却能将选材、装饰等问题同家装整体风格协调统一。采用集成家具设计的业主还可以把装修中涉及的设计、施工、选材和配饰等烦琐工作全部交给专业的公司完成，省时、省力。

5. 管理规范

现代集成制造系统规范的管理制度能形成优良的企业环境，提高企业各方面的人员素质、知识水平和知识结构，能提高工作效率，提高家具企业的科技含金量，增强家具企业的设计生产能力和管理水平，并能带动相关产业的发展。

7.8.2 技术装备

现代集成家具制造系统的总体逻辑结构共分三层，最底层是家具企业信息集成的基础结构，包括计算机及网络硬件、互联网等支持环境，以及数据、数据库和网页服务器等；中间层是家具企业信息集成平台、网络制造系统和家具辅助设计系统、家具辅助工艺设计系统，同时也包括企业自身开发的一些软件和外协软件；最上层是家具企业信息管理系统和家具电子商务，实现数据整体管理和网络销售的集成（图7-21）。现代集成家具制造系统整个框架构成思想是把软件工具与产品开发过程集成起来，在统一的计算机环境下进行产品的构思、设计、制造、测试和分析，使复杂产品的开发能够在信息集成、功能集成和制造过程集成的基础上实现产品设计制造，并进行设计和企业间全面集成，进而通过互联网实现网络销售和服务，从而充分发挥企业的技术、管理优势，增加产品的市场竞争力。

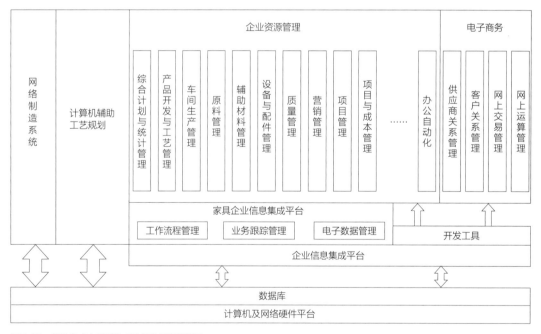

图7-21　现代集成家具制造系统总体逻辑结构图

7.8.3 技术应用

世界工业发达国家和地区从20世纪70年代起就已实现家具生产的高度机械化和自动化，随着新经济时代的到来，家具业的生产方式已发生了质的变化，利用高新技术的支撑，进行数控加工、计算机集成制造、网络化生产管理、柔性化加工和及时化生产等，以便实现小批量、多品种的高效高质生产。家具行业运用现代集成制造系统的原理（图7-22），针对家具行业特点，把网络化制造、企业资源管理、电子商务、计算机辅助设计、计算机辅助工艺规划集成起来，快速地实现产品的设计、生产、网络销售，极大地增加企业竞争力，这无疑是中国家具行业的一次技术革命，同时也是现代集成制造系统在家具行业的一次开拓性尝试。

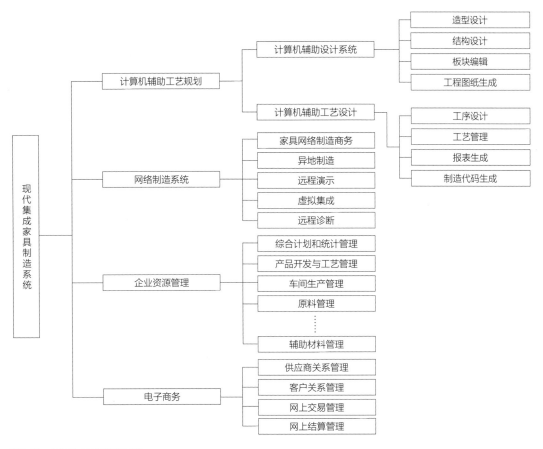

图7-22　现代集成家具制造系统

现代集成家具制造系统各个功能模块的主要功能：

1）计算机辅助工艺规划包括计算机辅助设计和计算机辅助工艺设计，计算机辅助设计主要是进行家具造型设计和结构设计，生成家具产品、部件、零件生产图纸，并把所设计产品的五金配件入库；计算机辅助工艺设计主要是进行家具产品的工艺、工序设计，并通过从公共数据库提取数据生成各种报表，它是连接设计与制造的桥梁，同时工艺设计也生成数字信息即机械控制器能识别的代码，进行产品的自动化制造。

2）网络制造系统主要包括家具网络制造商务、异地制造、远程演示、虚拟集成、远程诊断等。增加了家具产品和零部件的标准化，提升了家具生产协作化的趋势。

3）企业资源管理主要包括家具综合计划和统计管理、产品开发与工艺管理、车间生产管理、原料管理、辅助材料管理等。它把企业的资源有效地进行统筹规划，增加了信息的流畅性，实现家具设计生产、销售数据快速准确的传递。

4）电子商务系统主要包括供应商管理系统、客户关系管理、网上交易管理、网上结算管理几大主要模块，主要进行网上家具产品的销售、调拨、客户管理等。

7.8.4 技术发展现状及发展趋势

集成家具及相关产品的研发有助于构建节约型社会，顺应了国家的发展方向和政策导向。对于家具厂商来说，这是一个蕴含巨大可能性的潜在市场；对于房地产开发商来说，有助于产品的销售并提高利润率；对于使用者来说，则能够获得更符合生活方式和需求的家具产品。

1）家具产品设计既有现代技术方面的要求，又有丰富的文化艺术需求，个性化强。家具行业现在的设计、工艺和管理的标准化、规范化程度低。因此，对产品设计、经营管理过程的优化重组和规范，建立适合家具行业的先进的产品开发、生产、管理和经营销售模式，是家具行业现代集成制造系统首先要解决的技术难点。

2）家具行业技术水平和计算机应用水平比航空、机械、电子等行业要低，提高家具行业员工的业务素质、计算机应用水平和先进管理理念，并建立应用现代集成制造系统技术的骨干队伍，改善企业中不适应现代管理的体制制度，也是需要解决的技术难点之一。

3）解决异构环境中的互操作为目标的分布对象技术，保证信息的可靠性和安全性，实现设计数据、工艺生产数据、销售管理及配套企业的数据和网络化生产数据接口标准，是实现现代集成家具系统的主要技术难点。

集成家具是在家居设计整体化、精细化的背景下提出来的，家居整体化装修为家具的集成化提供了广阔的舞台，集成化家具也丰富了室内设计的风格。集成家具是一个复杂的系统工程，涉及设计、工艺、加工、材料、仓储、包装、运输以及安装等系列问题，必将引起家具行业、室内装修行业以及其他相关行业之间开展形式多样的交流以及更加深入的合作，集成家具也会向专业化、实用化发展。

7.9 扁平化设计

扁平化设计风格是近年来十分受欢迎的一种新的设计风格。"扁平化"概念最核心的诉求就是：通过删掉多余的装饰，让设计所承载的根本信息呈现出来，这样的信息显现状态加速了解读的过程，也更利于传播。在设计领域就是强调结构性、符号化的设计元素，抛弃流行多年的高光、阴影、透视、羽化、质感、3D等效果，对具体设计元素进行高度提炼与概括，以此来达到一种极其平面化的设计风格，体现一种极具现代感、时尚而简洁、识别度清晰的全新视觉呈现方式（图7-23）。扁平化的实质就是一种极简主义风格，来源于科技的发展以及人们审美取向与生理、心理需求的变化。扁平化的核心意义在于去除厚重和烦杂的装饰成分，让信息本身作为核心被重视、凸显出来，同时在设计构成元素上强调抽象、极简以及符号化、平面化的表现形式。扁平化设计追求一切极致的简洁、简单，反对使用复杂、模糊的元素。在快节奏的今天，往往简洁、一目了然的东西更能吸引人们的关注，因此扁平化风格在实际生活中的应用越来越常见。

图7-23　扁平化风格家具

7.9.1　技术特点

扁平化设计的最大的特征是简洁而不简单。这种设计手法用抽象的、简练的、符号化的设计元素来表现具体的设计，通常很容易触发观众的无意识情感反应，吸引消费者注意力。

随着一项技术研发时间的延长，技术同质化会越来越严重，从食品、材料到高科技产品，产品大量过剩，廉价复制品无处不在。在这样一个产能过剩的环境下，只有那些无法复制的东西才能具备旺盛的生命力，扁平化的设计亦是如此。

1. 重功能、减装饰趋势

在现代技术发展的推动下，家具新材料的开发与创新、新工艺的改良与革新、设计手段与服务的开发和进步带来了家具外观、结构和使用功能上日新月异的变化。与此同时，扁平化成为家具设计发展趋势之一，它将各种符号、元素等进行归纳与整理，并在很大程度上进行简化，最终呈现出简约的设计效果。在这个过程中，设计师对造型、材质、色彩等元素进行有序组合，以符号化的方式呈现在用户面前，以独特的扁平化设计语言面对用户，表现出重功能、减装饰的趋势。

2. 重视产品生产、使用、回收可持续性发展的需要

可持续性设计原则的目的是尽可能地减少消费次数，这样不仅能节约家庭支出，又能够减少工业废品，减少资源浪费，控制环境污染。可持续性使扁平化家具能够适应用户心理与生理发展的设计原则，即家具的设计符合成长性、适用性的要求。扁平化在设计制造过程中去除冗陈、厚重、烦杂的理念迎合了可持续设计原则。

3. 安全性、方便性等逐渐加强的趋势

安全性、方便性主要是针对儿童、老龄、残障等特殊用户群体制定的扁平化设计原则。特殊人群抵抗力较差，对安全性的要求比普通人更严格、更苛刻，家具设计尽量减少使用过程中可能存在的不安全因素，而安全、方便正是扁平化的重要的设计要素。相关标准中明确规定了边缘及尖端、突出物、孔及间隙、折叠机构、翻板门等结构的力学强度要求，有害物质、阻燃性能等材料要求，以及警示标识、外形尺寸等外观要求，以保证家具在使用过程中的安全性。

7.9.2　在设计中的表现形式

由于科学技术的发展，新材料、新技术使家具扁平化有了更多的表现形式。扁平化家具利用折叠、模块、充气、压缩等表现形式来扩大自身的优势。这些设计方法不仅增加了家具在空间当中的灵活性、功能性以及复杂性，还在很大程度上节省了空间，增加了空间利用率。

1. 折叠式

能够用来收放和叠放的结构，即折叠结构。折叠作为现代家具设计特征之一，主要特点是造型简单、使用轻便，可供居家、旅行两用，拆卸折叠方便。进行折叠式家具设计的目的是实现家具在折叠后体积达到最小化，即常用的扁平化设计形式。折叠式设计既便于携带又经济实用，特别对现代小居室空间来说，折叠家具非常实用，不用时可放在门后和角落，还可以把它们整齐地挂在墙角处，非常节省空间。

2. 充气式

充气家具也是常用的扁平化设计形式，可通过内部充气支撑方式来实现家具的功能。充气家具的工艺原理是在一个或几个密封的塑料气囊里面充入空气后即形成可以使用的家具。其最大的特点就是节约空间，只要将充气家具中的气体放掉，它可以收缩为一个体积极小的物体，且质量很轻，在搬运及存放过程中非常节约空间。充气家具的气囊一般是以PVC为原料，经久耐用。当然，充气家具在用材时除塑料、橡胶等软质材料外，还可以与木材、金属、塑料硬质材料相结合，这样可以增加充气家具质感、安全系数、支撑力度。由俄罗斯家具设计师伊戈尔·洛巴诺夫（gor Lobanov）设计了充气折叠式沙发（图7-24），采用折叠和充气式结构，充气后可以变成沙发坐垫，外壳可以当作桌子使用。

图7-24　充气折叠式沙发

3. 压缩式

压缩就是指通过技术手段将大体量变为小体量。如在家具设计中，"十八纸"品牌家具运用纸质材料压缩的设计特点进行家具设计与制造，实现了家具扁平化，如图7-25所示。沙发可以任意弯曲，它合起时厚度不到20cm，却拥有高达50倍的拉伸比，这意味着有了它，在家中就有了20cm～7.8m长、造型千变万化的沙发。无论是弧形小阳台还是不规则拐角，什么样的环境它都能适应。

4. 模块化

扁平化设计也可采用模块化的设计方式实现。对于一个家具产品的详细划分，除了参照其本身的具体特征外，还可以根据该产品的功能和结构来进行细分，形成零部件、组件以及模块等，这些单个部分也可以进行组合来发挥作用，构成新的家具形体和功能（图7-26）。其中标准化、组合化、通用

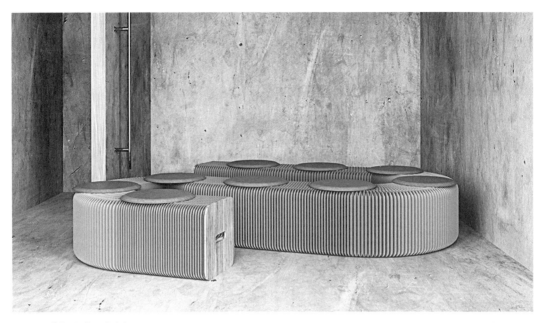

图7-25 "十八纸"压缩式家具

性是模块化的三个特征。标准化是指模块的选择以及对组合方式的选择都是有一定标准的。一旦形成标准化体系，不仅能促进模块的重组，同时在模块的分离互补方面也会起到极大的促进作用。模块化的结果必然形成组合化，因为只有将不同模块进行单元组合才能实现产品的功能。而通用性是基于模块互换组合而得以体现的，通用性可以使产品的替换更加灵活，个性化也得以实现。总的来讲，模块化通过标准化、组合化、通用性使家具实现扁平化，以更好地适应空间环境，通过组合来改变家具的形态大小，满足不同的使用环境的需求，从而提升空间的利用率。

7.9.3 技术应用

扁平化风格对于设计有着推动创新、提高效率的作用，现如今大部分的设计都逐步在向扁平化靠近。但对于设计来说，若要在实际中有效地实现扁平化风格的设计，还需要关注产品功能，而不仅仅是考虑视觉呈现方面的效果。因此，在扁平化设计趋势下，家具产品应遵循正确的设计原则，进一步找准发展方向，不断焕发新的活力与生机。

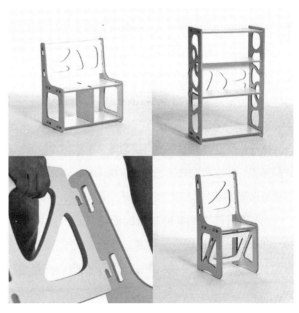

7.9.4 扁平化设计方法

1. 拆装组合式设计法

拆装组合式设计是通过各种连接件或

图7-26 模块化扁平家具

结构将零部件组装而成的，可以进行拆卸和组合。拆装组合式家具在结构的装配上能够实现快速安装和拆卸，在结构的形式上能够快速组合。拆装组合式设计具备信息传递的准确性、灵活性、用户参与性等优势，能够充分体现出扁平化家具设计的特征。如图7-27所示，在儿童凳子设计中，凳腿和座面板可以自由地组装和拆卸，就好比儿童玩乐高积木游戏，组装的过程中不需要任何的胶水和钉子就可以完成，也便于运输和存放。

图7-27　拆装组合式设计法

2. 一物多用式设计法

在不同的使用环境或功能目标下，家具本身可以实现多个使用功能，即一物多用式设计，也是扁平化设计最常见的设计方法。一物多用式设计主要体现功能的可转换性，是指一件家具经过改变形态或者结构关系而具有新的功能。功能的转化还可以给用户带来新鲜感，在转换的同时也锻炼了用户的动手能力和创造能力，体现趣味性原则。同时，可以节省空间，减少资源的浪费。一物多用式设计充分体现了扁平化家具的灵活性、环保性和用户参与性等特征。

3. 模块化设计法

模块化设计体现形态的可组合性，是指由单件家具通过组合形成和原有家具功能有所不同的新的家具形态，体现功能的延展性。模块化设计体现了扁平化家具设计的信息传递的准确性、灵活性和用户参与性等特征，是家具扁平化设计中常用的设计方法。

4. 用折叠结构实现家具扁平化

在家具设计过程中，可通过折叠的方式实现一物多功能的转换，提升家具的使用价值。折叠家具的优越性体现在以下三个方面：利用折叠结构可以有效地节省空间和缩小体积；携带方便，是满足扁平化的最佳途径；通过折叠形式匹配空间的变化，实现一物多用，如图7-28所示。

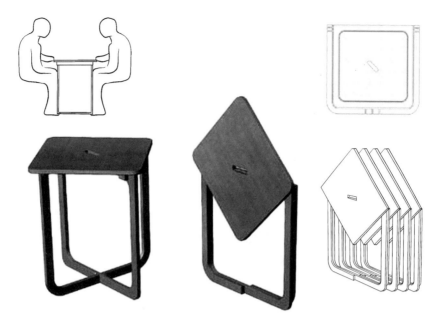

图7-28　折叠结构实现家具扁平化

5. 利用充气材料实现家具扁平化

充气式材料是指质地轻、气密性好、抗撕裂能力强的材料。选用充气式材料，优势有以下四点：一是无毒，符合环保检测标准；二是结实耐用，能够经受住强冲击和撞压，气密性好，维修方便；三是使用方便，只需几秒就可以快速完成安装过程；四是携带方便，体积小、质地轻，不用时可以折叠，存放时不占空间，充分体现扁平化的特点，如图7-29所示。

6. 利用上下或左右堆叠实现家具扁平化

又称堆叠式家具，是利用合理的结构设计使家具能够实现上下或左右穿插叠放，节省空间，达到扁平化设计的目的，如图7-30所示。

图7-29　充气材料实现家具扁平化　　　　　图7-30　堆叠实现扁平化

7. 利用色彩实现家具扁平化

色彩对家具的可视化表现最为直接，在家具设计过程中，通过色彩实现家具的扁平化是指尽可能使用"单一化"的色彩，吸引用户的注意力。在家具设计中，色彩的多元化易对使用者视觉和思维造成混乱，打破家具扁平化的优势。

7.9.5 技术发展现状及发展趋势

扁平化的设计元素、零三维效果和简便的使用过程是扁平化设计中最容易理解的特点。扁平化设计更好地体现了设计师的设计思维和设计理念。扁平化在家具设计中有以下发展趋势：

1. 促进数字设计发展

扁平化是一种新兴趋势，其中一个重要原因是数字技术的推广，这不仅是迎合审美趋势的变化，而且主要基于日常生活的日益数字化。随着技术的进步，扁平化更符合新时代科技产品使用的需要，各功能部件的形象更加明确。

2. 技术创新

人们对扁平化的理解始于电子产品的更新，因此扁平化的创新趋势也存在技术诱因。采用扁平化技术，家具各功能部件更直观、更简洁，更符合大众快速、便捷的使用要求和造型的审美需求。

3. 用户的习惯

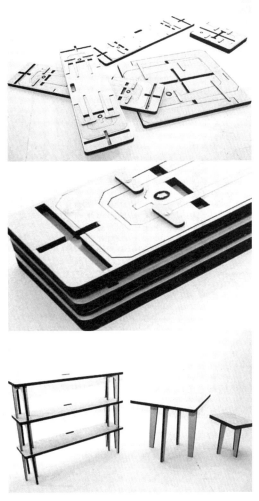

图7-31 结构清晰的扁平化设计

扁平化更新的趋势还基于用户的习惯。首先，为了降低学习成本和用户理解的难度，在数字时代的推动下，许多家具已取消了厚重的说明书，取而代之一目了然的零部件结构图和简单的结构拆装图，以辅助使用者快速便捷地完成组装、使用过程（图7-31）。其次，简洁的家具结构设计以及简明扼要的结构拆装图可以极大地帮助用户提升体验的效率。

7.10 模块化设计

模块化设计指在对一定范围内的不同功能或相同功能、不同性能不同规格的产品进行功能分析的基础上，划分并设计出一系列功能模块，使用者通过模块的选择和组合可以构成不同的产品，由使用者根据实际需要进行模块选择，使用特殊模块和标准化的统一接口与通用模块相结合，重构不同的新产品，从而满足个性化需求的设计方法。简而言之，就是指将家具进行功能模块的划分，并设计成一系列规格化的通用模块，再将其通过标准化的接口进行连接组合成各式各样的功能性家具。与传统家具的设计方式相比，模块化设计不是仅对单一家具产品进行结构造型的设计，而是针对众多系列的组

图7-32 模块化家具

合模块进行家具产品系统的整体多元设计，是标准化设计的升级思考，通过整体与部件的完美结合，实现家具产品的多样化。

模块化设计的根本在于模块化的理念。模块化是依据产品的物理特性以及功能特征将自身的基础结构划分为标准化、系统化、组合化的零部件、组件以及模块，并通过三者之间的自由组合达到质的改变，成为一个新的功能性整体（图7-32）。其整体功能的实现主要依托于不同模块与部分零部件的子功能。而模块化设计则是将整个系统按功能分解成若干个存在普遍联系的独立部分，即单元模块和系统模块。简单来说，就是将组成产品的特定要素组合成不同的通用功能模块，再将其与其他部件或组件进行组合，构成新系统，派生出一系列具有不同或类似功能的标准化产品。

7.10.1 技术特点

模块化家具与传统家具有本质上的差异，它是由多个相似或相同模块组成的系统。改变模块结合方式既可以迅速实现家具多功能，更换新模块或维修护理也十分方便。更换模块往往需要消费者亲身参与，这种与产品的互动强化了消费者的交互体验。只需升级部分模块，模块化家具就可以实现产品的迭代，缩短了家具设计周期，顺应了如今快消费的时代潮流。

模块化家具便于拆卸回收，转换效率高，造型符合现代生活美学与加工技术，是优秀的现代可持续设计形式。目前大热的智能家具设计也常与模块化家具相结合，将相似或相同的功能单元设计成标准化模块，使其具有拓展和适应能力。

模块化设计通常具有化繁为简、化整为零的特征，即将家具拆分为多个家具模块，各个模块可以自由组合。模块可以完全相同，也可以不同。相同的模块可以组合成不同的造型，不同的功能模块赋予家具多种功能，家具的最终呈现状态取决于消费者。自由变换是模块化家具体现的精神内核。通过各种不同的组合方式，家具产品可以获得个性化的使用形式，并满足不同使用情景下的功能需求。

1. 多功能
模块化家具可以有多个功能模块，消费者只要选购所需的功能模块或者调整家具的形态成为想要的模式即可。模块化家具与传统家具不同的是更灵活多变，有助于现代家具的创新设计。家具模块化的过程也是对家具的造型和功能进行拆解的过程，通过消费者模块选择的数据分析，可以深入了解用户的需求和喜好，便于实现模块的优化和改进。

2. 个性化与整体化

模块化家具有三个层次：单个家具模块、组合家具模块和家具整体（包括所有家具模块）。每个模块是整体的一部分，与整个家具系统有统一之处，因此模块化家具的使用可以增添使用环境的和谐性。单个模块也是相对独立的，有完整的造型和具体的功能，当模块进行组合时新的造型和功能就产生了。用户可以依据需求和喜好，选择适合自己的个性化的模块组合方案和排列形状。

3. 趣味性

用户在组装家具模块时，可以改变家具的造型。不同的造型适配不同的空间，带来不一样的视觉效果和功能。亲自挑选和组装家具的过程也是提升生活参与度与幸福度的过程。有关亲子交互的模块化家具设计表明，亲子共同进行模块化家具组装，在简单的操作中可体会互动的乐趣。模块化家具造型的灵活变化能保持孩子对家居空间的新鲜感，充分发挥儿童的空间想象力。

4. 可批量化生产

家具的结构模块可以批量生产，这样可保障库存充裕，以应对大量的市场需求。相似的结构意味着减少设计量，这大大减轻了设计师的压力，缩短了设计周期，降低了企业的设计成本和在生产不同结构产品时的生产线成本，同时，产品的成本降低也能够促进消费者购买。

7.10.2　模块化家具的设计原则

模块化设计原理是在一定范围内对功能、规格、性能的产品进行基础分析，归纳出一系列具有基础功能的模块，然后根据使用者的实际需要进行模块选择，将特殊模块与标准化的通用模块相结合，重构出新的产品以满足不同的需求。其最基本的设计原则需满足功能性、安全性、美学性及可持续性等基本要素。除此之外，设计过程中需要考虑使用环境摆放的所有家具和其他类似的部件，发现并总结出能够成为独立模块的重要元素，然后科学合理地划分不同的家具模块，并将其接口方式与总设计联系起来，完成功能上的契合。而建立模块间的接口方式，就需要确保模块的完整性和通用性，从而创造出符合要求的单独模块。最后将具有类似或相同功能的模块进行整理和整合，尽可能地减少模块种类。综上所述，在模块化家具设计的过程中应注意以下几个要点：

1. 复用性

模块复用可以大大提高设计效率，可减少用户学习成本，保证用户体验感，同时减少企业设计生产成本和时间。

2. 延展性

由于需求具有差异性，对同一功能模块来说，需要在设计时考虑到一定的可扩展能力，即延展性，以兼容一定范围的差异性，这个"范围"应当是基于对用户需求的合理预估。

3. 互换性

当无法通过复用模块或延展模块满足需求时，则需采用完全不同的交互或者内部结构。但是需要注意对外结构的一致性，以确保在与其他模块组合时，不在全局上发生变化，从而实现模块的快速互换。

4. 功能性

家具模块化设计的功能原则是指在满足家具产品本身的特定基础功能之外，可利用模块位置的更换或数量增减获得额外附加的功能，如折叠、拆装、延伸、组合等，达成家具多功能性及功能转换的目的。使家具具备实用性，在面对不同年龄、性别的使用者时可灵活改变自身的功能以适应用户的实际需求。此外，功能性设计可解决传统家具体积固定、笨重的缺点，可有效节约生活空间；同时，通过改变家具结构形态可增加用户与家具产品的互动频率，给予家居生活新鲜感及亲子活动的趣味性。

5. 美学性

家具产品的设计美学主要表现为形态、色彩、材质等，好的产品其美学设计应高于消费者审美，但又可实现客户装饰需求。这就要求设计应体现出人性化、情感化，将其与科学结合，使家具产品贴合使用者的生活习惯和行为需求。不同形态和色彩的模块组合在一起会产生不一样的设计风格，可有效缓解消费者因单一的家具外观造型引起的审美疲劳。

6. 安全性

模块化家具的安全性主要考虑家具制造材料以及结构工艺。由于模块化家具主要由单元模块组合，多为板式设计，主要依靠五金件、胶、钉等连接，对零部件尺寸规格要求严格。在制作生产时，应使用环保性原材料，组装时避免金属连接件外露或松懈，做好安全防护。在加工过程中，对于零部件尺寸加工、钻孔或铣型工艺，应注意尺寸与位置要求，确保精准度，以防在使用过程中出现意外事故。

7. 可持续性

可持续性原则是在家具模块化设计基础上，着眼于家具设计的环境属性，结合环境意识，对生命周期的阶段环境属性进一步考虑。主要包括生态设计和环境友好，以人与自然的协调发展为前提。模块化设计思维很好地诠释了家具的可持续性发展的方向，模块设计研究的零部件之间各种形式的配置组合、模块的重复代替使用、连接接口的通用化设置等都是设计连续化的具体体现。可持续设计不仅能够满足家具的功能需求和环境需求，还可以大大减少家具设计和制造的周期，扩充家具系列，提高家具质量，快速应对市场变化，而且能够减少甚至可以消除对环境的污染及破坏，方便家具的维修、升级，以及废弃后的拆卸、回收等工作。

此外，模块设计与组合要考虑到人体尺寸因素，使之符合人体工程学。进行模块划分时主要从装配、使用、维修和制造这几个角度来考虑，保证模块功能与结构的完整和独立。

7.10.3 模块化家具的设计方式

目前市场上的模块化家具结构主要有叠加式、嵌套式、拼装式和拼合式九种设计方式。

叠加式是将若干相似或相同的家具模块通过叠加的方式组合，每一个家具模块都具有独立功能。这种形式的家具一般通过机械定位或连接结构保证稳固，连接方便，造型有趣。图7-33是一款叠加式

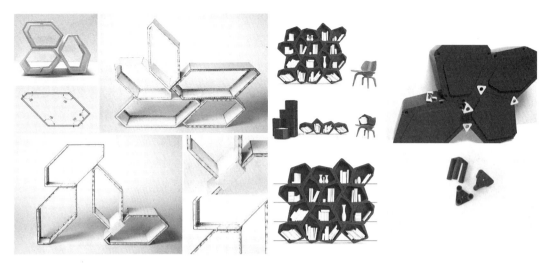

图7-33　叠加式书架

书架，基本家具模块是一个个大小不同的方形框架，框架上设置开口，模块可以插接在一起。

嵌套式结构是将家具模块套装于另一模块之中，由此构成具备多种功能的家具整体。这种家具一般是插件或者箱柜结构，更换内部模块实现功能转换。这种方式一般采用金属连接件作为连接结构。

拼装式模块化家具是将标准化部件按照不同的模式拼装，可以得到不同造型和功能的家具。这类家具拆装方便，便于运输。它强调部件和连接结构的标准化，以不变应万变。

拼合式家具则无需连接家具模块，只需移动家具模块，通过模块摆放位置的变化实现功能的变化和组合。这类家具装饰性能显著，为使用空间带来秩序感与和谐感，还不会像传统家具那样单调。丰富的形状和色彩为室内空间增加了活力。设计模块化家具时不仅要考虑模块节点的结构强度，也要考虑到模块连接方式的美观、实用和简捷。

模块化设计思维早在20世纪80年代就被引入中国家具行业。对目前市场上的家具模块化的设计方式进行归纳，主要有以下几种：

1）部件组装式：是将家具按部件功能分为几个系统的模块，再将模块通过标准接口进行连接，其特点是方便维修且结构简单，使用者可通过更换模块的数量或位置，对家具部分功能或空间进行调整。可通过多次利用不同尺寸的系统模块重新组合，使家具产品实现柔性变化。

2）子模块组合式：家具组合模块既是组合插件，起到家具部件的作用，同时又具有独立功能，可单独使用，成为一件家具。

3）模块折叠式：家具通过模块进行组合后，使用者可依据空间大小改变家具整体尺寸。一般采用折叠或伸缩等方式，采用可灵活变化的连接件进行连接，家具材料多以金属、木材为主。

在模块化设计中，单个结构的设计要求对原料进行更多的裁剪或取舍。这就要求设计师在考虑产品造型、功能的同时，兼顾产品尺寸参数的设置，精确测量，尽量减少资源浪费，实现现代化设计和绿色生活的统一。

7.10.4 技术发展现状及发展趋势

模块化设计作为一种新的设计思维，极大地缓和了家具设计生产批量化与多样化之间的矛盾，满足消费者个性化、多样化的产品需求，并帮助家具企业逐步适应当前激烈的市场竞争环境。从企业角度看，家具设计的主体由单一整体转变为一系列模块，丰富的家具模块库成为构建家具的重要来源，大幅度缩减了前期产品的开发周期。家具模块是具有一定结构形态的相对独立的功能模块，可进行平行化批量生产，提高企业的生产效率，降低生产成本。此外，模块化设计是一种绿色设计，可将单件生产转化为批量的效益，将多样化与标准化、设计与生产进行完美结合。从消费者角度来看，家具模块的可选择、组合、重复配置的特性，能充分满足消费者对于家具个性化定制的期望。在日常家居环境中依据使用者实际需求随意排列组合、更换颜色搭配；当某一模块出现故障或损害时，可及时联系厂家单独购买模块，减少浪费，延长家具的使用寿命。

7.11 减量化设计

减量化即在一切生产活动中，尽可能减少资源、能源的投入，以较少的投入获得较大的产出，并且在这个过程中还要减少废弃物的产生。产品减量化设计，就是以减轻产品物理自重和视觉重量感的设计，在满足使用要求的前提下使产品质量最小。"减量化"（reduce）概念源于绿色设计中的"3R原则"，即再利用（reuse）、再循环（recycle）和再生（regenerate）。家具的减量化设计，简单来说，就是对家具进行"简化"与"减化"设计，在产品的设计、制造等过程中，通过减少材料消耗、优化设计、改进工艺等方法，来减少整个过程中对资源、能源的消耗以及对环境的污染，以家具外观轻巧、材料减量、重量减轻、装饰简化、制造工艺优化与包装运输环节简化来减少资源和人力的消耗。减量化设计的最终目标，就是要以创新优化的设计和先进的技术等，来减少材料消耗、缩短工艺周期，减少其他资源、能源消耗，降低产品成本，最终实现绿色低碳制造以及提高企业竞争力。

7.11.1 减量化设计的现实意义

1. 提高家具产品的绿色环保性
减量化设计能有效控制进入家具设计、生产等环节的物质流和能量流，缩短制造周期，减少排放，降低产品成本，从而提高产品的绿色性能，同时为消费者提供健康、实用、精致的家具产品。

2. 提高家具产品的生态效益
数据显示，2016年世界工业用原木消费18.78亿m³，锯材消费4.62亿m³。中国工业用原木千人均消费149m³，相当世界人均的60%，锯材千人均消费76m³，是世界人均消费的1.2倍。如此大的木材消耗量，其中不乏有大量浪费，如果能通过减量化设计减少材料消耗，进而减少对木材资源的消耗，则有助于提高产品的生态效益。

3. 增强企业绿色设计意识以及提高企业竞争力
减量化设计有助于设计师和企业转变设计思维，增强绿色设计意识，并指导企业树立可持续发展的理念。于企业而言，减量化设计有助于缩短工时和制造周期，降低产品成本，进而提高企业整体效益和核心竞争力。

4. 为家具新产品开发提供改进措施

企业开发新产品时，会在打样评审阶段对其进行综合性能评估。减量化设计有助于在家具新产品打样评审环节中为其提供具体、可行的减量化改进措施。

7.11.2 家具减量化设计指标体系初步构建

家具减量化设计需完成的指标（图7-34），即经过减量化设计的家具应具备的属性，主要包括减少材料消耗、减少各环节能耗、减少工时和成本、减少有害物的排放、延长家具产品使用寿命等。

家具减量化设计的指标组成体系由目标层、准则层、因素层以及指标层构成，以板式家具为例，主要体现在以下方面（表7-2）：

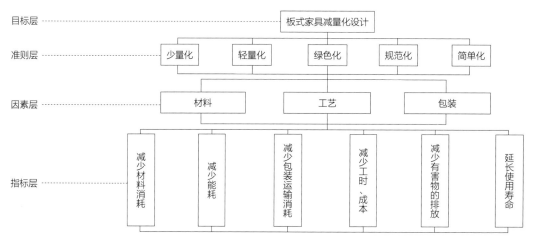

图7-34 家具减量化设计指标体系

家具减量化设计指标关键影响因素及减量化设计思路　　　　表7-2

板式家具减量化设计指标	关键影响因素	减量化家具具备的属性
减少材料消耗	开料方案、零部件尺度	简单、轻量、精巧
减少能耗	工艺复杂度、工艺技术是否先进、工艺是否规范等	便于加工、简化工艺
减少包装运输消耗	包装材料、包装技术、包装方式等	轻巧、扁平化
减少工时、成本	工艺技术的先进性、零部件规范化程度等	便于生产、易加工、规范化
减少有害物排放	工艺环保	生产过程污染小
延长使用寿命	部件是否可替换、可升级	标准化、模块化、通用化

1）减少材料消耗：在家具设计制造过程中尽可能减少材料的消耗，或通过其他方式来提高材料利用率。具体体现为在保证家具产品功能性和安全性的前提下，尽量做到产品的简单化、轻量化等；通过工艺的创新、技术的改进来减少材料的浪费和损耗等。

2）减少能耗：在家具的生产过程中，尽量减少资源、能源的消耗。具体体现为优化工艺以及引入先进制造技术替代老旧技术等。

3）减少包装运输的消耗：通过使用先进的包装结构、性能优异的包装材料、提高包装材料的绿色性能、包装扁平化，以及新型包装技术等以减少该过程中的人力、物力消耗，提高包装效率。

4）减少工时、成本：通过创新优化的设计，先进的工艺、技术、设备，以及标准化等理念来提高生产效率，缩短工艺周期，降低生产成本。

5）减少有害物排放：通过改进生产工艺或采用环保设备、技术等来减少家具生产过程中污染物的排放。

6）延长家具使用寿命：通过标准化、模块化、通用化等规范化设计以提高家具产品的可升级性和互换性，最终提高家具的绿色性。

7.11.3　设计方法与原则

家具产品的外观造型是家具功能与审美形态的整体呈现，决定了家具的物质性和功能性。而家具产品的外观主要通过形状、色彩、比例等来表现。对家具外形减量化设计的研究，可以通过装饰减量化、外观尺寸减量化、视觉减量化等方面开展。其中，家具视觉感减量化设计是指家具视觉上体量感的减重带来心理上更为直观的轻巧感。这不一定直接对家具的重量减量化产生影响，但也是家具减量化设计的重要组成部分。

产品形态设计的简洁纯粹，是现代工业产品鲜明的特色，也是时代的特征。家具外观造型的减量化设计，正是实践这样的理念，通过改变家具的颜色、虚实结合等设计方法来实现家具视觉上的轻盈感，也是对家具减量化的一种实际表达。当然，应该指出的是，通过色彩以及视觉感的轻量化来表现家具的减量化，是一种造型设计的手段，但过度地追求轻巧的视觉感，可能会造成家具的不稳定，以及过于跳跃的感觉。因而在稳定中有轻巧、轻巧中有稳定是设计的基本原则。在稳中求轻，才是家具视觉感减量化的合适尺度。

1. 原材料选择减量化

原材料的选择和使用是家具设计、生产制造的前期准备，更是对家具实施减量化设计的重要基础环节。要想顺利完成板式家具的减量化设计，材料的选择与使用是很重要的，它直接或间接决定了能否使家具具备轻量化、小型化等减量化属性。目前在一些企业中仍然存在材料浪费、材料利用率不高以及材料使用不合理等问题。因此，根据减量化设计理念，在设计家具产品时，要尽可能实现材料使用最优化及材尽其用、不多用材以及材料利用率最大化。

首先，设计家具时选用轻质板材，并将其用在合适的部位，能实现家具的轻量化，从而实现材料减量化。其次，减少材料消耗，也可以很直接地实现材料减量化。材料减量化设计是针对现有产品或制造过程而言的，通过优化产品本身的设计来减少材料消耗，或通过利用大规模定制中的拆单、拼单来提高材料利用率。从减量化角度分析，企业应在满足其功能性、安全性、消费者需求，以及保证产品原有风格造型的前提下，尽量减小零部件的尺度，也就是对局部零部件的尺寸进行缩减，以减少材料消耗。

以板式家具为例，家具材料减量化设计（图7-35）的核心是通过选择性能优异的材料等来实现板式家具的轻量化，通过优化设计来减少产品对材料的消耗，通过运用先进开料软件来提高材料利用率，最终使家具备少量化、轻量化等减量化特征。

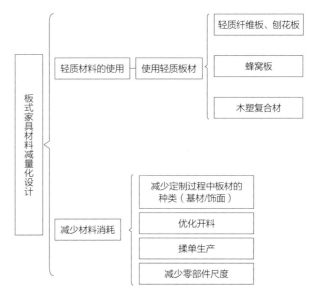

图7-35 材料减量化设计方法

2. 工艺减量化

家具工艺减量化设计，涉及的面广且复杂，基本上所有涉及技术进步、工艺改进等方面的措施，其最终的目的都是为了减少工时、降低成本、节约资源能源以及减少排放。因此，工艺减量化设计的内涵主要是通过优化家具本身的设计、采用先进的技术、设备、制造工艺、管理系统，来缩短工艺周期、减少工时消耗、降低产品成本、减少排放和其他资源能源的消耗。

对个性化极强的家具零部件，应该总结这些零部件间的共性，并且尽可能将有共性的零部件集中起来批量化生产以减少重复工艺。连接结构的优化也是减量化的体现，各种榫卯或者卡接结构应用在家具结构中，可以减少五金配件的使用，在一定程度上简化工艺，而且还能提高家具的可拆装性，有利于家具包装实施扁平化。

零部件种类的多样性，使加工工艺烦琐，大规模定制虽然能平衡"个性化"与"批量化"间的关系，但是大规模定制是建立在零部件规范化基础上的。这里所说的规范化主要指零部件的标准化以及减少异形零部件这两方面。零部件的规范化是基于标准化原理的，而标准化又是实现通用化、模块化的基础。模块化和通用化能以有限的零部件单元实现家具产品外观的多样性，同时设计家具时尽量减少异形件能有效降低工艺难度。采用先进技术、设备以及管理系统来缩短工艺周期、提高生产效率、降低产品成本简化工艺，采用环保工艺、技术以减少生产过程中污染物的排放，从而减少重复工艺，缩短制造周期。

工艺减量化设计（以板式家具为例，见图7-36）是从工艺角度着手来使家具具备减量化属性，不仅仅是简化工艺、缩短工时、降低成本，还在于利用先进的制造技术设备、先进的管理系统以及创新优化的设计，来减少家具生产工艺过程中的物质能源消耗和对环境的损害。当然，关于家具工艺减量化设计，还有许多其他途径可以实现。

3. 包装减量化设计

家具包装减量化设计（以板式家具为例，见图7-37）主要是指：通过使用性能优异的包装材料来提高包装的绿色性，减少污染物产出；
通过优化包装本身的设计来最大化利用包
装空间，从而减少包装数量；通过运用先
进的包装技术来缩短包装时间，降低包装
过程中人力、物力的投入。包装作为产品
设计中不可或缺的一部分，在板式家具减
量化设计里同样重要。包装除了赋予产品
精致的外在形象，也起着保护家具的重要
作用。包装减量化设计不单是针对包装本
身进行优化设计，还在于合理控制整个包
装过程中资源、能源的投入以及减小包装
对环境的污染。包装减量化设计不仅仅局
限于包装外观的简洁化，还在于选择性能
优异的包装材料（轻量、环保、可回收
等）来提高包装的绿色性，降低包装对环
境的污染，如充分利用加工剩余物作为包
装的框架，通过优化零部件的摆放（叠
放）方式以最大化利用包装空间，通过使
家具可拆、可叠以实现包装的扁平化等。
包装减量化设计针对包装这一动态过程，
不单是简化包装，凡是能达到减少包装材
料、减轻包装重量、提高包装材料的绿色
性、提高包装效率等目的，都属于包装减
量化。提高包装材料的绿色性主要体现在
使用环保型材料来减少包装对环境的污
染，使用性能优异的材料实现包装的轻量
化，进而减少包装的人力、物力消耗。归
类包装与扁平化包装主要体现在对包装箱

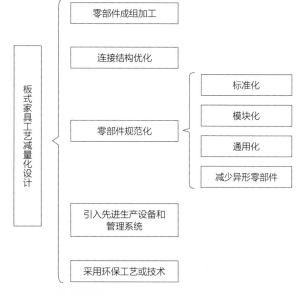

图7-36 工艺减量化设计方法

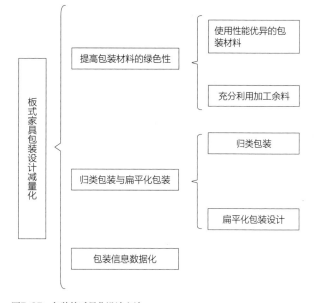

图7-37 包装的减量化设计方法

内部结构进行合理布置、对零部件进行归类摆放，以及对家具实施扁平化设计来最大化利用包装空
间，从而减少包装数量。包装数据信息化主要体现在利用先进的包装技术或包装信息化管理系统来
减少包装过程的人力、物力消耗，降低包装成本。

7.11.4 技术发展现状及发展趋势

减量化设计从来都不是为了减量化而减量化，而是给设计师和企业提供一种绿色设计的思维，
为消费者提供可持续发展的家具使用意识，从而有利于企业为消费者和社会提供更优质的绿色产

品，也更利于消费者使用过程的便捷化。除此之外，家具减量化设计在家具新产品打样后的评审阶段中具有非常重要的意义，并且更能体现其价值。减量化设计能对新产品进行综合性能评估，并且能按照减量化设计体系来改进产品，从而达到提高产品绿色性能、提高产品生态效益，以及提高企业竞争力的目的。

参考文献

[1] 李媛. 家具智能化催生百亿大市场 [J]. 电脑知识与技术（数字社区&智能家居），2006，（6）：104-106.

[2] 任新宇，王倩. 论绿色产品设计的特征及策略[J]. 设计，2018，（8）：108-110.

[3] 宗智居. 智能家具或是补齐家居智能化的最后一块拼图[J]. 建筑时报，2019，（6）：7.

[4] 张玉. 信息时代办公家具设计的变化[J]. 林业机械与木工设备，2006，（12）：31-34.

[5] 汪胜楠. 论新材料与新技术的发展对现代设计的影响：椅子的设计[J]. 俪人：教师，2014，（18）：270.

[6] 倪晓静. 家具与陈设[M]. 石家庄：河北美术出版社，2016.

[7] 熊鹏. 室内及家具设计中引入虚拟现实技术价值分析 [J]. 工业设计，2017，（10）：94-95.

[8] 宋莎莎，柯清. 虚拟现实技术在家具设计专业实验实践教学中的应用 [J]. 家具，2021，（3）：91-95.

[9] 窦乐乐，袁梦琦. 虚拟现实技术在室内及家具设计中的应用研究 [J]. 山西建筑，2014，40（34）：287-288.

[10] 于文艳. 浅谈虚拟现实技术的现状及发展趋势 [J]. 科技信息，2008，（31）：76，80.

[11] 陈浩，钟世禄. 虚拟现实技术在室内设计行业发展现状研究 [J]. 家具与室内装饰，2021，（1）：127-129.

[12] 周屹. 基于虚拟现实技术的家具产品数字展示平台研究 [J]. 现代电子技术，2021，（3）：172-176.

[13] 主福洋. 虚拟现实技术的现状及发展趋势 [J]. 中国新通信，2012，（20）：37.

[14] 戴禹. 大数据环境下的室内设计主要手段的创新研究 [J]. 艺术品鉴，2020，（11）：203-204.

[15] 肖飞. 大数据思维在家具创新设计中的应用 [J]. 设计，2016，（17）：52-53.

[16] 王丽媚. 家具创新设计中大数据思维的应用 [J]. 纳税，2018，（13）：242.

[17] 罗宇峰. 大数据在制造业的应用研究 [D]. 厦门：厦门大学，2017.

[18] 李静. 3D打印技术与办公家具设计的智能创新 [J]. 艺术家，2019，（3）：54-55.

[19] 刘碧瑶. 3D打印技术在家具制造产业的应用及发展研究 [D]. 哈尔滨：东北林业大学，2017.

[20] 李牧醒，刘沛立，温漫如. 关于3D打印技术在家具设计中的应用现状研究 [J]. 居舍，2020，（11）：167-168.

[21] 刘晓东. 3D打印在家具产品中的应用研究 [J]. 家具与室内装饰，2019，（12）：26-27.

[22] 李英. 3D打印技术对家具设计的影响研究[D]. 长沙：湖南师范大学，2017.

[23] 宋健. 个性化需求下的产品参数化设计方法理论研究 [J]. 家具与室内装饰，2018，（5）：18-19.

[24] 周郑雅，张仲凤. 参数化技术在家具设计中的应用研究 [J]. 林产工业，2020，（4）：33-37.

[25] 李悦. 参数化技术在城市家具设计中的应用研究 [J]. 包装工程，2017，（14）：110-115.

[26] 朱一. 参数化家具设计的现状和展望 [J]. 家具与室内装饰，2019，（12）：60-61.

[27] 张会，徐伟，詹先旭. 智能家居背景下智能家具的发展现状与趋势 [J]. 林业机械与木工设备，2020，（4）：8-10，21.

[28] 王大凯，吕彦瑾. 浅谈智能家具设计现状及发展趋势 [J]. 西部皮革，2020，（10）：33，36.

[29] 李珂心，杨子倩. 智能家具的组成系统与设计原则 [J]. 家具，2019，（5）：45-49，60.

[30] 李江晓. 智能化"适老家具"的交互设计展望 [J]. 艺术品鉴，2020，（2）：44-45.

[31] 张嘉艺. 智能化家用家具设计初探 [J]. 工业设计，2020，（5）：119-120.

[32] 谭仁萍，戴向东. 室内设计中的集成家具研究 [J]. 艺术与设计：理论版，2009（3X）：98-100.

[33] 贾义，何玉林，刘雪梅. 现代集成家具制造系统 [J]. 重庆大学学报：自然科学版，2003，（2）：104-106.

[34] 周珊羽，高颖. 扁平化设计趋势下的文创产品设计研究 [J]. 西部皮革，2021，（16）：36-37.

[35] 刘宗明. 家具扁平化设计理论及应用研究 [D]. 长沙：中南林业科技大学，2018.

[36] 孙国航，牛思琦. 扁平化设计在家具平面设计中应用的研究[J]. 家具与室内装饰，2019，（12）：52-53.

[37] 王秀丽. 适应居室空间的模块化多功能家具的研究实践 [J]. 中小企业管理与科技，2020，（35）：152-155.

[38] 杜雯. 基于模块化理念的家具设计研究 [J]. 传媒论坛，2020，（22）：134-135.

[39] 甄晟瑶，陈洁，杨子倩. 现代生活方式下住宅家具的模块化设计分析 [J]. 美术教育研究，2020，（18）：79-80.

[40] 马婧，占玲，徐伟，等. 基于模块化理念的现代家具设计分析与实践 [J]. 家具，2020，（5）：23-26，40.

[41] 张国伟，陆翠荣. 轻量化拆组式绿色家居设计探索：以瓦楞板家具设计为例 [J]. 科技资讯，2014，（28）：41-42.

[42] 刘侃. 板式家具减量化设计研究 [D]. 长沙：中南林业科技大学，2021.

[43] 詹秀丽，戴向东. 实木家具视觉感减量化设计研究 [J]. 家具与室内装饰，2018，（3）：24-25.

[44] 刘德友，李克忠，彭瑶，等. 实木家具的减量化设计 [J]. 家具与室内装饰，2015，（6）：26-27.

[45] 淄博鼎炫数字科技有限公司. 虚拟现实系统分类[R/OL].（2018-09-30）. http://www.dingxuankeji.com/jzbk/475.html.

第八章

家具新产品的
设计开发

8.1　家具新产品的概念与种类

8.1.1　家具新产品的概念

所谓家具新产品，不仅指那些首次亮相市场的家具产品，还包括在新材料、新技术、新结构、新功能、新造型及工作原理等方面含有的一项或几项与原有家具产品存在本质上的区别，并且具有一定的新颖性、创造性和实用性的家具产品。例如在新材料方面，相对于传统的木制家具，塑料、金属、玻璃纤维、纸质材料等各种新型材料应用于家具设计中，增加了家具的创新性。在新技术方面，相对于传统家具，以数字化、人工智能、互联网+等新技术为基础的智能家具，促进了家具产业的发展。在新结构方面，相对于传统的拆装式家具，免工具拆装家具设计则增加了家具的便利性。在新功能方面，相对于传统的沙发，增加了按摩功能的沙发，在满足人们休息的同时还起到了保健功能。在新造型方面，家具产品外在形态的变化，装饰元素的变化，增加了家具的美观性。由此可见，家具新产品设计对于提升人们的生活品质具有重要意义。

8.1.2　家具新产品开发的指导思想

家具新产品的开发必须具有一定的目的性和针对性，因此在进行新产品开发时必须明白两个问题：

1. 为什么设计

家具新产品开发设计必须首先弄清为什么要设计，也就是设计的原因。如企业缺少主打产品、原来的产品需要更新换代、需要更换新的材料、需要降低成本、结构或工艺需要改进等。理清设计原因，才能更好地有针对性地进行新产品开发。

2. 为谁而设计

家具是为人服务的，因此家具新产品的开发必须清楚设计的对象。如消费对象的年龄结构、素质结构、文化层次、生活习惯、爱好、收入层次、地域等问题。通过理清这些问题，可以使家具新产品更能打动消费者，更好地为消费者服务并提供更加舒适便捷的生活环境。

由此可见，只有弄清上述两个问题，确定家具新产品开发设计的根本目的，才能更好地开展设计工作。

8.1.3　家具新产品开发的种类

根据家具企业的要求不同，家具新产品开发主要有3种：原创性家具产品开发设计、改良性产品开发设计和工程项目配套家具设计。

1. 原创性家具产品开发设计

原创性家具产品开发设计是指根据人的潜在需求，利用新材料、新技术、新工艺进行创造性的产品开发设计。时代在变化，科技在进步，人们的需求也在不断地提升，因此，设计需要不断创新才能为人们创造更舒适的生活环境。从家具产品的发展历史来看，不同的时代背景造就了众多经典的原创性家具产品，如布劳耶的钢管椅、伊姆斯夫妇的伊姆斯躺椅、雅各布森的蛋椅等都是结合现代新材料、新工艺而进行的原创性家具设计的经典作品。这些家具产品并不是凭空臆想出来的，而是设计大师们通过对生活的细致观察，对新事物的不断探索，对新知识强烈的求知欲，并永远保持思考和创新意识，才设计出了这些经典的家具产品，这也正是现代设计者需要向大师们致敬和学习的地方。

原创性家具产品的开发主要分为三类：

1）创造新的生活方式

创造新的生活方式意味着要改变人们原有的生活方式，探索更加舒适方便的生活环境。以椅子为例，早期人们席地而坐，到后来出现各种形态的椅子，不仅丰富了人们的生活环境，而且为人们提供了更加舒适、更加符合人体工程学的"坐具"，在满足人们物质需求的同时，精神需求也得到不断提升。因此，原创性家具产品需要从结构、生活习惯和方式的进步意义上打破原有产品形态，从而开创出新时代的结构，不断改善人们生活的形态。

如图8-1所示，这是一款跪坐椅，改变了人们传统的学习形态。通过合理的设计，把坐时臀部承重分散到膝盖和臀部共同承担，这样既能改善坐姿缓解疲劳，还能有效减少脊椎、颈椎的病变，起到保持正确坐姿的功能。但在实际推广过程中，由于人们的观念和习惯，目前还没有完全推广。

在进行此类家具设计时，不仅需要设计者对消费者的需求有较深入的了解，还需要企业有很强的产品开发能力，能够承担较高的市场风险。同时，还应在产品中加入专利技术，以有效地避免跟进者的仿制。

图8-1 跪坐椅

2）基于新技术、新材料的开发设计

科技为设计提供了强有力的技术支撑，是设计的重要推动力。科技创新必然会推动原创性家具产品的开发设计。从材料上讲，家具选材由传统的木、竹、皮革、藤等天然材料为主到现在的塑料、金属、玻璃、布艺及各种新型复合材料的大量使用，为家具形态的多样化提供了可能。从设计手段上讲，由传统的手绘设计到现在的计算机辅助设计，家具设计的效率在不断提高。从生产工艺上讲，由传统的手工制造到今天的计算机辅助制造，大大提升了家具生产的速度和质量。从结构工艺上讲，从传统的榫卯结构到现在的数控机床加工成型技术、现代胶板热压弯曲成型工艺等现代木材加工新技术，为家具造型结构设计提供了技术支撑。现今以数字化、人工智能、互联网等新技术为基础的智能家具正成为家具行业一个重要的探索发展方向。

在家具史上利用新技术、新材料进行家具开发设计的例子有很多。如图8-2所示，丹麦著名设计师维纳尔·潘顿的经典家具设计——潘顿椅，又叫"美人椅"，是世界上第一张使用塑料材质一次模压成型的S形单体悬臂椅。1959年，潘顿就已经根据人体曲线设计好了这把椅子，但当时没有合适的材料能够解决椅子悬臂支撑问题，直到1968年，潘顿使用强化聚酯塑料才得以解决这一问题，从而使其成为风靡全球的经典家具。因此可以说潘顿椅是现代家具史上的一次革命性突破。

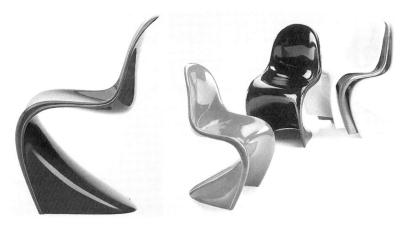

图8-2　潘顿椅

3）面向未来的概念设计

图8-3　孟菲斯家具产品设计

概念设计是面向未来的设计，是人们对未来美好生活的一种描绘。20世纪80年代的后现代主义最具影响力的组织——意大利的孟菲斯，通过叛逆的设计理念和前卫的设计手法，创造了一批外形怪诞，选材廉价的家具产品（图8-3）。这些产品很少投入大批量生产，但其设计观念可以说是影响了一代代设计师。概念设计是一项综合性很强的设计活动，从用户的需求分析到概念产品的生成，涉及市场运作、工程技术、造型艺术、设计理论等多学科知识的综合运用，是有序的、可组织的、有目标的设计活动。

概念设计要求设计者必须具有前瞻性，具有探索未来设计趋势的能力。概念设计不是随意想象，更不是漫无目的的设计，而是在研究家具的过去与现在的基础上正确分析出家具发展的未来趋势，并把这种概念应用到家具新产品开发上，同时对科技发展、市场现状、消费者的行为方式、审美意识等方面有敏锐的触觉和嗅觉。

如图8-4所示，是一款集空气净化器和消毒功能于一体的桌子，可应用于公共环境中，以降低交叉感染。

图8-4　多功能桌子设计

2. 改良性产品开发设计

改良性产品开发设计是在现有产品的基础上进行整体优化和局部改进的设计活动，其目的是为了使产品更加适应市场和消费者的需求，或者更加适应新的制造工艺和新的材料，是一种常见的设计类型。当家具产品进入市场一段时间后，由于市场竞争和消费需求饱和等因素，导致产品销量不佳，因而需要通过在原有家具产品的基础上进行性能上的改进，提供更多的内在价值，从而延长产品的生命周期。科学技术的不断发展，为家具产品的改良设计提供了无限的可能性。

常见的改良性产品开发设计有三类：

1）产品材料上的改良

家具产品材料上的改良有很多方法，如相对于单一材质的家具产品，可以通过不同材质的组合提升产品的视觉效果。对于由不同材质组合而成的家具产品，可以通过改变材质类型来提升产品体验。以椅子为例，可将原有由皮革和不锈钢组成的椅子，改为弹性纤维材料与不锈钢组合，这样既保留了原有椅子的基本结构和舒适性，又降低了生产成本。

2）产品结构上的改良

产品结构上的改良有利于改善原有产品的性能。如在原有餐桌基础上增加折叠结构，可根据人数的变化，改变餐桌桌面的形状，方形适合人数较少时就餐，圆形则适合人数较多时就餐使用。如图8-5所示，这款椅子的设计，通过结构改良，仅采用5根木头便可以制作一把舒适、轻便的椅子，方便存贮和携带。

图8-5 椅子设计

3）产品功能上的改良

产品功能上的改良，即通过在现有产品的基础上增加新功能，从而提升产品的附加价值。如在座椅上增加储物功能、在橱柜上增加可折叠的便餐台、在柜类家具内部增设照明灯等。如图8-6所示的储物椅设计，将沙发与书架进行了组合设计，方便使用者阅读，节约空间。

家具的改良性产品开发设计，必须通过调研分析现有产品存在的问题，针对问题，在材料、结构、工艺、外观等方面进行改良设计，制造出更加具有竞争力的产

图8-6 储物椅设计

图8-7 "淌"椅（Flowing Chair）

品。需要说明的是，产品的改良设计可多种形式共同进行，如材料和结构的改良、材料和外观的改良等。如图8-7所示，这是一款名叫"淌"椅的椅子设计，采用现代制造技术将传统椅子重新诠释为优雅的流动形式。这款椅子采用的便是工艺和外观的改良。

3. 工程项目配套家具开发设计

工程项目配套家具设计是与特定的建筑、室内、环境紧密结合的专门工程配套的家具设计，在现代办公家具、酒店家具、商城家具、展示家具、教学设施家具、城市公共空间户外家具等项目中被广泛采用。在现代家具发展史上，许多设计大师既是建筑设计大师也是家具大师，因此许多经典的家具产品都是与建筑同时配套设计的。如20世纪初的英国设计大师麦金托什的垂直几何造型的建筑设计与高背椅家具设计，丹麦著名设计大师雅各布森设计的哥本哈根皇家酒店与蛋椅、天鹅椅，德国设计大师密斯·凡·德·罗的世博会德国展览馆设计与巴塞罗那椅，美国设计大师赖特的别墅建筑与家具设计，芬兰设计大师阿尔托的疗养院建筑与弯曲胶板家具等，都是在特定的建筑空间内同时做了配套家具设计，从而形成内外统一的设计风格。

在现代家具行业中，为特定建筑工程配套的家具设计将越来越专门化，市场空间也将越来越大，此类家具设计更多的是需要设计师从建筑、室内和环境设计的角度进行家具的配套设计。

8.2 家具新产品开发创新设计的特征和方法

8.2.1 家具新产品开发设计的特征

在进行家具新产品开发设计时，应体现以下四个方面的特征：

1. 创新性

创新性是家具新产品开发设计的核心，既是创造性思维的一种体现，也是探索设计新可能性的途径之一。因此，家具新产品开发设计的目标就是要通过不断地创新，满足消费者物质和精神方面的新需求，改善人们的生活环境。

家具新产品开发设计的创新性可通过产品的材料创新、形态创新、功能创新和结构创新等几个方面来实现。形态创新是最常见的一种创新形式。通过形态创新可以缓解人们的视觉疲劳，增加新鲜感，引发购买欲。此外，材料方面的创新也逐渐成为目前家具新产品开发的重要方向之一。伴随社会科技的飞速发展，家具材料由原来单一的天然材料为主转变为各种人造材料与天然材料共存，同时各种智能材料等新型材料也逐渐应用于家具设计中，在为消费者提供舒适的同时也提供了更多的选择。而功能创新在一定程度上需要改变消费者原有的生活习惯，受消费者的接受程度影响较大，所以是有一定难度的。结构创新在家具演进史中发展得比较缓慢，但会对整个家具行业产生比较大的影响。

家具产品的创新性可以是"局部创新"也可以是"全局创新"，但一定都是基于商业价值的产品创新。如图8-8所示，这款便携式咖啡桌设计，一改传统便携式家具常用的折叠结构，通过结构创新，利用巧妙的设计达到随时拆卸，便于携带的目的。

图8-8 便携式咖啡桌

2. 前瞻性

前瞻性，即展望未来、预测未来的发展趋势。这种探索首先要求设计者具有一定的预测未来趋势的能力，并把这种趋势应用于家具新产品开发设计上。其次，社会是在不断前进的，科学技术也是不断发展的，作为设计的动力，科技带给设计的不仅是技术支持，如信息技术、材料技术、加工技术等，还有先进的科学意识和社会意识，如科学的思维方法、人的研究、环境科学、社会价值、社会发展观等。这就要求进行新产品开发设计时设计者必须时刻关注科技发展，灵活运用，同时能够对市场进行科学、客观地研究分析，从而使家具新产品能够满足不同消费群体的需求。最后，设计者还需要密切关注人类行为方式的改变对家具设计的影响。家具产品是为人服务的，当人的行为方式发生了改变，也就意味着可能会对家具产品存在新的需求，通过设计满足这种需求，也是前瞻性的一种体现。

如智能家具将成为未来家具行业的发展潮流和趋势，目前很多设计师都开始关注智能家具设计的研发。图8-9为智能办公家具设计，通过智能元件的置入，使办公家具除具有传统办公桌的基本功能外，还融入了智能化的娱乐、健身、环境控制等功能，使办公环境不再单调乏味。

由此可见，家具新产品开发设计的前瞻性需要设计者对日常生活和现象具有敏锐的观察力和洞察力，以探索未来各种设计的可能性。

3. 时代性

家具的时代性是指在特定的时空中逐渐形成的具有一定共性或内涵的思维结论。人类的需求伴随着时代的进步而不断变化，新的需求激发新的设计，因此家具设计从一定层面反映了时代的进步，而家具新产品开发设计必须从设计理念到设计手法都符合时代的发展变化。

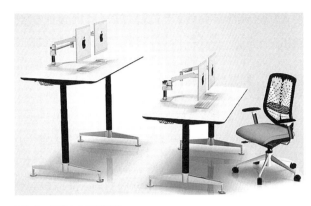

图8-9　智能办公家具设计

家具设计的时代性在不同历史发展阶段所呈现的文化内涵和属性是不同的，这与科学技术的发展和人们的价值观、审美意识有关。家具的发展离不开科技的发展，每当科技有所突破时，也为家具设计提供了拓展的空间，如胶合板热压成型技术为人类提供了质优价廉、舒适美观的家具产品。家具的时代性还体现在人们的价值观与审美意识上。从工艺美术运动到现代主义，家具设计受到各个时代潮流的影响，呈现出各具特色的家具产品。当今社会，快速发展的同时也带来了环境的不断恶化，由此人们开始注重绿色设计，倡导生态文明，这也是目前及未来家具设计的重要设计方向之一。

如图8-10所示，这款扶手椅的设计，造型简约美观，同时又具有环保设计的理念。该座椅由天然热聚物制成，既可以生物降解，又可以堆肥。此外，扶手椅的结构设计使得由各种材料制成的单个组件可以轻松拆卸和分离，方便回收，充分体现了可持续发展的设计理念。

图8-10　扶手椅设计

4. 多样性

家具设计的多样性，主要体现在设计内涵的多样化和设计方案的多样化两个方面。设计内涵的多样化体现在根据市场及消费者需求，从功能、结构、形态、工作原理到产品的文化内涵上，家具新产品开发设计可从不同角度定义家具新产品。而设计方案的多样性则体现在设计者通过采用不同设计思路和设计方法，获得多种解决问题的方案，进而使家具设计方案呈现多样化。

8.2.2　家具新产品开发创新设计方法

家具新产品开发设计可通过家具的造型创新、功能创新、材料创新、结构创新及文化创新等几方面进行。在具体应用过程中，可单独使用也可综合使用。

1.　家具造型创新

家具造型设计是指在设计中通过运用一定的手段，对家具的形态、质感、色彩、装饰以及构图等方面进行综合处理，构成新颖的家具形象。影响家具造型设计的因素有很多，如家具的功能、结构、材料、工艺等，其中家具的功能在家具造型设计中起着决定性作用，家具的造型设计需要在满足功能的基础上创新。

1）家具造型创新必须符合人们的审美需求

不同时期的设计思潮影响着人们的审美标准，也影响着家具的造型设计。如工艺美术运动、现代主义、后现代主义、波普风格、简约主义等都对家具造型设计产生过重要影响。以斯堪的纳维亚风格为例，斯堪的纳维亚风格主要分布在北欧的丹麦、芬兰、挪威、瑞典、冰岛等国家，在设计上他们将手工艺与现代工业化设计相结合，将木纹材质原有的纹理美与高超的制作技术完美结合，形成了独具特色的风格：造型简洁、线条舒展、装饰适度、木纹纹理优美、做工精细的有机现代主义。如丹麦著名设计师雅各布森的蛋椅、天鹅椅等，带给人们的不仅是视觉上的轻巧、优美，更是心理感受上的健康与舒适。因此，家具造型的创新与时代背景、设计思潮等有着密切关系。

2）家具造型创新需要遵循基本的形式美原则

家具的形式美原则主要包括比例与尺度、统一与变化、均衡与对称、对比与调和、节奏与韵律、稳定与轻巧等内容，这些原则相辅相成，共同构成了家具造型创新的基本原理。任何一件家具在造型上都要协调好这些关系，在统一中求变化、在变化中求统一，使家具设计给人以舒适的视觉感受。

3）色彩和肌理也影响着家具的造型创新

色彩是人们对家具的第一印象，其次才是形态和质感，因此色彩在家具造型创新中的影响不可忽视。色彩能够丰富家具形态，彰显家具个性。不同的色彩会体现出不同的家具形态特点，如稳重、沉稳的家具形态，色彩上适合使用比较庄重的深色；而形态较为活泼可爱的家具形态，色彩上则偏向于使用较为鲜亮的颜色。同时，肌理效果也影响着家具的造型创新。深沉浓重的色彩可以在家具表面做亮光处理，打破沉闷；艳丽色彩的家具可以在表面做亚光处理以降低艳丽色彩带来的强烈的视觉冲击等。因此，同样的家具造型，采用不同的材质，由于其质感、肌理、色彩不同，形成的视觉感受也是不同的。

如图8-11所示，是一把能变形的午睡椅，设计一改传统家具的固定造型，通过采用柔软的材质和恰当的结构，使人躺在上面时，形状会伴随使用者的行为方式而发生变化，并与人的形态相适应，从而更好地支撑使用者。亚光的肌理，素雅的白色与温暖的橙色组合，也带给人们视觉上的舒适感。

家具造型创新要求家具设计者能够综合处理好家具各个方面的因素，整体把握，跳出固有的思维

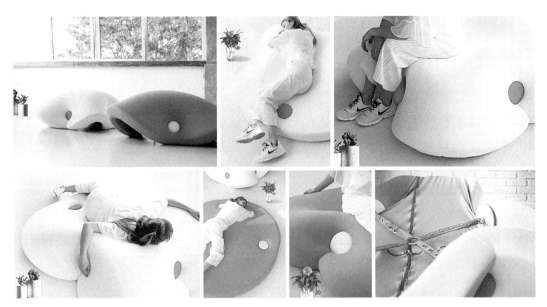

图8-11　能变形的午睡椅

定式，破旧立新，创造出令人耳目一新的视觉形象。

2. 家具功能创新

家具的功能在家具设计中体现出重要作用，没有功能的家具便失去了其存在的意义。因此，从功能方面考虑，家具新产品开发设计可以从以下三个方面进行：

1）新的使用功能

家具新的使用功能主要是指现有家具在使用功能上有新的突破。以书桌为例，早期书桌主要是为了方便人们读书写字，而伴随科技的发展，现代生活方式的改变，人们工作学习的方式也发生了巨大的变化。书桌不仅需要满足读书写字的功能，还需要承担电脑桌的功能，因此便出现了"书桌+附柜"的家具形式。书桌主要用来阅读写字、使用电脑，附柜主要用来存放常用文件、安放打印机等。家具新的使用功能的出现也意味着一种新的生活方式的出现。

2）功能的组合

家具功能的组合主要是指通过功能的附加，使家具具有多功能的特点，满足人们一物多用的需求。如多功能沙发，折起来成为沙发，拉开后便能当床使用。再如将穿衣镜、衣帽架、存储柜组合在一起的门厅柜等。这里需要注意的是，家具功能的组合并不是简单的功能叠加，要有选择性地进行家具功能的组合。

如图8-12所示，这是一款多用途熨烫板，通过功能组合设计，将熨烫板与穿衣镜相结合，一面是熨烫台材质，一面是镜子，满足消费者一物多用的需求。平时可当穿衣镜使用，需要熨烫衣服时只需简单的翻转便可改变产品用途。

3）功能的延伸

家具功能的延伸主要是指在家具原有功能的基础上进行适当延伸，拓展其使用功能。以椅子为例，椅子的基本功能为满足人们坐的需求，在此基础上又出现了储物凳、换鞋凳等，延伸了椅子的使

图8-12　多用途熨烫板设计

用功能。家具功能的不断细化，促进了家具设计的不断创新。

如图8-13所示，这是一款旋转椅子设计，通过旋转90°，实现家具功能的延伸。正常放置时，旋转椅是一个舒适的躺椅，有一个倾斜的靠背，非常适合放在客厅；当椅子向后翻转时，又变成一个高脚凳，非常适合厨房使用。另外，椅子的形状也方便叠摞起来，达到节省空间的目的。

图8-13　旋转椅设计

家具的功能创新是存在一定难度的，从家具的演变历史中我们可以看到家具的基本功能已经成型，并深深地根植于消费者的意识之中。一种新的功能需要改变人们的日常生活习惯从而导致很难快速推广，因此功能的创新还需要考虑到消费者的接受能力。同时，家具的功能性会随着时代的发展而不断变化，当新的需求出现，便会出现与之相适应的新的功能。

3. 家具材料创新

家具材料的创新主要是指利用不同的材料特点进行家具创新设计的方法。材料作为家具功能与技术的载体，不同的材料因其特性、质感、色彩、肌理的不同，营造的视觉感受和使用感受也不同。材料的合理运用为家具创新带来了更多的可能性。

1）传统与现代材料的融合

现代家具设计中常用的材料有木材、木制板材、金属、塑料、玻璃、布艺、藤材、竹材等，这些材料各具特色，通过传统与现代材料的融合能产生不同的效果。如藤是一种坚固、轻巧又有韧性的天然材料，藤类家具以其独特的色彩和肌理，带给人朴实无华、线条流畅优雅的视觉感受。考虑材料融合时，可将藤类家具中原有的竹（木）骨架替换为金属材料，这样既保留了藤类天然材料给人的亲切感，又有金属材质给人的现代感，同时提升了家具的坚固度。

2）新材料的应用

科技的迅猛发展带来的新材料、新技术也为家具造型创新提供了广阔天地。如塑料、玻璃纤维、人造板、智能材料等新材料的出现，使家具呈现出各种有机形态。以雅各布森设计的蛋椅为例，通过使用玻璃纤维材料，加以内部浇注的方式，使蛋椅成为一个整体，外面再包裹泡沫材料和织物，成功地将新材料、新技术与美学相结合，成为经典之作。科技创新必然会带来设计创新，因此设计师一定要紧随时代发展，善于发现利用新材料、新技术，创造更加舒适、美观、方便的家具。

如图8-14所示，这是一款仿菌丝体材质的椅子设计，椅面便是采用一种新的材料制作，营造出了与众不同的视觉感受。

图8-14　菌丝体椅子设计

再如图8-15所示的圆凳设计。从造型角度看，并不算新颖，其创新点在于借用传统家具形态，利用新材料，使传统家具焕发新生。该圆凳的座面和托面部分采用了透明的亚克力材质，腿部还是采用传统的木材。两种不同的材质，形成传统与现代的碰撞，一改传统家具厚重的视觉感受，营造了轻巧、通透、充满现代感的家具产品。

材料是家具产品的物质基础，家具产品设计也可以理解为在充分了解材料的基础上，通过设计手段，将材料变为具有一定使用价值、经济价值和审美价值的创造性活动。所以，家具创新设计离不开材料，合理恰当地使用材料能够为家具创新设计锦上添花。

4. 家具结构创新

结构是家具造型的连接点、功能的物质载体和承重的重要构造，家具结构的创新在整个家具系统的创新设计中具有重要作用。

1）传统家具结构创新

中国传统家具的框架结构有着很强的实用性和经典的审美性，但伴随着新材料、新技术的广泛应用及人们生活方式的巨大变革，逐渐显现出其局限性。因此，在结构上对传统家具进行创新，将有利于传统家具的继承与发展。

对传统结构的形制创新，有利于提升传统家具的时代性。如将传统结构的拆装形式与现代家具的连接方式相配合，可以得到家具结构的新形制。众所周知，传统的榫卯结构具有很强的自然性、科学性、装饰性，但很难大面积推

图8-15　圆凳设计

广，究其原因主要有三点。一是制作复杂程度高，对工艺要求极高。以棕角榫为例，其结构复杂，三个元件终端要切成45°，棱角要完全相合且对称，最后元件拼合时才能达到严丝合缝的效果，制作的家具才能牢固。而这还只是众多榫卯结构中的一种，传统的榫卯结构多达数百种，每种都各具特点。二是加工成本较高，使用机器批量生产存在一定的难度。目前稍微简单一点的榫卯结构可以采用CNC数控机床来制作，而复杂些的榫卯结构则需要用机器做好大致形体后再由木工师傅手工打磨，即多数榫卯结构是无法用机器一次成型的，还需要手艺高超的师傅来完成，成本提升。三是材质要求较高。中国传统家具均采用质地较硬的纯实木制作，如红木、金丝楠木等，这类木材价格高昂。而现代家具多采用人造复合板材，这种板材虽然价格不高，但是无法满足榫卯结构的制作要求。传统榫卯结构的这些局限性限制了中国传统家具的发展，因此必须在结构上对传统家具进行创新，才能符合时代的发展要求，使传统家具得以继承和发展。

中国传统家具榫卯结构的现代化改良设计可以从三个方面进行：

（1）榫卯结构的功能化设计

通过单独提取榫卯结构中的部分构件进行再设计。如图8-16所示为卡罗尔·卡塔拉诺（Carol Catalano）设计的卡佩利（Capelli）凳，该凳子巧妙地利用传统家具中的燕尾榫结构特点，将两个类似于燕尾榫的构件以穿插形式组成，其榫头部分形成凳面，承重越大，咬合越紧密，凳子越稳固。

图8-16　卡佩利凳

榫卯结构的功能化设计还可以通过利用榫卯结构，丰富家具自身的功能性。如图8-17所示为亚历山大·查瑞（Alexandre Chary）设计的多功能坐凳。通过楔钉榫将木制凳面和底座接合，坐凳中轴设有推拉系统，凳面可灵活拆装、更换，内部空间可作储物使用，此处的榫卯结构，使座椅增加了储物功能。

（2）榫卯结构的可视化设计

传统榫卯结构是隐藏于家具内部的，而通过将榫卯结构外露或使用透明材质使人们可以清楚地看到榫卯结构，让人感受到传统结构的结构之巧与工艺之美。如图8-18所示为布吉·莫根森（Børge Mogensen）设计的狩猎椅，其横枨与腿部连接使用明榫结构，靠背、腿部插入扶手的榫槽中以实现连接，极具观赏性。

图8-17　多功能坐凳

图8-18　狩猎椅

（3）榫卯结构的模块化设计

将榫卯结构进行可拆卸的模块化设计，以实现不同构件之间的组合和替换，满足批量化生产的要求。如图8-19所示为PIY公司设计的CELL层架系统，仅有16个零件，通过圆榫就能够实现不同的使用方式，从一个小花几到一座建筑可自由变化，富有趣味性。若每个模块都留有榫眼和榫头，便可实现家具的无限延伸，未进行拼合的榫卯部位则可作为一种装饰。

除了以上三种方式外，还可以利用数字技术优化传统结构，使其适应数控铣削或激光切割加工工艺，从而实现传统家具的定制化生产。由此可见，传统家具通过不断创新，并与现代科技相融合，将有利于传统家具焕发生机。

2）跨界借鉴结构创新

跨界借鉴结构创新是指将其他领域内已有的结构形式应用于家具结构设计中，为创新家具结构形式提供有益参考。在家具设计中，经常可以见到借鉴建筑结构进行家具设计的方式。例如建筑师赵英明根据木拱廊桥的特殊结构原理设计的廊桥桌，其结构强度主要来源于

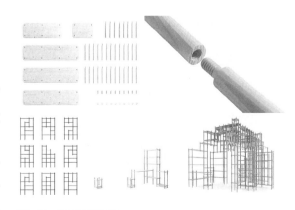

图8-19　CELL层架系统

构件自身强度和构件间的摩擦力，成型角度以及水平距离等因素的协调，不需一钉一铆却非常坚固。

再如日本设计大师柳宗理的经典作品蝴蝶凳（图8-20），采用两片弯曲定性的纤维板，通过一个轴心，反向对称地连接在一起，连接处在座位下用螺钉和铜棒固定，因其造型像一只蝴蝶，而被取名为蝴蝶凳。但敏感的人可以感觉到其造型有类似日本传统建筑构造的元素。

图8-20　蝴蝶凳

3）利用异种材料进行节点连接

科技的发展不断扩展着家具材料的种类，也拓宽了家具结构创新的思维。通过利用不同材料的特性，优势互补，可以创造出全新的家具结构。例如将硅胶材质与实木材质相结合，利用硅胶材质良好的弹性和防滑性能，将其作为固定圆木杆件的搭接，既保证了结构的稳定性又具有灵活的拆卸性。需要注意，利用异种材料进行节点连接，关键在于综合考虑异种材料间的性能差异，而理化性能相差过于悬殊的异种材料会限制结构的接合方式，也会降低结构有效抵抗外部荷载的能力。

如图8-21所示的这款仿生飞鱼椅设计，将飞鱼与椅子相结合，采用异种材料作为节点连接，椅子可折叠成不同的角度，满足人们不同的使用需要，并呈现出灵活多变的形态。

图8-21　飞鱼椅

4）应用去结构化的设计思想

去结构化的设计思想认为，以组装为制造核心的工业设计时代正在向以信息构建实体的技术要素为制造核心的信息设计时代转变，新技术如3D打印的成熟解决方案将成为家具设计从工业时代迈向信息时代的最后一个壁垒。未来家具的机械性与组装性将逐步精简，最终结构元素将归于隐退。在家具结构创新设计中应用去结构化的设计思想，探索如何消弭关节以获得均质、连续的有机整体，并使其能适应批量化生产和长途运输，是未来结构设计的发展方向之一。

如图8-22所示，此家具设计采用3D打印技术，模仿丝瓜的结构和纹理进行家具设计，可以说是完全抛弃了家具结构的问题，使家具形态不再受结构的限制，而呈现出更为有机的形态。

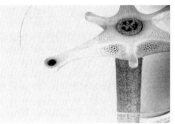

图8-22　3D打印家具

家具结构创新要综合考虑材料的合理利用、生产工艺的便捷性、生活方式的变革、设计理念的新趋势等各方面因素。因此，在进行家具结构创新中需要注意提高家具的拆装性能，适应信息化生产，同时关注新材料特性，并且一定要遵循生态设计的理念，不断探寻新的家具结构形式，为家具设计创新提供更广阔的空间。

5. 家具文化创新

家具与文化关系密切，家具作为一种文化形态，是人类文化的见证与缩影。首先，家具作为与人们生活息息相关的产品，反映着社会的思想意识、文学艺术、科学技术、社会生活等。如中国的儒家思想、中庸之道在家具中体现为对称、庄重的构图形式。其次，家具具有明显的地域特征和民族特征。不同地域的自然资源、气候条件、地域风貌、传统文化、风俗习惯等造就了家具文化的多元性，不同民族之间、不同国家之间文化的不同，生活方式的不同，造就了家具文化的差异性。除此之外，家具还受其他文化的影响。如著名的红蓝椅，设计师里特维尔德在形式上就是受到了画家蒙德里安的作品《红黄蓝》的影响，是此画的立体演绎。而建筑上的"哥特式"风格影响了家具上的"哥特式"风格等。由此可见，家具创新离不开文化，不同文化造就了家具的多样性，丰富了家具的精神内涵。

1）中国传统文化

中国传统文化博大精深，家具作为文化传承的重要载体，在中国几千年的发展历程中，深受中国传统建筑、书法、绘画等方面的影响，蕴含着"天人合一""道法自然"等深厚的哲学思想，从而造就了辉煌灿烂的中国家具文化。因此，家具的创新设计可以借鉴中国传统文化，通过再设计，创新家具新形态。

如中国传统文化中的禅宗文化，其实质是通过对心境的调整，达到"天人合一"的境界，倡导人与自然的和谐，是一种意境的表达。因为禅宗文化中蕴含的"返璞归真，追求自然"的特性，被广泛应用在设计的各个领域，如建筑、园林等。在家具设计中，禅宗文化的体现可以通过：在材质上，使用天然的材质，如木、竹、石等；在结构上，采用榫卯结构，而不使用一钉一胶，展现其独特的结构美；在色彩上，使用材质的原色或黑白色，体现纯净、含蓄、朴素的自然之道。通过将禅宗文化应用于家具设计中，可以使消费者从看似简单、质朴的家具产品中，感受到大自然的魅力，造就空灵的环境空间，带给消费者独特的审美感受。

中国传统文化在家具创新设计中的应用，可从以下四个方面考虑：

（1）中国古代哲学思想的应用

中国古代哲学思想深受儒家、道家等思想的影响，体现了"道法自然""制器尚象"等传统哲学思想，如"适度"法则，讲究物尽其用；"虽由人作，宛自天开"，即注重生态造物原则等，这些优秀的传统文化对现代家具设计具有重要的作用。

（2）传统文化符号的应用

中国传统文化形成了许多文化符号，将这些文化符号应用于家具设计中，不仅可以使家具具有鲜明的文化特色，还有利于文化的传承和发展。如在中式家具中，经常可以看到"云纹"图案的应用，不仅具有装饰美，还具有吉祥的寓意。传统文化符号在家具设计上的应用不仅可以借鉴中国传统吉祥图案，还可以通过对传统家具进行符号提取、凝练，创造一种意境美。如图8-23所示的贝椅，其设计灵感来源于我国明代的圈椅。设计者在总结圈椅中最具标志性的三条曲线即月牙扶手、联帮棍和靠背曲线的基础上对其进行了提炼和优化，使其更加符合现代人的审美观念和制造工艺。在贝椅设计中，月牙扶手由线变面，使椅子的靠背部分成为一个曲面，从而更好地环抱人的身体，为身体提供更多的支撑，同时又具有一定的自由度。在联帮棍元素上，因传统制作方式存在耗材、成本高的问题，所以设计者对其进行了造型方面的提取，用金属制成曲线贴合在靠背两侧，在降低成本的同时保证了形式美。此外，在月牙扶手和联帮棍的交汇处，融入南方官帽椅"鹅脖"的造型，采用内凹的设计，使贝椅的设计更具曲线美和现代感。

传统文化符号应用于家具设计中，可以直接运用，也可以对传统文化进行抽象提炼概括，或采用解构、重构的设计手法，使家具新产品更具意蕴美，更加符合现代人的审美需求。

图8-23　贝椅

（3）传统工艺的应用

中国传统工艺体现了古代劳动人民的聪明才智，具有结构的巧妙性和独特的工艺美，其中最具代

图8-24　燕尾榫柜子

表性的便是榫卯工艺。因而在家具新产品设计过程中可以通过有意识地采用结构外露的形式，使家具具有独特的中国韵味（图8-24）。

（4）传统材料与现代材料的融合

在中国传统文化中，常采用天然的材料如木材、竹材、石材等，具有环保、自然的特点，但由于其不可再生性，因而价格较昂贵，成本较高。现代材料一般具有较好的柔韧性和延展性，因而使家具设计具有更多的可能性。将传统材料与现代材料相结合，可以取长补短，不仅可以使家具更加结实耐用，还可以使其具有独特的文化特色。

仍以贝椅（图8-23）为例，虽然贝椅的设计灵感来自圈椅，但它采用的是现代的材料和工艺。传统家具的纯木框架由金属框架代替，既保持了椅子造型的线条美，又增加了椅子的稳固性。同时采用PU高回弹软泡材料包裹椅脚、椅面和椅背，软包形式使座椅更加舒适，更加贴合人体需求。色彩上采用素雅的颜色，可用于多种场景和装修风格，兼具实用性和美观性。

2）地域文化

地域文化是指在特定区域内，人们为了适应当地的自然环境、社会环境并且通过长期的生活实践而形成的独特文化传统。因此地域文化主要包括自然文化（地形地貌、气候、动植物、乡土材料等）和人文文化（民俗、建筑、历史文化等）。在家具新产品开发中利用地域文化，有助于更好地满足消费者的精神需求，弘扬地域文化，彰显地域特色。

将地域文化融入家具设计时可以介入的元素有很多，如民间美术、传统技艺、人文景观、地域人物形象等，将这些文化元素进行提炼再生创造，体现在家具设计中，可形成具有创新性和设计感的家具产品。如丽江民宿中的家具大部分使用原木，因保留了原木的质朴而体现出一种原生态的感觉，这与丽江的地域特点相一致（图8-25）。

图8-25　丽江民宿一角

利用地域文化进行家具设计时需要注意以下三个方面：一是立足本土文化，通过对本土文化的深入挖掘和创意，形成具有独特文化特质的家具产品；二是文化元素的精准提炼，通过符号学、构成与分析等方法，对地域文化符号进行设计再造，从而形成具有文化内涵的家具产品；三是注重融合统一，通过对文化符号再造与重构，以达到形的借鉴、色的提取、材的借用和意的衍生融合统一的目的。同时还要根据用户需求，把握用户的文化认知和审美需求及使用习惯，从而开发出更加符合用户需求、能体现地域文化意象的家具产品。

3）中、西方文化融合

中、西方在宗教信仰、地域背景、民族特点及艺术文化等方面存在着一定的差异性，这也导致了中、西方家具设计风格迥异。伴随着经济和互联网的飞速发展，世界各地的政治、经济、文化交流日益加强，不同民族、不同国家的优秀文化越来越受到人们的关注，同时开放的观念冲击着社会结构、价值观念和人们的审美观念，在这样的背景下，家具新产品开发设计融合中、西方文化是时代发展的需要，也是历史进步的体现，同时也为家具行业带来了机遇。

中、西方文化的交融一直影响着家具设计的发展。例如中国明代家具的材料美、意境美、结构美、工艺美的艺术特点，以及其中蕴含的深邃的设计思想深深地影响着现代设计师们，其中也包括20世纪丹麦著名家具设计师汉斯·瓦格纳。他于1949年设计的椅子"The Chair"中便吸收了中国明代家具圈椅的精华：流畅优美的线条，精致的细节处理，整体造型都具有明显中国明代家具的身影。中、西方文化的融合和简约的设计使其成为丹麦家具的经典之作（图8-26）。

同样受到中国传统家具圈椅影响的还有一款名为"龙椅"的设计（图8-27），其马蹄形的扶手和条形背板在传统形式上利用现代设计手法进行了简化，同时在设计上还引入了现代人体工程学，使"龙椅"的坐面和椅背等部件能够配合使用功能的不同而产生不同的角度和高度。如办公用"龙椅"和休闲用"龙椅"两者的部件间角度及尺寸均不同（图8-28），从而更好地满足人们对舒适度的需求，体现以人为本的现代设计理念。除此之外，还可通过中国传统家具中的榫卯结构与现代金属件连接结构优势互补，以及中国传统家具形式中的"简朴"与现代的"简约"设计相融合等方式实现中、西方文化在家具设计中的融合。

图8-26 The Chair

家具新产品开发设计必须立足本民族，注重吸收优秀的传统文化，将设计与文化融合，同时吸收外来文化的精华，如先进的设计理念和工艺技术，促进我国家具行业的发展。因此，家具的新产品开发设计必须以文化为根基，创新家具设计，创造属于我们自己特色的家具产品。

影响家具创新的方法还有很多，设计师要综合处理好人们的生活方式和审美需求，结合中、外家具发展及文化内涵，运用现代设计手段，把握流行趋势，创造宜人、舒适、方便的现代家具新形态。

图8-27 龙椅

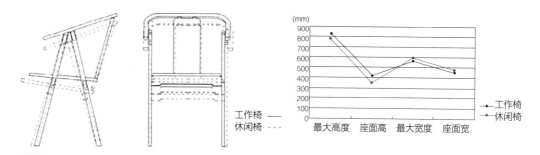

图8-28 休闲用"龙椅"与办公用"龙椅"的尺寸对比

8.3 家具新产品开发设计

8.3.1 家具新产品开发设计流程

1. 家具设计的内容

家具设计是集使用功能与审美功能为一体的创造性活动，因此家具设计包括两个方面的内容：一是家具艺术设计方面的内容，二是家具技术设计方面的内容（表8-1）。

家具艺术设计的内容主要是满足人们的审美需求，在设计过程中可以在材料、形态、色彩、肌理、装饰等方面，利用艺术化的语言、感性的思维方式、恰当的设计手段，满足人们的审美精神需求。

家具技术设计的内容主要是满足人们使用的需求，在设计过程中可以通过对材料、结构、工艺、尺寸等方面的把控，并结合人体工程学等方面的要求，使家具产品在保证一定强度和耐久性的基础上更加方便、舒适。在这个过程中需要理性的思维方式，同时坚持以"结构与尺寸的合理与否"的设计原则。

家具艺术设计的内容与技术设计的内容并不是独立存在的，而是相互穿插，相互影响，密切联系的。

家具设计的内容 表8-1

家具艺术设计内容	造型	形态、体量、虚实、比例、尺度等
	色彩	整体色彩、局部色彩
	肌理	质感、纹理、光泽、触感、舒适感、亲近感、冷暖感、柔软感
	装饰	装饰形式、装饰方法、装饰部位、装饰材料等
家具技术设计内容	功能	基本功能、辅助功能、舒适性、安全性
	尺寸	总体尺寸、局部尺寸、零部件尺寸、装配尺寸
	材料	种类、规格、含水率要求、耐久性、物理化学性能、加工工艺性、装饰性等
	结构	主体结构、部件结构、连接结构等

2. 家具新产品开发设计的基本流程

家具新产品从开发到上市的基本流程：企业提出设计要求——接受任务——制定计划——市场调研——设计定位——设计草图——设计效果图——结构设计——产品放样——产品调整——批量生产——文化包装——产品上市。这些步骤层层递进，只有做好每一项任务才能为后面的步骤打好基础。

家具新产品开发设计需要整个团队共同配合才能完成，在这个过程中，家具设计师需要承担制定设计计划、设计草图、设计效果图等工作。家具企业需要在开展项目前提出自己的产品开发战略和意图，如产品风格、市场定位、价格定位、材料定位，市场中同类产品的销售信息，企业的生产技术条件、制造工艺水平，新产品开发周期和质量要求，设计图纸的范围等。除此之外，企业还应为设计师提供以往老产品或可比性相关产品的市场反馈信息、销售业绩等，供家具设计师参考（图8-29~图8-31）。

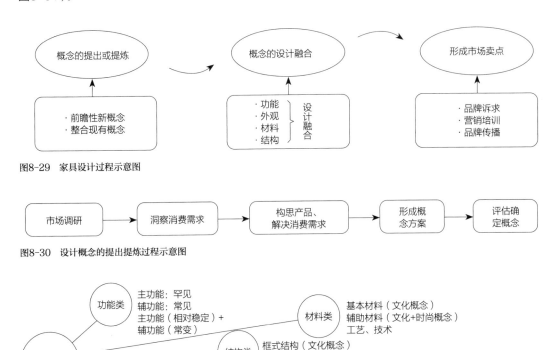

图8-29　家具设计过程示意图

图8-30　设计概念的提出提炼过程示意图

图8-31　家具设计的融合途径简图

8.3.2　家具新产品开发设计定位

1. 设计定位的意义

设计定位是指在经过前期调研的基础上整理分析，最终明确设计方向，提炼设计理念，形成设计目标，进而对产品的使用功能、材料、工艺、结构、尺度、造型、风格等进行设计构思的活动。设计定位的准确性直接影响着新产品开发的成败。一方面企业对产品的要求直接影响着产品的设计定位。任何一个商业性设计都不能忽视企业对设计的要求，企业会根据自身条件和市场情况来确定设计要求以及要达到的目标。另一方面家具新产品开发设计作为一项商业活动，就决定了不可能漫无目的地进行设计，这样的设计也是毫无意义的，而设计定位就是为了更好地抓住产品中存在的主要矛盾和关键性问题。因此，设计定位在家具新产品开发设计中占有重要作用。只有在充分的市场调研的基础上，深入了解市场和消费者的需求，才能够用相对客观、科学的方法来给家具新产品进行准确、恰当的设计定位。

2. 设计定位的方法

设计定位是在前期所做的市场调研的基础上，通过整理分析，筛选出核心问题，并根据核心问题进行设计创意，因此设计定位的关键是发现问题。正如爱因斯坦所说："提出一个问题往往比解决一个问题更重要。"一般情况下，产品设计定位涉及的内容有：产品档次或层次，产品形象特征，产品识别要求，产品使用范围要求，产品制造成本范围，产品功能要求，产品色彩要求，产品成型工艺要求，产品制造材料要求，消费群体对产品设计的需求，销售时间及产品使用寿命的要求，产品与包装、产品与品牌的关系要求等。

目前，常用的设计定位分为四个步骤：

1）市场细分。市场细分就是根据消费者的不同需求，将整体市场划分为若干个消费群体的过程，每一个子市场代表一个具有相同需求的消费群体。通过市场细分，可以使消费者的需求得到有效满足，增强企业竞争力。

2）确定目标消费群体。通过市场细分，确定家具设计要解决的重点问题，从而能够更加深入地了解消费群体的需求，把产品做得更加深入完善。

3）确定产品竞争优势。所谓"知己知彼，百战不殆"，只有对竞争对手做全方位、深入细致的了解，同时对自身的优势和不足有清楚的认识，才能为产品设计找到恰当的切入口，扬长避短，最终在消费者心目中确立优势地位。

4）确定设计定位。通过市场细分，明确竞争优势，将自身优势与消费者的需求相结合，从而确定设计定位。

设计定位是家具新产品开发设计的行动指南，通过设计定位，设计师提出设计概念，并将其应用到家具新产品开发设计的各个方面，如结构、功能、造型、使用方式等，因此设计定位的准确性直接关系到家具设计的成功与否。

8.3.3 设计执行与设计深化

1. 设计执行

设计执行阶段，需要设计者根据设计定位，进行初步的设计，包括对家具的形态、尺寸、比例等以草图的形式表现。这一阶段设计者应发散思维，构思多种设计方案，为后续的设计深化奠定基础。然后再在设计草图的基础上进行筛选，画出方案图和色彩效果图，标注主要尺寸、主要用材以及表面装饰材料与工艺要求等。

在家具设计之初，就需要注重以下三方面的内容：

1）使用功能。任何一件家具都具有特定的使用功能要求，家具设计与纯艺术创作的差异之处就是要实现实用与审美的统一。使用功能是家具的灵魂和生命，是家具设计的前提。

2）制造与工艺。家具设计需要解决人们生活中存在的问题，满足人们的物质和精神上的需求，因此关键是要能够方便制造，成为批量生产的实物产品，并符合材料、结构、工艺的要求，否则再漂亮的效果图、再独特的创意，也都只能是"纸上谈兵"。所以，家具设计一定要与材料、结构、工艺密切结合，把设计建立在物质技术条件的基础之上。

3）文化内涵与审美创造。家具具有生活实用性和文化艺术性的双重特征，因此家具在造型上必须符合艺术造型的美学规律和形式美法则。尤其是随着现代人们消费水平的不断提高，对家具的艺术性的要求也在不断提升，在很多特定的空间里，家具本身就是室内陈列品，或是具有雕塑形式美的艺术品。

2. 设计深化

设计深化阶段，设计者需要进一步地改进设计方案，确定作品的大体规格、制作材料以及摆放方位等问题。这期间，设计草图演变为实测图，实测图通常用手绘或计算机绘制。这一阶段结束时，一般已对家具的制作尺寸、设计比例、制作材料、颜色和视觉效果等方面做了进一步深化，并做出了相关决策。同时这一阶段需要完成的文件包括：

1）施工图

施工图是设计的主要文件，务必根据制图标准，按生产要求，严密、准确地绘出全套施工图。施工图包括装配结构图、零部件图、大样图等，加上已有的设计效果图和拆装示意图便构成了完整的图纸系列，用于指导生产。

2）比例模型制作与实体评价

家具新产品开发设计不同于其他设计，它是立体的物质实体设计，单纯依靠平面的设计效果图检验不出实际家具产品的空间体量关系和材质肌理，只有依靠立体模型才能对平面设计方案进行检测和修改、完善，因此模型制作是家具由设计向生产转化阶段的重要一环。通过模型制作，进一步确定家具产品的形象和质感，尤其是家具造型中的微妙曲线和材质肌理。

3）零部件明细表

零部件明细表是汇集全部零部件的规格、用料和数量的生产指导性文件，在完成全部图纸后，应认真填写。各企业的格式不完全相同，但基本内容大体一致，有时也与拆装示意图放在一起。

4）外加工件与五金配件明细表

对于外购五金及其他配件，以及发外协作加工的零配件也应分别列表填写清楚，以便于管理。

5）材料计算与成本汇总

材料计算与成本汇总也应以表格的形式进行计算与分析。

6）包装设计及零部件包装清单

目前大多数采用32mm系统拆装结构的家具或者采用可反复拆装连接件的家具都是使用板块纸箱包装、现场装配。包装设计要考虑一套家具包装的件数、内外包装用料以及包装箱的规格和标识等。每一件包装箱内都应有包装清单。

7）产品设计说明书

对于一套完整的设计技术文件，还应有设计说明书。设计说明书至少应说明以下内容：产品的名称、型号、规格，产品的功能特点与使用对象，产品外观设计的特点，产品对选材用料的规定，产品外表面的装饰内容、形式与要求，产品的结构形式，产品的包装要求等。

8）产品装配说明书

在产品包装箱内，还应附有产品装配说明书，以便消费者能根据装配顺序，正确地将零部件装配成产品。产品装配说明书也应由设计人员编制，在编制说明书时应以图示为主，文字为辅，便于更加直观地显示出产品装配的全过程。

3. 原型和测试

设计方案确定后就要进入原型样件的制作，用来测试产品的各个方面，包括家具的质感、造型、结构、强度、稳定性、舒适性、耐用性、安全性等内容。同时要考虑到产品的使用过程中是否存在损害健康的情况。如一个超柔软的沙发，短时间内坐上去令人感觉很舒适，但时间长了便可能由于不良坐姿而导致损害健康的情况。对儿童家具而言，尤为需要注意对其强度和稳定性问题的测试，以防产生窒息或挤压等事故。因此，原型测试是设计作品正式投入生产之前的最后阶段，也是把产品推向市场前的一个必要环节，对于整个设计过程来说至关重要。

下面列举一部分测试标准。

1）黏合剂测试

黏合剂的质量研究。表面和边缘的黏合故障会导致表面和结构上的缺陷。

2）椅子和乘坐测试

涵盖范围广泛的标准。这些测试的每个阶段要解决如强度、耐用性、稳定性和安全性等问题。

3）人体工程学测试

有许多与人体工程学有关的英国、欧洲和国际标准，涉及产品的使用和教育领域。

4）易燃性测试

在产品可以向公众出售之前，泡沫、填充物和针织物的等级，必须符合严格的规定。

5）甲醛测试

大多数甲醛会留在人造板材中，但随着时间的推移，会在一定条件下释放出少量的游离甲醛。采取严格的防治措施使游离甲醛处于可接受的水平。

6）人造木材测试

确定人造木材的质量，分析木板的强度、螺钉握力、尺寸稳定性等。

8.3.4 产品生产

家具产品生产阶段，设计师主要承担检查、监督制作过程。如在生产过程中存在问题，则设计师需要积极配合家具生产企业寻找解决问题的方案。

8.3.5 配送安装

这是家具设计的最后一个阶段，这一阶段涉及家具成品的配送、安装和确认，需要设计师和制作者的配合。

8.4 家具新产品开发应注意的问题

8.4.1 成本意识

家具新产品的开发和设计，根本目的是为了占领市场、获取利润，所以设计时必然要考虑成本问题。家具的成本问题反映在家具设计生产的每一个阶段，而合理的设计能够尽可能地节约产品成本，这需要设计师具有精巧的成本眼光。如在设计时尽量采用常规尺寸的材料，避免使用超常规尺寸；在材料的使用上需要考虑开料的合理性，最大限度地使用材料，减少浪费；在形态上尽量不使用异形造型，减小工艺难度；在结构上保证产品质量的前提下尽可能地简化结构，减少生产工艺，或采用折叠结构、组装结构等节约储藏和运输成本；在零部件的使用时最好使用通用的零部件，避免使用超规格的零部件等。

8.4.2 生产意识

家具新产品开发在设计时就要考虑到后续的生产、运输和安装等问题。

首先，家具新产品要满足现有的生产工艺要求，也就是说满足机械化大批量生产的要求，使新产品具有良好的工艺可行性，这也是保障家具质量的基础。无法生产出来的家具设计得再好，也只是"空中楼阁"。

其次，家具新产品开发设计要尽量少用或不用特殊工具及工艺。家具生产中使用特殊工具或工艺，虽然可能在一定程度上带来与众不同的效果，但不仅会增加产品的生产成本，而且质量也无法保证。如用铣刀加工曲线部件时，所设计的最小曲率应与最小的铣刀规格相吻合，否则还需要手工修整。

再者，家具新产品设计时要考虑到加工误差的问题。现代家具生产虽然绝大多数是依靠机械设备生产的，但也存在着一定的误差。所以在设计时要把误差计算在内，合理地进行结构设计，才能更好地保证生产和产品质量。

最后，家具新产品设计时需要考虑家具的运输安装问题，满足运输方便、安装简便的要求。这不仅能节约家具运输成本、存储成本、人力成本，还能在一定程度上方便消费者。如宜家家居的家具大多采用组装式的设计，不仅节约了企业成本，还通过简便的安装方式带给消费者与众不同的体验。

由此可见，家具新产品开发必须考虑到生产时，不同材料生产工艺不同，采用的机械设备也不同。设计者必须对生产工艺，尤其是新的生产技术有一定的了解，才能为设计提供技术保障，使设计的产品最终变成现实。

8.4.3 质量意识

质量问题是决定新产品成功与否的关键因素。家具设计中决定产品质量的因素有很多，如选材是否恰当、结构是否合理、工艺是否标准等，其中最重要的因素便是设计，可以说设计是决定产品质量的首要因素。一件家具新产品，如果设计存在缺陷，后续的所有工作都将毫无意义，并且存在缺陷的产品，轻则无法使用，重则危及人身安全，所以设计时一定要重视产品质量。

一件家具新产品开发出来后，会进行一系列的质量检验工作，这为家具质量提供了一定的保障，但不能绝对保障。当质检出现问题后，需重新审视设计，这不仅费时费力，更是耽误了原定的上市计划，造成不利影响。因此，事先通过样品检验产品质量便显得尤为重要。

质量是产品的生命，在家具新产品开发时一定要将质量放在首位，通过合理的设计为产品质量提供保障。

参考
文献

[1]　李禹. 家具设计与实训[M]. 辽宁：辽宁美术出版社，2017.

[2]　刘玉寒. 现代家具创意设计[M]. 长春：吉林美术出版社，2019.

[3]　陈根. 家具设计看这本就够了[M]. 北京：化学工业出版社，2019.

[4]　中国家具协会. 家具设计师[M]. 北京：中国轻工业出版社，2015.

[5]　陈亚楠，张仲凤. 家具结构创新设计方法[J]. 林产工业，2017，（4）：52-54.

[6]　唐开军. 家具概念设计探讨[J]. 家具与室内装饰，2021，（5）：1-4.

[7]　杨婷. 中国原创家具的创意设计[J]. 家具与室内装饰，2013，（9）：76-79.

[8]　景楠. 基于中西设计交流的"东西方家具"研究[J]. 创意与设计，2014，（2）：51-60.

[9]　朱家仪，陈海英. 明式家具榫卯结构在现代家具设计中的改良研究[J]. 家具与室内装饰，2019，（7）：22-23.

[10]　梁梦娇，刘岩松，耿晓杰. 中国传统榫卯结构在现代家具中的创新应用研究[J]. 家具与室内装饰，2021，（11）：14-17.

第九章

家具专题设计
课程实训

家具专题设计的课程实践环节以专题设计性训练为主，既可穿插于课程进度过程中分步进行，也可选择在课程结束后集中进行。这样可以合理地结合理论课程的讲授，通过主动、有目的、有方向的学习，从而实现理论与实践的有机结合。

实训过程的重点在于创意思维能力、动手能力和实践创作能力的培养。专题设计练习可以选择以小组为单位进行，强调个体与团队协作相结合，提倡多样性的表现和实践方式，最终能够有针对性地完成家具设计材料、结构、工艺制作等的完整实践过程。

9.1 设计思维与表达

训练要点1：设计调研及分析

设计前期需要收集相关资料，通过收集人文类资料、工程技术类资料和经济类资料，全面了解设计对象，从而明确设计主题或理念。首先，要针对市场现状进行调研，充分了解当下的流行趋势以及消费者的具体需求，准确把握设计的切入点，找准产品具体的市场定位。市场调查主要包含两个方面：（1）调查了解现有市场上家具的类型、销售情况以及消费者的使用情况，以便找寻可以改进或再设计的切入点；（2）针对设计目标人群进行详细调查了解，深入分析用户人群的潜在需求，为改进家具设计提供客观、可靠的依据，便于之后探索新产品的可行性。通过深入调研，可发现市场现有家具存在的设计缺口，再结合目标用户的潜在需求，发现设计开发中的实际问题，从而准确把握相关产品的市场倾向，以寻求家具设计开发的方向和途径。其次，要对相关的设计产品进行资料搜集，主要是了解设计开发的家具的用途、功能、造型及使用场合等，了解家具设计制造的现实环境，如财力状况、设备条件、技术情况等，同时需要调查国内外同类或相关产品的功能、结构、外观、销售等相关信息资料，以便准确把握所要设计的家具的结构和造型的基本特征。在此基础上，对收集来的资料和数据进行客观分析和评估，并撰写详细的调查报告，以便准确把握所设计家具的发展情况，准确找到设计切入点。

在收集、调研各种基本资料以后，往往通过纵向分析和横向分析两种方式对资料进行分析和整理。

1）纵向分析

从家具设计形式的发展、风格的演变和技术的影响等方面展开分析，形成明确的纵向分析思路，以便确定具体可行的设计理念、设计风格，根据人体尺度等相关要求，进一步展开设计方案。

2）横向分析

针对同类相关的家具形式进行对比分析，找出异同，并分析存在的问题，找出需要重点解决的问题，以便准确把握设计缺口，从而归纳得出需要的、有针对性的信息，为设计方案构思做准备。

• 课题设计：

选择一个家具品牌或一种家具类型进行设计调研。

作业要求：按5~6人组成小组分配相应工作，通过市场调研、问卷调查等方法，了解家具的市场现状，以及目标用户对家具的心理需求、行为习惯和消费诉求。

训练目的：通过实践，培养学生资料收集、整理和系统分析的能力，以及进行用户及市场调研的能力。

训练要点2：草图绘制

1. 创意构思

创意思维是创造性活动的基础，是一种综合性的思维活动，其中最常见的是创意发散思维和设计灵感捕捉。在具体课题实践中，往往通过头脑风暴法、逆向思维法、举一反三法、创意联想法等创意方法展开思维发散和灵感触发，寻找设计创意点。而家具设计是由多方面要素构成的综合性设计，偶发的灵感需要不断深入思考、调整和完善，才能应用到设计实践中。

在确定了创意构思后，需要进一步考虑家具设计的人体尺度、材料的选择和施工工艺、结构构成、设计规范以及相关制约条件等，使设计方案更客观，更符合实际制作。

2. 草图表达

草图（图9-1）是一种图形化的思考和表达方式，不仅可以记录设计者瞬间的设计灵感，还可以不断推演方案，开拓思路，有利于设计者深入了解设计对象并逐步完善方案。在设计构思的前期，尤其是设计课题的初始阶段，脑海中的设计意向往往是模糊的、不确定的。图示化的思维方式非常有助于把设计过程中偶然迸发的灵感，通过可视化的图形及时形象地记录下来。同时，设计者之间可以通过草图实现更加高效便捷的沟通交流，不断延伸设计思路，通过比较、综合和提炼草图，最终得到较为成熟的设计方案。

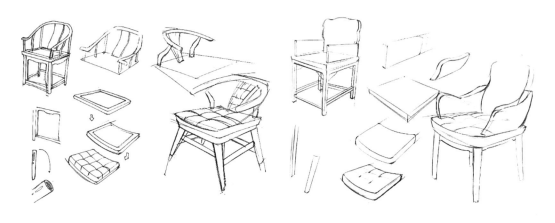

图9-1　设计草图（刘振江）

在课程实训中，需要不断加强学生的草图表达能力，通过引导学生用眼观察、用脑构思和用手表达三者有机结合，不断提升其形象化思考的能力。整个手绘表现专题实践过程，有助于提高设计者观察问题、发现问题、分析问题和寻求解决问题的能力。确定初步方案后，设计者逐渐将草图转化为专业化、标准化的图纸，进一步深入思考设计实践中的材料选择、施工方法、加工工艺和结构设计等细节问题，不断深化和完善方案。同时，创造性思维能力的灵活表达，有助于设计者产生更多新的构思和创意，提升自身综合设计修养。

• 课题设计：

小组围绕一个设计主题，讨论家具设计的创意方案，每人提出不少于6个概念方案并绘制草图；对组内讨论的可行性方案进行归纳、整理，与指导教师交流完善设计方案。

训练目的：培养学生创造性思维方法、设计表达能力和团队协作能力。

训练要点3：效果图表现

效果图展示是直观表现家具设计的预期艺术效果和指导施工的图纸，分为手绘效果图表现和计算机辅助设计效果图表现两种形式。手绘效果图（图9-2、图9-3）表现是一种较为传统、普遍的表现手段，因为其不受时间、地点和工具限制，极为便利，同时极具个人风格特点和艺术感染力。手绘表现图能够快速地将设计方案直观生动地展示出来，以便进行设计交流、检查设计方案的瑕疵或进行项目方案的修正和推敲。

图9-2　椅子手绘效果图（陈思琪、弓宝华）

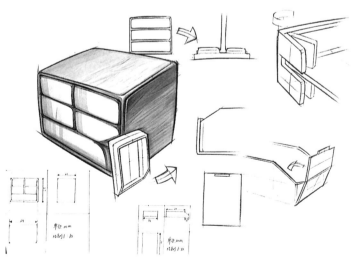

图9-3　柜体效果图（刘梓恒）

计算机辅助设计效果图（图9-4）是指产品设计方案、尺寸已经确定后，使用计算机建模表达的最终形式。计算机辅助设计效果图能够比较逼真地展现出家具产品的各个角度的材质以及形态特征。计算机辅助三维建模技术大大降低了设计表现的工作强度，提高了设计表达的精确度和效率，而且其模拟真实效果的展现，使设计表现图更加生动直观。同时，计算机辅助三维设计技术亦能使设计成果得到重复利用，对设计标准化和产业化起到了极大的推动作用。

图9-4　计算机辅助设计效果图（刘梓恒）

• 课题设计：

选定前期的草图方案进行三维软件建模、渲染，对于产品的材质和色彩搭配进行细致的对比分析。

训练目的：培养学生对产品空间形态的掌控和效果图的渲染表达等综合能力。

训练要点4：家具设计模型制作

模型是设计师传递、解释、展示设计项目和思路的重要工具和载体，是按照一定比例制作的实物样本，是一种具象、直观的设计表达方式。设计师在承担设计任务时，运用各种材料、工艺和形式，把自己的设计构思用三维立体的形式展现出来，以传达设计作品的形态特征。模型能直观体现和传达设计思想，在模型制作过程中，设计思想也更加明了。模型制作是验证设计科学性、合理性和可行性的有效方法和手段。

模型制作过程是设计师凭借自身对各种材料的理解，将设想、意图同美学、工艺学、人体工程学、哲学、科技等多学科知识结合起来，以传达设计理念，塑造三维空间形体，从而通过一定的加工工艺及手段来实现设计的具体形象化表达的设计过程。

模型制作是一种具象化的体验过程，是设计者将设计构想用一定的材质进行具象化形态、色彩、尺寸等设计因素进行具象化整合的体验，也是进一步交流、研讨、评估，以及不断调整、修改和完善设计方案的合理性的有效实物参照。家具模型制作常用的工具主要有手动工具和电动工具。

1. 手动工具

1）测绘工具

选择适当的测绘工具（图9-5）和正确的测量方法是实体模型制作的基础。在实体模型制作过程中，尺度和比例决定模型的大小和精确程度。从模型制作前期的放样到制作过程中的零部件加工，直至最后的安装调整，都必须使用各种测绘工具对模型的尺寸、位置进行反复测绘，以保证加工精度。

常用的测绘工具有直尺、角尺、三棱尺、圆规、三角板、游标卡尺等。

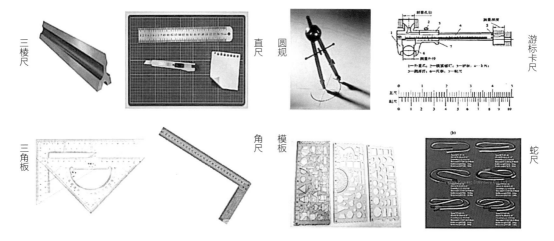

图9-5　测绘工具

2）切割工具

模型材料下料的过程离不开切割工具（图9-6）。根据材料的特性，选择适当的切割工具和正确的使用方法保证家具模型的尺寸和精度，是模型加工的基础。常用的切割工具有美工刀、P型刀、笔刀、圆规刀、勾刀、曲线锯、板锯、管子割刀、剪刀等。

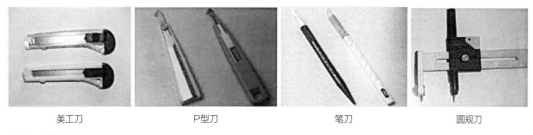

| 美工刀 | P型刀 | 笔刀 | 圆规刀 |

图9-6　切割工具

3）锉削工具

下料后，模型组件的边缘需要用锉削工具进行打磨至平整，应根据不同的模型材料组件，选择合理的锉削工具（图9-7）。常见的锉削工具有钢锉、整形锉、木锉等。

4）卡固工具

在模型材料打磨、黏合以及零部件的装配过程中，需要用卡固工具（图9-8）对其夹紧固定，以保证模型加工的精准度。常见的卡固工具有台钳、手钳、G字夹、平口钳、C型钳、木工台钳等。

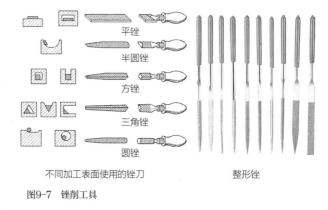

平锉

半圆锉

方锉

三角锉

圆锉

不同加工表面使用的锉刀　　　整形锉

图9-7　锉削工具

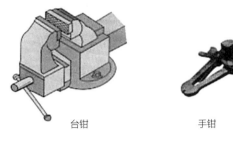

台钳   手钳

图9-8　卡固工具

5）敲击工具

在模型材料加工过程中经常需要用到敲击工具，应根据材料的特性，选择大小合适的工具，敲击时用力适度，注意节奏。力度不合适容易偏离目标或造成误伤。常见的敲击工具有斧、手锤、拍板等。

6）錾削工具

指利用人力冲击金属刃口对金属或非金属进行錾削的工具。錾削工具通常和冲击工具配合使用，使用时要集中注意力并用力适度，以免误伤。常见的錾削工具有金工錾、木工凿、木刻雕刀、塑料凿刀等。

2. 电动工具

1）切割工具

电动切割工具（图9-9）主要用来帮助制作者切割使用手动工具无法或很难切割的材料，这些材料往往体积过大、硬度较高。常见的电动切割工具有曲线锯、手持式圆锯、马刀锯、斜切锯、型材切割机等。

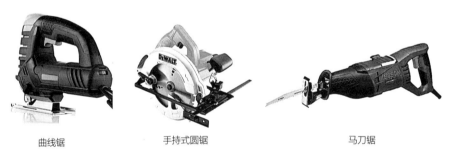

曲线锯   手持式圆锯   马刀锯

图9-9　电动切割工具

2）打磨工具

主要用来磨削被加工工件多余的部分，通常用于大批量的磨削加工，主要有角磨机、电磨机、电刨等。

（1）角磨机

角磨机的主要作用是对金属构件进行磨削、切削加工，多用于打磨。在模型的制作中，主要进行金属薄片的磨削、细碳棒的切削等。磨砂轮一般与角磨机配合使用，磨砂轮发生损坏后要及时更换。角磨机切割金属薄片时不能用力加压，且不能切割厚度超过20mm的硬质材料，否则一旦磨砂轮卡死，会造成锯片、切割片碎裂飞溅，或者造成机器弹开失控，轻则损坏物品，重则伤人。另外，角磨机工作时不可使用水，而且要及时添加润滑脂。当工具发生故障时，应及时送往厂家或指定的维修处检修。

（2）电磨机

电磨机也称为电动砂轮机，是用砂轮或磨盘进行磨削的电动工具。其主要作用是对金属和非金属材料进行修整、造型、研磨、抛光等。通常情况下，电磨机会与不同型号的砂轮配合使用（图9-10）。

图9-10　小型台式电动砂轮机

（3）电刨

电刨（图9-11）是一种手持进行刨削作业的电动工具。它的主要适用对象是木材，电刨的功能是刨削平面，与电磨机的功能相近，但更具体。电刨刨削过的平面更光滑，电刨还有倒棱和裁口等作业方式。

图9-11　电刨

3）钻孔工具

电钻类工具（图9-12）是一类利用电动机产生的动力进行钻孔的工具，是电动工具中的常规产品，也是需求量较大的电动工具类产品，主要有手持电钻和台钻。在家具模型的制作中，电钻类工具主要用来钻一些精度较高的孔，既可提高制作效率，又可提高模型的质量。

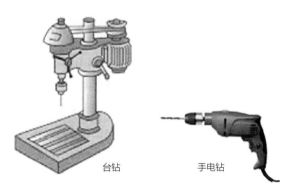

台钻　　　　　　　手电钻

图9-12　电钻类工具

3. 其他工具

1）热风枪

热风枪（图9-13）的主要作用是提供热源，满足制作需要。热风枪和热缩管配合使用，热缩管在导线连接处遇热缩紧，达到绝缘的效果；热风枪用来弯曲或熔接塑胶，清除旧漆。此外热风枪也可用于进行焊接、镀锡、熔接黏胶等。实验室一般均配有热风枪，在要求不高的情况下也可以使用家用吹风机代替热风枪。

图9-13　热风枪　　　　　　　　　图9-14　热熔胶枪

2）热熔胶枪

热熔胶枪（图9-14）在实验室较为常用，它具有强度高、使用方便等优势，可用于木材、KT复合板、塑料、金属、皮革、电子元器件等固体黏结。实验室一般需要配备大、小两种型号多个热熔胶枪，并且要多准备一些胶棒备用。

• 课题设计：

制作经典家具产品模型一件（图9-15）。

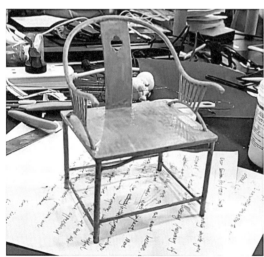
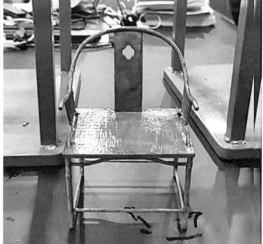

图9-15　家具模型学生习作（杨汉城）

9.2 专题实训

9.2.1 造型设计训练

　　家具是与生活最密切的相关产品，人们日常生活的行、卧、坐、立离不开家具。一方面家具具有满足人们日常功能需求的物质价值，另一方面造型优美的家具设计又能够体现人们的审美趣味，像是生活艺术品，满足人们的精神需求。造型设计是家具设计最基础的环节，是在考虑具体使用功能的前提下，展开的富于创造性的造物手法。

　　形态、色彩、肌理是造型的三个要素，其中形态是核心，色彩和肌理的展现则更多依附于形态。因此，在造型设计训练中，主要针对家具设计形态展开设计实践。形态，即形状和神态，既是指物体的外在表现形式，又是指蕴藏在物体内的"精神状态"，是物体外形和神态的结合。总的来说，形态可以大致分为自然形态和概念形态。前者也称为具象形态，是人们在自然世界中可以真实感知的，如植物、动物、微生物、自然风光等；而后者是抽象的、非现实的形态，也称为抽象形态，是存在于人们的观念之中，依靠人们思维而感知，如几何图形、文字符号等。在家具设计过程中，既要致力于创造美的外在形式，同时还要考虑如何使形体表现出合适的美的神态，做到形神兼备。

　　在进行家具设计造型设计训练中，针对形态的不同分类，分别展开几何抽象造型设计和有机仿生造型设计练习，引导学生从形态开始，思考如何合理有效满足家具设计的功能；同时，又在形态的基础上进行延伸，开展传统家具创新设计实践练习，引导学生从传统出发，感知思考家具背后的生活美学智慧以及文化传承和精神价值。

训练要点1：几何抽象造型练习

　　抽象理性造型以现代主义美学为初始点，往往采用纯粹抽象的几何形状，通过形式美法则来展开创意设计制作的家具造型构成手法。这种造型方法教学最早源于包豪斯设计教育，通过抽象理性形态来认识形态的本质规律，以点、线、面、体等造型基本元素，通过形态的叠加，形态的切削与分割，形态的扭转，形态的弯曲等多种处理形式，同时考虑形式美法则来进行造型设计和创作。

　　在家具设计实践中，点元素的应用往往被分为功能性的应用和装饰性的应用，两者有时是统一的。功能性的应用多见于门与抽屉等家具的把手上，把手是家具中必不可少的功能构件，往往能在整体形态设计中起到画龙点睛的作用。

　　线元素在家具造型中的应用也十分广泛，不仅常见于支承架类的家具，也可见于平面或立面的板式构件部位上。线元素既有实体形的线状的功能构件，也有装饰性的线条或分割线。

　　面元素在造型中表现为多种形态。在家具设计造型中，主要是以板材或其他板状实体出现。在造型中，面不仅有厚度，而且有大小，由轮廓线包围且比点更大、比线更宽的形象即可称为面。点、线、面元素之间并没有明确的、绝对的界线，点扩大到足够范围即可成为面，线加宽到足够宽也可成为面。而线元素通过旋转、移动和摆动等，也可成为面。造型设计中，面元素主要可分为平面和曲面两大类，面元素在造型中往往表现为不同的形态。

在现代家具设计中，几何形体的应用最为广泛，体元素常常以组合造型的方式出现，给人真实客观的存在感。体元素往往具有平衡、舒展的视觉感受。体元素不同于点、线、面等，它不仅是抽象的几何概念，也是现实生活中真实客观的存在，占据一定的三维空间。而无论多复杂的体，都可以被分解成简单的基本几何形体，如立方体、锥体等。形态设计构成的基本单元即为各种基本几何形体。体是通过面的移动、堆积、旋转而构成的，是一个三维空间内的抽象概念。造型设计中的体元素，有实体和虚体之分。实体是具有一定厚度的面，或空间被某种材料填充后有了一定体量的实形体；虚体则是相对实体而言，是指通过点、线、面元素围合形成的一定独立空间的虚形体。

家具设计造型训练中形态的叠加主要通过镶嵌、累加、叠摆、插接、捆绑等处理形式；形态的切削与分割常常能够实现家具设计造型的多功能性和有机组合；形态的扭转能够产生多种形体变化和强调形体的运动感及方向感，展现出力的态势；形态的弯曲往往通过技术手段来实现，如曲木家具的设计能够带来更多造型变化的可能性。

抽象理性造型手法所创造的形体往往具有风格简练、条理明晰、秩序严谨和比例优美的特点，在结构上也常常呈现出标准的数理模块和部件组合，极具理性美感和秩序美感（图9-16）。

-设计说明-

闲暇时刻坐在角落里看看书、喝杯咖啡无疑是最放松的事情，可惜往往找不到一个合适的让人觉得舒适的地方。这个座椅多方面满足了人们的需求，上方有一圈LED灯管可以提供看书时足够的照度。2/5环绕靠背满足个人隐私要求和安全感。座椅比较大，可以放在卧室、客厅一角或者阳台。具有实用性的同时还很美观，垫子可以根据客户的不同要求定制颜色或随时更换坐垫套

-细节图-

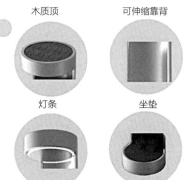

木质顶　　　　可伸缩靠背

灯条　　　　　坐垫

-拆装方式-

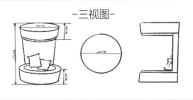

因为考虑到座椅可能体型太大不方便搬运，所以这个座椅分为3个部分，分别为上顶盖、靠背板、坐垫。考虑到高度可能不适合一部分使用者，高度还可以自己进行调节

-三视图-

-产品参数-

尺寸：底座、顶面1.2m×1.2m×0.4m（0.2m）；
　　　高度1m～1.9m自由调节
材质：实木、铝合金、海绵坐垫
颜色：银色搭配蓝色，坐垫颜色可定制
功能：照明、休息

-设计创新点-

不只是拘泥于普通的座椅，它更像是一个休憩"仓"，虽然体型较大，但是能提供一个相对温馨舒适的私人空间

-人体形态分析-

满足不同坐姿需要

图9-16　学生作品（张斯雪）

• 课题设计：

（1）基本形体创新设计的方法尝试。

作业要求：对一个立方体进行切割，再重新组合，创造出丰富的家具形态和组合形式。绘制设计草图，并以设计图纸为依据，制作模型（图9-17～图9-19）。

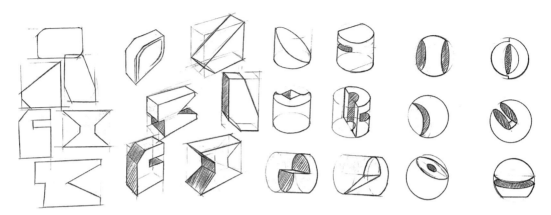

图9-17　基本形态变化手绘练习（王芳芳）

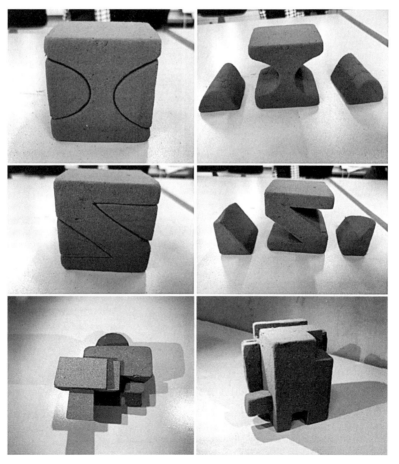

图9-18　基本形态变化练习（郭文华、石吉祥等）

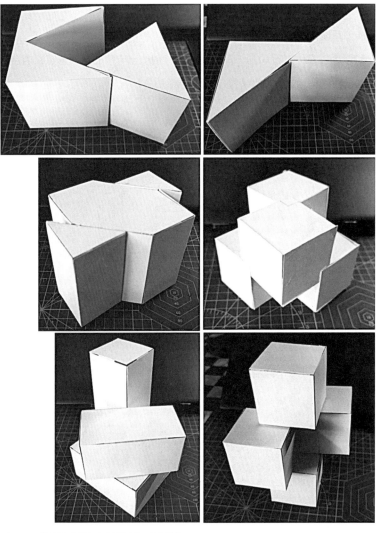

图9-19　基本体模型练习（刘骏霖、孙龙等）

（2）分别用点、线、面、体的形态设计一组休闲座椅（图9-20、图9-21）。

图9-20　学生习作（钟声鸣）

图9-21　学生习作（李磊）

训练要点2：有机仿生造型练习

有机仿生造型是以自然界的生物形态（包括动物、植物、微生物、人类等）为依据，进行的家具造型设计手法。造型的创意构思多是从自然形态采集中汲取灵感。有机仿生造型突破了单纯几何形体的性格语言，将具象造型同时作为造型的媒介，运用现代造型手法和制作工艺，在满足功能的前提下，灵活应用在现代家具造型中，从而超越抽象理性形态的表达，具有独特、生动、有趣的效果。各种现代设计材料如壳体结构、泡沫塑料、充气薄膜、热压胶板等的应用，也为造型提供了更多的可能性。

1）整体形态仿生设计

整体形态仿生设计方法，是指抓取生物的整体形象特征，作为设计元素展开设计的方法。可以通过生物形体的整体轮廓的模拟、引用、移植或替代等方法进行具象模拟，也可以对整体形态进行概括、提炼，转化为几何形态要素，再现其个性特征。整体形态仿生需要尽可能从外而内，保持整体的协调统一。

如日本设计师吉冈德仁设计的花瓣（Bouquet）系列椅子（图9-22），整体以花朵作为仿生对象，椅座部分采用柔性材质模拟花朵盛开的状态，椅子支承部分采用金属结构，模拟花茎的状态，椅子整体设计带给人春暖花开般的生机感。

图9-22　花瓣椅

2）局部仿生设计

局部仿生是目前家具设计中应用较多的一种仿生设计方法。用此法进行设计时，仿生的主体往往是抓取生物形体的局部个性特征，模拟家具的某些功能构件，如台桌和椅凳的脚，柜类家具的顶饰、床头板或沙发椅的扶手和靠背等。如丹麦家具设计大师汉斯·瓦格纳的经典作品孔雀椅（图9-23），椅子靠背部分形似孔雀张开的尾羽，不仅形态优美，还能给使用者提供良好的背部承托，兼具视觉美和实用美。

图9-23 孔雀椅

局部仿生设计需要对自然形态有更本质、更具特征性的把握，需要在全方位把握目标对象的基础上，通过对比分析其典型的、代表性的特征及其形成的内在原因，如鸟类的喙、大象的耳朵等。而后，进一步比较分析，删繁就简，多层次、多角度提炼特点，把握形态特征，运用逆向、夸张、特异的方法实现概念的转换和模拟。

3）通感设计

自然形态的某些特征（如声音、光影、运动等）不能直观从静态形态中表现出来，因此需要通过象征、通感转化等手法来进行描绘。例如，可以用形态的大小、起伏及长短的变化等表现声音的效果；用线的起伏、流动等表现自然形态的运动变化；用同一形态的大小、数量的变化表现自然形态的生长节奏等。这种设计方法要求所使用的形态不仅要准确、贴切，而且还要完整、明确，力求用最简洁的形态予以表现，使观众的视觉感官受到深刻影响，从而留下深刻印象。它的表现手法可以通过造型、颜色等展现出来，直达视觉感官，来唤醒观者的情感，尤其需要突出视觉冲击力，以加深人们对设计作品的情感记忆。

如日本设计师仓俣史朗设计的月光系列灯具和"光架子"陈列架（图9-24、图9-25），将荧光灯管隐藏在透明材质的内部，光照射面材结构显得透亮，而在折线边缘突出，轮廓得到加强。作品给人的感觉像自然界的光亮洒落，又像悬浮在空中的物体，如梦如幻。

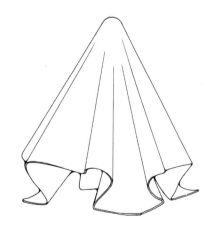

图9-24 月光系列灯具（阮梓轩）

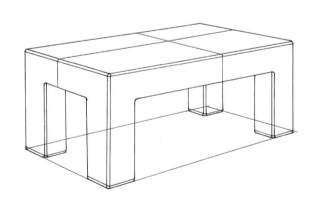

图9-25 "光架子"陈列架（阮梓轩）

• 课题设计：

（1）搜集自己认为和仿生有关的家具设计作品20个，选择其中的5个进行仿生设计思路分析、手绘草图形式表达（图9-26~图9-28）。

图9-26　学生作业（王芳芳）

图9-27　学生作业（贺珊珊）　　　　　　　　　　图9-28　学生作业（张紫玥）

（2）收集和观察动物的局部形态，整理出一些形态。以局部仿生设计的方式，用不同材料，制作一个稳定的椅子（图9-29、图9-30）。

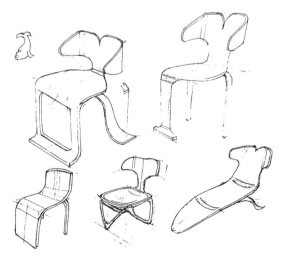

图9-29　学生作品（阮梓轩）

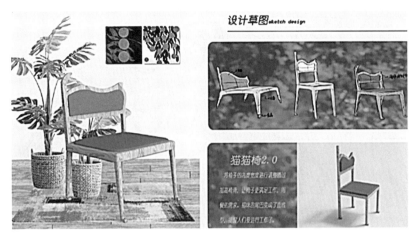

图9-30　学生作品：猫猫椅设计（项玲玲）

（3）汲取大自然素材，用仿生设计方法设计一款家具（图9-31、图9-32）。

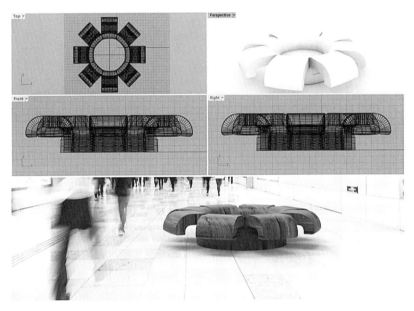

图9-31　学生作品（王欣慰）

图9-32　学生作品：花瓣座椅（李磊）

训练要点3：传统家具创新再设计练习

传统是被历史所选择和确认的人类生活方式、过程、产品及其价值的客观存在。现今的中国传统风格家具包括京作宫廷家具、苏作红木家具、上海海派家具、广东酸枝木家具、山西榆木家具、云南镶嵌大理石家具、宁波骨嵌家具等做法和式样。它们各具地域文化特色，但又在用材、结构和装饰手法上拥有相同或相似的特点，这也是中华民族传统文化在家具造物领域的共同表现。

现代家具相对于传统而言，既包含了世界各国现代风格的家具，也包含了在现代化进程中产生的新品种与新功能等含义的家具。现代家具是传统家具的传承与发展，即使是知名的世界现代家具的经典之作，不少案例都可以从中国的传统家具中找到它的原型。因而现代家具是在功能、形式、材料、结构、工艺、装饰等方面对传统家具持续变革与发展的结果，是源于传统又超越传统的一类家具。

传统是人类社会发展进步的灵魂和源动力所在。中国传统家具集历史、文化、艺术于一体，是中华民族传统文化的重要组成部分。传统家具创新再设计练习是在继承和学习传统家具的基础上，将现代生活功能和材料结构与传统家具的特征相结合，力求设计出既富有时代气息又具有传统风格式样的新型家具。

1）形态的传承与简化

对于传统家具的设计创新，重要的是从形态入手，追求神似。"神"即传承经典作品中的神韵，"似"则需考虑形态的传承和在现代设计语境中的表达，不仅需要继承传统文化工艺，也要满足现代人们的生活语境、现代加工制作流程以及现代设计市场需求。

丹麦设计大师汉斯·瓦格纳，从画作中与中国明代椅子结缘，而后凭借自己的木工制作经验和追求简约的审美意趣，设计创作出颇具东方家具神韵的中国椅（图9-33）等多系列家具，将中国传统文化完美地融合在了现代家具设计中，开创了现代家具新的设计方法，使现代家具散发出了独特的美感，成为设计史中的经典作品。

图9-33 中国椅

2）结构的推广与创新

传统家具坚固耐用的原因，除了设计和用料的能工巧思外，更重要的是它具有科学合理的榫卯结构。榫卯结构是中国传统建筑、工艺甚至雕塑的构成方式，也是中国传统家具框架结构和形体赖以存在的必要条件。每一件家具，都由若干个构件组合而成，构件与构件的结合处，都要通过各种形式的榫卯巧妙地连接起来，形成一个家具的整体。榫卯结构方式是古代匠师们长期实践经验的总结，在古代科技、造物领域中有很大的影响。

榫卯穿插吻合，采用阴阳互交、凹凸错落、相辅相成的构造原理，形成一个整体，对于榫卯结构的研究、传承和发扬是传统家具创新设计中的重要部分。应基于对榫卯结构的形式研究和创新设计，探索其适用于现代家具设计生产的路径。同时，深入探究榫卯结构背后所承载的中国传统造物智慧和美学思想，对于现代家具设计的创新发展也具有重要且深远的影响。

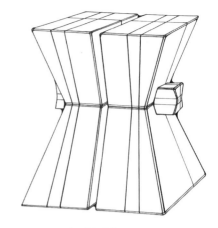

图9-34 鼎凳（阮梓轩绘）

如"半木空间"设计的这款鼎凳（图9-34），采用燕尾榫来实现凳子整体的组合拼接，4块单体木头中间插上一个双向燕尾榫呈"鼎立"之势。整体结构精巧，形式简约，看起来像是一件颇具传统韵味的玩具。

3）功能的改良和增减

毫无疑问，传统家具的功能更多是为满足古代人的生活需求，因此，在功能上传统家具需要不断进行改革和创新，满足现代人的生活需求。另外，传统家具常常局限在家庭居室内，品种和功能较为单一，随着现代生活的多样化，还需要开发满足不同环境空间需求的家具，丰富家具的品种，如卫浴、办公、公共空间等不同种类的家具，以满足现代人们不同场景的需求。

如日本设计工作室Nendo以树枝为设计灵感，对传统木制家具进行创新设计，为意大利铝制家具品牌商Alias设计了树枝系列椅子（图9-35）。椅子由下面的木制座位部分和上面的铝制"树枝"部分共同组成，椅子上、下两部分可拆装开，非常方便现代物流运输。同时，五把椅子下半部分保持完全一致，仅在上部出现形状与材料的变化，设计简洁而富有变化。

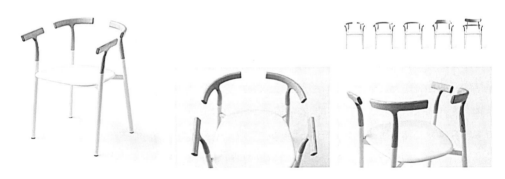

图9-35 树枝系列椅子

4）材料的组合与替换

中国传统家具大多采用珍贵木材，目前国有珍贵木材资源已面临枯竭，基本上依靠从缅甸、印度尼西亚、印度及非洲和南美洲等国家和地区进口。随着大家环境保护意识的增强，家具要实现可持续发展，材料应用的创新尤为重要。一方面，可以利用现代科学技术提高现有木材利用率，减少资源浪费。另一方面，合理布置家具结构也有利于节省木料，实现资源优化。除此之外，也可以考虑与其他材料的结合，尤其是科技发展带来的新材料，例如玻璃、金属、陶瓷等，这样不仅可以节约珍贵木料，也为家具设计注入了更多新的元素，带来了更多设计创新的可能性。

如"上下"品牌将传统明式家具的细节特征层层简化，采用轻且坚硬的现代碳纤维材料制作椅子

（图9-36）。椅子结构纤细轻盈，坐面和椅腿连接处采用传统榫卯结构，细节处的形态处理通过简单的三角形和方形框结合的形式，从而起到加固的作用，有效实现了力与美的统一，巧妙演绎了传统与现代的有机融合。

图9-36　大天地系列碳纤维家具（阮梓轩绘）

对于传统家具的传承与创新，相较于外在形式上的传承、改良和发扬，更重要的还是深入挖掘传统家具背后的生活美学价值和艺术精神价值。传统家具是传统生活习惯中传承下来的生活用具，其中也饱含着古人对于美好生活向往的朴素情结。工匠们往往把自然界的事物和人们美好生活的愿望相结合，使家具充满天然和淳朴的设计思想。在装饰题材上，内容均取自大自然的万物，如花鸟鱼虫、飞禽走兽、山水树木等，并将丰富的想象与美好的寓意贯穿其中。家具上的每一根线条、每一幅图案都蕴含着古老的东方文化内涵。

同时，以儒家思想为核心的中华传统文化，源远流长，博大精深。其中所宣扬的忠孝仁爱、礼义廉耻、慎言敏行、严于律己、改过迁善等道德观念，以及天人合一、整体平衡的自然意识，共同铸就了中华民族几千年来的精神灵魂，形成了中国人性格的重要部分，培养了全民族追求和谐、维持统一、崇尚适中、仁爱孝悌、谦和好礼、诚信克己、与人为善、见利思义、勤俭廉正、吃苦耐劳和精忠爱国的优良传统。中华民族传统美德的形成、高尚道德价值体系的建立，与儒家文化的长期教化、陶冶分不开。儒家学说提倡的"正心修身、齐家、治国、平天下"以及"以人为本"理念，饱含着许多契合当今时代需要的极具活力的价值观念，在各个时期人们的日常生活用品尤其是与生活密切相关的家具设计中也有着明确的表现。

因此，此课题练习中应当注重引导学生了解传统家具丰富多彩的造型形式，通过研究、欣赏和借鉴中外历代优秀古典家具的形式表现，了解家具过去、现在的造型变迁，从而清晰地了解家具造型的发展和演变的脉络，提高对传统家具造型的感受力，以及对家具背后所饱含的古人的生活美学观念和传统造物思想的感悟力。寻找现代家具造型表现可以借鉴和使用的方法，为今所用，并探索家具设计未来发展的方向，从而设计创造出更多承载中国造物智慧、具有中国美学风格和特色的现代家具设计作品。

• 课题设计：

（1）通过对经典家具设计的学习，选定并测绘一件传统古典家具。

作业要求：选择一件传统古典家具，对其展开详细设计分析，找出值得现代家具设计借鉴的地方，并描绘其立面图、结构图、节点大样图。

（2）结合中国传统家具的特点设计一组现代家具。

作业要求：在现代设计的基础上融入中国传统家具设计元素，对形体进行设计塑造（图9-37、图9-38）。

图9-37 学生作品（钟声鸣）

图9-38 学生作品（张鑫）

9.2.2 材料与工艺设计训练

在家具设计及开发过程中，设计作品通过材料及工艺转化为实体产品。因此，工艺设计与产品的最终实现密切相关。在家具向实体转化的过程中，加工工艺的确定与材料的性能特点、零部件的结构设计等方面必须相符。在此基础上，必须掌握各种材料及其加工特点，了解家具设计常用的结构形式以及其性能，才能更加顺利地完成家具设计的最终实践。

任何家具产品都需要经过特定的加工工艺制作才能完成，选用不同的材料和结构就需要采用不同的加工工艺。为保证家具产品的合理性和加工的经济性，在进行家具设计时应预先考虑其工艺。而设计师只有熟悉、了解各种类型的材料及其加工工艺，才能选择更有优势的工艺路径，为设计的实体转化创造更多可行性条件。

训练要点1：对材料性能、加工工艺的认知训练

材料是制作家具的物质基础，同时也是家具艺术表达的主要载体，任何家具形态都是由材料来构建实现的，而材料的性能直接影响到家具的造型设计和整体稳定性。材料是决定家具制造工艺的主要因素。由于家具材料本身的特性存在很大差异，其加工工艺流程、生产设备，甚至生产管理方式等方面也都存在很大差别。而相同的材料通过不同的加工工艺处理也会产生不同的性能，呈现不同的形态。

随着技术发展，越来越多的新材料被应用到现代家具设计生产中。新材料是指新出现的或正在发展中的、具有传统材料所不具备的优异性能和特殊功能的材料，或采用新技术（工艺、装备）使传统材料性能有明显提高或产生新功能的材料，一般可满足高技术产业发展需要的一些关键材料也属于新材料的范畴。而几乎每种新材料的应用都会伴随相应新工艺技术的发展，推动家具制造工艺的进步。有人说设计师的设计能力很大程度上取决于他们对材料的运用能力。熟悉材料特性并对新材料保持敏感，设计者才能游刃有余地进行设计创作；熟知材料的各种加工性能，才能更加得心应手地使用各种材料。

此专题实践中，主要围绕认识家具设计中常用材料的特性及其加工工艺来展开，在实践中引导学生使用材料，了解常见的材料加工工艺，从而培养学生灵活运用材料进行家具设计生产表达的能力。设计者不仅要熟悉并了解木材、金属、塑料、竹藤等常用于家具设计制作中的主要材料的属性与用途，还要能够灵活使用材料，利用材料体现家具的功能与美感。

• 课题设计：

（1）结合课程学习，组织学生参观1~2个不同类型的家具工厂，学习了解现代家具生产的整套工艺流程。

（2）结合当地地域情况和民间传统工艺技术特点，挑选1~2种材料，结合材料的特性设计一件家具。

作业要求：凸显材料特质，体现材料本身的美感（图9-39）。

图9-39　不同材质家具设计练习

训练要点2：对结构的认知训练

家具是一种实用产品，必须通过结构来实现其稳定性和安全性。结构是家具所使用的材料和构件之间的一定组合与连接方式，它是依据一定的使用功能而组成的一种结构系统，包括家具的内在结构和外在结构。内在结构是指家具零部件间的某种结合方式，取决于材料的变化和科技的发展。外在结构是直接与使用者相接触的结构形式，是家具外观造型的直接反映。

结构设计就是在制作产品前预先规划、确定或选择连接方式和构成形式，并用适当的方式表达出来的全过程。家具产品通常都是由若干个零部件按照功能与构图要求，通过一定的接合方式组装构成的。接合方式多种多样，且各有优势和缺陷。零部件接合方式的合理与否将直接影响到产品的强度、稳定性、实现产品的难易程度以及产品的外在形式。材料的差异将导致连接方式的不同。同时，家具结构设计还要考虑家具在生产、制造、运输过程中的经济成本。

• 课题设计：

（1）分析木质家具有哪些结构类型。

作业要求：以简单的草图加文字的形式进行阐述，即图文并茂。

（2）选择一种结构形式进行创意家具设计。

9.2.3　综合设计实践

随着人们生活水平的不断提高，家具的使用范围早已从传统意义上的室内家具环境延伸至公共场所，广泛应用于人们生活的各个环境中。在综合设计实践的部分，将视角从家具本身的设计扩展至家具与人、与环境的关系，围绕室内空间和室外空间两大主题展开相应的家具设计实践。

训练要点1：室内空间家具设计

家具是空间环境功能的主要承担者，也是环境氛围的主要营造者。在不同的环境中，家具的设计风格及摆放有不同的要求，但都需要考虑与环境特点的协调性。在围绕同一主题展开家具设计时，各家具间既要保持一定的相关性，又要考虑功能、摆放位置的差别等因素，从而加以区别设计；同时，还要考虑空间环境的功能性，以及所需要的家具的比例、尺度、色彩、材料等的特殊性和差异性。

• 课题设计：

共享办公空间系列家具设计。按照4~5人小组展开课题，为选定的现代共享办公空间进行系列家具设计。

作业要求：

（1）家具设计的尺寸符合办公家具人体工程学要求，既要考虑到人的物理尺度，如视高、坐高、视野的大小等，还要考虑人的心理尺度。

（2）灵活运用形式美法则进行创意设计。

（3）结合办公空间的特点，考虑家具与环境的协调性，以及系列家具间的配套性和系列性，将各种家具统一放置于相应的环境中，同时使其在外形、色彩、材料、构思等方面具有内在的联系。

（4）按照明确设想、绘制草图、讨论完善方案、制作电脑效果图等步骤逐步表现设计。

训练要点2：户外公共家具设计

随着公共环境设计理念的不断发展，人们的生活空间也延伸到广泛的室外空间，为方便人们进行健康、舒适、高效的户外生活，设计开发一系列的环境配套设施成为重要的课题。这些供人们在户外活动使用的设施，即为户外公共空间家具。公共空间家具设计发展与建筑环境和科学技术的进步息息相关。这些设施家具一般结构、造型皆较简单，材料结实，且耐水、耐紫外线，常用铸铁、柚木等材料；同时，与社会形态同步，体现一定地域文化特色。

• 课题设计：

按照4~5人小组展开课题，为所在城市进行户外公共空间家具设施设计。

作业要求：

（1）围绕课题选定设计方向，进行实地调研，发现设计切入点。

（2）设计中巧妙融入所在地区的特色地域文化元素。

（3）按照明确设想、绘制草图、讨论完善方案、制作电脑效果图等步骤逐步表现设计（图9-40）。

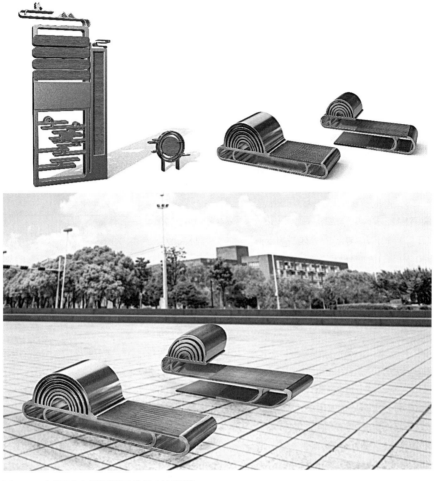

图9-40　户外公共家具设计学生作品（钟声鸣）

9.3　设计评价

在设计制作完成后，设计工作并没有结束，还需要针对已完成的设计作品进行综合评价。这个阶段在设计实践中很重要，但在日常学习过程中，却常常被忽略。目前，家具设计评价主要从功能、审美、经济和科学四个方面来建立评价体系。此外，还要考虑家具设计的通用性、可持续性、用户体验等方面。现代家具设计不仅是完成一件家具产品的外在形态设计，而最终是通过产品提供一种生活方式的体验，是体验设计这一整体设计系统中的一个重要设计内容，同传统家具在设计内涵和表征上有很大的不同。家具的最终表现形式是整体的、全方位的，带给用户的使用感包括视觉、听觉、嗅觉、触觉等多种感觉，且带给个体的体验价值也远远大于家具本身，赋予使用者更多的自主性和个性化体验，从而使家具与人能够产生更强的互动关系，建立起更加深刻的使用体验。

因此，以全面多元、动态发展的视角来评价家具设计作品的外在审美表现形式、真实使用情况、用户体验反馈以及社会经济效益和文化精神价值等综合情况，不仅能督促设计者不断优化完善设计方案，同时还能使所设计的家具产品满足当下的生活需求和未来的生活发展趋势，带给使用者更加美好的使用体验。

参考
文献

[1]   任成元. 家具设计 创意与实践[M]. 北京：人民邮电出版社，2018.

[2]   张福昌. 中华民族传统家具大典 综合卷[M]. 北京：清华大学出版社，2016.

[3]   郭琼，宋杰，杨慧全. 定制家具 设计·制造·营销[M]. 北京：化学工业出版社，2017.

[4]   主云龙. 家具设计[M]. 北京：人民邮电出版社，2015.

[5]   张福昌，任鲸. 中国民俗家具[M]. 杭州：浙江摄影出版社，2005.

[6]   范蓓. 家具设计[M]. 北京：中国水利水电出版社，2015.

[7]   胡景初，戴向东. 家具设计概论 第2版[M]. 北京：中国林业出版社，2011.

[8]   周玲. 模型制作[M]. 长沙：湖南大学出版社，2010.

[9]   彭亮，许柏鸣. 家具设计与工艺 第3版[M]. 北京：高等教育出版社，2014.

[10]   唐彩云，朱宇锭，李江晓，等. 家具结构设计[M]. 北京：中国水利水电出版社，2018.

[11]   胡德生. 中国古代的家具[M]. 北京：商务印书馆国际有限公司，1997.

[12]   郑建启，胡飞. 艺术设计方法学[M]. 北京：清华大学出版社，2009.

[13]   杨晶晶，张晓珂，贾洪梅. 家具设计[M]. 北京：北京工艺美术出版社，2016.

[14]   马丽，何彩霞. 产品创新设计与实践[M]. 北京：中国水利水电出版社，2015.

[15]   高岩. 工业设计材料与表面处理 第2版[M]. 北京：国防工业出版社，2008.

[16]   陈祖建，何晓琴. 家具设计常用资料集[M]. 北京：化学工业出版社，2012.

[17]   刘育成，李禹. 现代家具设计[M]. 沈阳：辽宁美术出版社，2014.

[18]   李卓，时一铮. 公共环境设施设计[M]. 武汉：华中科技大学出版社，2015.

[19]   胡俊，胡贝. 产品设计造型基础[M]. 武汉：华中科技大学出版社，2017.

[20]   汤军. 产品设计综合造型基础[M]. 北京：清华大学出版社，2012.

[21]   刘培义，罗德宇，熊伟. 家具制造工艺[M]. 北京：化学工业出版社，2013.

[22]   闻晓菁，冯源. 室内家具及陈设设计[M]. 北京：化学工业出版社，2014.

[23]   韩勇，李响，匡富春. 家具与陈设[M]. 北京：化学工业出版社，2017.

[24]   陈根. 家具设计看这本就够了（全彩升级版）[M]. 北京：化学工业出版社，2019.

家具
专题设计

建工出版社微信　各地建筑书店

责任编辑：费海玲
文字编辑：汪箫仪
书籍设计：锋尚设计

经销单位：各地新华书店 / 建筑书店（扫描上方二维码）
网络销售：中国建筑工业出版社官网 http://www.cabp.com.cn
　　　　　中国建筑出版在线 http://www.cabplink.com
　　　　　中国建筑工业出版社旗舰店（天猫）
　　　　　中国建筑工业出版社官方旗舰店（京东）
　　　　　中国建筑书店有限责任公司图书专营店（京东）
　　　　　新华文轩旗舰店（天猫）　凤凰新华书店旗舰店（天猫）
　　　　　博库图书专营店（天猫）　浙江新华书店图书专营店（天猫）
　　　　　当当网　京东商城
图书销售分类：室内设计·装饰装修（D20）

ISBN 978-7-112-27862-6

9 787112 278626 >

（40015）定价：68.00元